图解
三菱PLC编程
108例

主　编　公利滨

副主编　张智贤　吴　勃　管　宇

参　编　邓立为　邱瑞生　公　晨

中国电力出版社
CHINA ELECTRIC POWER PRESS

内 容 提 要

本书以日本三菱公司的 FX2N 系列 PLC 为例，精选了 108 个具有很强实际应用价值的编程实例进行讲解。本书分 2 篇。第 1 篇为基础篇，介绍了基本指令的编程应用、功能指令的编程应用、顺序功能图编程方法的应用、时间控制原则的编程应用和电动机基本控制环节的编程应用；第 2 篇为应用篇，介绍了 PLC 改造典型机床控制线路的应用设计、PLC 的实际应用和综合应用实例。

每个实例都结合实际应用，给出了非常详细的硬件原理图和 PLC 梯形图，详细阐述了 PLC 梯形图的设计方法和编程技巧，重点讲解实例的编程思想、PLC 程序的执行过程和编程体会，并结合实际应用拓展实例的应用范围。

本书可作为广大初、中级电气技术人员参考或学习用书，也可作为高等学校自动化、电气工程及其自动化、机械工程及其自动化等相关专业的本、专科师生的参考书。

图书在版编目（CIP）数据

图解三菱 PLC 编程 108 例/公利滨主编. —北京：中国电力出版社，2017.6（2020.4重印）
ISBN 978 - 7 - 5198 - 0361 - 2

Ⅰ．①图…　Ⅱ．①公…　Ⅲ．①PLC 技术-程序设计　Ⅳ．①TM571.61

中国版本图书馆 CIP 数据核字（2017）第 027167 号

出版发行：中国电力出版社
地　　址：北京市东城区北京站西街 19 号（邮政编码 100005）
网　　址：http：//www.cepp.sgcc.com.cn
责任编辑：崔素媛（cuisuyuan@ gmail.com）
责任校对：太兴华
装帧设计：王英磊　赵姗姗
责任印制：蔺义舟

印　　刷：北京天宇星印刷厂
版　　次：2017 年 6 月第一版
印　　次：2020 年 4 月北京第二次印刷
开　　本：787 毫米×1092 毫米　16 开本
印　　张：19.5
字　　数：475 千字
印　　数：2501—3500 册
定　　价：58.00 元

前　言

可编程序控制器（PLC）是集计算机技术、自动化技术、通信技术于一体的通用工业控制装置，PLC 及相关的产品在工业控制领域得到越来越广泛的应用。因此，PLC 技术是从事自动化行业的工程技术人员以及电气自动化、机电一体化等相关专业的学生必须掌握的一门专业技术。

本书由多年从事 PLC 教学、培训和科研，并且具有丰富工程实际经验的教师编写。本书的实例是根据日本三菱公司的 FX2N 系列产品编写的，而且尽量以图解的方式展示给读者，先从 PLC 的硬件原理图入手，后详细阐述了 PLC 梯形图的设计方法和编程技巧。本书的实例结合工程实际、突出应用，重点讲解实例编程思想、程序的执行过程和编程体会，使初学 PLC 的读者解决如何编写梯形图的问题。在内容编排上循序渐进、深入浅出、通俗易懂。为了便于自学，每个实例都首先给出了编程思想即编写程序所采用的方法，并通过编写的程序总结出编程体会，然后结合实际情况拓展实例的应用范围，指出编程中的注意事项，避免由于程序编写的问题而引发的事故。

本书的特色是以培养编写程序的能力为目标，注重讲解实例的程序编写思路与步骤，并把 PLC 控制系统工程设计思想和方法融合到本书中，便于读者快速地掌握 PLC 技术的应用。

本书由两部分组成，分别为基础篇和应用篇。

第 1 篇为基础篇，包括位操作指令、定时器、计数器、数据传送、数据比较、数据移位、算数运算指令的应用、中断指令的应用、子程序的应用、高速计数器的应用、特殊功能读写、实时时钟指令的应用、顺序功能图编程方法的应用、定时预警控制、多故障报警控制、改变定时器预设值的控制、三相交流电动机启动和制动控制、直流电动机的控制以及三相电动机的顺序控制等内容的编程。通过学习本篇内容，读者可真正地掌握 PLC 控制梯形图的编程方法。

第 2 篇为应用篇，包括 PLC 改造典型机床控制线路的应用设计、加工中心刀具库控制、机械手控制、运料小车控制、多站点小车自动运行控制、传送带控制、交通信号灯控制、密码锁控制、污水处理控制、全自动洗衣机、自动门控制系统、汽车自动清洗机控制等工程实例的编程。并以恒压供水系统控制、电梯的电气控制系统和立体车库的电气控制系统为综合实例，阐述 PLC 硬件系统、控制程序的设计思想与编程方法。通过对本篇内容的学习，可加强读者对工程实践的应用能力。

本书既可作为高等学校自动化、电气工程及其自动化、机械工程及其自动化和机电一体化等相关专业辅助教材，也可作为相关工程技术人员的参考书。

本书由哈尔滨理工大学公利滨主编，张智贤、吴勃、管宇副主编，邓立为、公晨、邱瑞生参编。公利滨编写了第 1 章和第 2 章的第 2.6~2.9 节，张智贤编写了第 7 章，管宇编写了第 3 章，邓立为编写了第 6 章，公晨编写了第 4 章，吴勃编写了第 5 章和第 2 章的第 2.1~2.5 节，邱瑞生编写了第 8 章。

全书由公利滨统稿，哈尔滨理工大学高俊山教授主审。主审对教材的编写提出许多宝贵的意见，在此表示衷心的感谢。编者在编写过程中，参考了不少专家和学者的著作和相关厂家的资料，在此对参考文献的作者表示衷心感谢。

由于编者水平有限，加之时间仓促，书中存在错误及疏漏之处在所难免，恳请广大读者批评指正。

目　录

基 础 篇

第1章

基本指令的编程应用

1.1 位操作指令的编程应用

 实例1 单开关控制两个信号灯的应用程序

一、控制要求

用一个开关控制两个信号灯的通断。当开关第一次接通时，第一个信号灯亮；当开关由接通拨到断开位置时，第一个信号灯灭，第二个信号灯亮；当开关再次接通时，两个信号灯都熄灭。

二、硬件电路设计

根据控制要求列出所用的输入/输出点，并为其分配相应的地址，其I/O分配表见表1-1。

表1-1 单开关控制两个信号灯I/O分配表

输入信号			输出信号		
输入地址	代号	功能	输出地址	代号	功能
X000	SA	控制开关	Y000	HL1	信号灯1
			Y001	HL2	信号灯2

根据表1-1和控制要求，设计PLC的硬件原理图，如图1-1所示。其中COM1为PLC输入信号的公共端，COM2为输出信号的公共端。

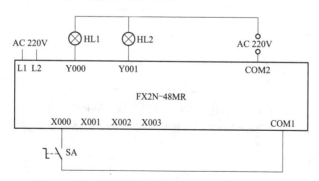

图1-1 单开关控制两个信号灯的PLC硬件原理图

三、编程思想

本实例采用一个开关控制两个信号灯，关键在于如何解决将一个开关赋予多个功能的问题，可以通过脉冲指令和记录开关通断的次数来区分其功能，以达到分别控制灯通断的目的。另外，还可以利用计数器记录开关的通断次数，达到将一个开关赋予多个功能的目的，本实例提供两种将一个开关赋予多个功能的编程方法，供读者参考。

四、控制程序的设计

根据控制要求设计的控制梯形图如图1-2所示。

(a)

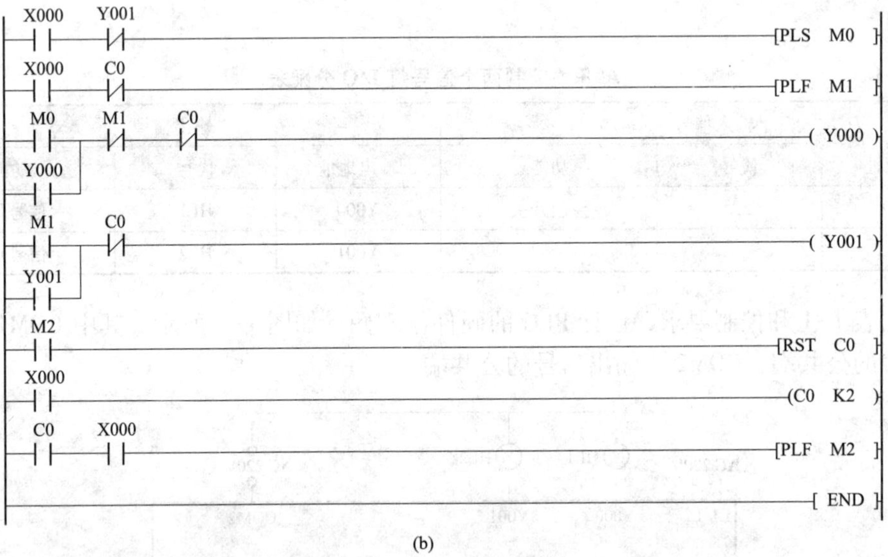

(b)

图1-2 单开关控制两个信号灯的控制梯形图

(a) 采用脉冲指令逻辑电路实现的控制梯形图；(b) 应用计数器实现的控制梯形图

五、程序的执行过程

1. 采用脉冲指令的控制程序

当开关SA接通时，输入信号X000有效，即X000为ON，其上升沿使中间继电器M0有效，输出信号Y000为ON并自锁，控制信号灯HL1点亮。

当开关由接通状态断开时，输入信号X000变为OFF，其下降沿使中间继电器M1有效，M1的动断触点，将输出信号Y000断开；同时M1的动合触点使输出信号Y001为ON并自锁，控制信号灯HL2点亮。

当开关再次由断开状态接通时，输入信号 X000 有效，即 X000 为 ON，其上升沿使中间继电器 M2 有效，此时由于输出信号 Y001 的动断触点已经断开，中间继电器 M0 不能接通，中间继电器 M2 相应的动断触点动作使输出 Y001 断开，控制信号灯 HL2 熄灭。

重新工作时，将开关由接通位置扳至断开位置，输入信号 X000 变为 OFF，为下次重新工作做好准备。

2. 采用计数器指令的控制程序

当开关 SA 接通时，输入信号 X000 有效，即 X000 为 ON，其上升沿使中间继电器 M0 有效，输出信号 Y000 为 ON 并自锁，控制信号灯 HL1 点亮；同时计数器 C0 加 1。

当开关由接通状态断开时，输入信号 X000 变为 OFF，其下降沿使中间继电器 M1 有效，将输出信号 Y000 断开，控制信号灯 HL1 熄灭；同时使控制输出信号 Y001 为 ON 并自锁，控制信号灯 HL2 点亮。

当开关再次由断开状态接通时，计数器 C0 加 1，计数器 C0 的当前值达到设定值，其相应的触点动作使输出信号 Y001 断开，控制信号灯 HL2 熄灭。

重新工作时，将开关由接通位置扳至断开位置，输入信号 X000 变为 OFF，在其下降沿使中间继电器 M2 有效，其动合触点将计数器 C0 复位，为下次重新工作做好准备。

若需要重复工作，按上述过程操作即可。

六、编程体会

本实例的程序设计对于由一个开关控制两个信号的应用，通过上升沿脉冲指令和下降沿脉冲指令将开关的接通和断开状态转换为两个信号分别控制两个负载；同时，为了保证计数器的准确计数，可通过 PLC 的初始化脉冲在其上电时将其复位。

 实例2 两个开关控制 3 个信号灯的应用程序

一、控制要求

两个开关控制 3 盏灯工作，开关 1 接通时，灯 1 亮；开关 2 接通时，灯 2 亮；开关 1、2 同时接通时，灯 3 亮；且一次最多只能有一盏灯亮。

二、硬件电路设计

根据控制要求列出所用的输入/输出点，并为其分配相应的地址，其 I/O 分配表见表 1-2。

表 1-2　　　　用两个开关控制 3 个信号灯 I/O 分配表

输入信号			输出信号		
输入地址	代号	功能	输出地址	代号	功能
X000	SA1	控制开关1	Y000	HL1	信号灯1
X001	SA2	控制开关2	Y001	HL2	信号灯2
			Y002	HL3	信号灯3

根据表 1-2 和控制要求，设计 PLC 的硬件原理图，如图 1-3 所示。其中 COM1 为 PLC 输入信号的公共端，COM2 为输出信号的公共端。

三、编程思想

本实例可通过逻辑代数的计算或采用真值表的方法实现。分析控制要求列出真值表见

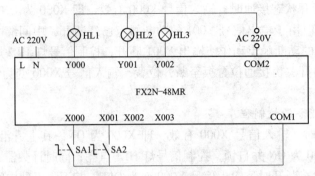

图 1-3 两个开关控制 3 个信号灯的 PLC 硬件原理图

表1-3。

表 1-3 两个开关控制 3 个信号灯的真值表

X000	X001	Y000	Y001	Y002
1	0	1	0	0
0	1	0	1	0
1	1	0	0	1

四、控制程序的设计
根据控制要求设计的控制梯形图如图 1-4 所示。

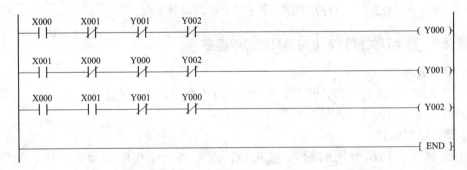

图 1-4 通过两个开关的逻辑关系控制 3 个信号灯梯形图

五、控制的执行过程
开关 SA1 闭合，输入信号 X000 有效时，使输出信号 Y000 为 ON，控制信号灯 HL1点亮。

开关 SA2 闭合，输入信号 X001 有效时，使输出信号 Y001 为 ON，输出信号 Y000 为OFF，控制信号灯 HL2 点亮、信号灯 HL1 熄灭。

开关 SA1、SA2 同时闭合时，输入信号 X000 和 X001 有效，使输出信号 Y002 为 ON，输出信号 Y000 和 Y001 为 OFF，控制信号灯 HL3 点亮、信号灯 HL1 和 HL2 熄灭。

六、编程体会
本实例的程序设计通过真值表列出所有的信号灯的工作情况，其逻辑关系清晰，编程也比较简单。针对同一时刻只能点亮一盏灯的控制要求，程序中必须增加互锁控制。

实例3 电动机点动及连续运行的应用程序

一、控制要求

控制电动机的启停，实现点动及连续控制。SA 断开时，按下按钮 SB1，电动机开始运行，松开按钮 SB1，电动机停止转动；SA 闭合时，按下启动按钮 SB2，电动机运行，松开按钮 SB2，电动机仍能继续运行；按下停止按钮 SB3，电动机停止运行。

二、硬件电路设计

根据控制要求列出所用的输入/输出点，并为其分配相应的地址，其 I/O 分配表见表1-4。

表 1-4 电动机点动控制 I/O 分配表

输入信号			输出信号		
输入地址	代号	功能	输出地址	代号	功能
X000	SB1	点动按钮	Y000	KM	接触器线圈
X001	SB2	启动按钮			
X002	SB3	停止按钮			
X003	FR	热继电器			
X004	SA	工作状态选择开关			

根据表 1-4 和控制要求，设计 PLC 的硬件原理图，如图 1-5 所示。其中 COM1 为 PLC 输入信号的公共端，COM1 为输出信号的公共端。

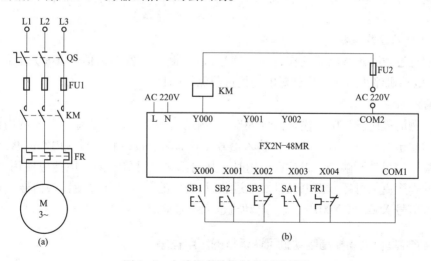

图 1-5 电动机点动控制电气原理图
（a）电动机控制电路；（b）PLC 硬件原理图

三、编程思想

本实例的编程，可采用"点对点"控制，实现 PLC 对某一输出位的控制，即由一个输入接点直接控制一个输出位。

四、控制程序的设计

根据控制要求设计的控制梯形图如图 1-6 所示。

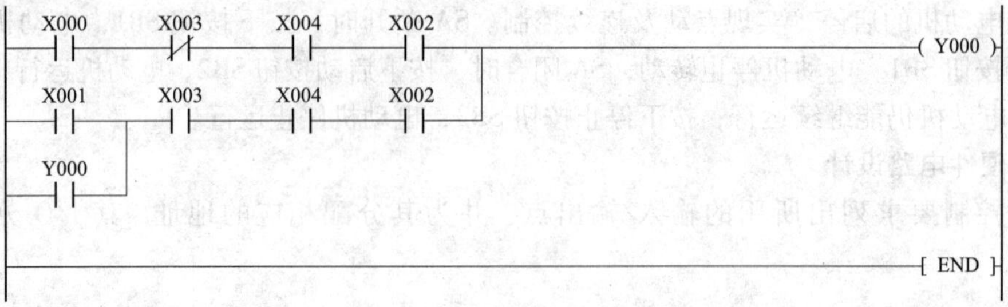

图 1-6 电动机点动控制的梯形图

五、控制的执行过程

1. 电动机的点动控制

当开关 SA 处在断开位置时，按下按钮 SB1，输入信号 X000 有效，输出信号 Y000 为 ON，控制接触器 KM 的线圈通电，电动机启动运行；当 SB1 断开时，输出信号 Y000 为 OFF，控制接触器 KM 断电，电动机停止运行。

2. 电动机的连续控制

当开关 SA 处在接通位置时，按下 SB2，输入信号 X001 有效，输出信号 Y000 为 ON，同时其动合触点实现自锁，并控制接触器 KM 通电，电动机启动运行；当按下 SB3 时，输入信号 X002 断开，使输出信号 Y000 为 OFF，控制接触器 KM 断电，电动机停止运行。

3. 电动机的过载保护

当电动机过载时热继电器动作，输入信号 X004 断开，使输出信号 Y000 复位，接触器 KM 断电，电动机停止工作，达到对电动机过载保护的目的。

六、编程体会

在本实例的程序设计中，输入信号 X004 采用动断触点，PLC 的输入信号的内部状态取决于外部的端子的状态。对于 PLC 的输入信号，外部端子接线状态对应内部的状态有两种，PLC 输入端子接成动断触点，PLC 在使用时，其内部触点已经有效，因此应使用动合触点，这样设计的程序更加可靠。当电动机发生过载时，FR 的触点动作，使输入信号 X004 断开，此时若输入信号 X000 或 X001 有效，电动机也无法启动。

实例4 具有互锁控制电动机可逆运行的应用程序

一、控制要求

用按钮实现控制电动机正反转运行，并具有互锁保护。按下按钮 SB1 电动机正转，按下按钮 SB2 电动机反转，按下按钮 SB3 电动机停止。

二、硬件电路设计

根据控制要求列出所用的输入/输出点，并为其分配相应的地址，其 I/O 分配表见表1-5。

表 1-5			具有互锁控制电动机可逆运行的 I/O 分配表			
输入信号			输出信号		
输入地址	代号	功能	输出地址	代号	功能
X000	SB1	正转启动按钮	Y000	KM1	电动机正转接触器
X001	SB2	反转启动按钮	Y001	KM2	电动机反转接触器
X002	SB3	停止按钮			
X003	FR	热继电器			

根据表 1-5 和控制要求，设计 PLC 的硬件原理图，如图 1-7 所示。其中 COM1 为 PLC 输入信号的公共端，COM2 为输出信号的公共端。对于电动机正反转控制的电路，为保证电路的可靠性，必须在线圈回路中增加互锁，防止两个接触器同时吸合造成电源短路。

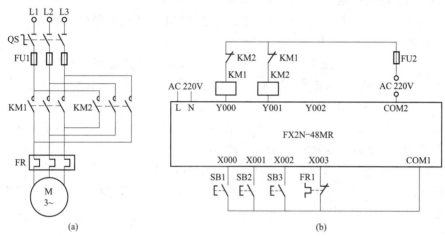

图 1-7 具有互锁控制电动机可逆运行的电气原理图

（a）电动机控制电路；（b）PLC 硬件原理图

三、编程思想

本实例应在实例 3 的基础上编写，如果不考虑电动机运行的方向，电动机可逆运行控制可看成两个单向控制程序的合成，但为了安全必须增加互锁程序，保证正反停控制时只有一个输出有效。

四、控制程序的设计

根据控制要求设计的控制梯形图如图 1-8 所示。

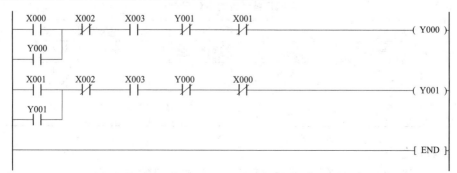

图 1-8 具有互锁控制电动机可逆运行的控制梯形图

五、程序的执行过程

1. 电动机正转控制

当按下正向启动按钮 SB1 时，输入信号 X000 有效，输出信号 Y000 为 ON，同时实现自锁，并控制接触器 KM1 的线圈通电，电动机正向运行；当按下 SB3 时，输入信号 X002 为 ON，使输出信号 Y000 为 OFF，控制接触器 KM1 的线圈断电，电动机停止运行。

2. 电动机反转控制

当按下反向启动按钮 SB2 时，输入信号 X001 有效，输出信号 Y001 为 ON，同时实现自锁，并控制接触器 KM2 的线圈通电，电动机反向运行；当按下 SB3 时，输入信号 X002 为 ON，使输出信号 Y001 为 OFF，控制接触器 KM2 的线圈断电，电动机停止运行。

3. 电动机的过载保护

当电动机过载时热继电器动作，输入信号 X003 断开，使输出信号 Y000 或 Y001 复位，切断接触器的线圈回路，电动机自动停止运行，达到对电动机过载保护的目的。

六、编程体会

本实例的程序设计从工程实际考虑问题，停止按钮 SB3 的触点类型应选择动断触点，其控制过程与过载保护的热继电器 FR 相同。其优点是当 SB3 出现问题（如触点接触不良）时，设备无法正常启动；如果设备启动后出现紧急情况，不会因触点接触不良而导致设备不能停止，造成更严重的后果。本实例将 SB3 选择为动合触点是为了让读者更好地理解和掌握输入信号使用动合触点和动断触点在编程时的区别。

另外，由于本实例具有两个互锁保护，还可实现电动机的正—反—停控制。

从工程实际应用考虑，在 PLC 硬件原理图设计时，增加 KM1 和 KM2 线圈的互锁回路是为了防止由于 PLC 的扫描周期过短引起的短路事故。

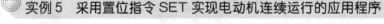

实例5 采用置位指令 SET 实现电动机连续运行的应用程序

一、控制要求

控制电动机连续运行，按下启动按钮 SB1，电动机运行，松开按钮 SB1，电动机仍能继续运行；按下停止按钮 SB2，电动机停止运行。

二、硬件电路设计

根据控制要求列出所用的输入/输出点，并为其分配相应的地址，其 I/O 分配表见表 1-6。其硬件原理图参考实例3。

表 1-6 电动机连续运行的 I/O 分配表

输入信号			输出信号		
输入地址	代号	功能	输出地址	代号	功能
X000	SB1	启动按钮	Y000	KM	电动机运行接触器
X001	SB2	停止按钮			
X002	FR	热继电器			

三、编程思想

本实例采用置位和复位指令编写控制程序，控制电动机的连续运行。

四、控制程序的设计

根据控制要求设计的控制梯形图如图1-9所示。

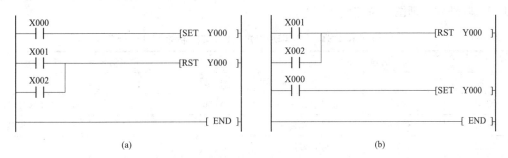

图1-9 采用SET和RST指令实现电动机连续运行的控制梯形图

(a) RST优先控制；(b) SET优先控制

五、程序的执行过程

1. RST优先控制

当按下SB1时，输入信号X000有效，SET指令将输出信号Y000置位为ON，控制接触器KM的线圈通电，电动机启动运行；当按下SB2时，输入信号X001断开，RST指令将输出信号Y000复位为OFF，控制接触器KM的线圈断电，电动机停止运行。

当电动机过载时热继电器动作，输入信号X002断开，RST指令将输出信号Y000复位为OFF，切断KM的线圈回路，达到对电动机过载保护的目的。

当输入信号X000和X001同时有效时，由于RST指令在SET指令之后，RST指令将输出信号Y000复位为OFF，执行复位优先的控制过程。

2. SET优先控制

当按下SB1时，输入信号X000有效，SET指令将输出信号Y000置位为ON，控制接触器KM的线圈通电，电动机启动运行；当按下SB2时，输入信号X001断开，RST指令将输出信号Y000复位为OFF，控制接触器KM的线圈断电，电动机停止运行。

当电动机过载时热继电器动作，输入信号X002断开，RST指令将输出信号Y000复位为OFF，切断KM的线圈回路，达到对电动机过载保护的目的。

当输入信号X000和X001同时有效时，由于SET指令在RST指令之后，SET指令将输出信号Y000置位为ON，执行置位优先的控制过程。

六、编程体会

本实例的程序设计中的RST优先控制和SET优先控制，其控制功能相同，区别为SET和RST指令在程序中的位置不同，当两个信号同时有效，若实现停止信号优先将复位指令放在置位指令的下一个程序段即可，其程序的执行过程与PLC的扫描周期有关。一般工程实际应用中都采用复位优先，请读者在编程时加以区分。

 实例6 采用SET和RST指令实现电动机正反转控制的应用程序

一、控制要求

用两个按钮实现控制电动机正反转运行，并实现互锁电路，第三个按钮控制电动机的停止。按下按钮SB2，电动机正转；按下按钮SB3，电动机反转；按下按钮SB1，电动机停止。

二、硬件电路设计

根据控制要求列出所用的输入/输出点，并为其分配相应的地址，其I/O分配表见表1-7。其硬件原理图参考实例4。

表1-7　　　　采用 SET 和 RST 指令实现电动机正反转控制的 I/O 分配表

输入信号			输出信号		
输入地址	代号	功能	输出地址	代号	功能
X000	SB1	正转启动按钮	Y000	KM1	电动机正转接触器
X001	SB2	反转启动按钮	Y001	KM2	电动机反转接触器
X002	SB3	停止按钮			
X003	FR	热继电器			

三、编程思想

电动机正反转控制程序中的设计方法多种多样，本实例提供一种采用置位指令 SET 和复位指令 RST 进行编程的方法。同时为了使电动机安全可靠地运行，采用停止信号优先的方式进行编程。

四、控制程序的设计

根据控制要求设计的控制梯形图如图 1-10 所示。

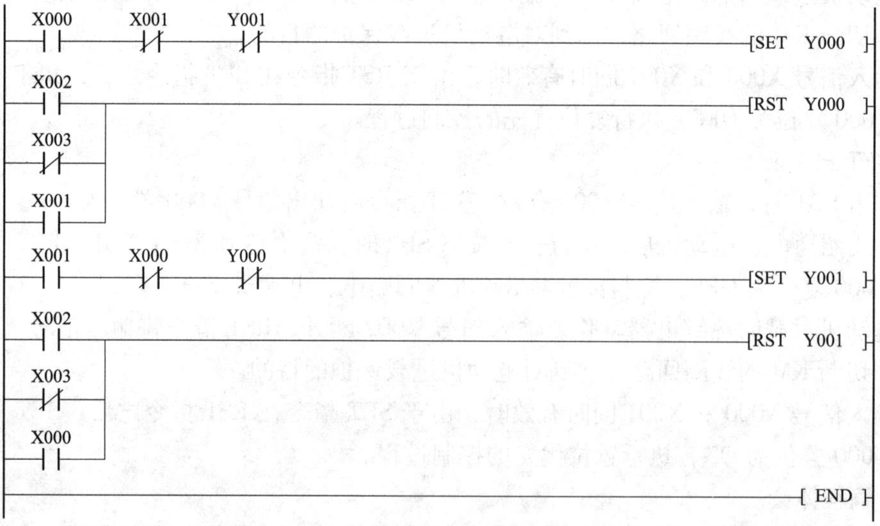

图 1-10　采用 SET 和 RST 指令实现电动机正反转控制的梯形图

五、程序的执行过程

当按下正向启动按钮 SB1 时，输入信号 X000 有效，SET 置位指令将输出信号 Y000 置位为 ON，控制接触器 KM1 的线圈通电，电动机正向运行；当按下停止按钮 SB3 时，输入信号 X002 有效，RST 复位指令将输出信号 Y000 复位为 OFF，控制接触器 KM1 的线圈断电，电动机停止运行。

当按下反向启动按钮 SB2 时，输入信号 X001 有效，SET 置位指令将输出信号 Y000 置位为 ON，输出信号 Y001 为 ON，控制接触器 KM2 的线圈通电，电动机反向运行；当按下停止按钮 SB3 时，输入信号 X002 有效，RST 复位指令将输出信号 Y001 复位为 OFF，控制接触器 KM2 的线圈断电，电动机停止运行。

若出现正向（或反向）启动信号与停止信号同时有效的情况下，根据 SET 与 RST 指令在梯形图中的相对位置，执行复位优先即停止信号优先控制，使电动机安全可靠运行，防止意外情况的发生。

当电动机过载时热继电器动作，输入信号 X003 断开，其动断触点复位，RST 复位指令将输出信号 Y000 或 Y001 复位为 OFF，切断接触器的线圈回路，电动机自动停止运行，达到对电动机过载保护的目的。

六、编程体会

在本实例的程序设计中，正反转控制程序增加 X000 和 X001 两个复位信号，可实现电动机的正—反—停控制，使电动机正反转控制的操作过程更方便。从工程实际考虑问题，停止按钮 SB3 和 FR 的触点类型选择为动断触点，其控制过程与过载保护的热继电器 FR 相同，其优点是当 SB3 出现问题（如触点接触不良）时，设备无法正常启动；如果设备启动后出现紧急情况，不会因触点接触不良而导致设备不能停止，造成更严重的后果。

 实例 7　采用脉冲信号控制的电动机正反转的应用程序

一、控制要求

用两个按钮采用脉冲信号实现控制电动机的正反转运行，并实现互锁控制，第三个按钮控制电动机的停止。按下按钮 SB1，电动机正转；按下按钮 SB2，电动机反转；按下按钮 SB3 电动机停止。

二、硬件电路设计

本实例与实例 6 的控制功能和要求相同，其输入/输出点和硬件原理图参考实例 6。

三、编程思想

本实例的程序设计除增加互锁程序、保证正反停控制时只有一个输出有效外，为了防止按钮的粘连采用脉冲指令将启动按钮的接通时间转换为只接通一个扫描周期的脉冲信号，避免意外的发生。

四、控制程序的设计

根据控制要求设计的控制梯形图如图 1-11 所示。

五、程序的执行过程

对于图 1-11（a）的梯形图，电动机正向启动时，按下 SB1，输入信号 X000 有效，上升沿脉冲指令 PLS 将其转换为只接通一个扫描周期的脉冲信号 M0，并通过 M0 的动合触点，使输出信号 Y000 为 ON，接触器 KM1 通电，电动机正向启动。

电动机反向启动时，按下 SB2，输入信号 X001 有效，上升沿脉冲指令 PLS 将其转换为只接通一个扫描周期的脉冲信号 M1，并通过 M1 的动合触点，使输出信号 Y001 为 ON，接触器 KM2 通电，电动机反向启动。

当电动机在任意时刻需要停止时，按下按钮 SB3，输入信号 X002 有效，使输出信号 Y000 或 Y001 复位，接触器的 KM1 或 KM2 断电，电动机停止运行。

当电动机过载时，热继电器的动断触点断开，输入信号 X003 断开，输出信号 Y000 或 Y001 复位，电动机应立即停止。

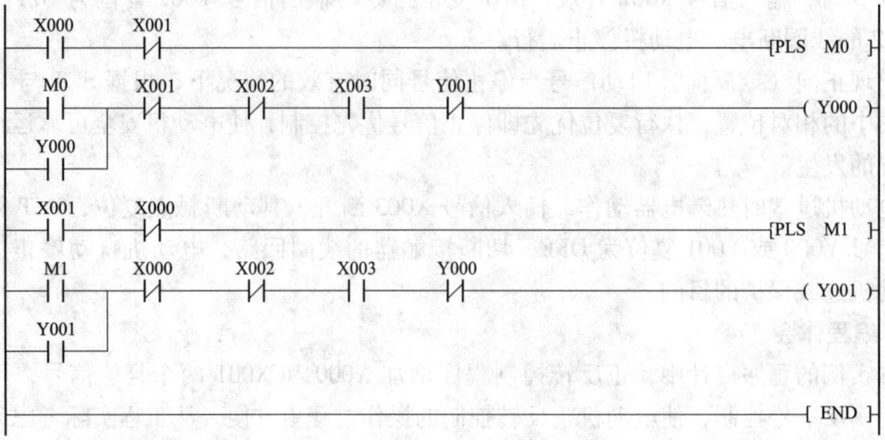

图 1-11 采用脉冲信号控制的电动机正反转控制梯形图

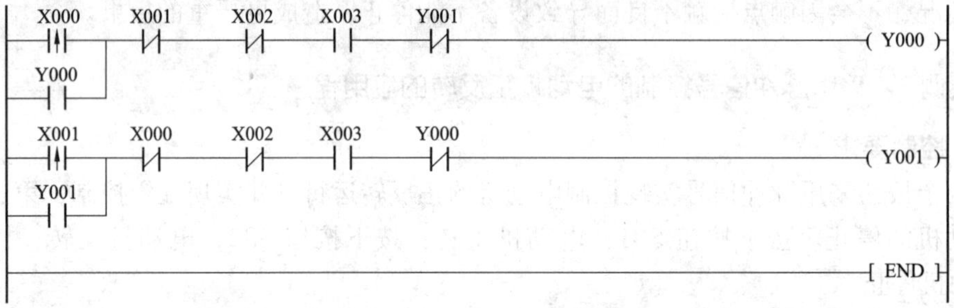

（a）采用 PLS 指令控制梯形图；（b）采用触点脉冲的控制梯形图

对于图 1-11（b）的梯形图，采用触点脉冲控制，其过程与图 1-11（a）类似，读者可自行分析。

六、编程体会

在本实例的程序设计中，应用脉冲指令是为了防止当启动按钮出现故障不能弹起或粘连，按下停止按钮电动机能够停止转动，一旦松开停止按钮，电动机又重新开始运行了。针对这个问题，可将电动机的启动信号转换成为脉冲信号，可以克服继电器控制系统中存在的不足。从工程实际考虑问题，停止按钮 SB3 的触点类型应选择动断触点，其优点是当 SB3 出现问题如触点接触不良，则设备无法正常启动；当设备启动后出现紧急情况，不会因触点接触不良，而导致设备不能停止，造成更严重的后果。

实例8 多开关输入的应用程序

一、控制要求

采用 3 个开关组合，根据接通和断开的状态实现 8 种形式的组合，表示 8 个功能输入。

二、硬件电路设计

根据控制要求列出所用的输入/输出点，并为其分配相应的地址，其 I/O 分配表见表 1-8。

表 1-8 　　　　　　　　　　　　　多开关输入的 I/O 分配表

输入信号			输出信号		
输入地址	代号	功能	输出地址	代号	功能
X000	SA1	开关输入 1	Y000～Y007	HL1～HL8	指示灯
X001	SA2	开关输入 2			
X002	SA3	开关输入 3			

根据表 1-8 和控制要求，设计 PLC 的硬件原理图，如图 1-12 所示。其中 COM1 为 PLC 输入信号的公共端，COM2 为输出信号的公共端。

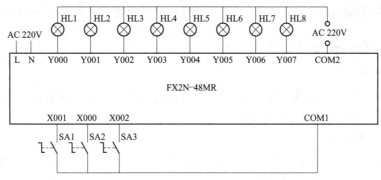

图 1-12　多开关输入 PLC 硬件原理图

三、编程思想

用较少的 PLC 输入信号转换为较多的功能信号，以达到节约成本的目的。本实例以 3 个输入点组合成 8 点的输入功能，依次类推，4 个点就可以组合成 16 点的输入功能。

四、控制程序的设计

根据控制要求设计的控制梯形图如图 1-13 所示。

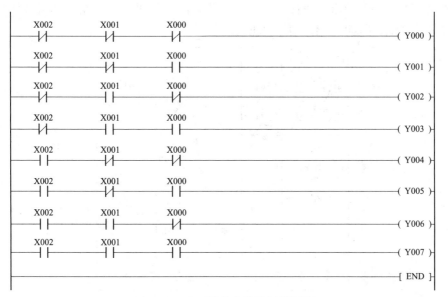

图 1-13　多开关输入的控制梯形图

五、程序的执行过程

当3个开关全部断开时，输入信号 X000、X001 和 X002 都为 OFF，输出信号 Y000 为 ON，控制指示灯 HL1 点亮；当开关 SA1 接通，开关 SA2 和 SA3 断开时，输入信号 X000 有效、X001 和 X002 为 OFF，输出信号 Y001 为 ON；依次类推，3个开关处于不同状态排列组合，当3个开关全部接通时，输入信号 X000、X001 和 X002 都有效为 ON，输出信号 Y007 为 ON，控制指示灯 HL8 点亮。这样就将三个开关的不同状态转换为8种控制功能，达到扩展 I/O 点的目的。

六、编程体会

本实例重点为使用多开关输入的方式在 I/O 点较少时可以有效地解决较多信号输入的问题，采用3个输入点做输入方法编程简单。将3个开关的不同的通断状态转换为8个不同的信号输出，可以控制8个不同的负载，易于理解，同时对程序扩展也比较方便。

 实例9 矩阵输入的应用程序

一、控制要求

采用9个按钮组成 3×3 矩阵输入，3个输入点做行输入，3个输出点做列输出，通过动态扫描的方式实现9个信号的输入功能。

二、硬件电路设计

根据控制要求列出所用的输入/输出点，并为其分配相应的地址，其 I/O 分配表见表 1-9。

表 1-9 矩阵输入/输出的 I/O 分配表

输入信号			输出信号		
输入地址	代号	功能	输出地址	代号	功能
X001	L0	行输入1	Y000	C0	列输出1
X002	L1	行输入2	Y001	C1	列输出2
X003	L2	行输入3	Y002	C2	列输出3

根据表 1-9 和控制要求，设计 PLC 的硬件原理图，如图 1-14 所示。其中 COM1 为 PLC 输入信号的公共端，COM2 为输出信号的公共端。

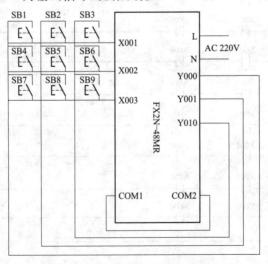

图 1-14 矩阵输入 PLC 硬件原理图

三、编程思想

用较少的 PLC 输入点接收更多的输入信号，以达到节约成本的目的。本实例以 6 个 I/O 点构成 3×3 矩阵输入为例，通过动态扫描的方式实现矩阵输入，由 6 个点就可以组成 9 个（3×3）信号输入。

四、控制程序的设计

根据控制要求设计的控制梯形图如图 1-15 所示。

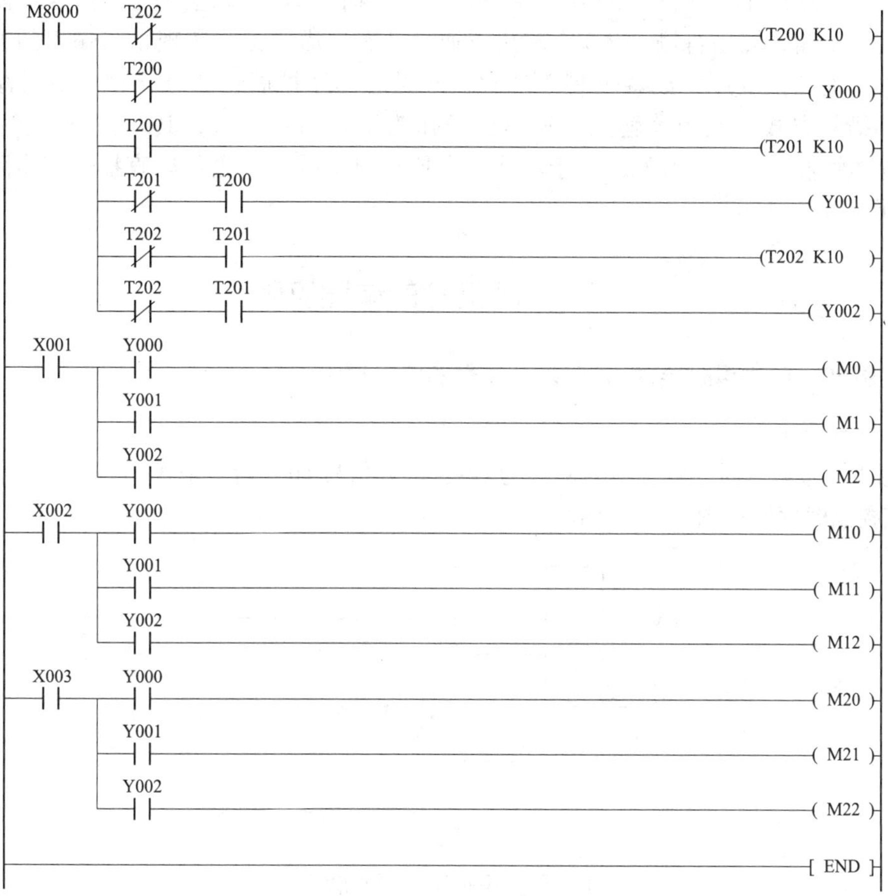

图 1-15　矩阵输入控制梯形图

五、程序的执行过程

PLC 运行后，输出信号 Y000 为 ON，同时定时器 T200 开始定时，经过 100ms 的定时，其动断触点动作，控制输出信号 Y000 为 OFF，同时其动合触点控制输出信号 Y001 为 ON；定时器 T201 开始定时，经过 100ms 的定时，其动断触点动作，控制输出信号 Y001 为 OFF；同时其动合触点控制输出信号 Y002 为 ON；定时器 T202 开始定时，经过 100ms 的定时，其动断触点动作，控制输出信号 Y002 为 OFF；同时定时器 T200 复位，输出信号 Y000 又重新为 ON，重复上述过程，输出信号 Y000、Y001 和 Y002 每隔 100ms 有效一次，作为矩阵输入的列扫描线。

按下按钮 SB1 时，此时输出信号 Y000 为 ON，则输入信号 X001、输出信号 Y000 有效，使内部辅助继电器 M0 为 ON，表示第一行第一列有输入即按钮 SB1 按下；按下按钮 SB2，此时输出信号 Y001 有输出，则输入信号 X001 有效、输出信号 Y001 有效，使内部辅助继电器 M1 为 ON，表示第一行第二列有输入即按钮 SB2 按下；依次类推，按下按钮 SB9，输入信号 X003，Y003 接通，使内部辅助继电器 M22 为 ON，表示第三行第三列有输入即按钮 SB9 按下。

六、编程体会

本实例重点使用矩阵输入的方式在 I/O 点较少时可以有效地解决较多信号输入的问题，采用 3 个输入点做行输入、3 个输出点通过动态扫描的方式实现矩阵输入的方法类似计算机的键盘扫描程序，读者也易于理解，同时对程序扩展也比较方便。值得注意的采用动态扫描的方式实现矩阵输入，输出信号作为矩阵的列输入，其动作频率较高，PLC 应选择晶体管输出方式。另外，对于功能指令比较熟悉的读者也可以直接采用矩阵扫描指令来设计。

1.2　TIM 指令的编程应用

实例 10　产生瞬时接通/延时断开信号的应用程序

一、控制要求

在输入信号有效时，输出信号立即为 ON；输入信号 OFF 后，输出信号延时一段时间才 OFF，其控制时序图如图 1-16 所示。

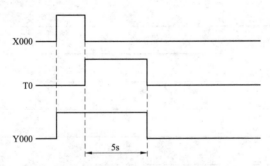

图 1-16　瞬时接通/延时断开信号的时序

二、硬件电路设计

根据控制要求列出所用的输入/输出点，并为其分配相应的地址，其 I/O 分配表见表 1-10。

表 1-10　　　　　　　　　　瞬时接通/延时断开信号 I/O 分配表

输入信号			输出信号		
输入地址	代号	功能	输出地址	代号	功能
X000	SA	开关	Y000	HL	指示灯

根据表 1-10 和控制要求，设计 PLC 的硬件原理图，如图 1-17 所示。其中 COM1 为 PLC 输入信号的公共端，COM2 为输出信号的公共端。

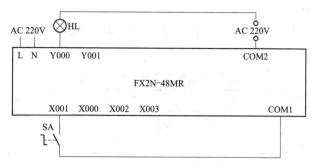

图 1-17 产生瞬时接通/延时断开信号的 PLC 硬件原理图

三、编程思想

瞬时接通/延时断开的控制，因定时器本身不具备瞬动接点，需增加一个内部辅助继电器充当其瞬动接点，来实现瞬时接通。开关断开后定时器工作，延时断开其控制的信号，作用类似于继电器控制系统中的断电延时型时间继电器。

四、控制程序的设计

根据控制要求设计的控制梯形图如图 1-18 所示。

```
    X000      T0
    ─┤├──────┤╱├──────────────────────────────( M0 )

    M0              X000
    ─┤├──────────────┤╱├───────────────────────(T0 K50 )

    M0        T0
    ─┤├──────┤╱├──────────────────────────────( Y000 )

    ─────────────────────────────────────────[ END ]
```

图 1-18 产生瞬时接通/延时断开信号控制梯形图

五、程序的执行过程

当开关 SA 接通时，输入信号 X000 有效，内部辅助继电器 M0 为 ON，其接点将输出信号 Y000 接通，控制指示灯 HL 点亮。

当开关 SA 由接通状态断开时，输入信号 X000 断开，其动断触点与 M0 组成的串联回路，使定时器 T0 条件满足，此时对输出 Y000 的状态无影响，定时器 T0 开始定时，5s 后其接点动作，使输出信号 Y000 复位，控制指示灯 HL 延时断开。

六、编程体会

在本实例的程序设计中，定时器 T0 的接点相当于断电延时型时间继电器的延时断开触点，可以应用于需要瞬时接通/延时断开的工艺要求场合。

实例 11 产生延时接通/延时断开信号的应用程序

一、控制要求

在输入信号为 ON 时，经过一段时间输出信号为 ON；输入信号为 OFF 时，输出信号延时一段时间后为 OFF，其控制时序图如图 1-19 所示。

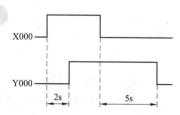

图 1-19 延时接通/延时断开信号的时序

二、硬件电路设计

根据控制要求列出所用的输入/输出点，并为其分配相应的地址，其 I/O 分配表见表 1-11。

表 1-11　　　　　　　　　　延时接通/延时断开信号 I/O 分配表

输入信号			输出信号		
输入地址	代号	功能	输出地址	代号	功能
X000	SA	开关	Y000	HL	指示灯

根据表 1-11 和控制要求，设计 PLC 的硬件原理图，如图 1-20 所示。其中 COM1 为 PLC 输入信号的公共端，COM2 为输出信号的公共端。

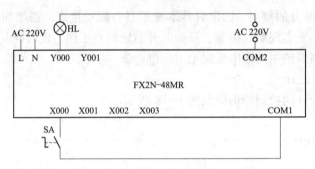

图 1-20　产生延时接通/延时断开信号的 PLC 硬件原理图

三、编程思想

本实例采用两个定时器，与瞬时接通/断开的控制相比，开关接通延时采用一个定时器延时动作；而开关断开采用另一个定时器工作，使其延时后断开，其作用类似于具有通电和断电都延时的时间继电器。

四、控制程序的设计

根据控制要求设计的控制梯形图如图 1-21 所示。

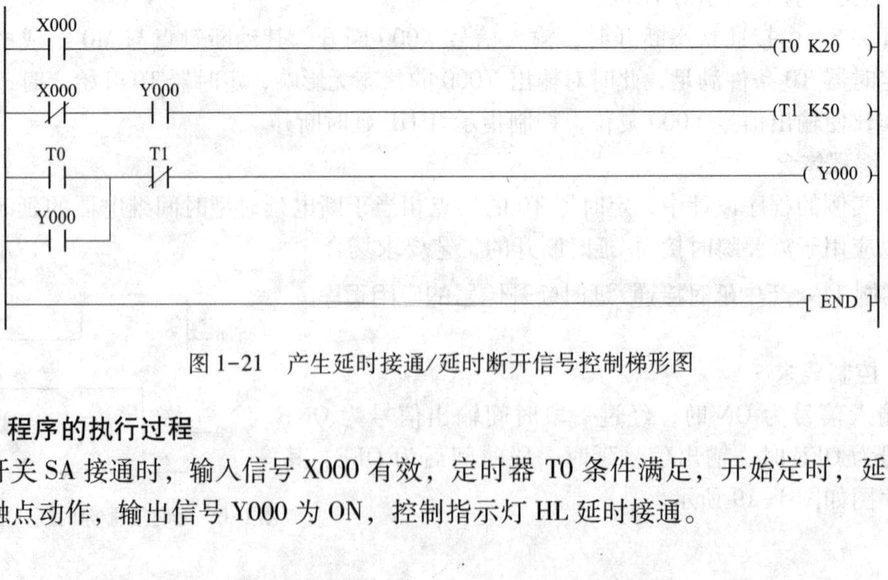

图 1-21　产生延时接通/延时断开信号控制梯形图

五、程序的执行过程

当开关 SA 接通时，输入信号 X000 有效，定时器 T0 条件满足，开始定时，延时 2s 后其动合触点动作，输出信号 Y000 为 ON，控制指示灯 HL 延时接通。

当开关 SA 由接通状态断开时，输入信号 X000 断开，其动断触点与 Y000 组成的串联回路使定时器 T1 满足工作条件，此时对输出 Y000 的状态无影响，定时器 T1 开始定时，5s 后其 T1 的接点动作，其动断触点使输出信号 Y000 复位，控制指示灯 HL 延时断开。

六、编程体会

本实例的程序设计，可以应用于接通需要延时，断开也需要延时的工艺要求场合，其接通和断开的延时时间可通过调整定时器的设定值来实现。

 实例 12　周期脉冲触发控制的应用程序

一、控制要求

当开关 SA 接通时输入信号 X000 有效，输出信号 Y000 输出一串脉冲序列，接通和断开交替进行；脉冲周期的接通时间为 1s，断开时间为 2s。

二、硬件电路设计

根据控制要求列出所用的输入/输出点，并为其分配相应的地址，其 I/O 分配表见表 1-12。

表 1-12　周期脉冲触发控制 I/O 分配表

输入信号			输出信号		
输入地址	代号	功能	输出地址	代号	功能
X000	SA	开关	Y000	HL	指示灯

根据表 1-12 和控制要求，设计 PLC 的硬件原理图，如图 1-22 所示。其中 COM1 为 PLC 输入信号的公共端，COM2 为输出信号的公共端。

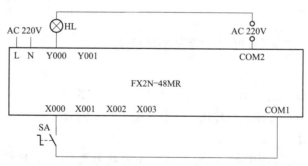

图 1-22　周期脉冲触发控制的 PLC 硬件原理图

三、编程思想

利用定时器实现周期脉冲触发控制，并通过改变定时器的设定值来改变脉冲的占空比。

四、控制程序的设计

根据控制要求设计的控制梯形图如图 1-23 所示。

五、程序的执行过程

当开关 SA 接通时，输入信号 X000 有效，定时器 T0 满足工作条件，开始定时，经过 2s 后，输出信号 Y000 为 ON；同时定时器 T1 开始定时，经过 1s 后，定时器 T1 动断触点动作，使定时器 T0 断开，从而使输出 Y000 变为 OFF，如此循环往复，使输出 Y000 形成一系列的

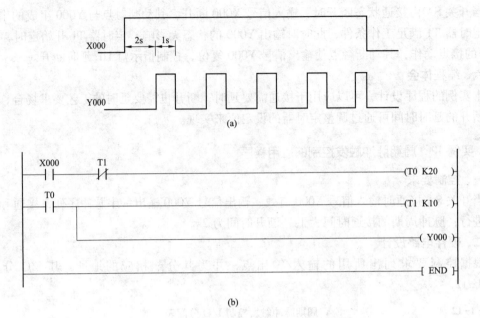

图1-23 周期脉冲触发控制梯形图

(a)周期脉冲触发输入与输出脉冲时序;(b)周期脉冲触发控制梯形图

脉冲,控制信号灯HL闪烁。

六、编程体会

在本实例的程序设计中,周期脉冲触发控制程序也被称为闪烁控制程序或震荡控制程序,在工程实际中应用非常广泛,可以通过改定时器的时间常数,非常方便地改变脉冲周期的占空比。

 实例13 脉宽可控的脉冲触发控制的应用程序

一、控制要求

在输入信号宽度不规则的情况下,得到脉冲宽度可控的触发脉冲,即当开关SA接通和断开的时间长短不一致,输出信号输出一串脉冲宽度一定的脉冲序列。

二、硬件电路设计

根据控制要求列出所用的输入/输出点,并为其分配相应的地址,其I/O分配表见表1-13。其PLC硬件原理图可参考实例12。

表1-13 脉宽可控的脉冲触发控制I/O分配表

输入信号			输出信号		
输入地址	代号	功能	输出地址	代号	功能
X000	SA	开关	Y000	HL	指示灯

三、编程思想

通过上升沿脉冲指令将输入信号转换成脉冲信号,然后结合置位指令SET与定时器,将其输出转换成保持一定时间的脉冲即可。

四、控制程序的设计

根据控制要求设计的控制梯形图如图1-24所示。

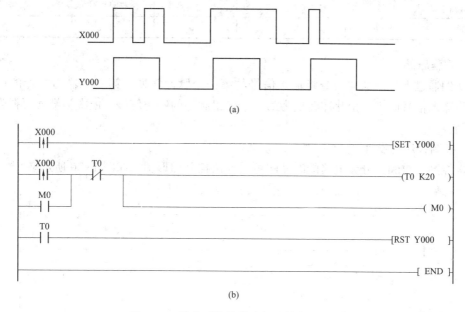

(a)

(b)

图1-24 脉宽可控的脉冲触发控制梯形图

（a）脉宽可控的脉冲触发输入与输出脉冲时序；（b）脉宽可控的脉冲触发控制梯形图

五、程序的执行过程

开关SA接通和断开的时序如图1-24（a）所示，当输入信号X000上升沿有效，输出信号Y000被置位为ON，控制指示灯HL点亮，同时定时器T0开始定时，经过2s后，输出Y000被复位为OFF，控制指示灯HL熄灭，此时不管输入信号接通的时间长短如何，输出信号Y000始终保持2s的宽度，如此循环往复，使输出Y000形成一系列脉宽可控的脉冲。

六、编程体会

在本实例的程序设计中得到的输出脉冲Y000，其宽度不受输入信号X000接通时间长短的影响，输出脉冲的宽度可由定时器的定时时间调整。此程序应用于实际中，可实现按钮的防抖，即使输入信号在一定的时间内多次变化，得到的输出也不变。

 实例14 二分频控制的应用程序

一、控制要求

将一定频率输入的信号转换成频率为其二倍的输出信号。其输入与输出时序的关系如图1-25所示。

二、硬件电路设计

根据控制要求列出所用的输入/输出点，并为其分配相应的地址，其I/O分配表见表1-14。其PLC硬件原理图可参考实例10。

图1-25 二分频控制的时序图

表 1-14　　　　　　　　　　　　　　　二分频控制 I/O 分配表

输入信号			输出信号		
输入地址	代号	功能	输出地址	代号	功能
X000	SA	开关	Y000	HL	指示灯

三、编程思想

本实例通过上升沿脉冲指令将输入信号的第一个脉冲转换为第一个输出脉冲的启动信号，再将输入信号的第二个脉冲转换为第一个输出脉冲的停止信号，依次类推就可得到二分频的控制程序。

四、控制程序的设计

根据控制要求和二分频电路的时序图可设计出控制梯形图，如图 1-26 所示。

```
   X000
   ─┤├───────────────────────────────────────[ PLS  M0 ]

    M0      Y000
   ─┤├──────┤├──────────────────────────────────( M1 )

    M0      M1
   ─┤├──────┤/├─────────────────────────────────( Y000 )
   Y000
   ─┤├──┘

   ──────────────────────────────────────────[ END ]
```

图 1-26　二分频控制的梯形图

五、程序的执行过程

输入信号 X000 第一次有效时，中间继电器 M0 为 ON，控制输出信号 Y000 为 ON，指示灯 HL 点亮；当输入信号 X000 第二次有效时，中间继电器 M1 为 ON，控制输出信号 Y000 为 OFF，指示灯 HL 熄灭；这样依次循环下去就将输入信号的频率转换成频率为二倍的输出信号。

六、编程体会

许多控制场合需要对频率信号进行分频，本实例以二分频为例，可以推广为四分频及八分频控制。将输出信号再分频一次即可变为四分频控制。

 实例 15　实现长延时控制的应用程序

一、控制要求

当一个输入信号有效后，经过 3600s 后输出信号为 ON。

二、硬件电路设计

根据控制要求列出所用的输入/输出点，并为其分配相应的地址，其 I/O 分配表和 PLC 硬件原理图可参考实例 10。

三、编程思想

对于最大定时为 3276.7s 的定时器来说，本实例的 3600s 定时已超出其定时范围，要想解决该问题可将两个定时器串联使用。

四、控制程序的设计

根据控制要求设计出控制梯形图，如图 1-27 所示。

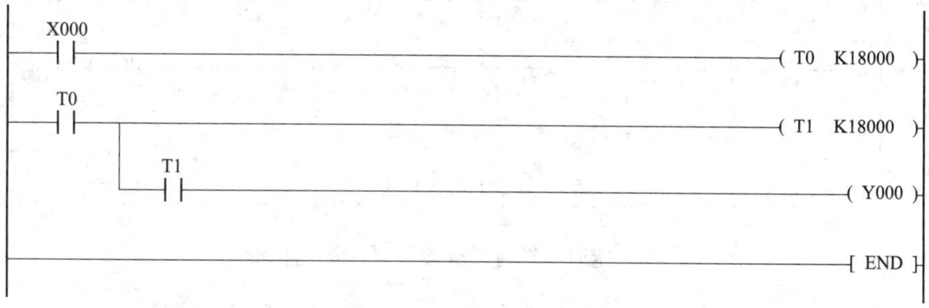

图 1-27 实现长延时控制的梯形图

五、控制程序的执行过程

当输入信号 X000 有效时，定时器 T0 开始定时，经过 1800s 后定时器 T1 开始工作，再定时 1800s，即对于输出信号 Y000 来说将两个定时器的定时时间累加起来经过 3600s 后输出信号 Y000 为 ON，控制指示灯 HL 点亮。当输入信号 X000 断开时，输出信号 Y000 变为 OFF。

六、编程体会

在本实例的程序设计中，对于长延时除采用定时器串联使用外，还可以采用定时器与计数器联合使用的方法。

1.3 CNT 指令的编程应用

实例 16 采用 TIM+CNT 组成长延时的应用程序

一、控制要求

当一个输入信号有效后，经过 5000s 输出信号为 ON。当另一个输入信号 X001 有效后，输出信号复位为 OFF。

二、硬件电路设计

根据控制要求列出所用的输入/输出点，并为其分配相应的地址，其 I/O 分配表和 PLC 硬件原理图可参考实例 10。在实例 10 的基础上增加一个输入信号 X001 即可。

三、编程思想

对于普通的定时器来说其最大定时为 3267.6s，当定时范围超过其允许的最大值，要想解决该问题可将定时器结合计数器使用，将定时器的输出作为计数器的输入，并通过记录定时器工作的次数达到长延时的目的。

四、控制程序的设计

根据控制要求设计出控制梯形图，如图 1-28 所示。

五、控制程序的执行过程

当输入信号 X000 有效时，定时器 T0 开始定时，经过 5s 后其动合触点动作，计数器的脉冲输入端有效，其计数值加 1，同时定时器 T0 的动断触点在下一扫描周期将定时器复位，定时器又重新开始定时，再定时 5s，计数器的计数值又加 1，这样依次下去，当计数器的计

```
   X000    X001    T0      C0                           (T0   K50  )
   ─┤├─────┤/├─────┤/├─────┤/├─────────────────────────

   T0
   ─┤├──────────────────────────────────────────────── (C0   K1000 )

   X001
   ─┤├──────────────────────────────────────────────── [RST  C0 ]

   C0
   ─┤├──────────────────────────────────────────────── ( Y000 )

                                                        [ END ]
```

图 1-28　定时器结合计数器长延时控制梯形图

数值达到设定值时，对于计数器来说，相当于计了 1000 个 5s（即定时 5000s），其动合触点动作；即当输入信号 X000 有效 5000s 后，输出信号 Y000 为 ON，控制指示灯 HL 点亮。当输入信号 X001 有效时，将计数值复位，同时输出信号 Y000 也变为 OFF。

六、编程体会

本实例应用工程实际中，可将计数器作的复位端增加上电复位信号，以确保计数器的当前值从 0 开始计数，也就保证了定时器定时的准确性。

 实例 17　记录扫描周期个数的应用程序

一、控制要求

当一个输入信号有效后，在一定的时间内记录扫描周期的个数。当另一个输入信号有效后，输出信号复位为 OFF。

二、硬件电路设计

根据控制要求列出所用的输入/输出点，并为其分配相应的地址，其 I/O 分配表和 PLC 硬件原理图可参考实例 10。在实例 10 的基础上增加一个输入信号 X001 即可。

三、编程思想

在一定的时间内记录扫描周期的个数，要想解决该问题可通过一个内部的辅助寄存器使其一个扫描周期通断一次，然后记录通断次数。

四、控制程序的设计

根据控制要求设计出控制梯形图，如图 1-29 所示。

```
   X000    M0                                           ( M0 )
   ─┤├─────┤/├──────────────────────────────────────────
         │
         └───────────────────────────────────────────── (T0   K10 )

   M0      T0
   ─┤├─────┤├─────────────────────────────────────────── (C0  K32767 )

   X001
   ─┤├──────────────────────────────────────────────── [RST  C0 ]

   T0
   ─┤├──────────────────────────────────────────────── ( Y000 )

                                                        [ END ]
```

图 1-29　记录扫描周期个数的控制梯形图

五、程序的执行过程

当输入信号 X000 有效时，定时器 T0 开始定时，同时内部辅助寄存器 M0 接通，计数器 C0 的输入端有效，其计数值加 1，第二个扫描周期 M0 断开，第三个扫描周期又接通，计数器 C0 的计数值又加 1，依次类推，经过 1s 后定时器 T0 的动断触点将计数器的脉冲输入端断开，计数器停止计数，同时输出信号 Y000 为 ON。通过查看计数器的计数值，经过计算即可得到 PLC 扫描周期所需的时间。输入信号 X001 有效后，计数器复位，同时输出 Y000 也复位。

六、编程体会

某种场合需要计算扫描次数，一般可采用扫描计数控制程序来实现。本实例应用了普通的计数器，根据计数器的当前值计算扫描周期的次数；对于记录扫描周期的个数，PLC 每扫描两个周期（第一个周期 ON，第二个周期 OFF）计数器才加 1，因此计数器所计的次数乘以 2 后才是扫描周期的次数，读者应注意这一问题。

实例 18 累计按钮通断次数的应用程序

一、控制要求

记录按钮的通断次数标记，当按钮按下 10 次时，点亮指示灯，当按钮再按下 10 次时，指示灯熄灭。

二、硬件电路设计

根据控制要求列出所用的输入/输出点，并为其分配相应的地址，其 I/O 分配表见表 1-15。

表 1-15   累计按钮通断次数的 I/O 分配表

输入信号			输出信号		
输入地址	代号	功能	输出地址	代号	功能
X000	SB1	计数按钮	Y002	HL	指示灯
X001	SB2	复位按钮			

根据表 1-15 和控制要求设计 PLC 的硬件原理图，如图 1-30 所示。其中 COM1 为 PLC 输入信号的公共端，COM2 为输出信号的公共端。

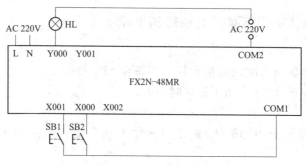

图 1-30 累计按钮通断次数的电路图

三、编程思想

通过计数器记录按钮的通断次数标记，然后应用比较指令实现所记录按钮通断的当前值与预设值的比较，两者相等时点亮或熄灭指示灯。

四、梯形图设计

根据控制要求设计出控制梯形图，如图1-31所示。

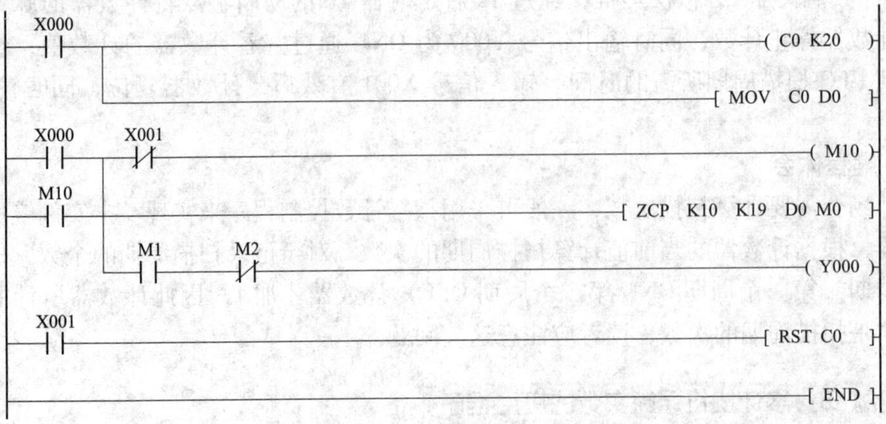

```
X000
─┤├──────────────────────────────────────( C0  K20 )

       ┌─────────────────────────────────[ MOV  C0  D0 ]

X000   X001
─┤├────┤/├────────────────────────────────────( M10 )

M10
─┤├──────────────────────────[ ZCP  K10  K19  D0  M0 ]

       M1    M2
       ─┤├───┤/├──────────────────────────────( Y000 )

X001
─┤├──────────────────────────────────────[ RST  C0 ]

                                            [ END ]
```

图1-31 累计按钮通断次数的梯形图

五、程序执行过程

按下按钮 SB1，输入信号 X000 为 ON，计数器 C0 的当前值加 1，并把计数器的计数值传送到 D0 中；按下按钮 SB2，输入信号 X001 为 ON，计数器 C0 复位，当前值变为 0。

区域比较指令 ZCP 将 D0 中的值与原操作数 [S1.] 即 K10、原操作数 [S2.] 即 K20 进行比较，当 D0 中的当前值大于 10 小于 19 时，执行区域比较指令 ZCP 的结果，使中间继电器 M1 为 ON，控制输出信号 Y000 为 ON，控制指示灯 HL 点亮；当 D0 中的当前值大于 19 时，执行区域比较指令 ZCP 的结果，使中间继电器 M2 为 ON，其动断触点将输出信号 Y002 复位，控制指示灯熄灭。

六、编程体会

本实例的程序设计可将计数器作的复位端增加上电复位信号，以确保计数器的当前值从 0 开始加 1 计数，也就保证了对按钮通断次数累计的准确性；其次，区域比较指令 ZCP 所设定操作数 [S2.] 不能小于 [S1.] 的内容。

 实例 19　利用计数器实现顺序控制的应用程序

一、控制要求

根据按钮按下次数，依次点亮指示灯。当按钮 SB1 被按下 4 次时，4 个指示灯顺序点亮；当按钮 SB2 被按下时，4 个指示灯同时熄灭。

二、硬件电路设计

根据控制要求列出所用的输入/输出点，并为其分配相应的地址，其 I/O 分配表见表1-16。

根据表 1-16 和控制要求设计 PLC 的硬件原理图，如图 1-32 所示。其中 COM1 为 PLC 输入信号的公共端，COM2 为输出信号的公共端。

表1-16 使用计数器实现顺序控制的I/O分配表

输入信号			输出信号		
输入地址	代号	功能	输出地址	代号	功能
X000	SB1	启动按钮	Y000	HL1	指示灯1
X001	SB2	停止按钮	Y001	HL2	指示灯2
			Y002	HL3	指示灯3
			Y003	HL4	指示灯4

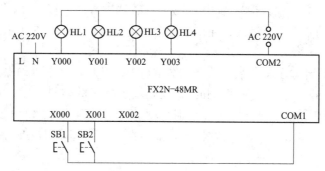

图1-32 使用计数器实现顺序控制的PLC硬件原理图

三、编程思想

通过计数器记录按钮的通断次数，然后根据计数器记录的当前值，利用触点比较指令判断指示灯是否输出。

四、控制程序的设计

根据控制要求设计出控制梯形图，如图1-33所示。

图1-33 使用计数器实现顺序控制的梯形图

五、程序执行过程

按下按钮 SB1 时，输入信号 X000 有效，定时器 T0 工作，0.5s 后其触点动作，计数器 C0 的当前计数值加 1。按钮第一次按下时，计数器从当前值加 1，利用触点大于等于比较指令，当计数器的当前值大于等于 1 时，输出信号 Y000 为 ON，控制指示灯 HL1 点亮。再次按下按钮 SB1 时，输入信号 X000 有效，定时 0.5s 后，计数器 C0 的当前计数值再加 1，计数器从当前值加 1 变为 2，再利用触点大于等于比较指令，当计数器的当前值大于等于 2 时，输出信号 Y001 为 ON，控制指示灯 HL2 点亮。依次类推，当按钮 SB1 依次按下时，信号灯 HL3 和 HL4 被依次点亮。

当按下按钮 SB2 时，输入信号 X001 有效，计数器被 C0 被复位，其当前值变为 0，触点大于等于比较指令的条件不再满足，输出信号全部复位变为 OFF，使指示灯全部熄灭。

六、编程体会

本实例的程序设计除了将计数器的复位端增加上电复位信号，以确保计数器的计数准确外，还应考虑按钮的防抖问题，本实例的 T0 就是增加按钮的防抖功能，若按钮的接通时间小于 0.5s 则本次操作无效；另外对于计数器的脉冲输入可以不加脉冲上升沿控制，本程序通过计数器与比较指令的结合，将计数器的当前值作为条件，确定被控对象在不同的时间点的启动顺序。

1.4　主控指令 MC 的编程应用

 实例 20　采用 MC-MCR 指令实现电动机正反转控制的应用程序

一、控制要求

通过 MC-MCR 指令实现控制电动机的正反转运行，按下按钮 SB2 电动机正转，按下按钮 SB3 电动机反转，按下按钮 SB1 电动机停止。

二、硬件电路设计

本例与实例 8 的控制功能和要求相同，其输入/输出点和硬件原理图可参考实例 4。

三、编程思想

电动机正反转控制梯形图也可以采用主控指令 MC 和主控复位指令 MCR 来设计，当 MC 的条件满足时，MC 和 MCR 之间的程序正常执行。当 MC 的条件是 OFF 时，在 MC 和 MCR 之间的程序中，输出状态关断，可使用停止信号或过载信号作为 MC 的条件，控制电动机的停止。

四、控制程序的设计

根据控制要求设计出控制梯形图，如图 1-34 所示。

五、程序的执行过程

按下按钮 SB2 时，输入信号 X001 有效，控制输出信号 Y000 为 ON，控制接触器 KM1 线圈通电，其触点闭合，电动机正向运行。需要停止时按下按钮 SB1，输入信号 X000 断开，使 MC 的条件变为不满足，在 MC 和 MCR 之间的程序中，输出状态关断，从而使接触器 KM1 复位，电动机停止运行。电动机的反向运行与正向运行类似，读者可自行分析。

当电动机出现过载时，输入信号 X003 断开，同样使 MC 的条件不满足，在 MC 和 MCR 之间的程序中，输出状态关断，使接触器 KM1 或 KM2 复位，电动机停止运行。

图 1-34 采用 MC-MCR 指令实现电动机正反转控制的梯形图

六、编程体会

在本实例的程序设计中使用主控指令 MC 和主控复位指令 MCR 时，读者一定要注意其使用条件和使用的注意事项，并不是所有的在 MC 和 MCR 之间的程序中，输出都关断，若在 MC 和 MCR 之间使用 SET 指令使某一输出有效，则主控指令 MC 的条件不满足时，输出将保持原状态，读者应注意这一点。

实例 21　三速异步电动机的继电器控制改造为 PLC 控制的应用程序

一、控制要求

采用 MC-MCR 指令改造三速异步电动机的继电器控制为 PLC 控制，实现异步电动机 3 个速度的切换，并实现互锁电路。

三速异步电动机的继电器控制电路如图 1-35 所示。

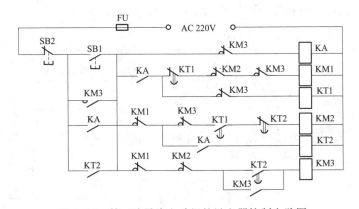

图 1-35　某三速异步电动机的继电器控制电路图

二、硬件电路设计

根据控制要求列出所用的输入/输出点，并为其分配相应的地址，其 I/O 分配表见表 1-17。

表1-17 采用 PLC 改造三速异步电动机的继电器控制电路 I/O 分配表

输入信号			输出信号		
输入地址	代号	功能	输出地址	代号	功能
X000	SB1	控制按钮	Y000	KM1	电动机速度1接触器
X001	SB2	停止按钮	Y001	KM2	电动机速度2接触器
X002	FR	热继电器过载保护	Y002	KM3	电动机速度3接触器

根据表 1-17 和控制要求设计 PLC 的硬件原理图,如图 1-36 所示。其中 COM1 为 PLC 输入信号的公共端,COM2 为输出信号的公共端。

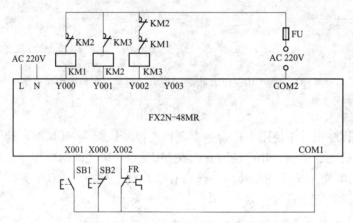

图 1-36 三速异步电动机的 PLC 硬件原理图

三、编程思想

对于继电器控制电路的改造问题,遵循的原则必须保留原电路的控制功能并在此基础上,克服继电器控制固有的缺点,并完善其控制功能。

四、控制程序的设计

根据继电器控制电路的要求设计出控制梯形图,如图 1-37 所示。

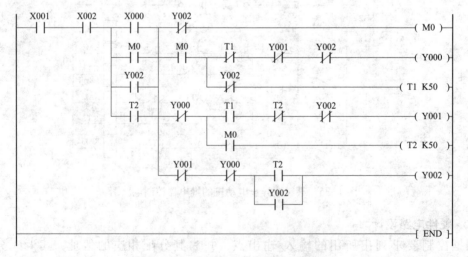

图 1-37 三速异步电动机的控制梯形图

五、程序的执行过程

1. 根据继电器电路改造的梯形图程序

按下启动按钮 SB1 时，输入信号 X000 有效，控制内部辅助继电器 M0 为 ON，其触点实现自锁，同时将输出信号 Y000 接通，控制接触器 KM1 线圈通电，其触点闭合，电动机以第一速度启动运行；定时器 T1 同时进行定时，5s 后其动断触点断开将输出信号 Y000 复位，输出信号 Y000 复位后其动断触点复位，将输出信号 Y001 接通，控制接触器 KM2 线圈通电，其触点闭合，电动机以第二速度加速启动运行；定时器 T2 同时进行定时，5s 后其动断触点断开将输出信号 Y001 复位，输出信号 Y001 复位后其动断触点复位，将输出信号 Y002 接通，控制接触器 KM2 线圈通电，其触点闭合，电动机以第三速度运行。

需要停止时按下按钮 SB2，输入信号 X001 断开，所有输出信号关断，从而使接触器 KM 复位，电动机停止运行。

根据继电器控制电路初步改造后，存在下列问题。

（1）由继电器电路图可以看出，与启动按钮 SB1 并联的 3 个动合触点与停车按钮 SB2 共同控制电动机的启动和加速电路，为简化梯形图程序，使用内部辅助继电器 M0 代替以上功能，这是改造继电器电路常用的方法。

（2）定时器 T2 的动合触点不能代替时间继电器 KT2 的瞬动触点，需要使用内部辅助继电器 M1 的动合触点替换。

（3）受 M0 动合触点控制的各条支路程序结构复杂；如果使用语句表编程，需要使用入栈指令，程序的逻辑关系比较复杂，建议将各条支路分开设计。

为了使梯形图更加简化和条理清晰，程序可以采用主控指令 MC 和主控复位指令 MCR 来实现。当 MC 指令条件满足时，MC 与 MCR 之间的程序顺序执行；MC 指令条件不满足时，MC 与 MCR 之间的程序复位，断开输出。具体程序如图 1-38 所示。

2. 采用 MC-MCR 改造的梯形图程序

按下启动按钮 SB1 时，输入信号 X000 有效，控制内部辅助继电器 M0 为 ON，使主控指令 MC 的条件满足，在 MC 和 MCR 之间的程序执行，输出信号 Y000 为 ON 控制接触器 KM1 线圈通电，其触点闭合，电动机以第一速度启动运行；定时器 T1 同时进行定时，5s 后其接点动作将输出信号 Y000 复位，输出信号 Y000 复位后其动断触点复位将输出信号 Y001 接通，控制接触器 KM2 线圈通电，其触点闭合，电动机以第二速度加速启动运行；定时器 T2 同时进行定时，5s 后其接点动作将输出信号 Y001 复位，输出信号 Y001 复位后其动断触点复位，将输出信号 Y002 接通，控制接触器 KM3 线圈通电，其触点闭合，电动机以第三速度运行。

需要停止时按下按钮 SB1，输入信号 X001 断开，使主控指令 MC 的条件变为不满足，在 MC 和 MCR 之间的程序，所有的输出状态关断，从而使接触器 KM 复位，电动机停止运行。

六、编程体会

在本实例的程序设计中，继电器控制电路的改造遵循的原则为必须保留原电路的功能，并在此基础上克服继电器控制固有的缺点，完善其控制功能。因为继电器控制电路大多已经过实际的应用，其控制逻辑是正确的，针对这种情况可根据其控制的逻辑关系直接设计控制梯形图，但其程序的结构较复杂，可采用主控指令 MC 使其结构进行简化增加程序的可读性。

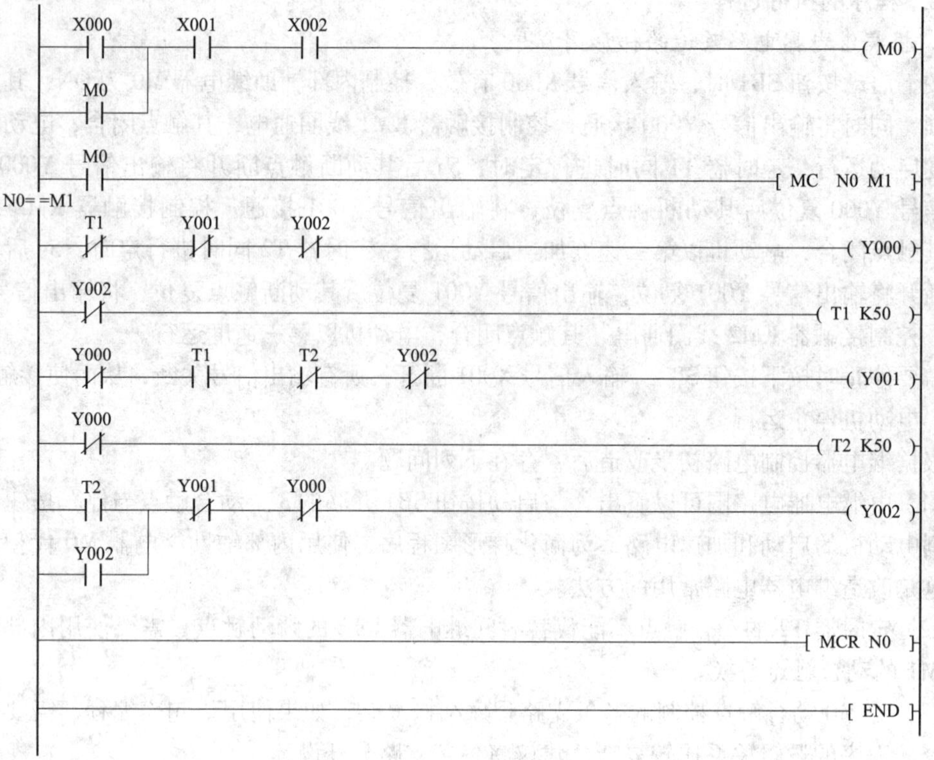

图 1-38 采用 MC-MCR 改造的梯形图

1.5 跳转指令 CJ 的编程应用

实例 22 **3 台电动机不同运行方式控制的应用程序**

一、控制要求

3 台电动机，设置两种启停方式。

（1）手动操作方式：电动机 M1~M3 用各自的启停按钮控制启停。

（2）自动操作方式：按下启动按钮，M1~M3 每隔 5s 依次启动；按下停止按钮，M1~M3 同时停止。

二、硬件电路设计

根据控制要求列出所用的输入/输出点，并为其分配相应的地址，其 I/O 分配表见表 1-18。

表 1-18 3 台电动机不同运行方式 I/O 分配表

输入信号			输出信号		
输入地址	代号	功能	输出地址	代号	功能
X000	SB1	启动按钮	Y000	KM1	控制电动机 M1 的接触器
X001	SB2	停止按钮	Y001	KM2	控制电动机 M2 的接触器

输入信号			输出信号		
输入地址	代号	功能	输出地址	代号	功能
X002	SA	方式选择	Y002	KM3	控制电动机 M3 的接触器
X003	SB3	M1 启动按钮			
X004	SB4	M1 停止按钮			
X005	SB5	M2 启动按钮			
X006	SB6	M2 停止按钮			
X007	SB7	M3 启动按钮			
X010	SB8	M3 停止按钮			
X011	FR1、FR2、FR3	过载保护			

根据表 1-18 和控制要求设计 PLC 的硬件原理图，如图 1-39 所示。其中 COM1 为 PLC 输入信号的公共端，COM2 为输出信号的公共端。

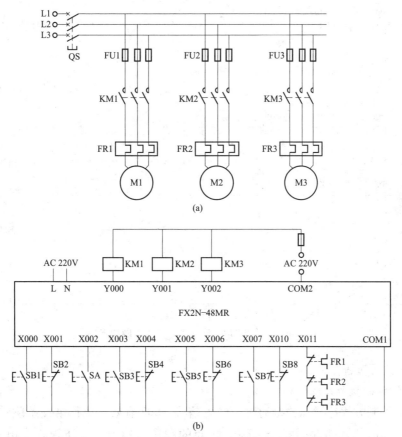

图 1-39 3 台电动机不同运行方式控制电气原理图

（a）电动机控制电路；（b）PLC 硬件原理图

三、编程思想

本设计采用了跳转指令 CJ P1，当电动机控制方式选择开关接通时，PLC 的输入信号

X002 有效，跳转指令 CJ P1 条件满足，此时可实现各个电动机的单独控制。当电动机控制方式选择开关断开时，PLC 的输入信号 X002 为 OFF，跳转指令 CJ P2 条件满足，可实现电动机顺序自动控制。

四、控制程序的设计

根据控制要求设计出控制梯形图，如图 1-40 所示。

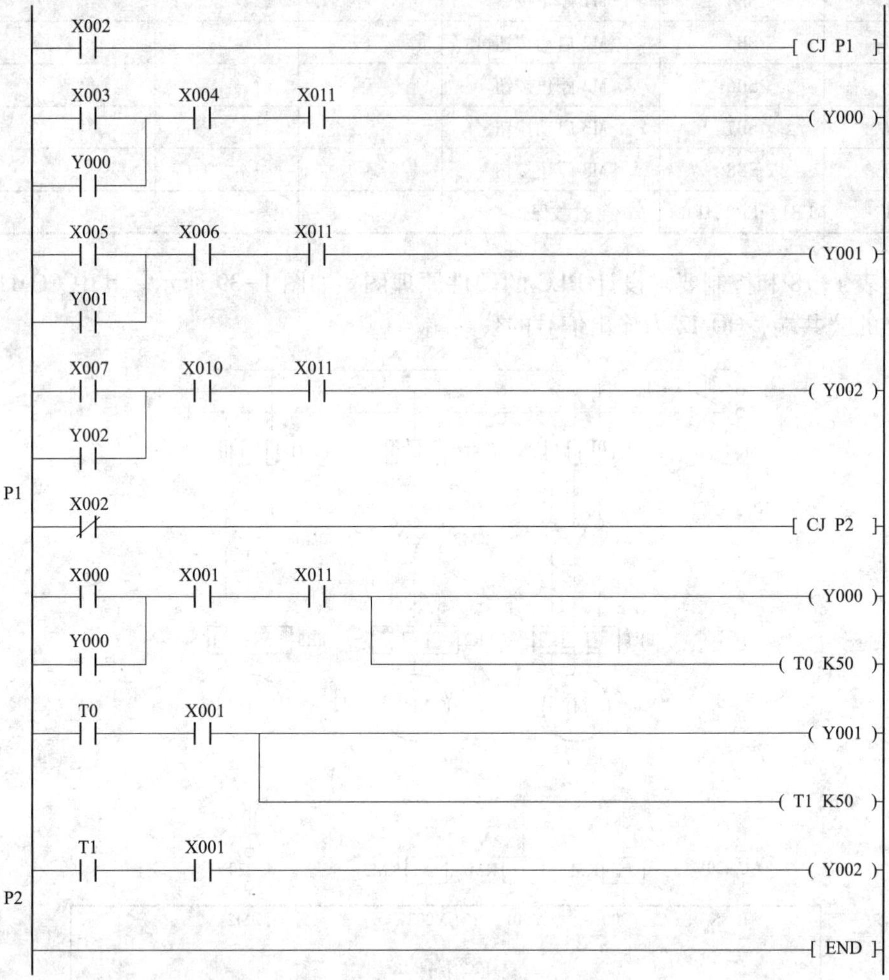

图 1-40　3 台电动机不同控制方式控制梯形图

五、程序执行过程

1. 手动控制的执行过程

当电动机控制方式选择开关接通时，输入信号 X002 有效，执行第一条跳转指令 CJ P1 之间的程序，此时第二条跳转指令 CJ P2 之间的程序不执行，可实现各个电动机的单独控制。

按下启动按钮 SB3 时，输入信号 X002 有效，控制输出信号 Y000 接通，控制接触器 KM1 线圈通电，其触点闭合，第一台电动机启动运行；按下按钮 SB4，输入信号 X003 断开，输出信号 Y000 复位，接触器 KM1 线圈断电，其触点断开，电动机停止运行。其他电动机与 M1 类似，读者可自行分析。

当电动机出现过载时，输入信号 X011 断开，使所有输出信号断开，控制所有接触器 KM1、KM2 和 KM3 线圈断电，其触点断开，电动机停止运行。

2. 自动控制的执行过程

当电动机控制方式选择开关断开时，PLC 的输入信号 X002 为 OFF，第一条跳转指令 CJ P1 之间的程序跳转条件不满足，此时第二条跳转指令 CJ P2 之间的程序条件满足，可实现电动机的自动控制。

按下启动按钮 SB1 时，输入信号 X000 有效，控制输出信号 Y000 为 ON，使接触器 KM1 线圈通电，其触点闭合，第一台电动机启动运行；定时器 T0 同时进行定时，5s 后其触点动作将输出信号 Y001 接通，控制接触器 KM2 线圈通电，其触点闭合，第二台电动机启动运行；定时器 T1 同时进行定时，5s 后其接点动作将输出信号 Y002 接通，控制接触器 KM3 线圈通电，其触点闭合，第三台电动机启动运行。

需要停止时按下按钮 SB2，输入信号 X001 断开，使所有输出信号断开，控制所有接触器 KM1、KM2 和 KM3 线圈断电，其触点断开，电动机停止运行。

当电动机出现过载时，输入信号 X011 断开，使输出信号 Y000 断开，其他输出信号由 Y000 控制同时复位，控制所有接触器 KM1、KM2 和 KM3 线圈断电，其触点断开，电动机停止运行。

六、编程体会

在设计程序时可将不同控制方式的选择通过相应的逻辑关系联系起来，这样不但会使程序的结构变得复杂，同时也使程序的条理不清。本实例的程序设计采用跳转指令 CJ 使结构简化并增加了程序的可读性。

1.6 逻辑操作指令的综合应用

 实例 23 电动机优先控制的应用程序

一、控制要求

按下启动按钮 SB1，电动机 M1 启动，按下启动按钮 SB3，电动机 M2 启动，按下启动按钮 SB5，电动机 M3 启动，电动机 M1 启动后方能启动电动机 M2，电动机 M2 启动后方能启动电动机 M3；按下停止按钮 SB6，电动机 M3 停止运行，按下停止按钮 SB4，电动机 M2 停止运行，按下停止按钮 SB2，电动机 M1 停止运行，电动机 M3 停止后方能停止电动机 M2，电动机 M2 停止后才能停止电动机 M1。

二、硬件电路设计

根据控制要求列出所用的输入/输出点，并为其分配相应的地址，其 I/O 分配表见表 1-19。

表 1-19　　　　　　　　　　电动机优先控制的 I/O 分配表

输入信号			输出信号		
输入地址	代号	功能	输出地址	代号	功能
X000	SB1	M1 启动按钮	Y000	KM1	电动机 M1
X001	SB2	M1 停止按钮	Y001	KM2	电动机 M2

输入信号			输出信号		
输入地址	代号	功能	输出地址	代号	功能
X002	SB3	M2 启动按钮	Y002	KM3	电动机 M3
X003	SB4	M2 停止按钮			
X004	SB5	M3 启动按钮			
X006	SB6	M3 停止按钮			

根据表 1-19 和控制要求设计 PLC 的硬件原理图，如图 1-41 所示。其中 COM1 为 PLC 输入信号的公共端，COM2 为输出信号的公共端。

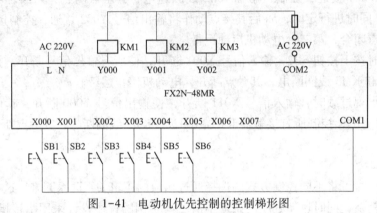

图 1-41 电动机优先控制的控制梯形图

三、编程思想

本实例 3 台电动机的优先顺序启动控制，按其控制第一台电动机的启动的顺序将其动合触点串入下一个要启动的电动机进行编程，而对于 3 台电动机的优先停止控制，可采用将后启动的输出信号的动合触点并联到后停止的停止信号上，只有优先停止的电动机停止后，停止信号才起作用，达到优先控制的目的。

四、控制程序的设计

根据控制要求设计的控制梯形图如图 1-42 所示。

五、程序的执行过程

图 1-42（a）和图 1-42（b）都是电动机优先控制的控制梯形图，工作原理相同，其表示的逻辑结果相同。

1. 优先启动

按下按钮 SB1，输入信号 X000 有效，输出信号 Y000 为 ON，控制接触器 KM1 通电，电动机 M1 启动，在电动机 M1 启动之前按其他启动按钮无效；按下按钮 SB3，输入信号 X002 有效，输出信号 Y001 为 ON，控制接触器 KM2 通电，电动机 M2 启动，此时按 SB5 启动按钮无效；按下按钮 SB5，输入信号 X004 有效，输出信号 Y002 为 ON，控制接触器 KM3 通电，电动机 M3 启动。

2. 优先停止

按下按钮 SB6，输入信号 X005 有效，输出信号 Y002 为 OFF，电动机 M3 停止，在电动机 M3 停止之前按其他停止按钮无效；按下按钮 SB4，输入信号 X003 有效，输出信号 Y001

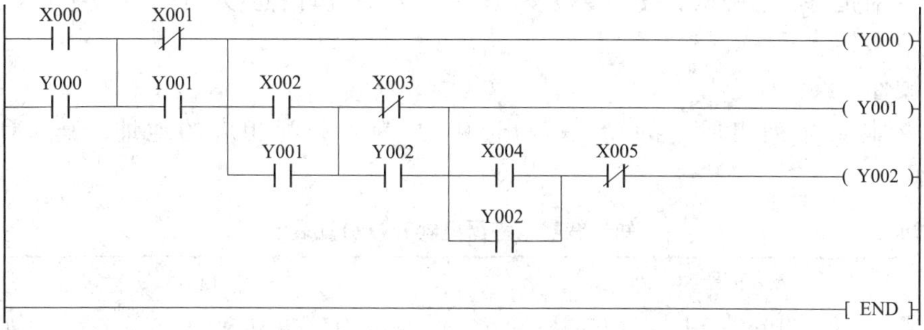

图 1-42 电动机优先控制的梯形图

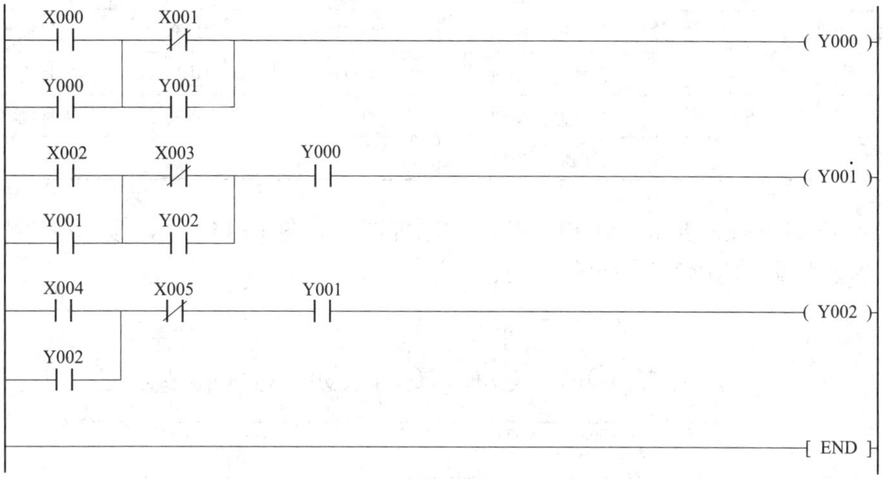

(a) 复杂逻辑关系的控制梯形图；(b) 简单逻辑关系的控制梯形图

为 OFF，电动机 M2 停止，此时按 SB2 按钮无效；按下按钮 SB2，输入信号 X001 有效，输出信号 Y002 为 OFF，电动机 M1 停止。

六、编程体会

本实例的程序设计，未加紧急停止按钮和电动机的过载保护，在实际应用中应增加紧急停止按钮，控制设备一旦出现意外，操作该按钮可立即停止电动机的运行，避免造成更严重的后果。读者可根据实际的工程需要确定不同的优先启动和停止方法。

实例24 知识竞赛抢答器的应用程序

一、控制要求

设计四人竞赛抢答器，首先主持人给出题目，并按下开始抢答按钮，开始抢答按钮信号灯亮后可以抢答，先按下按钮的抢答信号灯亮，后按下的抢答信号灯不亮。抢答结束后，主持人再按一下开始抢答按钮，抢答信号灯熄灭。

如果未按下开始抢答按钮，开始抢答信号灯未亮时抢答者按下按钮，则抢答信号灯闪亮，表示犯规。

主持人对抢答状态确认后按下复位按钮，系统继续允许各队人员抢答，直至又有一队抢先按下抢答按钮。

二、硬件电路设计

根据控制要求列出所用的输入/输出点，并为其分配相应的地址，其I/O分配表见表1-20。

表1-20　　　　　　　　　　　　知识竞赛抢答器控制I/O分配表

输入信号			输出信号		
输入地址	代号	功能	输出地址	代号	功能
X000	SB1	开始抢答按钮	Y000	HL1	开始抢答指示灯
X001	SB2	1号抢答按钮	Y001	HL2	1号抢答指示灯
X002	SB3	2号抢答按钮	Y002	HL3	2号抢答指示灯
X003	SB4	3号抢答按钮	Y003	HL4	3号抢答指示灯
X004	SB5	4号抢答按钮	Y004	HL5	4号抢答指示灯
X005	SB6	抢答器复位按钮			

根据表1-20和控制要求设计PLC的硬件原理图，如图1-43所示。其中COM1为PLC输入信号的公共端，COM2为输出信号的公共端。

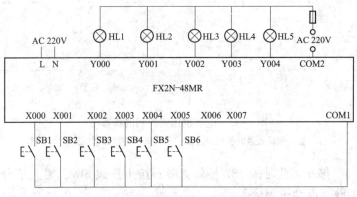

图1-43　四人抢答器PLC硬件原理图

三、编程思想

本实例程序设计的抢答信号灯，是在主持人按下开始抢答按钮之后才有效，而且在有任一抢答信号之后，另3个抢答器均无效，4个抢答信号应加连锁。

四、程序设计分析

根据控制要求设计程序，如图1-44所示。

五、程序执行过程

在开始抢答之前，主持人须按下开始抢答按钮SB1，输入信号X000有效，使中间继电器M0为ON，其动合触点控制输出信号Y000为ON，开始抢答信号灯HL1亮，如果1号抢答成功，输入信号X001有效，使中间继电器M1为ON，其动合触点闭合，控制输出信号Y001为ON，1号抢答灯HL2亮，此次抢答有效。与此同时M1的动断触点断开，将2号、3号和4号抢答器的控制回路断开。其他情况与1号抢答的过程类似。当主持人按下抢答复位

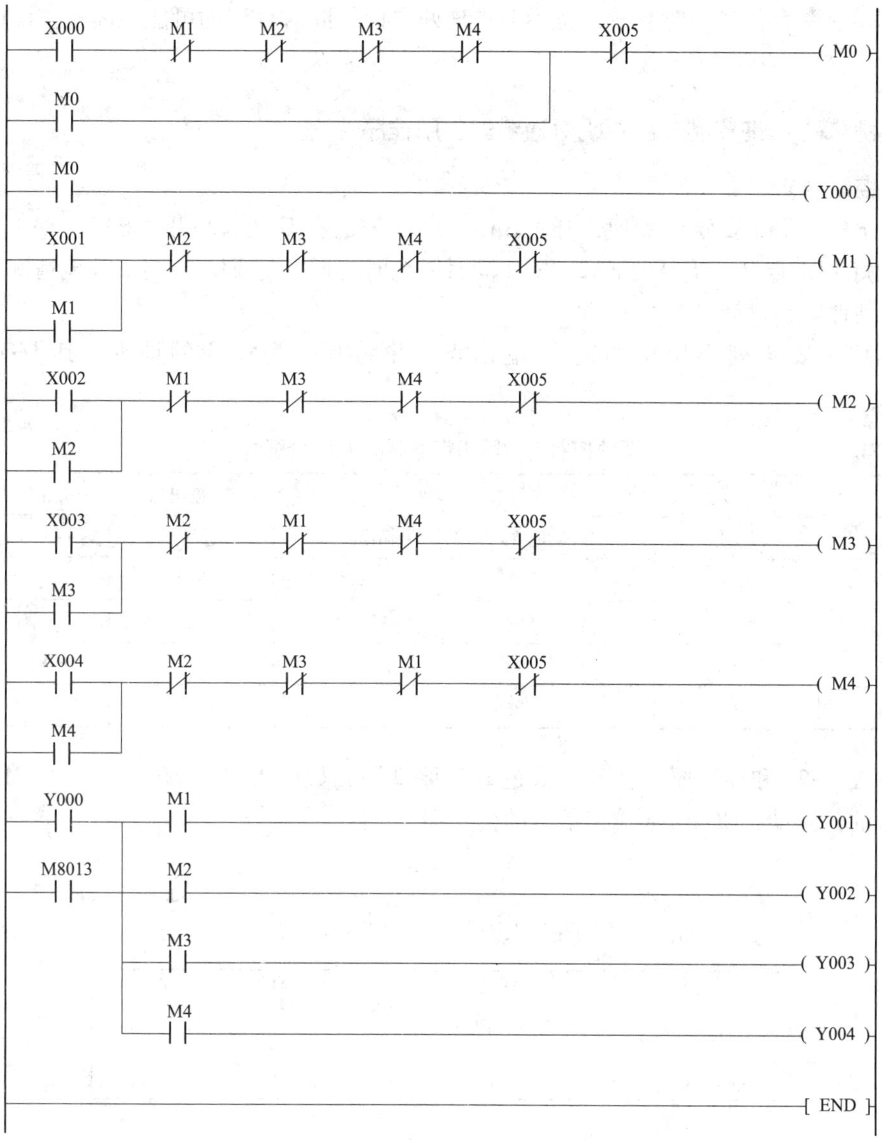

图 1-44 四人抢答器 PLC 控制梯形图

按钮，输入信号 X005 有效，使中间继电器 M0 复位，控制输出信号 Y000 为 OFF，抢答开始指示灯 HL1 熄灭，一次抢答结束，等待下次抢答。2、3 号和 4 号抢答器与 1 号抢答器原理完全相同。

在主持人按下开始抢答按钮之前，若其中一人按下抢答器，以 1 号为例，输入信号 X001 有效，使中间继电器 M1 为 ON，其动合触点闭合，通过 1.0s 时钟脉冲信号，输出信号 Y001 通断，控制 1 号抢答器指示灯 HL2 闪烁，表示其犯规，此次抢答无效；主持人按下抢答复位按钮，使其抢答信号灯熄灭。

六、编程体会

本实例程序设计中的抢答器开始信号只有在无人按下抢答按钮时才有效，须增加连锁功能。本例重点在于抢答器与开始抢答信号之间的连锁关系，由于 PLC 的工作过程是循环扫描的，即使有两个信号同时有效，也不会出现两个信号同时登记的可能，读者在设计程序时要加以考虑。

 实例 25 两地控制多盏照明灯通断的应用程序

一、控制要求

开关 SA1，SA2 安放在 A 地，开关 SA3，S A4 安放在 B 地，当开关 SA1，SA3 同时闭合时，照明灯 EL1 点亮，当开关 SA2，SA4 同时闭合时，照明灯 EL2 点亮。其他情况时熄灭。

二、硬件电路设计

根据控制要求列出所用的输入/输出点，并为其分配相应的地址，其 I/O 分配表见表 1-21。

表 1-21　　　　　两地控制多盏照明灯通断的 I/O 分配表

输入信号			输出信号		
输入地址	代号	功能	输出地址	代号	功能
X000	SA1	控制开关	Y000	EL1	照明灯 1
X001	SA2	控制开关	Y001	EL2	照明灯 2
X002	SA3	控制开关			
X003	SA4	控制开关			

根据表 1-21 和控制要求设计 PLC 的硬件原理图，如图 1-45 所示。其中 COM1 为 PLC 输入信号的公共端，COM2 为输出信号的公共端。

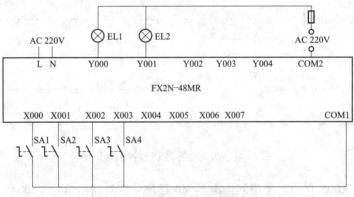

图 1-45　两地控制多盏照明灯的通断电路图

三、编程思想

本实例采用逻辑与运算指令 WAND 直接输出照明灯的状态，将开关 SA1~SA4 的通断状态分别存入寄存器 K1M0 和 K1M10 中，然后进行逻辑与运算。

四、梯形图设计

根据控制要求设计的控制梯形图如图 1-46 所示。

五、程序控制过程

当开关 SA1 闭合时，输入信号 X000 为 ON，使中间继电器 M0 为 ON，并将其状态存入寄存器 K1M0 中；当开关 SA2 闭合时，输入信号 X001 为 ON，使中间继电器 M1 为 ON，并

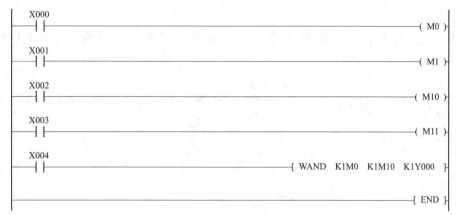

图 1-46 两地控制多盏照明灯的开启梯形图

将其状态存入寄存器 K1M0 中；当开关 SA3 闭合时，输入信号 X002 为 ON，使中间继电器 M10 为 ON，并将其状态存入寄存器 K1M10 中；当开关 SA4 闭合时，输入信号 X003 为 ON，使中间继电器 M11 为 ON，并将其状态存入寄存器 K1M10 中。即将开关 SA1~SA4 的通断状态分别存入存储器 K1M0 和 K1M10 中，然后将 K1M0 和 K1M10 中的内容进行逻辑与运算，结果存放在储存器 K1Y000 中。当存储器 K1M0 和 K1M10 的最低位 M0 和 M10 同时为 ON 时，输出信号 Y000 为 ON；当 M1 和 M11 同时为 ON 时，输出信号 Y001 为 ON；其他状态时 Y000 和 Y001 为 OFF，达到控制照明灯点亮和熄灭目的。

六、编程体会

逻辑指令应用设计的方法很多，采用逻辑与运算指令 WAND 直接控制输出可以简化程序。本实例比较简单，还不能充分体现出其优点，只是提供一种新的编程方法供读者参考。逻辑运算指令包括逻辑与、逻辑或和逻辑异或等指令，可根据具体情况应用。

 实例 26 运料小车自动运行控制的应用程序

一、自动循环送料装置控制要求

送料车运行过程的控制如图 1-47 所示。

（1）送料车由原位出发，前进至 A 处压下 SQ2 停止，延时 30s 自动返回至原位压下 SQ1 停止，再延时 30s 自动前进，经过 A 不停，前进至 B 处压下 SQ3 停止，再延时 30s 自动返回原位停。

（2）在原位再停留 30s，再自动前进，按上述过程自动循环。

（3）在运行的任意位置停止，停止后可手动返回原位。

（4）小车应有限位保护。

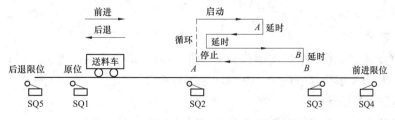

图 1-47 送料小车自动运行工作过程示意图

二、硬件电路设计

根据控制要求列出所用的输入/输出点，并为其分配相应的地址，其I/O分配表见表1-22。

表1-22 运料小车自动运行控制的I/O分配表

输入信号			输出信号		
输入地址	代号	功能	输出地址	代号	功能
X000	SB1	前进启动按钮	Y001	KM1	小车前进
X001	SB2	后退启动按钮	Y002	KM2	小车后退
X002	SB3	停止按钮			
X003	SQ1	原位行程开关			
X004	SQ2	*A*位行程开关			
X005	SQ3	*B*位行程开关			
X006	SA	手动开关			
X007	SQ4	前进极限行程开关			
X010	SQ5	后退极限行程开关			
X011	FR	长期过载保护			

根据表1-22和控制要求设计PLC的硬件原理图，如图1-48所示。其中COM1为PLC输入信号的公共端，COM2为输出信号的公共端。

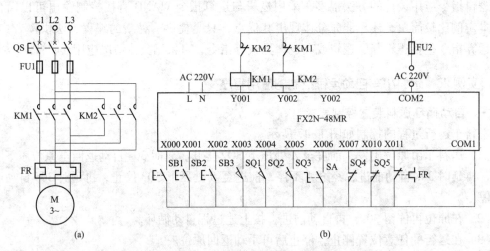

图1-48 运料小车自动运行控制PLC硬件原理图

(a) 电动机控制电路；(b) PLC硬件原理图

三、编程思想

本实例重点解决由原点第二次运行到*B*处时运料小车不停的问题，考虑使用计数器记录SQ2的动作次数来解决这一问题。其他问题按经验设计即可。

四、控制程序的设计

根据控制要求设计的控制梯形图如图1-49所示。

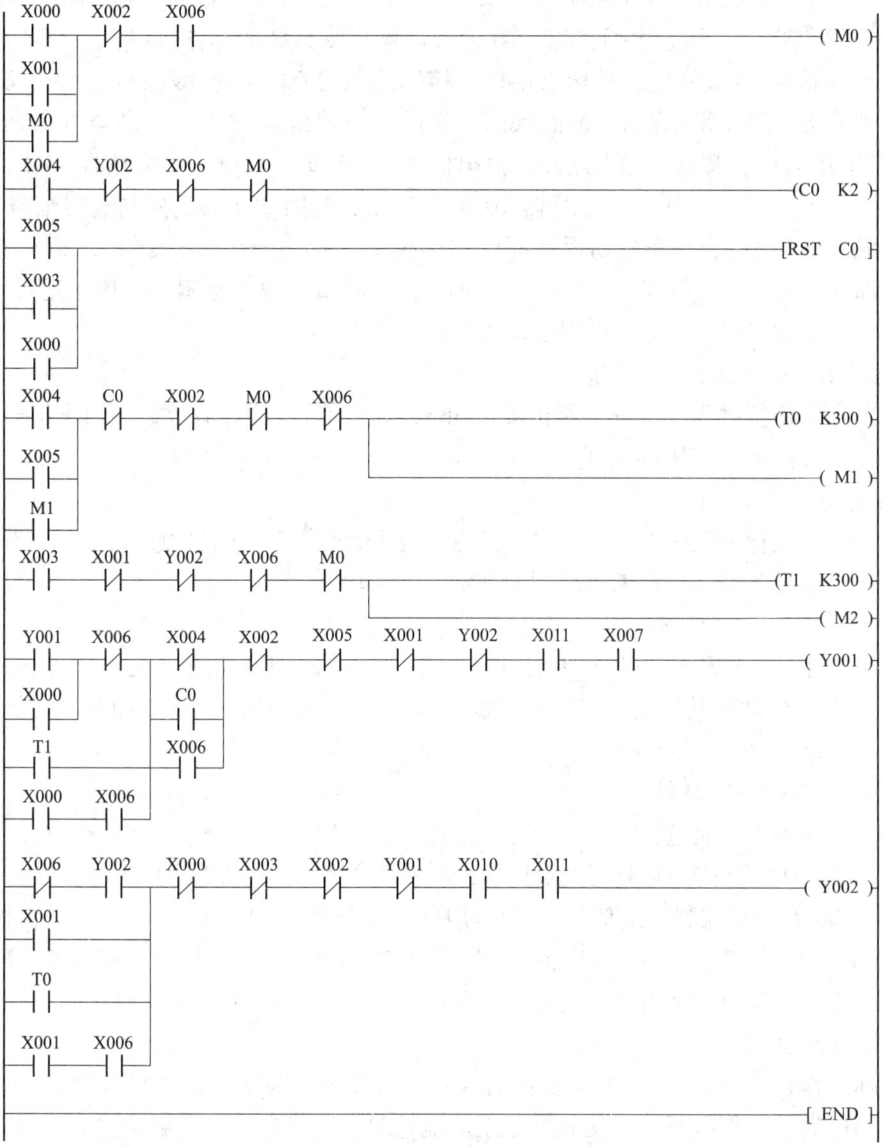

图1-49　运料小车自动运行控制梯形图

五、程序的执行过程

1. 运料小车的循环控制

运料小车正常工作时选择开关 SA 处于断开状态，PLC 输入信号 X006 无效，运料小车自动运行工作状态。按下正向启动按钮 SB1，输入信号 X000 有效，控制输出信号 Y001 为 ON，接触器 KM1 通电，运料车由原位出发，前进至 A 处压下 SQ2，输入信号 X004 有效，其动断触点断开，输出信号 Y001 变为 OFF，使接触器 KM1 断电，运料小车停止运行；同时定时器 T0 开始工作，延时 30s 后，控制输出信号 Y002 为 ON，使接触器 KM2 接通，电动机反转，运料小车自动返回至原位，压下 SQ1，输入信号 X003 有效，其动断触点断开，输出信号 Y002 变为 OFF，使接触器 KM2 断电，运料小车停止运行；同时定时器 T1 开始工作，延时 30s 后,控制输出信号 Y001 为 ON,接触器 KM1 接通,运料小车由原位继续出发,前进至 A 处压下 SQ2,在此过程中计数器 C0 记录行程开关 SQ2 的动作次数,当 SQ2 动作两次后,达到计数器 C0 的设定值,其接点动作短接输入信号 X004 的动断触点,虽然其动断触点断开,但输出信号 Y001 保持 ON 的状态,经过 A 不停继续前进,前进至 B 处压下 SQ3,输入信号 X005 有效,其动断触点断开,输出信号 Y001 变为 OFF,使接触器 KM1 断电,运料小车停止运行。到达 B 处后,定时器 T0 再次工作,延时 30s 后,控制输出信号 Y002 为 ON,接触器 KM2 通电,小车自动返回原位,再次压下开关 SQ1,输入信号 X003 有效,其动断触点断开,输出信号 Y002 变为 OFF,使接触器 KM2 断电,运料小车停止运行,在原位再停留 30s 后自动前进,按上述过程自动循环。

2. 运料小车的停止控制

在运料小车运行过程中,按下停止按钮 SB3,输入信号 X002 有效,使输出信号 Y001 或 Y002 断开,运料小车立即停止运行。

3. 运料小车的过载保护

运料小车在运行过程中发生过载时,热继电器 FR 动作其动断触点断开,输入信号 X011 断开,使输出信号 Y001 或 Y002 断开,运料小车立即停止运行。

4. 运料小车的限位保护

运料小车在运行过程中发生 SQ1 或 SQ3 失效时,即回到原位或 B 处不能停止,限位保护开关 SQ4 或 SQ5 动作其动断触点断开,输入信号 X007 或 X010 断开,使输出信号 Y001 或 Y002 断开,运料小车立即停止运行。

5. 运料小车的手动控制

运料小车手动工作时选择开关 SA 处于接通状态,PLC 输入信号 X006 有效,切断输出信号 Y001 和 Y002 的自锁回路,运料小车处于手动工作状态。按下正转启动按钮 SB1 时,输入信号 X000 有效,控制输出信号 Y001 为 ON,接触器 KM1 通电,小车前进;松开正转启动按钮 SB1 时,输入信号 X000 变为 OFF,控制输出信号 Y001 复位,接触器 KM1 断电,小车停止前进。小车反向运行与正向控制过程相同,读者可自行分析。

六、编程体会

在实际工作过程中,对于 C0 的复位信号问题的考虑:为了保证送料装置能够正确的工作,应在原位启动时将其复位,使其能够正确地计数;同时也将反向启动输入信号并联到计数器的复位端。

第**2**章

功能指令的编程应用

2.1 数据传送指令的编程应用

实例27 改变定时器设定值的应用程序

一、控制要求

使用 MOV 指令改变定时器的设定值。当开关 SA1 按下时，定时器 T0 的设定值为 10s，当开关 SA2 按下时，定时器 T0 的设定值为 20s，如果 SA1 和 SA2 同时接通，则定时器不工作。

二、硬件电路设计

根据控制要求列出所用的输入/输出点，并为其分配了相应的地址，其 I/O 分配表见表 2-1。

表 2-1 改变定时器 TIM 设定值的 I/O 分配表

输入信号			输出信号		
输入地址	代号	功能	输出地址	代号	功能
X000	SA1	定时 10s 开关	Y000	HL1	定时 10s 指示灯
X001	SA2	定时 20s 开关	Y001	HL2	定时 20s 指示灯

根据表 2-1 和控制要求设计 PLC 的硬件原理图，如图 2-1 所示。其中 COM1 为 PLC 输入信号的公共端，COM2 为输出信号的公共端。

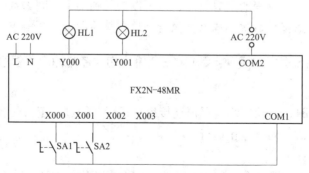

图 2-1 改变定时器 TIM 设定值的 PLC 硬件原理图

三、编程思想

在本设计中使用传送指令 MOV 改变定时器的设定值，将定时器的设定值设为寄存器 D0，通过 MOV 字传送指令将不同的设定值传送到寄存器 D0 中。

四、控制程序的设计

根据控制要求设计的控制梯形图如图 2-2 所示。

```
      X000      X001
   ─┤├────────┤/├─────────────────────────────── [ MOV  K100  D0 ]

      X001      X000
   ─┤├────────┤/├─────────────────────────────── [ MOV  K200  D0 ]

      X000      X001
   ─┤├────────┤/├──────────┐
                            │─────────────────────────── ( T0  D0 )
      X001      X000        │
   ─┤├────────┤/├──────────┘

      X000       T0
   ─┤├────────┤/├─────────────────────────────────────── ( Y000 )

      X001       T0
   ─┤├────────┤/├─────────────────────────────────────── ( Y001 )

                                                           [ END ]
```

图 2-2　MOV 指令改变定时器设定值的梯形图

五、程序的执行过程

当 SA1 接通时，输入信号 X000 有效，通过传送指令将 K100 存入寄存器 D0 中，寄存器 D0 中内容为定时器 T0 预设值，即将 T0 预设值设定为 10s；当 SA2 接通时，输入信号 X001 有效，通过传送指令将 K200 存入寄存器 D0 中，即将 T0 预设值设定为 20s。当 SA1 接通时，输入信号 X000 有效，10s 之后输出 Y000 变为 ON，控制指示灯 HL1 点亮；当 SA2 接通时，输入信号 X001 有效，20s 之后输出 Y001 变为 ON，控制指示灯 HL2 点亮；如果 SA1 和 SA2 同时接通，定时器 T0 不工作。

六、编程体会

本实例提供了一种通过外部控制信号改变内部定时器的设定值的方法，在实际工程应用中会很方便改变某个工艺过程的定时时间，也可以扩展到多个时间参数时采用几个开关量的组合实现。另外，传送指令每次扫描都会执行，故在其前面采用了触点脉冲指令。

 实例 28　采用传送指令实现电动机Y—△降压启动控制的应用程序

一、控制要求

按下启动按钮 SB1，电动机绕组星形连接启动运行，经过一定时间自动换接三角形连接运行；按下按钮 SB2，电动机停止运行。

二、硬件电路设计

根据控制要求列出所用的输入/输出点，并为其分配相应的地址，其 I/O 分配表见表 2-2。

表 2-2　　　　三相异步电动机Y—△降压启动控制的 I/O 分配表

输入信号			输出信号		
输入地址	代号	功能	输出地址	代号	功能
X000	SB1	电动机启动按钮	Y000	KM1	电源接连接触器
X001	SB2	电动机停止按钮	Y001	KM2	星形接连接触器
X002	FR	长期过载保护	Y002	KM3	三角形接连接触器

根据表 2-2 和控制要求，设计三相异步电动机丫—△降压启动控制电气原理图，如图 2-3 所示。其中 COM1 为 PLC 输入信号的公共端，COM2 为输出信号的公共端。

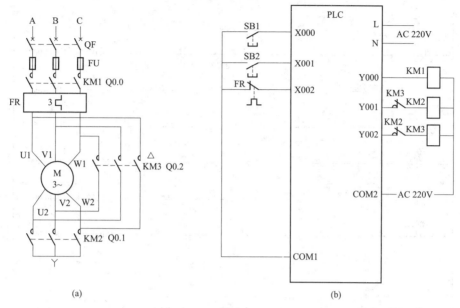

图 2-3 三相异步电动机丫—△降压启动控制的电气原理图
（a）电动机控制电气原理图；（b）PLC 硬件原理图

三、编程思想

采用时间控制原则，实现三相异步电动机丫—△降压启动控制。启动时将电动机定子绕组接成星接，当星形启动运行后经一段时间的延时自动将绕组换为三角形接法正常运行。

四、控制程序的设计

根据控制要求设计控制梯形图，如图 2-4 所示。

五、程序的执行过程

按下 SB1 启动，输入信号 X000 有效，由第一个传送指令输出控制字 K3，使输出信号 Y000 和 Y001 为 ON，控制接触器 KM1 和 KM2 的线圈通电，电动机 M 星形启动运行；同时，定时器 T0 和 T1 开始工作，经过 3s 的延时，定时器 T0 的动合触点使第二个传送指令有效，由传送指令输出控制字 K1，使输出信号 Y000 为 ON，输出信号 Y001 为 OFF，此时电动机绕组断开，电动机靠惯性继续旋转，经过 0.5s，定时器 T1 的动合触点使第三个传送指令有效，由传送指令输出控制字 "K5"，使输出信号 Y000 和 Y002 为 ON，接触器 KM1 和 KM3 通电，将电动机 M 绕组接成三角形接法后正常运行。

按下按钮 SB2，输入信号 X001 有效为 ON，使第四个传送指令有效，由传送指令输出控制字 K0，使输出信号 Y000 和 Y001 或 Y002 为 OFF，接触器 KM1、KM2 或 KM3 断电，电动机停止运行。

当电动机过载时，热继电器 FR 的动断触点断开，输入信号 X002 为 OFF，使第四个传送指令有效，由传送指令输出控制字 "K0"，使输出信号 Y000 和 Y001 或 Y002 为 OFF，接触器 KM1、KM2 或 KM3 断电，电动机停止运行，达到过载保护的目的。

图 2-4 电动机丫—△降压启动控制梯形图

六、编程体会

本实例为了保证丫—△转换过程的可靠进行，在换接过程中定时器 T0 定时 3.0s、T1 定时 3.5s，预留丫—△换接的时间，使输出信号 Y002 在输出信号 Y001 断开 0.5s 后才有效。但还是建议读者在硬件电路中增加互锁环节，避免短路事故的发生。

2.2 数据比较指令的编程应用

实例 29 比较指令监视定时器当前值的应用程序

一、控制要求

利用比较指令监视定时器的当前值，对于定时 30s 的定时器 T0，定时 10s 控制一个信号输出，定时 20s 再控制一个信号输出，定时 30s 后再有一个信号输出。

二、硬件电路设计

根据控制要求列出所用的输入/输出点，并为其分配相应的地址，其 I/O 分配表见表 2-3。

表 2-3　　　　　　　　监视定时器当前值程序的 I/O 分配表

输入信号			输出信号		
输入地址	代号	功能	输出地址	代号	功能
X000	SA	定时器工作开关	Y000	HL1	定时 10s 指示灯
			Y001	HL2	定时 20s 指示灯
			Y002	HL3	定时 30s 指示灯

根据表 2-3 和控制要求设计 PLC 的硬件原理图，如图 2-5 所示。其中 COM1 为 PLC 输入信号的公共端，COM2 为输出信号的公共端。

AC 220V
HL1
HL2
HL3
AC 220V
L
N
Y000
Y001
Y002
COM2
FX2N-48MR
X000
COM1
SA

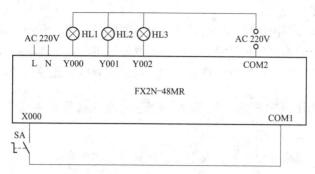

图 2-5 监视定时器当前值的 PLC 硬件原理图

三、编程思想

定时器 T0 工作时其当前值以 0.1 的速率加 1，利用区域比较指令来监视其当前值，第一个触点比较的结果是当前值小于常数 100；第二个触点比较的结果当前值大于等于 100 而小于常数 200；第三个触点比较的结果是当前值大于常数 200。

四、控制程序的设计

根据控制要求设计的控制梯形图如图 2-6 所示。

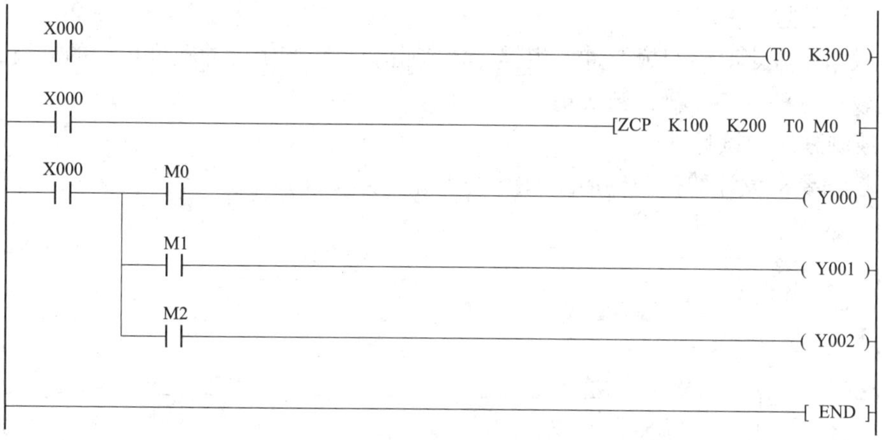

X000
(T0 K300)
X000
[ZCP K100 K200 T0 M0]
X000
M0
(Y000)
M1
(Y001)
M2
(Y002)
[END]

图 2-6 监视定时器 TIM 当前值的梯形图

五、程序的执行过程

当开关 SA 接通时，输入信号 X000 有效，定时器 T0 开始定时，其当前值以 0.1 的速率加 1，利用区域比较指令来监视其当前值，第一个比较是与常数 100 进行比较，当前值小于 K100 时，中间继电器 M0 为 ON，控制输出信号 Y000 为 ON，即定时器 T0 工作在 0～10s，输出信号 Y000 处于接通状态，控制指示灯 HL1 点亮；定时器 T0 的当前值大于等于 K100 小于 K200 时，中间继电器 M1 为 ON，控制输出信号 Y001 为 ON，即定时器 T0 工作在 10～20s，输出信号 Y001 处于接通状态，控制指示灯 HL2 点亮；定时器 T0 的当前值大于 K200 时，中间继电器 M2 为 ON，控制输出信号 Y002 为 ON，即定时器 T0 工作在 20～30s，输出信号 Y003 处于接通状态，控制指示灯 HL3 点亮。

当开关 SA 断开时，输入信号 X000 为 OFF，定时器 T0 复位，其当前值变为 0，区域比较指令条件均不满足，断开输出信号，使指示灯熄灭。

六、编程体会

本实例的程序设计利用区域比较指令监视定时器的当前值，利用区间比较指令的结果可直接控制输出信号，编程也比较简单，本实例提供监视定时器工作的一种方法。另外，还应注意定时器的预设值是以字的数据类型存储的，应采用对应的比较指令。

 实例 30 采用比较指令实现占空比可调的脉冲发生器的应用程序

一、控制要求

采用定时器、比较指令组成脉冲发生器，使其占空比可调。

二、硬件电路设计

根据控制要求列出所用的输入/输出点，并为其分配相应的地址，其 I/O 分配表见表 2-4。

表 2-4 占空比可调的脉冲发生器 I/O 分配表

输入信号			输出信号		
输入地址	代号	功能	输出地址	代号	功能
X000	SB1	启动按钮	Y000	HL	指示灯
X001	SB2	停止按钮			

三、编程思想

由比较指令和定时器组成脉冲发生器，比较指令用来产生脉冲宽度可调的方波，脉宽的调整由比较指令的第二个操作数实现。

四、控制程序的设计

根据控制要求设计的控制梯形图如图 2-7 所示。

```
      X000  X001                                            ( M0 )
      ─┤├──┤/├──────────────────────────────────────────
      M0
      ─┤├─

      M0    M1                                         ( T0  K10 )
      ─┤├──┤/├──────────────────────────────────────────

      T0                                                    ( M1 )
      ─┤├──────────────────────────────────────────────

      [>=  T0  K5 ]                                        ( Y000 )
      ───────────────────────────────────────────────────

                                                          [ END ]
      ───────────────────────────────────────────────────
```

图 2-7 占空比可调的脉冲发生器控制梯形图

五、程序的执行过程

当启动按钮 SB1 接通时，输入信号 X000 有效，内部辅助继电器 M0 接通，控制定时器 T0 工作，通过触点比较指令判断 T0 当前值的变化，当 T0 的当前值大于 5 时，即定时器 T0 定时 0.5s，输出信号 Y000 为 ON，再经过 0.5s 定时器 T0 动作，使辅助继电器 M1 为 ON，控制定时器 T0 复位,当定时器 T0 的当前值复位为 0 时,触点比较指令条件不再满足,输出信号 Y000 为 OFF,并重复上述过程循环。这样由输出端 Y000 产生一定频率的脉冲,改变触点比较指令的比较数据的数值就可以改变脉冲输出的宽度,即实现占空比可调的脉冲发生器。若改变定时器的设定值则产生频率可调的脉冲。

六、编程体会

在本实例的程序设计中,用比较指令和定时器组成脉冲发生器,并通过比较指令产生脉冲宽度可调的方波,此程序可作为通用程序在实际中广泛应用。

 实例 31 控制路灯定时接通和断开的应用程序

一、控制要求

夏季,路灯 19:00 开灯,次日 05:00 关灯;00:00~05:00 灯开一半。

其他季节,路灯 18:00 开灯,次日 07:00 关灯;00:00~07:00 灯开一半。

二、硬件电路设计

根据控制要求列出所用的输入/输出点,并为其分配相应的地址,其 I/O 分配表见表 2-5。

表 2-5　　　　　　　　路灯的定时接通和断开控制 I/O 分配表

输入信号			输出信号		
输入地址	代号	功能	输出地址	代号	功能
X000	SA	工作开关	Y000	EL1	路灯
			Y001	EL2	路灯

三、编程思想

路灯控制的关键在于设计时钟程序,对于 FX2N 系列的 PLC 的 CPU 内部本身具备时钟输出。内部特殊寄存器 D8013~D8019 中存放实时的时钟,其中 D8013 存放"秒"、D8014 存放"分"、D8015 存放"时"、D8016 存放"日"、D8017 存放"月"、D8018 存放"年"和 D8019 存放"星期",本实例利用时钟数据读取指令 TRD 从 PLC 的内部时钟中读取当前时间和日期,并装载到以 D13 为起始地址的 7 个数据寄存器中,依次存放年、月、日、时、分、秒和星期;其中 D15 的内容为存放的小时时钟,D17 存放月时钟。通过监视 PLC 的内部时钟,采用触点比较指令实现路灯的定时控制功能。这里把 7 月至 9 月定义为夏季,其他月份为春季、秋季和冬季。

四、梯形图设计

根据控制要求设计的控制梯形图如图 2-8 所示。

五、执行过程

PLC 上电工作,时钟数据读取指令 TRD 从 PLC 的内部时钟中读取当前时间和日期,并装载到以 D13 为起始地址的 7 个数据寄存器中。将小时时钟存入寄存器 D15 中,月时钟存入寄存器 D17 中。

1. 春、秋和冬季的控制过程

当工作开关 SA 接通时,输入信号 X000 有效,通过触点大于等于比较指令、触点小于比较指令和触点大于比较指令比较寄存器 D17 中的内容;当其值大于等于 K1 小于 K7 即为 1 月至 6 月,中间继电器 M0 为 ON;当其值大于 K9 即为 10 月至 12 月,中间继电器 M0 也为

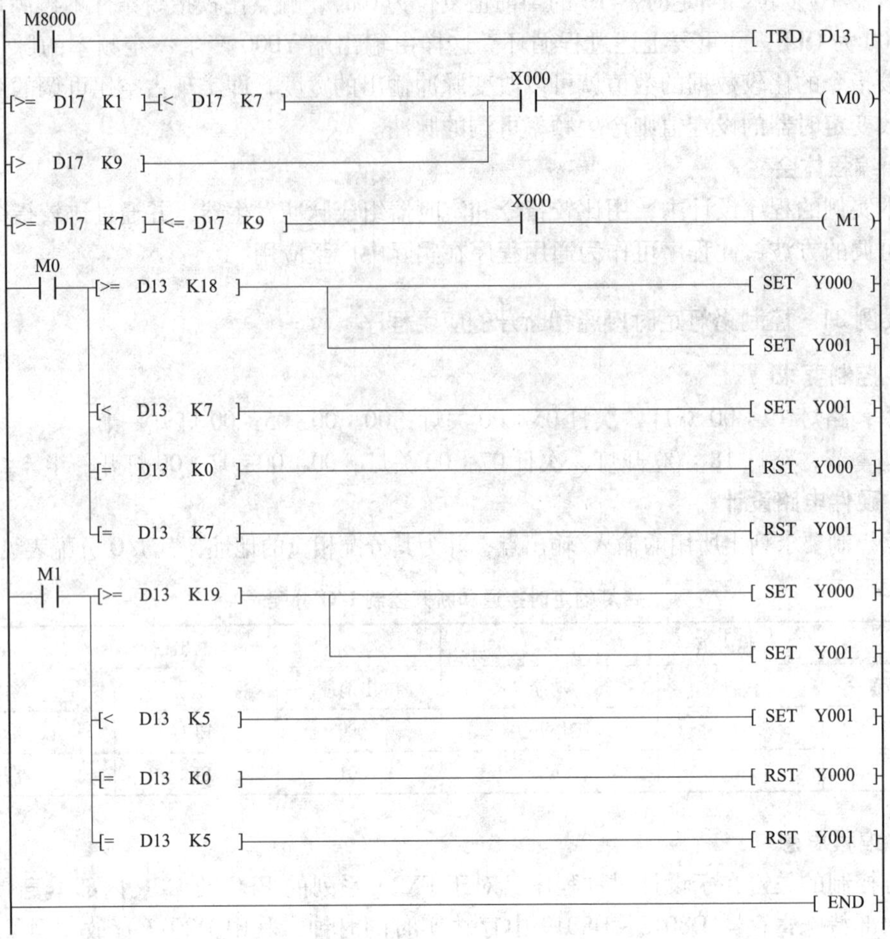

图 2-8 控制路灯的定时接通和断开的梯形图

ON，M0 为路灯春、秋和冬季的控制信号。

中间继电器 M0 为 ON 后，通过触点大于等于比较指令、当 D13 的值大于 K18（即 18：00）时，通过置位指令控制输出信号 Y000 和 Y001 为 ON，点亮全部路灯；通过触点等于比较指令比较寄存器 D15 中的内容，当 D15 中的内容等于 K0 即为 00：00 时，通过复位指令将输出信号 Y000 复位，控制路灯点亮一半；再通过触点等于比较指令比较寄存器 D15 中的内容，当其值等于 K7 即为 07：00，将输出信号 Y001 复位，此时控制输出信号 Y000 和 Y001 断开为 OFF，路灯停止工作。

2. 夏季的控制过程

当工作开关 SA 接通时，输入信号 X000 有效，通过触点大于等于比较指令、触点小于等于比较指令比较寄存器 D17 中的内容；当其值大于等于 K7 小于等于 K9 即为 7 月至 9 月，中间继电器 M1 为 ON；中间继电器 M0 为路灯夏季的控制信号。

中间继电器 M1 为 ON 后，通过触点大于等于比较指令、当 D13 的值大于 K19（即 19：00）时，通过置位指令控制输出信号 Y000 和 Y001 为 ON，点亮全部路灯；通过触点等于比较指令比较寄存器 D15 中的内容，当 D15 中的内容等于 K0 即为凌晨 00：00 时，通过复位指令将输出信号 Y000 复位，控制路灯点亮一半；再通过触点等于比较指令比较寄存器 D15 中的内容，当其值等于 K5 即为 05：00，将输出信号 Y001 复位，此时控制输出信号 Y000 和 Y001 断开为 OFF，路灯停止工作。

3. 路灯停止工作

当工作开关 SA 断开时，输入信号 X000 为 OFF，控制输出信号 Y000 和 Y001 断开为 OFF，路灯不再工作。

六、编程体会

本实例利用时钟数据读取指令 TRD 从 PLC 的内部时钟中读取当前时间和日期，并装载到以 D13 为起始地址的 7 个数据寄存器中，然后通过触点比较指令获取路灯的接通和断开信号。对于此类程序的编写，要求读者对 PLC 的指令系统比较熟悉，充分利用 PLC 的内部资源，将其应用程序设计简单化，同时增加了程序的可读性。程序中的对输出信号的重新置位是考虑凌晨后电网停电再恢复时让路灯重新点亮一半，读者在设计此类程序时也应加以考虑。

2.3 数据移位指令的编程应用

 实例 32 跑马灯控制的应用程序

一、控制要求

（1）控制多个指示灯。
（2）当开关闭合时，每秒钟点亮一个指示灯，依次点亮，并不断循环。

二、硬件电路设计

根据控制要求列出所用的输入/输出点，并为其分配相应的地址，其 I/O 分配表见表 2-6。

表 2-6　　　　　　　　跑马灯控制 I/O 分配表

输入信号			输出信号		
输入地址	代号	功能	输出地址	代号	功能
X000	SA	工作开关	Y000~Y007	HL1~HL8	指示灯

根据表 2-6 和控制要求设计 PLC 的硬件原理图，如图 2-9 所示。其中 COM1 为 PLC 输入信号的公共端，COM2 为输出信号的公共端。

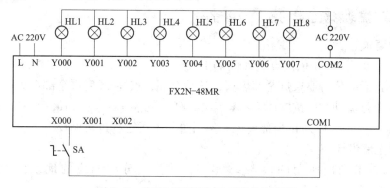

图 2-9　跑马灯控制的 PLC 硬件原理图

三、编程思想

当开关闭合时，可采用循环左移指令实现每秒钟点亮一个指示灯，依次点亮，并不断循环。

四、梯形图设计

根据控制要求设计的控制梯形图如图 2-10 所示。

```
X000
├─┤├──────────────────────────────────────[PLS  M0]

M0
├─┤├──────────────────────────────────────[MOV  K1  K4Y000]
│
M1
├─┤├┘

X000    M8013
├─┤├────┤├─────────────────────────────────[PLS  M2]

M2
├─┤├──────────────────────────────────────[ROL   K4Y000 K1]

Y007
├─┤├──────────────────────────────────────[PLF  M1]

                                           [ END ]
```

图 2-10　跑马灯的控制梯形图

五、控制的执行过程

当开关 SA 接通时，输入信号 X000 有效，将常数 1 传送到寄存器 K4Y000 中，即将输出信号 Y000 置位为 1，指示灯的第一位点亮。在秒脉冲转换为每秒产生一个脉冲的信号 M2，循环左移指令 ROL 在 M2 的作用下，进行移位控制，使输出信号 Y000~Y007 进行移位，控制指示灯按顺序 HL1~HL8 依次点亮（间隔 1s）；当移动到最高位 Y007 时，在其断开的下降沿将其将常数 1 传送到寄存器 K4Y000 中，即将输出信号 Y000 位重新置为 1，寄存器 K4Y000 在脉冲的作用下重新移位，进行循环工作。

六、编程体会

在使用传送指令时，为了保证循环左移指令能够正确移位，使用上升沿脉冲指令，使 MOV 指令当其条件满足时只传送一次；在本程序编写过程中，通过使用循环左移指令对移位位数的控制，对于此类程序的编写，要求读者对 PLC 的指令系统比较熟悉，充分利用 PLC 的功能指令简化程序。另外还应注意目标元件的组合只有 K4 和 K8 时有效。

 实例 33　流动彩灯位数可控的应用程序

一、控制要求

（1）彩灯按顺序 A~H 依次点亮（间隔 1s）。

（2）移到最后一位时要求灯全部熄灭，然后全亮，点亮 1s 后再全部熄灭。

（3）流动彩灯流动方向按顺序 H~A 依次点亮（间隔 1s），移到最后一位时要求灯全部熄灭，然后全亮，点亮 1s 后再全部熄灭。然后重复上述过程进行循环。

二、硬件电路设计

根据控制要求列出所用的输入/输出点，并为其分配相应的地址，其 I/O 分配表见表 2-7。

表 2-7

流动彩灯 I/O 分配表

输入信号			输出信号		
输入地址	代号	功能	输出地址	代号	功能
X000	SB1	启动按钮	Y000~Y007	HL1~HL8	指示灯
X001	SB2	停止按钮			

根据表 2-7 和控制要求设计 PLC 的硬件原理图，如图 2-11 所示。其中 COM1 为 PLC 输入信号的公共端，COM2 为输出信号的公共端。

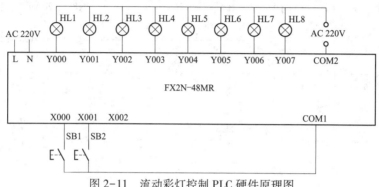

图 2-11　流动彩灯控制 PLC 硬件原理图

三、编程思想

流动彩灯的流动方向，可采用循环左移和循环右移指令实现，全部点亮的控制采用传送指令将输出字节的 8 位全部置 1 即可。

四、梯形图设计

根据控制要求设计的控制梯形图如图 2-12 所示。

五、控制的执行过程

1. 启动流动彩灯

按下启动按钮 SB1 时，输入信号 X000 有效，内部辅助继电器 M0 为 ON，通过传送指令将 K1 存入寄存器 K4Y000 中，即将寄存器 K4Y000 中的 Y000 置位为 K1，流动彩灯的第一位点亮，在秒脉冲的作用下，控制循环左移指令工作，彩灯按顺序 A~H 依次点亮（间隔1s）；当移动到最高位 Y007 时，接通内部辅助继电器 M10，其动合触点使定时器 T0 工作，经过 1s 后通过传送指令将 K255 存入寄存器 K4Y000 中，即将寄存器 K4Y000 的低 8 位全部置 1，点亮全部彩灯；定时器 T1 经过 1s 的定时，将常数 K0 传送到输出寄存器 K4 Y000 中，即将 K4Y000 的低 8 位全部置 0，全部彩灯熄灭；定时器 T2 经过 1s 的定时，将十六进制数 H80 存入寄存器 K4Y000 中，寄存器 K4Y000 中的第 8 位置 1，即将 K4Y00 中的 Y007 置位 1，流动彩灯的第 8 位点亮。在秒脉冲的作用下，控制循环右移指令工作，彩灯按顺序 H~A 依次点亮（间隔 1s），当移动到最低位 Y000 时，将中间继电器 M11 接通，其动合触点使定时器 T10 工作，经过 1s 后通过传送指令将 K255 存入寄存器 K4Y000 中，即将 K4Y000 中的低 8 位全部置 1，点亮全部彩灯；定时器 T1 经过 1s 的定时，将常数 K0 传送到寄存器 K4Y000 中，即将 K4Y000 的低 8 位全部置 0，全部彩灯熄灭；定时器 T2 经过 1s 的定时，将中间继电器 M12 接通，使中间继电器 M10 和 M11 复位，通过传送指令重新将 K1 存入 K4Y000 中，即将寄存器 K4Y000 中的 Y000 置位 1，重复上述过程进行循环。

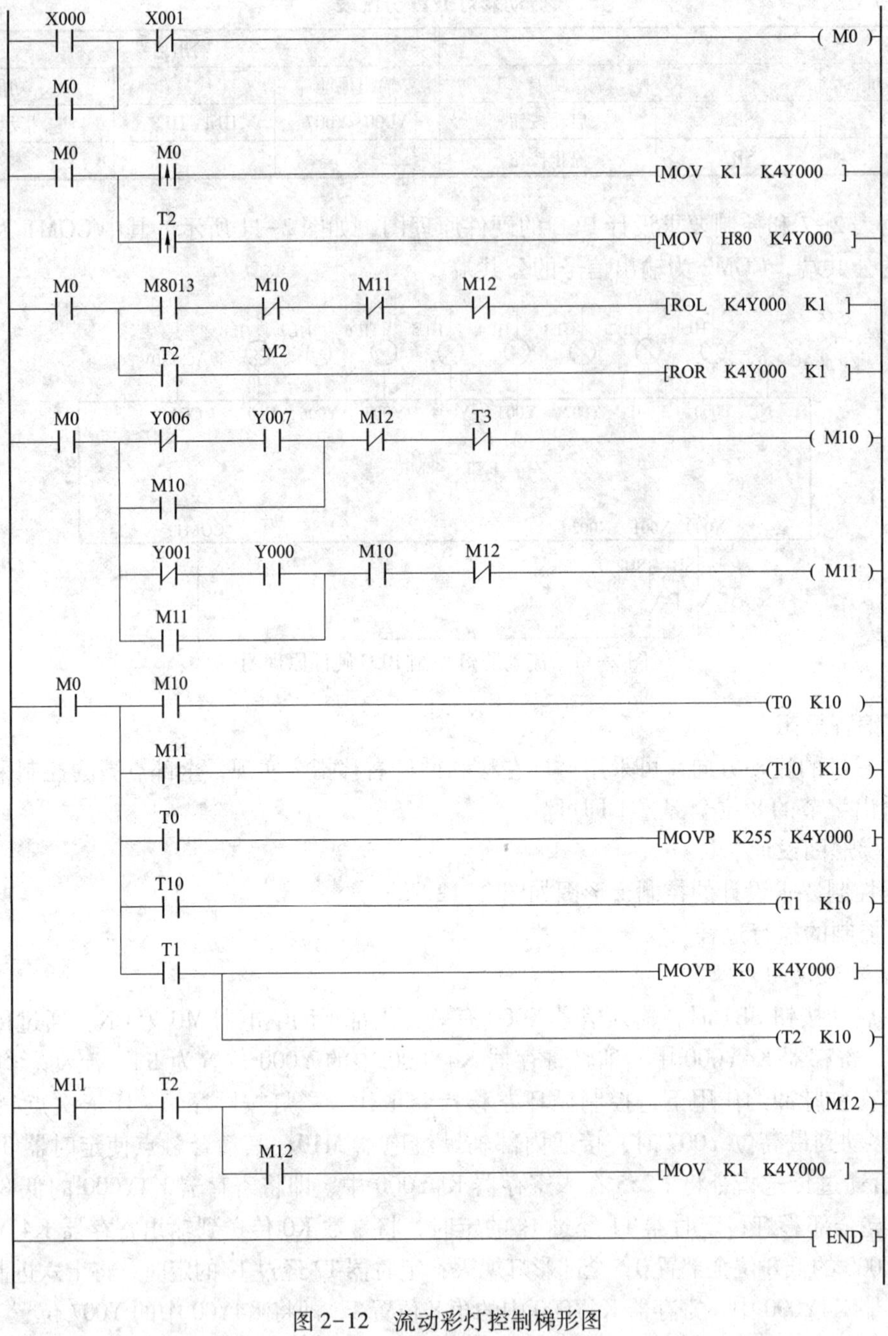

图 2-12　流动彩灯控制梯形图

2. 停止流动彩灯

按下按钮 SB2，输入信号 X001 有效，中间继电器 M0 复位，流动彩灯停止工作。

六、编程体会

在使用传送指令时，为了保证循环左移指令能够正确移位，使用上升沿脉冲指令，使传送指令 MOV 条件满足时只传送一次；本程序使用循环左移和循环右移指令对移位方向进行控制，此类程序的编写要求读者对 PLC 的指令系统比较熟悉，充分利用 PLC 的功能指令简化程序。另外还应注意目标元件的组合只有 K4 和 K8 时有效。

 实例 34　七段数码管的显示控制的应用程序

一、控制要求

通过计数器记录开关接通的次数，并通过数码管显示开关的接通次数，要求当开关接通次数大于 10 时复位显示"0"，并重新开始计数并显示。

二、硬件电路设计

根据控制要求列出所用的输入/输出点，并为其分配相应的地址，其 I/O 分配表见表2-8。

表 2-8 　　　　　　　　　　　七段数码管显示 I/O 分配表

输入信号			输出信号		
输入地址	代号	功能	输出地址	代号	功能
X000	SA1	工作开关	Y000		七段数码管 a
X001	SA2	清除开关	Y001		七段数码管 b
			Y002		七段数码管 c
			Y003		七段数码管 d
			Y004		七段数码管 e
			Y005		七段数码管 f
			Y006		七段数码管 g

根据表 2-8 和控制要求设计 PLC 的硬件原理图，如图 2-13 所示。其中 COM1 为 PLC 输入信号的公共端，COM2 为输出信号的公共端。

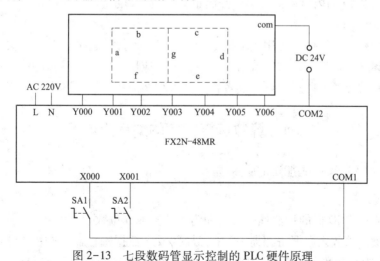

图 2-13　七段数码管显示控制的 PLC 硬件原理

三、编程思想

应用计数器、BCD 码递增指令和七段码指令，将记录的开关通断的次数显示出来。

四、控制程序的设计

根据控制要求设计的控制梯形图如图 2-14 所示。

```
   X000
───┤├──────────────────────────────────────────────────( C0    K10 )

   X001
───┤├────┬──────────────────────────────────────────────[ RST   C0 ]
   C0    │
───┤├────┘

   X000
───┤↑├─────────────────────────────────────────────────[ INC   K2M0 ]

   X002
───┤├──────────────────────────────────────────[ SEGD  K2M0  K2Y000 ]

   X001
───┤├────┬─────────────────────────────────────[ MOV   K0    K2M0 ]
   C0    │
───┤├────┘

──────────────────────────────────────────────────────────[ END ]
```

图 2-14　七段数码管显示的控制梯形图

五、程序的执行过程

当接通 SA1 时，输入信号 X000 有效，通过递增指令 INC 记录 SA1 的动作次数，并将其存入 K2M0 中，同时计数器 C0 的当前值加 1。通过七段数字显示译码输出指令将其结果输出给寄存器 K2Y000，将 K2M0 的内容通过七段译码管显示出来。

当工作开关 SA1 接通次数大于等于 10 时，计数器 C0 动作，将 K2M0 的内容清零，再接通 SA1 时开始重新计数和显示。当清除错误开关 SA2 接通时，输入信号 X001 有效，计数器 C0 复位，同时 K2M0 的内容也被清零，开始重新计数和显示。

六、编程体会

在本实例的程序设计中，使用递增指令 INC，当其条件满足时只累加一次，避免每个扫描周期都进行累加，发生记录的次数出错，在其前面应用一条上升沿脉冲信号；本程序在编写时没有考虑开关接通的防抖问题，读者在具体工程实际中应给予考虑。

2.4　算数运算指令的编程应用

 实例 35　4 位 BCD 码加法的应用程序

一、控制要求

实现两个 4 位 BCD 码的加法程序，其和为 4 位数或 5 位数。

将 4 位数被加数放入数据寄存器 D0 中，加数放入数据寄存器 D1 中，和存入数据寄存器 D2 中。若和为 5 位数数据寄存器 D3 中送入 1；为 4 位数数据寄存器 D3 中送入 0。当有进位时，指示灯 HL1 点亮；无进位时，指示灯 HL2 点亮。

二、硬件电路设计

根据控制要求列出所用的输入/输出点，并为其分配相应的地址，其 I/O 分配表见表 2-9。

表 2-9 4 位 BCD 码加法 I/O 分配表

输入信号			输出信号		
输入地址	代号	功能	输出地址	代号	功能
X000	SB1	存入被加数按钮	Y000	HL1	有进位指示灯
X001	SB2	存入加数按钮	Y001	HL2	无进位指示灯
X002	SB3	求和按钮			

根据表 2-9 和控制要求设计 PLC 的硬件原理图，如图 2-15 所示。其中 COM1 为 PLC 输入信号的公共端，COM2 为输出信号的公共端。

图 2-15 实现 4 位 BCD 码加法的 PLC 硬件原理图

三、编程思想

本实例的编程，可通过 BCD 码加法指令实现 4 位数加法的运算，并通过传送指令将加数和被加数的内容送入相应的存储单元。

四、控制程序的设计

根据控制要求设计的控制梯形图如图 2-16 所示。

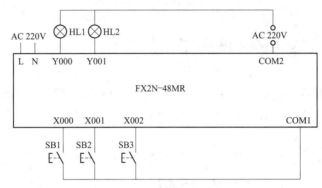

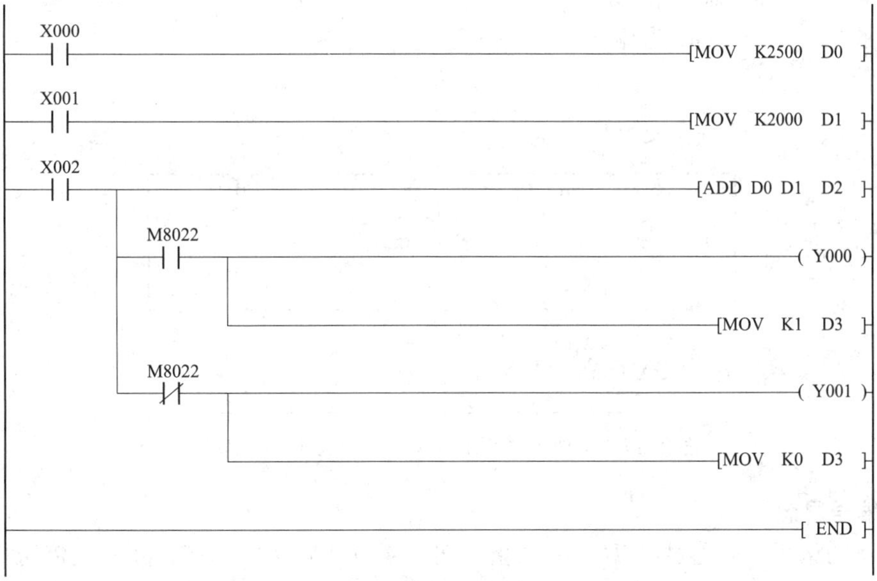

图 2-16 实现 4 位 BCD 码加法的控制梯形图

五、程序的执行过程

当按下按钮 SB1 时，输入信号 X000 有效，将被加数存入数据寄存器 D0 中；当按下按钮 SB2 时，输入信号 X001 有效，将加数存入数据寄存器 D1 中。

当按下按钮 SB3 时，输入信号 X002 有效，执行加法指令将求和的结果存入寄存器 D2 中；若求和的结果为 5 位数数据寄存器 D3 中送入常数 K1，同时将输出信号 Y000 变为 ON，对应的指示灯 HL1 点亮，表示两个 4 位数相加有进位；若求和的结果为 4 位数数据寄存器 D3 中送入 0，同时对应的指示灯 HL2 点亮，表示两个 4 位数相加无进位。

六、编程体会

本实例的程序设计应考虑进位问题，为了使程序的执行结果正确，每次运算之前应对进位存储的单元进行清零操作。

 实例 36　4 位 BCD 码减法的应用程序

一、控制要求

实现两个 4 位 BCD 码的减法程序，被减数存入到 D0 中，减数存入 D1 中，差存入到 D2 中，若有借位将 D2 中的内容取反，同时点亮指示灯。

二、硬件电路设计

根据控制要求列出所用的输入/输出点，并为其分配相应的地址，其 I/O 分配表见表 2-10。

表 2-10　　　　　　　　　　　4 位 BCD 码减法 I/O 分配表

输入信号			输出信号		
输入地址	代号	功能	输出地址	代号	功能
X000	SB1	存入被减数按钮	Y000	HL	有借位指示灯
X001	SB2	存入减数按钮			
X002	SB3	求差按钮			

根据表 2-10 和控制要求设计 PLC 的硬件原理图，如图 2-17 所示。其中 COM1 为 PLC 输入信号的公共端，COM2 为输出信号的公共端。

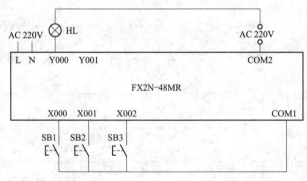

图 2-17　实现 4 位 BCD 码减法的 PLC 硬件原理图

三、编程思想

本实例的编程，可通过 BCD 码减法指令实现 4 位数减法的运算，并通过传送指令将减数和被减数的内容送入相应的存储单元。

四、控制程序的设计

根据控制要求设计的控制梯形图如图 2-18 所示。

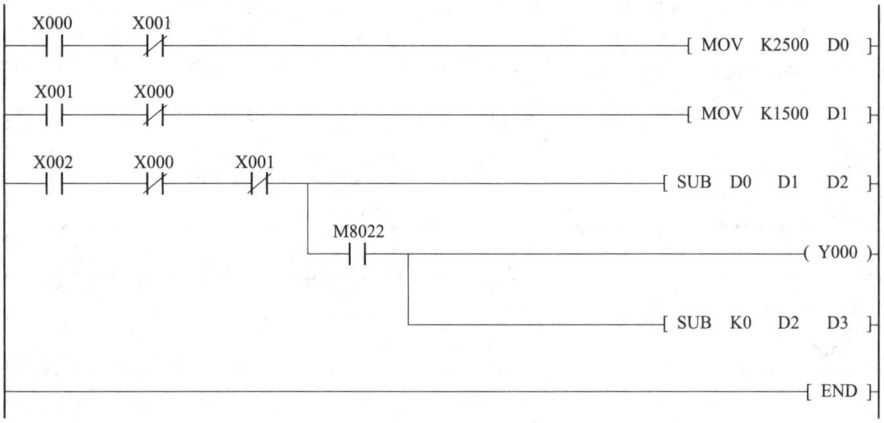

图 2-18 实现 4 位 BCD 码减法的梯形图

五、程序的执行过程

当按下按钮 SB1 时，输入信号 X000 有效，将被减数存入寄存器 D0 中；当按下按钮 SB2 时，输入信号 X001 有效，将减数存入寄存器 D1 中。

当按下按钮 SB3 时，输入信号 X002 有效，执行减法指令将所求差的结果存入寄存器 D2 中；若有借位则将寄存器 D2 中的内容取反后存入寄存器 D3 中，同时控制输出信号 Y000 为 ON，对应的指示灯 HL 点亮。

六、编程体会

本实例的程序设计在程序的执行过程中若产生借位，所求的差值为补码，为了避免出现负数，可在程序执行减法指令前比较一下两个数的大小，若被减数比减数小，可用寄存器 D1 的数据减去寄存器 D0 的数据。

实例 37 实现算数平均值滤波的应用程序

一、控制要求

要求连续采集 5 次数据，计算其平均值，这 5 个数据通过 5 个周期进行采样。

二、编程思想

将采样的数据相加，并通过计数器记录采样的次数，然后将累加的结果除以采样的次数，计算出平均值即可。

三、梯形图设计

根据控制要求设计的控制梯形图如图 2-19 所示。

四、程序的执行过程

当按下采样按钮 SB1 时，输入信号 X000 有效，采样开始。定时器 T0 开始定时，设定的采样周期为 0.5s。定时器经过 0.5s 的定时，通过模拟量模块读指令 RD3A，将模拟量转换的数据存入寄存器 D20 中，即将采样 A/D 转换的结果存入 D20，然后通过加法指令将其

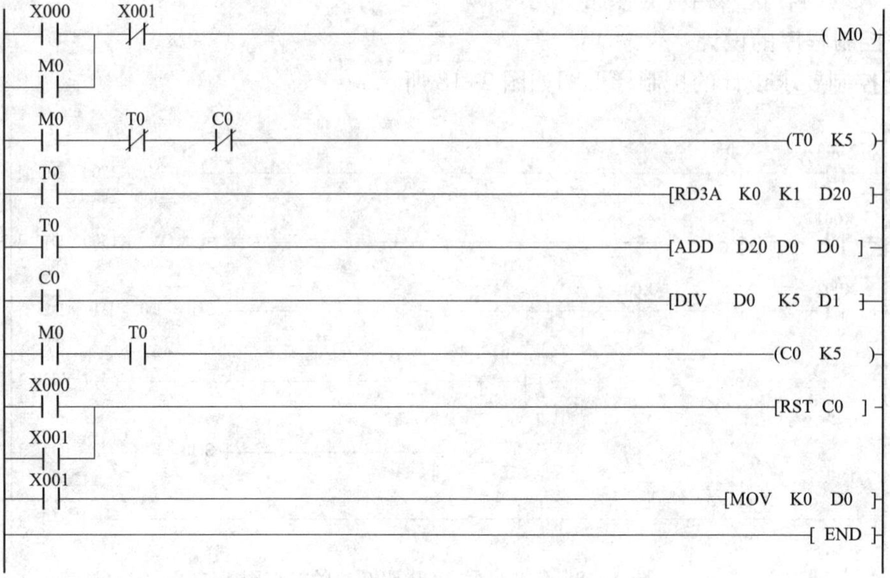

```
    X000   X001
     ┤├────┤/├──────────────────────────────────────────( M0 )
     M0
     ┤├

     M0    T0    C0
     ┤├────┤/├──┤/├────────────────────────────────────(T0  K5 )

     T0
     ┤├──────────────────────────────────[RD3A  K0  K1  D20 ]

     T0
     ┤├──────────────────────────────────────[ADD  D20  D0  D0 ]

     C0
     ┤├──────────────────────────────────────[DIV  D0  K5  D1 ]

     M0    T0
     ┤├────┤├────────────────────────────────────────(C0  K5 )

     X000
     ┤├───────────────────────────────────────────[RST  C0 ]
     X001
     ┤├

     X001
     ┤├──────────────────────────────────────[MOV  K0  D0 ]

                                                        [ END ]
```

图 2-19　实现算数平均值滤波的梯形图

存储到寄存器 D0 中；同时计数器 C1 的当前值加 1；定时器 T0 的动断触点断开，下一个扫描周期定时器重新工作，再定时 0.5s，通过模拟量模块读指令 RD3A，将模拟量转换的数据存入寄存器 D20 中，再通过加法指令将其存储到寄存器 D0 中，此时 D0 中存储的数据是两次采样的代数和；同时计数器 C1 的当前值加 1；依次类推定时器利用其本身的动断触点将其复位，定时器 T0 复位后又重新开始定时，重复上述过程；当计数器 C1 的当前值等于设定值"5"时，寄存器 D0 累加 5 次 A/D 转换的结果；当计数器 C0 的动合触点动作时通过除法指令，将寄存器 D0 中的数据除以 5 计算出算数平均值，并将结果存储到寄存器 D1 中。

需要再次测量时，按下停止按钮 SB2，输入信号 X001 有效，将计数器 C0 和中间继电器 M0 复位，同时将寄存器 D0 的内容清零，为下次测量做好准备，按下采样按钮 SB1 进行测量。

五、编程体会

在实际工程应用中经常会遇到数据的采集问题，为了防止干扰，读者可以通过程序进行数据滤波，算数平均值滤波法是一种常用的滤波方法。求平均值的滤波的程序编写简单，可根据不同采集对象，适当提高采样周期或改变采样次数，以满足不同的控制需要。读者还应注意模拟量数据的读取是通过功能指令模拟量模块读指令 RD3A 来实现的。

 实例 38　高速计数器实现电动机转速测量的应用程序

一、控制要求

应用高速计数器实现电动机转速测量。

二、硬件电路设计

根据控制要求列出所用的输入/输出点，并为其分配相应的地址，其 I/O 分配表见表 2-11。

表 2-11   高速计数器实现电动机转速测量的 I/O 分配表

输入信号			输出信号		
输入地址	代号	功能	输出地址	代号	功能
X000	SQ	感应开关	Y000	KM	电动机运行接触器
X001	SA	转速测量开关			
X002	SB1	启动按钮			
X003	SB2	停止按钮			
X004	SB3	复位按钮			

根据表 2-11 和控制要求设计 PLC 的硬件原理图，如图 2-20 所示。其中 COM1 为 PLC 输入信号的公共端，COM2 为输出信号的公共端。

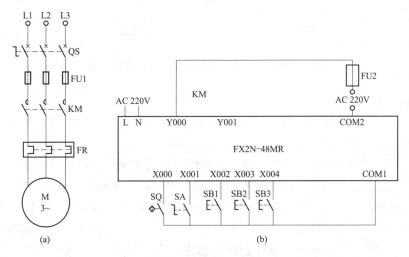

图 2-20   应用高速计数器实现电动机转速测量的电气原理图
（a）电动机控制电路；（b）PLC 硬件原理图

三、编程思想

在生产实际中，我们常常需要测量主轴的转速，主轴的转速高达上千转/分，传感器的输出脉冲频率可达到几千赫兹，采用普通计数器不能满足测量要求，应采用高速计数器来记录脉冲数，然后通过计算将脉冲数转化电动机的转速（r/min）。测量电动机转速的检测元件的示意图如图 2-21 所示，为提高测量精度，在主轴的对称位置安装两个磁钢。将输入信号 X000 设为高速计数器的脉冲输入端，其默认的状态为增计数。将高速计数器的计数脉冲存入数据寄存器 D0 中，对高速计数器的当前值 5s 进行采样，将计数器的当前值除以 2，变为电动机每转一周记录一个脉冲，并将其数据存入数据寄存器 D1 中，然后将 D1 的数据乘以 12，将转换为每分钟的脉冲数即为电动机的转速（r/min）。

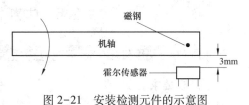

图 2-21   安装检测元件的示意图

四、梯形图设计

根据控制要求设计的控制梯形图如图 2-22 所示。

```
  X004
──┤├────────────────────────────────────────────────────────[RST  C235 ]
  X001
──┤├────────────────────────────────────────────────────────(C235  K12345678 )
  │           T0
  │         ──┤╱├────────────────────────────────────────────(T0   K50 )
  T0
──┤├────────────────────────────────────────────────────────[PLS  M0 ]
  M0
──┤├────────────────────────────────────────────────────────[DMOV C235  D0 ]
  │                                                            [DDIV D0  K2  D1 ]
  │                                                            [DMUL D1  K12  D2 ]
  X002   X003
──┤├────┤╱├──────────────────────────────────────────────────( Y000 )
  Y000
──┤├──┘
────────────────────────────────────────────────────────────[ END ]
```

图 2-22　应用高速计数器实现电动机转速测量的梯形图

五、控制的执行过程

测量前先启动电动机，按下按钮 SB1，输入信号 X002 有效，输出信号 Y000 为 ON，接触器 KM 通电，电动机启动工作。

当按下复位按钮 SB3，高速计数器 C235 复位，然后接通电动机转速测量开关，输入信号 X001 有效，此时计数器 C235 的工作条件满足，开始接收从高速计数器 C235 的脉冲输入端 X000 输入的脉冲，将输入信号 X000 设为高速计数器的脉冲输入端，其默认的状态为增计数。同时定时器 T0 开始定时，5s 后对高速计数器的当前值进行采样，并将高速计数器的计数脉冲存入数据寄存器 D0 中，将计数器的当前值除以 2，变为电动机每转一周记录一个脉冲，并将其数据存入数据寄存器 D1 中，然后将 D1 的数据乘以 12，将转换为每分钟的脉冲数即为电动机的转速（r/min）。

六、编程体会

在实际工程应用中，经常会遇到数据的转换问题，本实例给出了一种常用的将脉冲数转换为电动机转速（r/min）的方法供读者参考。在运行程序时，应首先将高速计数器复位，否则在计算中会有误差产生。同时读者还应注意高速计数器的当前值为 32 位数据，使用的 MOV 指令和算数运算指令也是 32 位的。

2.5　中断指令的编程应用

 实例 39　利用外部中断实现电源报警控制的应用程序

一、控制要求

利用外部中断实现电源的报警控制，在电源正常工作时，绿色指示灯常亮，指示电源正常；当电源电压低于或高于正常电压时，在 X001 的上升沿通过中断使红色指示灯闪烁，电压恢复正常时，绿色指示灯常亮。

二、硬件电路设计

根据控制要求列出所用的输入/输出点，并为其分配相应的地址，其I/O分配表见表2-12。

表 2-12   利用外部中断实现电源报警控制的 I/O 分配表

输入信号			输出信号		
输入地址	代号	功能	输出地址	代号	功能
X001	KA	电源故障继电器	Y000	HL1	绿色指示灯
			Y001	HL2	红色指示灯

根据表 2-12 和控制要求设计 PLC 的硬件原理图，如图 2-23 所示。其中 COM1 为 PLC 输入信号的公共端，COM2 为输出信号的公共端。

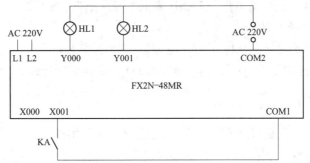

图 2-23   利用外部中断实现电源报警控制的 PLC 硬件原理图

三、编程思想

本实例采用允许中断指令 EI、禁止中断指令 DI 和中断返回指令 IRET 设计，确立中断模式为外部中断，并将中断源定义输入信号为 X000，并设定上升沿触发控制，其中断编号为 I101，中断允许由特殊功能继电器 M8051 控制，在电源故障信号 X001 的上升沿响应中断程序。

四、控制程序的设计

根据控制要求设计的控制梯形图如图 2-24 所示。

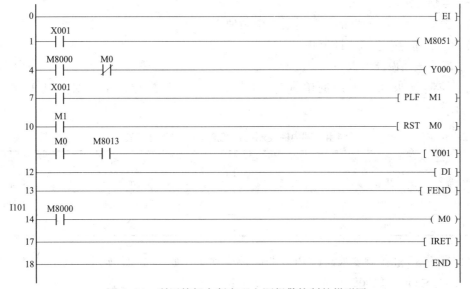

图 2-24   利用外部中断实现电源报警控制的梯形图

五、程序的执行过程

1. 主程序的执行过程

运行程序时首先进行初始化，通过允许中断指令 EI 开中断，将中断源定义为输入信号 X001，确立中断模式为外部中断，并设定上升沿触发控制，其中断编号为 I101，中断允许由特殊功能继电器 M8051 控制，当输入信号 X001 处于断开状态时，输出信号 Y000 为 ON，控制绿色指示灯常亮。当电源故障信号 X001 有效时，在其上升沿响应中断程序。

输出信号 Y001 以 1s 的周期接通和断开，控制红色指示灯 HL2 闪烁。等电压恢复正常后，输入信号 X001 断开，在其下降沿控制辅助继电器 M1 为 ON，并通过复位指令 RST 将辅助继电器 M0 复位，输出信号 Y000 为 ON，重新控制绿色指示灯 HL1 常亮。禁止中断指令 DI 中断，程序执行到主程序结束指令 FEND 表示主程序结束。

2. 中断程序的执行过程

当电源电压低于或高于正常电压时，电源故障继电器 KA 动作，输入信号 X001 有效，在其上升沿执行中断程序，使辅助继电器 M0 为 ON；执行中断返回指令 IRET，表示中断程序返回主程序。

六、编程体会

本实例的设计应用中断程序实现对负载的控制，并采用外部输入端口作为中断源。首先，应用中断程序应熟悉中断源等参数的基本设置；其次，应用中断控制时应在编程时设置中断程序的地址指针编号；再次，中断程序必须在主程序结束指令 FEND 之后；最后允许中断的主程序必须在 EI 和 DI 之间。采用中断程序的编写能够使程序模块化，提高 CPU 的利用率，缩短程序执行时间。值得注意的是在应用多个中断源时，应考虑其优先级，中断优先级由高到低的次序是：外部中断、定时中断和高速计数器中断，读者在编程时应加以注意。

 实例 40 利用外部中断控制电动机启停的应用程序

一、控制要求

按下按钮 SB1 在 X000 的上升沿通过中断使电动机立即启动，按下按钮 SB2 在 X001 的上降沿通过中断使电动机立即停止。

二、硬件电路设计

根据控制要求列出所用的输入/输出点，并为其分配相应的地址，其 I/O 分配表见表 2-13。

表 2-13   利用外部中断控制电动机启停的 I/O 分配表

输入信号			输出信号		
输入地址	代号	功能	输出地址	代号	功能
X000	SB1	启动按钮	Y000	KM	接触器
X001	SB2	停止按钮			

根据表 2-13 和控制要求设计 PLC 的硬件原理图，如图 2-25 所示。其中 COM1 为 PLC 输入信号的公共端，COM2 为输出信号的公共端。

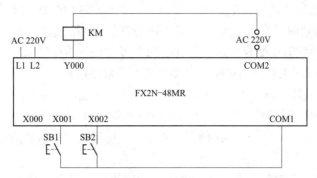

图 2-25 利用外部中断控制电动机启停的 PLC 硬件原理图

三、编程思想

本实例采用允许中断指令 EI、禁止中断指令 DI 和中断返回指令 IRET 设计，确立中断模式为外部中断，并将中断源输入信号定义为 X001 和 X002，并设定上升沿触发控制，其中断编号为 I101 和 I201，中断允许由特殊功能继电器 M8051 和 M8052 控制，在启动信号 X001 的上升沿响应中断程序其指针指向 I101，在停止信号 X002 的上升沿响应中断程序其指针指向 I201。

四、控制程序的设计

根据控制要求设计的控制梯形图如图 2-26 所示。

图 2-26 利用外部中断控制电动机启停的梯形图

五、程序的执行过程

1. 主程序的执行过程

运行程序时首先进行初始化，通过允许中断指令 EI 开中断，将中断源输入信号定义为 X001，确立中断模式为外部中断，并设定上升沿触发控制，其中断编号为 I101，中断允许由特殊功能继电器 M8051 控制；将中断源定义为输入信号 X002，确立中断模式为外部中断，并设定上升沿触发控制，其中断编号为 I201，中断允许由特殊功能继电器 M8052 控制。当启动信号 X001 有效时，在其上升沿响应中断程序，其指针指向 I101，当停止信号 X002 有效时，在其上升沿响应中断程序，其指针指向 I102。在主程序结束之前执行禁止中断指令 DI 关中断，程序执行到主程序结束指令 FEND 表示主程序结束。

2. 中断程序的执行过程

当启动信号 X001 有效时，在其上升沿响应中断程序，其指针指向 I101，通过置位指令将输出信号 Y000 置位为 ON，控制接触器 KM 通电，电动机启动，执行中断返回指令 IRET，表示中断程序返回主程序。

当停止信号 X002 有效时，在其上升沿响应中断程序，其指针指向 I201，通过复位指令将输出信号 Y000 复位为 OFF，控制接触器 KM 断电，电动机停止运行，执行中断返回指令 IRET，表示中断程序返回主程序。

六、编程体会

本实例的设计应用中断程序实现对负载的控制，并采用外部输入端口作为中断源。首先，应用中断程序时应熟悉中断源等参数的基本设置；其次，应用中断控制时应在编程时设置中断程序的地址指针编号；再次，中断程序必须在主程序结束指令 FEND 之后；最后，允许中断的主程序必须在 EI 和 DI 之间。采用中断程序的编写能够使程序模块化，提高 CPU 的利用率，缩短程序执行时间。值得注意的是在应用多个中断源时，应考虑其优先级，如果让停止信号优先，可将输入信号 X001 设为停止，输入信号 X002 设为启动，读者在编程时应加以注意。

2.6　子程序的编程应用

 实例 41　利用子程序实现电动机不同工作方式的应用程序

一、控制要求

利用子程序实现电动机多种工作方式的控制，在开关 SA1 和 SA2 均为断开时，红色指示灯常亮，指示电动机没有工作；当开关 SA1 接通和 SA2 断开时，电动机点动工作；当开关 SA1 断开和 SA2 接通时，电动机运行 30s 停止 30s；在开关 SA1 和 SA2 均为接通时，电动机连续工作。

二、硬件电路设计

根据控制要求列出所用的输入/输出点，并为其分配相应的地址，其 I/O 分配表见表 2-14。

表 2-14　　　　　　　利用子程序实现电动机不同工作方式 I/O 分配表

输入信号			输出信号		
输入地址	代号	功能	输出地址	代号	功能
X000	SA1	电动机工作状态选择开关	Y000	HL	红色指示灯
X001	SA2	电动机工作状态选择开关	Y001	KM	接触器
X002	SB	电动机点动按钮			

根据表 2-14 和控制要求设计 PLC 的硬件原理图，如图 2-27 所示。其中 COM1 为 PLC 输入信号的公共端，COM2 为输出信号的公共端。

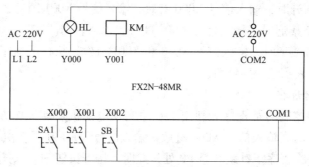

图 2-27 利用子程序实现电动机不同工作方式的硬件原理图

三、编程思想

本实例先设计主程序，然后调用不同的子程序对电动机的不同工作状态进行控制。

四、梯形图设计

根据控制要求设计的控制梯形图如图 2-28 所示。

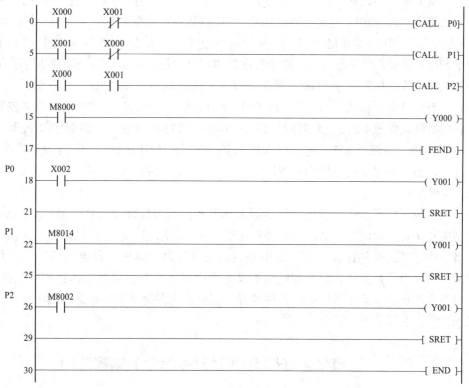

图 2-28 利用子程序实现电动机不同工作方式控制梯形图

五、程序的执行过程

1. 主程序的执行过程

运行程序时进行子程序调用，若子程序调用条件满足，则执行相应的子程序；若子程序调用条件不满足，顺序执行程序；在开关 SA1 和 SA2 均为断开时，输入信号 X000 和 X001 处于断开状态，输出信号 Y000 为 ON，控制红色指示灯点亮，指示电动机没有工作。当开关 SA1 接通和 SA2 断开时，输入信号 X000 有效，输入信号 X001 断开，执行子程序 P0；当开关 SA1 断开和 SA2 接通时，输入信号 X000 断开，输入信号 X001 有效，执行子程序 P1；当开关 SA1 和 SA2 都接通时，输入信号 X000 和 X001 有效，执行子程序 P2；程序执行到主程序结束指令 FEND 表示主程序结束。

2. 子程序的执行过程

（1）电动机点动控制的子程序。利用子程序实现电动机点动工作方式的控制，当开关 SA1 接通和 SA2 断开时，输入信号 X000 有效，输入信号 X001 断开，执行子程序 P0 的电动机点动控制的子程序，程序指针跳转至 P0 处，此时若按下按钮 SB，则输入信号 X002 有效，输出信号 Y000 为 ON，控制接触器 KM 通电，电动机 M 工作，若松开按钮 SB，则输入信号 X002 断开，输出信号 Y001 复位，接触器 KM 断电，电动机停止工作；程序执行到子程序返回指令 SRET 表示子程序返回，只要子程序调用指令满足，每个扫描周期都执行子程序。

（2）电动机自动工作控制的子程序。利用子程序实现电动机自动工作方式的控制，当开关 SA1 断开和 SA2 接通时，输入信号 X000 断开，输入信号 X001 有效，执行子程序 P1 的电动机点动控制的子程序，程序指针跳转至 P1 处，此时输出信号 Y000 通过 1min 的分钟时钟脉冲特殊功能寄存器 M8014 控制，输出信号 Y001 接通 30s，然后断开 30s，控制接触器 KM 通电 30s 然后断开 30s，电动机 M 工作 30s 然后停止 30s 周期性的工作；程序执行到子程序返回指令 SRET 表示子程序返回，只要子程序调用指令满足，每个扫描周期都执行子程序。

（3）电动机连续控制的子程序。利用子程序实现电动机点动工作方式的控制，当开关 SA1 和 SA2 都接通时，输入信号 X000 和 X001 有效，执行子程序 P2 的电动机连续控制的子程序，程序指针跳转至 P2 处，此时输出信号 Y000 通过特殊功能寄存器 M8002 控制，输出信号 Y001 为 ON，接触器 KM 通电，电动机 M 连续工作；程序执行到子程序返回指令 SRET 表示子程序返回，只要子程序调用指令满足，每个扫描周期都执行子程序。

六、编程体会

本实例提供利用子程序实现电动机不同工作方式控制编程使用方法，通过调用子程序、主程序结束和子程序返回指令的执行，使程序结构简单，增加了程序的可读性。在执行子程序时读者应注意其条件的操作顺序，如电动机的点动控制，应先选择电动机的工作状态开关，然后对电动机进行操作，只有在电动机操作完成后，才能改变其工作状态的选择开关；若电动机正在工作，其调用子程序的条件断开，则电动机保持原来的状态继续工作，这一点读者必须注意，否则会发生意外。

2.7 特殊功能 TRD 读实时时钟指令的编程应用

 实例 42 应用 TRD 指令记录产生故障时间的应用程序

一、控制要求

当外部出现故障时，外部故障信号开关接通，使输出信号立即置位，同时将故障发生的日期和时间保存在 D0~D6 中。

二、硬件电路设计

根据控制要求列出所用的输入/输出点，并为其分配相应的地址，其 I/O 分配表见表 2-15。

表 2-15   应用 TRD 指令记录产生故障的时间的 I/O 分配表

输入信号			输出信号		
输入地址	代号	功能	输出地址	代号	功能
X001	SA	故障信号开关	Y000	HL1	正常工作指示灯
			Y001	HL2	故障工作指示灯

根据表 2-15 和控制要求设计 PLC 的硬件原理图，如图 2-29 所示。其中 COM1 为 PLC 输入信号的公共端，COM2 为输出信号的公共端。

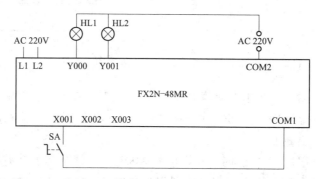

图 2-29   应用 TRD 指令记录产生故障的时间的硬件原理图

三、编程思想

本实例采用利用外部中断的工作模式，产生故障信号。采用允许中断指令 EI、禁止中断指令 DI 和中断返回指令 IRET 设计，确立中断模式为外部中断，并将中断源定义输入信号为 X001，并设定上升沿触发控制，其中断编号为 I101，中断允许由特殊功能继电器 M8051 控制，在电源故障信号 X001 的上升沿响应中断程序。

在输入信号 X001 的上升沿响应中断程序 I101，其对应的中断事件号为 0。在中断程序中利用 TRD 指令记录产生故障的时间，并将故障发生的日期和时间保存在 D0~D6 连续的 7 个数据寄存器中。

在使用实时时钟读取指令 TRD 时，特殊功能寄存器 D8013~D8019，用于存放年、月、日、时、分、秒和星期，通过 TRD 指令将日期存放到 D0 为起始地址的连续 7 个数据寄存器中。

四、控制程序的设计

根据控制要求设计的控制梯形图如图 2-30 所示。

五、程序的执行过程

1. 主程序的执行过程

运行程序时首先进行初始化，通过允许中断指令 EI 开中断，将中断源定义输入信号为 X001，确立中断模式为外部中断，并设定上升沿触发控制，其中断编号为 I101，中断允许由特殊功能继电器 M8051 控制，当输入信号 X001 处于断开状态时，输出信号 Y000 为 ON，

```
                                                              ─[ EI ]─
        X001
        ─┤├────────────────────────────────────────────────( M8051 )
        M8000
        ─┤├────────────────────────────────────────────────( Y000 )
                                                              ─[ DI ]─
        M8013     M0
        ─┤├──────┤├────────────────────────────────────────( Y001 )
                                                              ─[ FEND ]─
  I101  M8000
  ─────┤├─────────────────────────────────────────────────( M0 )
        M8000
        ─┤├──────────────────────────────────────[ TRDP   D0 ]─
                                                              ─[ IRET ]─
                                                              ─[ END ]─
```

图 2-30　应用 TRD 指令记录产生故障的时间的梯形图

控制绿色指示灯 HL1 常亮。当电源故障信号 X001 有效时,在其上升沿响应中断程序。在主程序中执行禁止中断指令 DI 关中断,主程序结束指令 FEND 表示主程序结束。

　　2. 中断程序的执行过程

　　当外部故障信号开关 SA 接通时,输入信号 X001 有效,在其上升沿执行中断程序,使中间继电器 M0 为 ON,同时在中断程序中利用 TRDP 指令记录产生故障的时间,并将故障发生的日期和时间保存到 D0~D6 中。

　　在主程序中,通过特殊功能继电器 M8013 控制输出信号 Y001 以 1s 为周期接通和断开,控制红色指示灯 HL2 闪烁。

　　当故障信号恢复正常时,重新启动 PLC 工作,系统恢复正常工作。

六、编程体会

　　本实例提供利用中断程序实现读取 PLC 实时时钟编程使用方法,并通过 TRD 指令读取 PLC 实时时钟记录工业现场的设备发生故障的实时时间,可以使现场的维修人员了解故障是何时发生的,更有利于判断故障发生的原因。

2.8　特殊定时器指令 STMR 的编程应用

 实例 43　采用特殊定时器指令 STMR 实现电动机顺序启停控制的应用程序

一、控制要求

　　3 台电动机在按下启动按钮后,每隔一段时间自动顺序启动,启动完毕后,按下停止按钮,每隔一段时间自动反向顺序停止。

二、硬件电路设计

　　根据控制要求列出所用的输入/输出点,并为其分配了相应的地址,其 I/O 分配表见表 2-16。

表 2-16 采用特殊定时器指令 STMR 实现电动机顺序启停的控制 I/O 分配表

输入信号			输出信号		
输入地址	代号	功能	输出地址	代号	功能
X000	SB1	启动按钮	Y000	KM1	控制电动机 M1
X001	SB2	停止按钮	Y001	KM2	控制电动机 M2
			Y002	KM3	控制电动机 M3

根据表 2-16 和控制要求设计 PLC 的硬件原理图, 如图 2-31 所示。其中 COM1 为 PLC 输入信号的公共端, COM2 为输出信号的公共端。

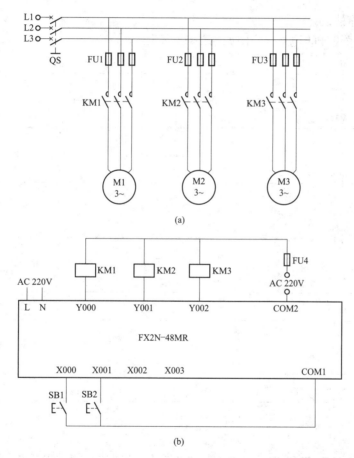

图 2-31 采用特殊定时器指令 STMR 实现电动机顺序启停的电气原理图

(a) 电动机控制电路; (b) PLC 硬件原理图

三、编程思想

本实例采用特殊定时器指令 STMR 实现电动机顺序启停时, 首先应了解 STMR 指令的工作过程。例如, 对于指令 STMR T10 K100 M0 来说, 当其工作条件 X010 有效后各个状态位的动作时序如图 2-32 所示。

在程序设计时根据需要, 采用不同的状态位实现不同的控制工艺。

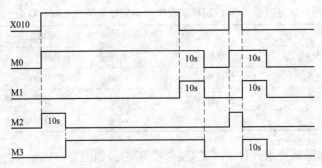

图2-32　特殊定时器指令STMR动作时序图

四、控制程序的设计

根据控制要求设计的控制梯形图如图2-33所示。

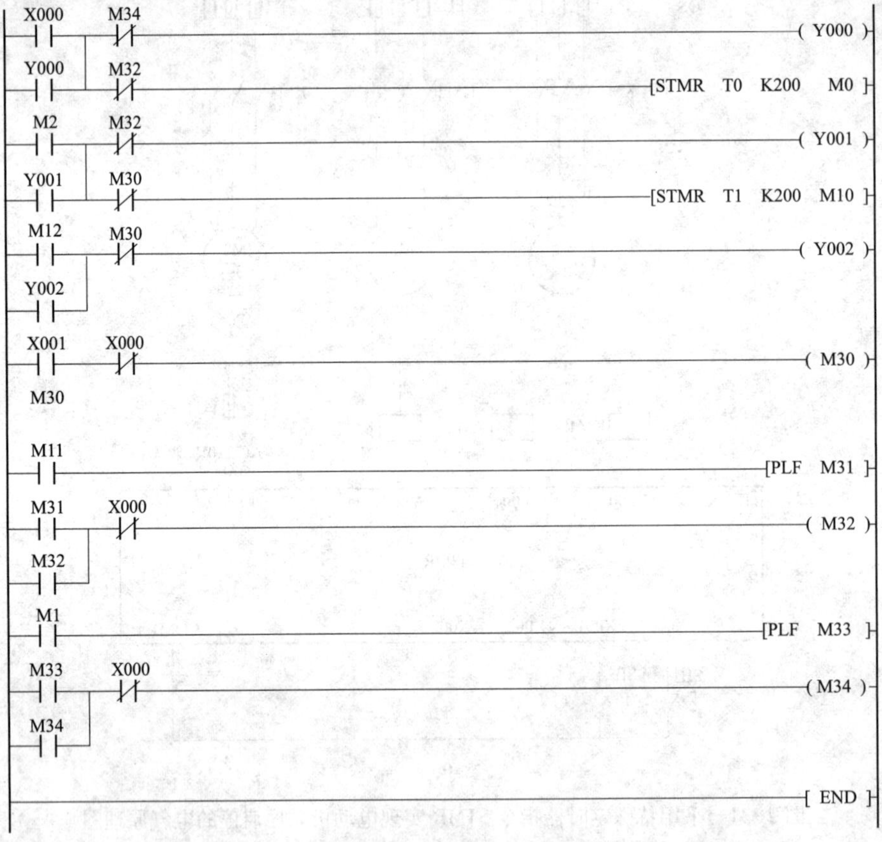

图2-33　采用特殊定时器指令STMR实现电动机顺序启停的梯形图

五、程序的执行过程

1. 电动机顺序启动的执行过程

当按下启动按钮SB1时输入信号X000有效，输出信号Y000为ON，控制接触器KM1通电，第一台电动机启动，同时特殊定时器T0的工作条件满足，其对应的状态位M2延时20s接通，使输出信号Y001为ON，控制接触器KM2通电，第二台电动机启动，同时特殊定时器T1的工作条件满足，其对应的状态位M12延时20s后接通，使输出信号Y002为

ON，控制接触器 KM3 通电，第三台电动机启动，3 台电动机顺序启动完成。

2. 电动机顺序停止的执行过程

当按下停止按钮 SB2 时输入信号 X001 有效，中间继电器 M30 为 ON，其动断触点将输出信号 Y002 断开，控制接触器 KM3 断电，第三台电动机停止；同时断开特殊定时器 T1 的工作条件，其对应的状态位 M11 接通，20s 后断开，在其下降沿控制 M31 接通一个扫描周期，控制中间继电器 M32 为 ON，其动断触点将输出信号 Y001 断开，控制接触器 KM2 断电，第二台电动机停止；同时断开特殊定时器 T0 的工作条件，其对应的状态位 M1 接通，20s 后断开，在其下降沿控制 M33 接通一个扫描周期，控制中间继电器 M34 为 ON，其动断触点将输出信号 Y000 断开，控制接触器 KM1 断电，第一台电动机停止，3 台电动机顺序停止完成。

六、编程体会

本实例利用特殊定时器 STMR 指令实现电动机的顺序启停，一定要了解 STMR 指令的工作过程及相应状态位的动作时序，区分开通电延时、断电延时、接通断开都延时和接通时瞬间动作断开时延时的状态位，根据不同场合的需要进行选择。另外，还要注意特殊定时器 STMR 指令只能用于定时器编号为 0~99 的定时器，其他编号的定时器不能用特殊定时器 STMR 指令。

第3章

顺序功能图编程方法的应用

3.1 单流程顺序功能图的编程

实例44 采用顺序功能图设计小车运动的应用程序

一、控制要求

如图3-1所示为小车运动的示意图，小车的初始位置停在左侧，限位开关 SQ2 动作，按下启动按钮 SB 时，小车右行，右行到位时压下限位开关 SQ1，小车停止运行；3s 后小车自动启动，开始左行，左行到位时压下限位开关 SQ2，小车返回初始状态停止运行。

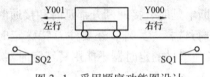

图3-1 采用顺序功能图设计
小车运动的示意图

二、硬件电路设计

根据控制要求列出所用的输入/输出点，并为其分配相应的地址，其 I/O 分配表见表3-1。

表 3-1　　　　采用顺序功能图设计小车运动的 I/O 分配表

输入信号			输出信号		
输入地址	代号	功能	输出地址	代号	功能
X000	SB	启动按钮	Y000	KM1	电动机正转接触器
X001	SQ1	右行限位	Y001	KM2	电动机反转接触器
X002	SQ2	左行限位			

根据表3-1和控制要求设计 PLC 的硬件原理图，如图3-2所示。其中 COM1 为 PLC 输入信号的公共端，COM2 为输出信号的公共端。

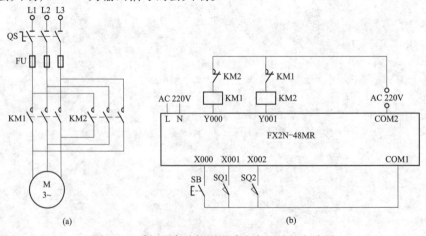

图3-2 采用顺序功能图设计小车运动的电路图
（a）电动机控制电路；（b）PLC 硬件原理图

三、编程思想

本实例控制功能简单，采用单流程顺序功能图设计，其动作一个接一个地顺序完成。每个状态仅连接一个转移，每个转移也仅连接一个状态。小车运动控制单流程顺序功能图如图 3-3 所示。根据输出信号 Y000 和 Y001 的状态变化，一个工作周期可分为右行、暂停和左行 3 步，分别用 M∗∗ 或 S∗∗ 来代表各步。启动按钮、限位开关和定时器作为各步之间的转换条件。将顺序功能图转换成梯形图有多种方法，分别为采用启、保、停电路的设计方法、以转换为中心的设计方法和使用 STL 指令的设计方法，本实例根据顺序功能图以不同的方法实现其程序设计，使读者充分理解顺序功能图的程序设计方法。

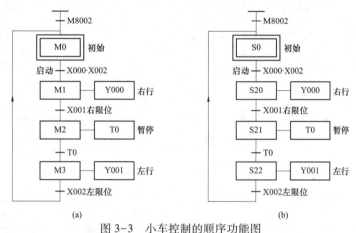

图 3-3 小车控制的顺序功能图

（a）采用启、保、停电路的顺序功能图；（b）采用步进继电器 S 的顺序功能图

四、控制程序的设计

1. 采用启、保、停电路的方法设计的控制梯形图

根据控制要求设计的控制梯形图如图 3-4 所示。

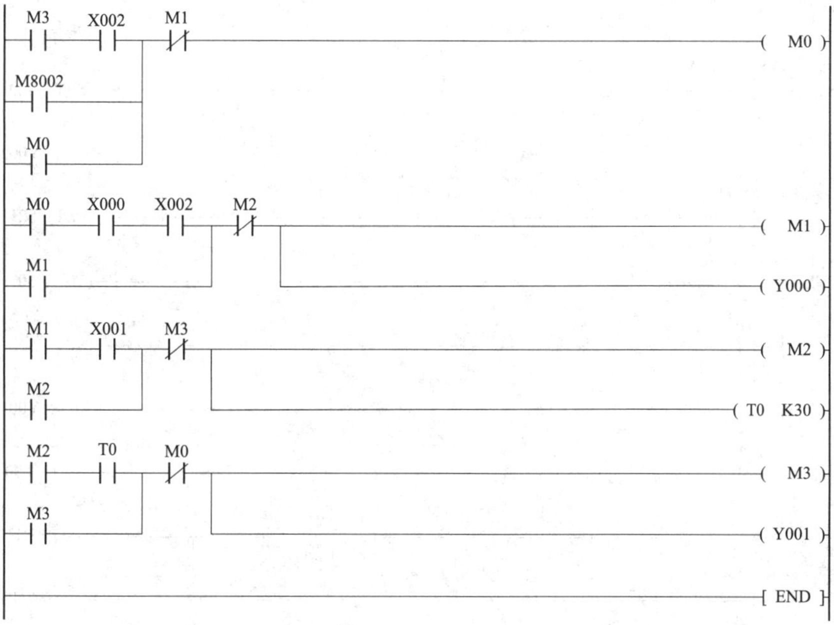

图 3-4 采用启、保、停电路设计小车运动的控制梯形图

2. 以转换为中心设计方法的控制梯形图

根据控制要求设计的控制梯形图如图 3-5 所示。

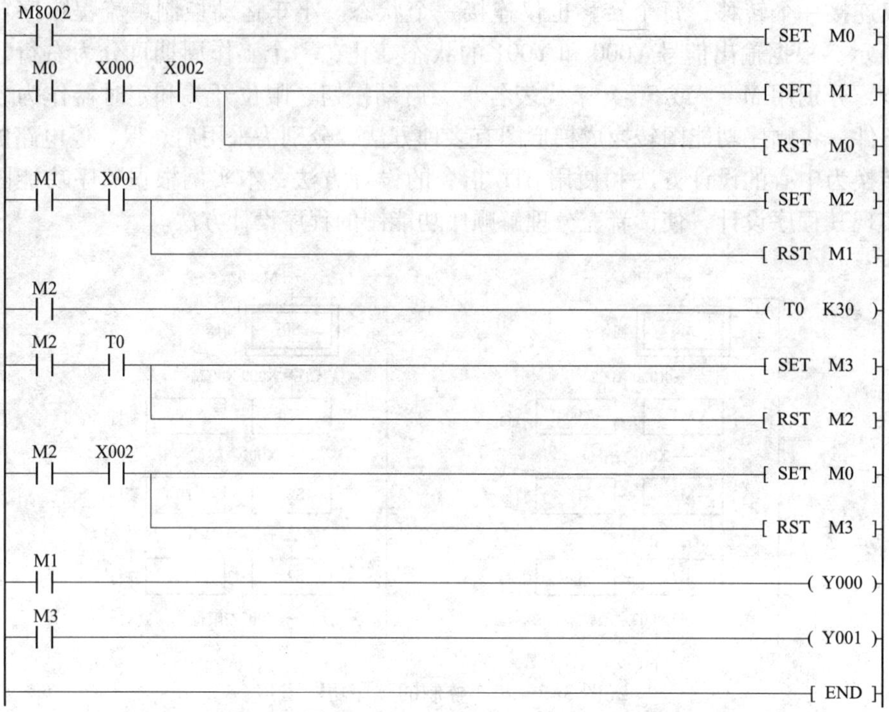

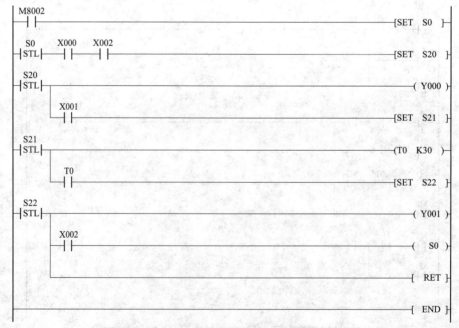

图 3-5 以转换为中心设计方法设计小车运动的控制梯形图

3. 采用 STL 步进指令设计的控制梯形图

根据控制要求设计的控制梯形图如图 3-6 所示。

图 3-6 采用 STL 指令设计小车运动的控制梯形图

五、程序的执行过程

1. 采用启、保、停电路设计小车运动控制梯形图的程序执行过程

首次扫描时，M8002 接通一个扫描周期，使 M0 为 ON，初始步 M0 变为活动步，在原位等待启动命令，当启动信号 X000 有效时，当 M1 为 ON，步 M1 变为活动步，同时使初始步 M0 变为静止步，输出信号 Y000 通电，小车右行；右行到位后右行限位信号 X001 的动合触点接通即满足转换条件，当 M2 为 ON，步 M2 变为活动步，同时步 M1 变为不活动步，输出信号 Y000 断电，定时器 T0 工作条件满足，开始定时；当定时器 T0 定时时间达到后，当 M3 为 ON，步 M3 变为活动步，输出信号 Y001 通电，小车左行；左行到位后限位开关动作，输入信号 X002 有效，当 M0 为 ON，步 M0 变为活动步，同时步 M3 变为不活动步，输出信号 Y001 断电，小车返回原位停止，系统重新回到初始状态待命。

2. 以转换为中心设计方法设计的控制梯形图的程序执行过程

首次扫描时，M8002 接通一个扫描周期，使 M0 置位，初始步变为活动步，在原位等待启动命令，当启动信号 X000 有效时，M1 置位同时 M0 复位，步 M1 为活动步时，输出信号 Y000 通电，小车右行，此时步 M0 变为静止步；右行到位后右行限位信号 X001 的动合触点接通即满足转换条件，使 M2 置位同时使 M1 复位，这时步 M1 变为不活动步，而步 M2 变为活动步，输出信号 Y000 断电，定时器 T0 工作条件满足开始定时；当定时器 T0 定时时间达到后，使 M3 置位同时使 M2 复位，步 M3 变为活动步，输出信号 Y001 通电，小车左行；左行到位后限位开关动作，输入信号 X002 有效，使 M0 置位同时使 M3 复位，步 M0 变为活动步，同时步 M3 变为不活动步，线圈 Y001 断电，小车返回原位停止，系统重新回到初始状态待命。

3. 使用 STL 指令的方法设计的控制梯形图的程序执行过程

（1）首次扫描时，M8002 接通一个扫描周期，使状态继电器 S0 置位，初始步变为活动步，只执行 STL S0 触点右边的程序段。

（2）按下启动按钮 SB，输入信号 X000 有效，此时输入信号 X002 已有效，将对应的状态继电器 S20 的状态由 0 置位为 1；初始步 S0 由活动步变为静止步，同时 S20 由静止步变为活动步，只执行 STL S20 触点右边的程序段。系统从初始步转换到右行步，输出信号 Y000 为 ON，控制接触器 KM1 通电，小车右行。

（3）小车运行到限位开关 SQ1 处时，输入信号 X001 有效，将对应的状态继电器 S21 的状态由 0 置位为 1；步 S20 由活动步变为静止步，同时步 S21 由静止步变为活动步，只执行 STL S21 触点右边的程序段。小车右行活动步变为静止步，STL S20 触点右边的程序段不再被执行。系统从右行步转换到暂停步，输出信号 Y000 变为 OFF，接触器 KM1 断电，小车停止运行。系统控制定时器 T0 工作，定时 3s 后，T0 的动合触点闭合，系统将状态继电器 S22 的状态由 0 变为 1，步 S21 由活动步变为静止步，同时步 S22 由静止步变为活动步，只执行 STL S22 触点右边的程序段。系统从暂停步转换到左行步，输出信号 Y001 变为 ON，接触器 KM2 通电，小车左行。

（4）小车左行返回原位后，压下限位开关 SQ2，输入信号 X002 有效；将对应的状态继电器 S0 的状态由 0 置位为 1；步 S22 由活动步变为静止步，同时步 S0 由静止步变为活动步，只执行 STL S0 触点右边的程序段，STL S20 触点右边的程序段不再被执行。输出信号 Y001 变为 OFF，接触器 KM2 断电，小车停止运行；系统通过步进结束指令 RET 返回到主程序母线，转换到初始步，小车在原位等待启动信号。

六、编程体会

本实例控制功能简单，采用单流程顺序功能图设计，其动作一个接一个地顺序完成。但在大多数情况下，单一顺序、并行和选择是混合出现的，读者可根据具体情况进行选择。初学者要注意：顺序功能图中的初始步一般对应于系统等待启动的初始状态，在大多数情况下都应用初始化脉冲将其置1；一定要注意程序执行一个工作周期后，必须要重新返回到初始步，才能进到下一个工作循环；两个转换之间不能直接相连，必须用一个步将它们分隔；两步之间也不能直接相连，必须用一个转换将它们分隔。本实例采用了3种不同的方法根据顺序功能图进行编程，对于使用 STL 指令的顺序控制梯形图，只有状态继电器 S∗∗ 为 1 时，才执行对应的 STL S∗∗ 触点右边的程序，读者应对 STL 指令的执行过程加以理解。

 实例45　采用顺序功能图设计的冲床动力头进给运动的应用程序

一、控制要求

如图 3-7 所示为冲床动力头进给的示意图，动力头的初始位置停在左侧，限位开关 SQ1 动作，按下启动按钮 SB 时，动力头快进，进给到限位开关 SQ2 位置时，动力头转为工进；工进到限位开关 SQ3 位置时，动力头停止进给；同时定时 3s 后转为快退，返回到原位 SQ1 处停止。

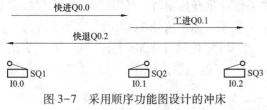

图 3-7　采用顺序功能图设计的冲床
动力头进给运动的示意图

二、硬件电路设计

根据控制要求列出所用的输入/输出点，并为其分配相应的地址，其 I/O 分配表见表 3-2。

表 3-2　　采用顺序功能图设计的冲床动力头进给运动的 **I/O 分配表**

输入信号			输出信号		
输入地址	代号	功能	输出地址	代号	功能
X000	SQ1	原位行程开关	Y000	YV1	快进电磁铁
X001	SQ2	工进行程开关	Y001	YV2	工进电磁铁
X002	SQ3	快退行程开关	Y002	YV3	快退电磁铁
X003	SB	启动按钮			

根据表 3-2 和控制要求设计 PLC 的硬件原理图，如图 3-8 所示。其中 COM1 为 PLC 输入信号的公共端，COM2 为输出信号的公共端。

三、编程思想

本实例控制功能简单，可采用单流程顺序功能图设计，其动作一个接一个地顺序完成。每个状态仅连接一个转移，每个转移也仅连接一个状态。冲床动力头控制单流程

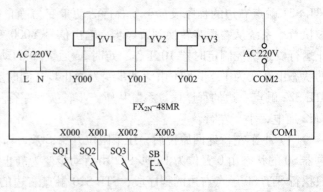

图 3-8　采用顺序功能图设计的冲床动力头进给运动的电路图

顺序功能图如图 3-9 所示。根据输出信号 Y000、Y001 和 Y002 的状态变化，一个工作周期可分为快进、工进、暂停和快退 4 步，分别用 M** 或 S** 代表各步。启动按钮、限位开关和定时器作为各步之间的转换条件。与实例 44 相比较中间多了一步，其控制过程与实例 44 类似。

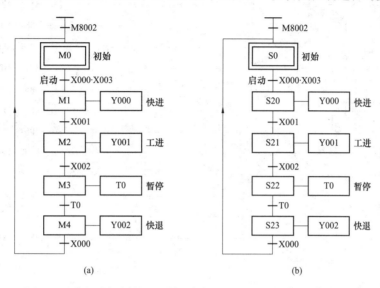

图 3-9 采用顺序功能图设计的冲床动力头进给运动的顺序功能图

（a）采用启、保、停电路的顺序功能图；（b）采用状态继电器 S 的顺序功能图

四、控制程序的设计

1. 采用启、保、停电路设计小车运动的控制梯形图

根据控制要求设计的控制梯形图如图 3-10 所示。

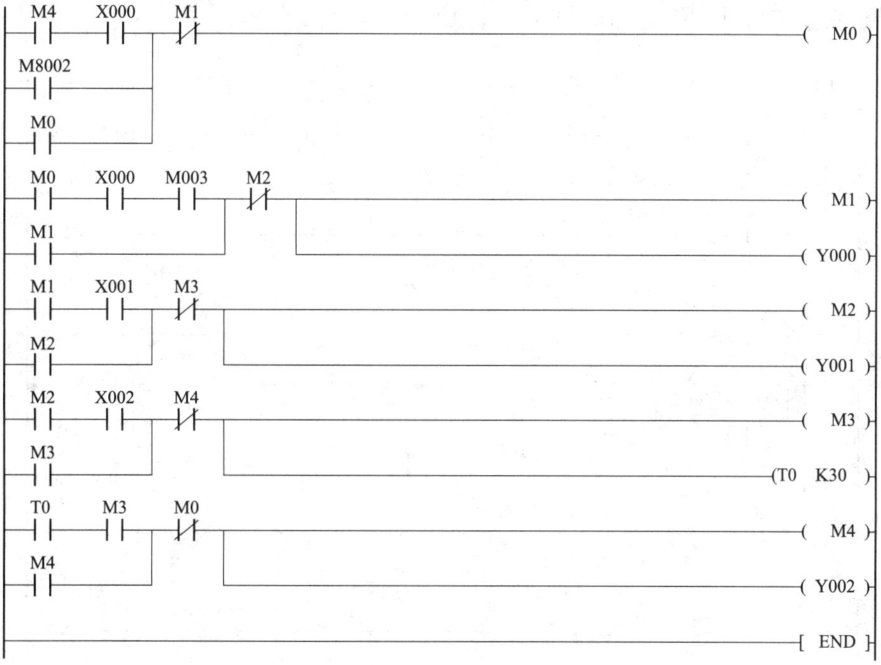

图 3-10 采用启、保、停电路设计小车运动的控制梯形图

2. 以转换为中心设计方法设计小车运动的控制梯形图

根据控制要求设计的控制梯形图如图 3-11 所示。

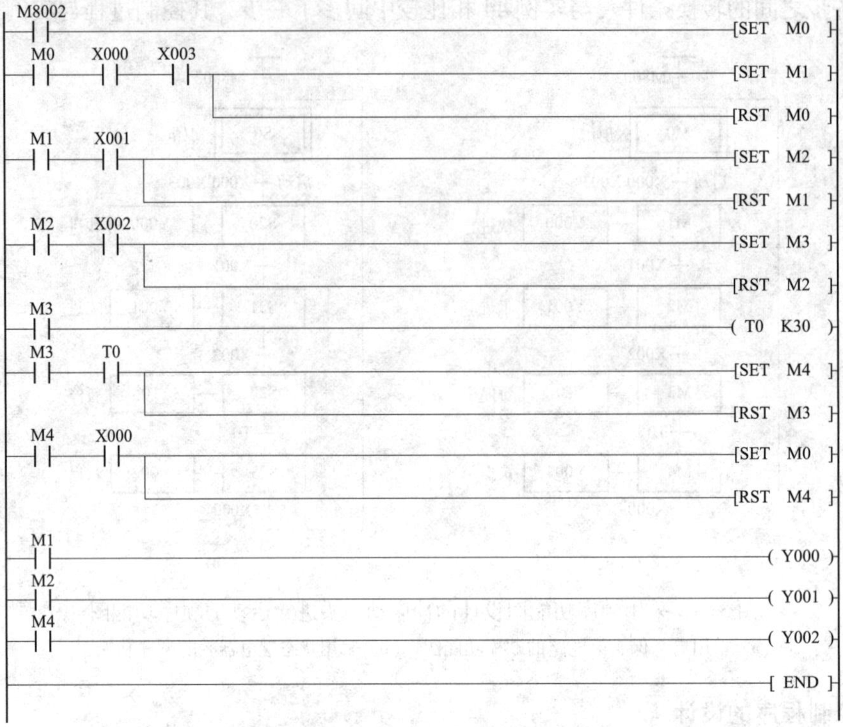

```
M8002
─┤├────────────────────────────────────────────[SET M0 ]
M0   X000  X003
─┤├──┤├───┤├───────────────────────────────────[SET M1 ]
                │
                └──────────────────────────────[RST M0 ]
M1   X001
─┤├──┤├───────────────────────────────────────[SET M2 ]
           │
           └───────────────────────────────────[RST M1 ]
M2   X002
─┤├──┤├───────────────────────────────────────[SET M3 ]
           │
           └───────────────────────────────────[RST M2 ]
M3
─┤├────────────────────────────────────────────( T0  K30 )
M3   T0
─┤├──┤├───────────────────────────────────────[SET M4 ]
           │
           └───────────────────────────────────[RST M3 ]
M4   X000
─┤├──┤├───────────────────────────────────────[SET M0 ]
           │
           └───────────────────────────────────[RST M4 ]
M1
─┤├────────────────────────────────────────────( Y000 )
M2
─┤├────────────────────────────────────────────( Y001 )
M4
─┤├────────────────────────────────────────────( Y002 )
                                                [ END ]
```

图 3-11　以转换为中心设计方法设计小车运动的控制梯形图

3. 使用 STL 指令的方法设计的控制梯形图的程序执行过程

根据控制要求设计的控制梯形图如图 3-12 所示。

```
M8002
─┤├────────────────────────────────────────────[SET  S0 ]
S0   X000  X003
─┤STL├─┤├───┤├──────────────────────────────────[SET  S20 ]
S20
─┤STL├───────────────────────────────────────────( Y000 )
     X001
     ─┤├──────────────────────────────────────────[SET  S21 ]
S21
─┤STL├───────────────────────────────────────────( Y001 )
     X002
     ─┤├──────────────────────────────────────────[SET  S22 ]
S22
─┤STL├───────────────────────────────────────────( T0  K30 )
     T0
     ─┤├──────────────────────────────────────────[SET  S23 ]
S23
─┤STL├───────────────────────────────────────────( Y002 )
     X000
     ─┤├──────────────────────────────────────────( S0 )
                                                  [ RET ]
                                                  [ END ]
```

图 3-12　使用 STL 指令的方法设计的控制梯形图

五、程序的执行过程

1. 采用启、保、停电路设计小车运动的控制梯形图的程序执行过程

首次扫描时，M8002 接通一个扫描周期，使继电器 M0 置位，初始步 M0 变为活动步，在原位等待启动命令，当启动信号 X003 有效时，当步 M1 为活动步时，使输出信号 Y000 为 ON，电磁阀 YV1 通电，动力头快进，此时步 M0 变为静止步；快进到位后输入信号 X001 的动合触点接通即满足转换条件，这时步 M1 变为不活动步，而步 M2 变为活动步，输出信号 Y000 复位，电磁阀 YV1 断电，同时使输出信号 Y001 为 ON，电磁阀 YV2 通电，动力头转为工进；工进到位后，输入信号 X002 的动合触点接通即满足转换条件，这时步 M2 变为不活动步，而步 M3 变为活动步，输出信号 Y001 复位，电磁阀 YV2 断电，定时器 T0 工作条件满足，开始定时；当定时器 T0 定时时间达到后步 M4 变为活动步，使输出信号 Y002 为 ON，电磁阀 YV3 通电，动力头快退；快退到位后限位开关动作，输入信号 X000 有效，步 M0 变为活动步，同时步 M4 变为不活动步，输出信号 Y002 复位，电磁阀 YV3 断电，动力头返回原位，系统重新回到初始状态待命。

2. 以转换为中心设计方法设计小车运动的控制梯形图的程序执行过程

首次扫描时，M8002 接通一个扫描周期，使继电器 M0 置位，初始步变为活动步，在原位等待启动命令，当启动信号 X003 有效时，使继电器 M1 置位，M0 复位，步 M1 为活动步时，使输出信号 Y000 为 ON，电磁阀 YV1 通电，动力头快进，此时步 M0 变为静止步；快进到位后限位信号 X001 的动合触点接通即满足转换条件，使继电器 M2 置位，M1 复位，这时步 M1 变为静止步，而步 M2 变为活动步，输出信号 Y000 复位，电磁阀 YV1 断电，同时使输出信号 Y001 为 ON，电磁阀 YV2 通电，动力头转为工进；工进到位后，输入信号 X002 的动合触点接通即满足转换条件，使继电器 M3 置位，M2 复位，这时步 M2 变为静止步，而步 M3 变为活动步，输出信号 Y001 复位，电磁阀 YV2 断电，定时器 T0 工作条件满足开始定时；当定时器 T0 定时时间达到后，使继电器 M4 置位，M3 复位，步 M4 变为活动步，使输出信号 Y002 为 ON，电磁阀 YV3 通电，动力头快退；快退到位后限位开关动作，输入信号 X000 有效，使继电器 M0 置位，M4 复位，步 M0 变为活动步，同时步 M4 变为静止步，输出信号 Y002 复位，电磁阀 YV3 断电，动力头返回原位，系统重新回到初始状态待命。

3. 使用 STL 指令的方法设计的控制梯形图的程序执行过程

（1）首次扫描时，M8002 接通一个扫描周期，使状态继电器 S0 置位，初始步变为活动步，只执行 STL S0 触点右边的程序段。

（2）按下启动按钮 SB，输入信号 X003 有效，将对应的状态继电器 S20 的状态由 0 置位为 1；初始步 S0 由活动步变为静止步同时步 S20 由静止步变为活动步，只执行 STL S20 触点右边的程序段。系统从初始步转换到快进步，输出信号 Y000 为 ON，电磁铁 YV1 通电，动力头快进。

（3）动力头快进到工进位置时，输入信号 X001 有效；将对应的状态继电器 S21 的状态由 0 置位为 1；步 S20 由活动步变为静止步，同时步 S21 由静止步变为活动步，只执行 STL S21 触点右边的程序段。快进活动步变为静止步，STL S21 触点右边的程序段不再被执行。系统从快进步转换到工进步，输出信号 Y000 变为 OFF，输出信号 Y001 变为 ON，电磁铁 YV2 通电，动力头工进。

（4）动力头工进到位后，输入信号 X002 有效；系统将状态继电器 S22 的状态由 0 变为

1，步 S22 由活动步变为静止步，同时步 S23 由静止步变为活动步，只执行 STL S23 触点右边的程序段。系统从工进步转换到暂停步，输出信号 Y001 变为 OFF，电磁铁 YV2 断电，动力头工进停止；系统控制定时器 T0 工作，定时 3s 后，T0 的动合触点闭合，系统将状态继电器 S23 的状态由 0 变为 1，步 S22 由活动步变为静止步，同时步 S22 由静止步变为活动步，只执行 STL S23 触点右边的程序段。系统从暂停步转换到快退步，输出信号 Y002 变为 ON，动力头快退。

（5）动力头快退返回原位后，压下限位开关 SQ1，输入信号 X000 有效；将对应的状态继电器 S0 的状态由 0 置位为 1；步 S23 由活动步变为静止步，同时步 S0 由静止步变为活动步，只执行 STL S0 触点右边的程序段，STL S23 触点右边的程序段不再被执行。输出信号 Y002 变为 OFF，电磁铁 YV3 断电，动力头停止运行。系统从快退步转换到初始步，在原位等待启动信号。

六、编程体会

本实例控制功能简单，采用单流程顺序功能图设计，其动作一个接一个地顺序完成。但在大多数情况下，单一顺序、并行和选择是混合出现的，读者可根据具体情况进行选择。初学者要注意：顺序功能图中的初始步一般对应于系统等待启动的初始状态，在大多数情况下都应用初始化脉冲将其置1；一定要注意程序执行一个工作周期后，必须要重新返回到初始步，才能进到下一个工作循环。本实例提供了 3 种不同的方法根据顺序功能图进行编程，读者可根据实际情况进行选择。另外，对于使用 STL 指令的顺序控制梯形图，应注意只有顺序控制继电器 S∗∗ 为 1 状态时，才执行对应的 STL S∗∗ 触点右边的程序。

实例 46 采用顺序功能图设计液体混合装置 PLC 控制系统的应用程序

一、控制要求

液体混合装置示意图如图 3-13 所示。

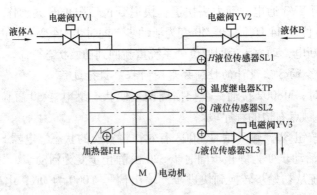

图 3-13 采用顺序功能图设计液体混合装置的示意图

控制要求如下。

（1）系统从初始状态（容器放空）开始工作，按启动按钮 SB1 后，电磁阀 YV1 通电打开，液体 A 流入容器中。

（2）当液位高度到达 I 处时，液位传感器 SL2 接通，YV1 阀断电关闭，同时 YV2 通电打开，液体 B 流入容器。

（3）当液位高度到达 *H* 处时，液位传感器 SL1 接通，YV2 阀断电关闭，停止液体流入。

（4）加热器 FH 开始工作，对液体进行加热，当液体到达指定温度时，温度继电器 KTP 动作，停止加热，同时启动搅拌电动机 S 开始搅拌。

（5）2min 后，电动机 S 停止搅拌，电磁阀 YV3 通电打开，将加热并混合好的液体放到下一道工序。

（6）当液位高度下降到低于 *L* 时，延时 10s，YV3 阀断电关闭。此时容器内液体已放空，电磁阀 YV1 通电打开，液体 A 流入容器，自动开始下一周期循环。

（7）按下停止按钮 SB2 时，要求不要立即停止工作，而是将停机信号记忆下来，直到完成一个工作循环后才停止工作，并返回到初始状态。

二、硬件电路设计

根据控制要求列出所用的输入/输出点，并为其分配相应的地址，其 I/O 分配表见表 3-3。

表 3-3　　　　　采用顺序功能图设计液体混合装置的 I/O 分配表

输入信号			输出信号		
输入地址	代号	功能	输出地址	代号	功能
X000	SB1	启动按钮	Y000	KM1	电动机接触器
X001	SB2	停止按钮	Y001	YV1	注入液体 A 电磁阀
X002	SL1	*H* 处液位传感器	Y002	YV2	注入液体 B 电磁阀
X003	SL2	*I* 处液位传感器	Y003	YV3	排出液体电磁阀
X004	SL3	*L* 处液位传感器	Y004	KM2	加热器接触器
X005	KTP	温度继电器开关			

根据表 3-3 和控制要求设计 PLC 的硬件原理图，如图 3-14 所示。其中 COM1 为 PLC 输入信号的公共端，COM2 为输出信号的公共端。

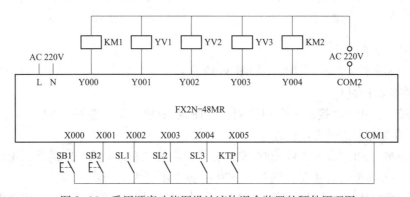

图 3-14　采用顺序功能图设计液体混合装置的硬件原理图

三、编程思想

根据该液体混合装置的控制要求，并考虑到各个执行机构动作的条件，首先设计液体混合装置的控制流程图，如图 3-15 所示。

由液体混合装置控制流程图可以看出，其控制过程是一种典型的顺序控制，其动作一个接一个地顺序完成。每个状态仅连接一个转移，每个转移也仅连接一个状态。其次根据液体混合装置控制流程图设计如图 3-16 所示的液体混合装置控制顺序功能图。在顺序功能图的结束增加了选择性分支，判断自动开始下一周期循环还是停止工作。

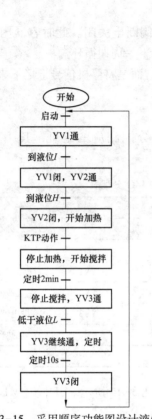

图 3-15 采用顺序功能图设计液体
混合装置控制流程图

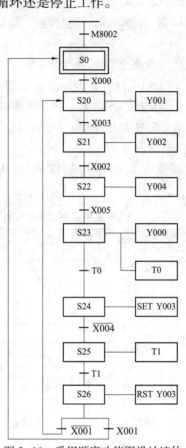

图 3-16 采用顺序功能图设计液体
混合装置控制顺序功能图

四、控制程序的设计

根据控制要求设计的控制梯形图如图 3-17 所示。

五、程序的执行过程

首次扫描时，M8002 接通一个扫描周期，使状态继电器 S0 置位，初始步变为活动步，只执行 STL S0 触点右边的程序段。

按下启动按钮 SB，输入信号 X000 有效，将对应的状态继电器 S20 的状态由 0 置位为 1；初始步 S0 由活动步变为静止步，同时步 S20 由静止步变为活动步，只执行 STL S20 触点右边的程序段。系统从初始步转换到注入液体 A 步，输出信号 Y001 为 ON，控制电磁阀 YA1 通电，注入液体 A。

注入液体 A 到达 I 位置后，传感器 SL2 动作，输入信号 X003 有效；将对应的状态继电器 S21 的状态由 0 置位为 1；步 S20 由活动步变为静止步，同时步 S21 由静止步变为活动步，只执行 STL S21 触点右边的程序段。系统使输出信号 Y001 变为 OFF，控制电磁阀 YA1 断电，停止注入液体 A；同时输出信号 Y002 为 ON，控制电磁阀 YA2，注入液体 B。

```
M8002
├─┤ ├──────────────────────────────────[ SET   S0 ]
 S0   X000
├┤STL├──┤ ├───────────────────────────[ SET   S20 ]
 S20
├┤STL├──────────────────────────────────( Y001 )
         X003
        ──┤ ├────────────────────────────[ SET   S21 ]
 S21
├┤STL├──────────────────────────────────( Y002 )
         X002
        ──┤ ├────────────────────────────[ SET   S22 ]
 S22
├┤STL├──────────────────────────────────( Y004 )
         X005
        ──┤ ├────────────────────────────[ SET   S23 ]
 S23
├┤STL├──────────────────────────────────( Y000 )
        ─────────────────────────────────( T0  K1200 )
          T0
        ──┤ ├────────────────────────────[ SET   S24 ]
 S24
├┤STL├──────────────────────────────────[ SET   Y003 ]
         X004
        ──┤ ├────────────────────────────[ SET   S25 ]
 S25
├┤STL├──────────────────────────────────( T1  K100 )
          T1
        ──┤ ├────────────────────────────[ SET   S26 ]
 S26
├┤STL├──────────────────────────────────[ RST   Y003 ]
         X001
        ──┤/├────────────────────────────( S20 )
         X001
        ──┤ ├────────────────────────────( S0 )
        ─────────────────────────────────[ RET ]
─────────────────────────────────────────[ END ]
```

图 3-17　采用顺序功能图设计液体混合装置的控制梯形图

注入液体 B 到达 H 位置后，传感器 SL1 动作，输入信号 X002 有效；系统将状态继电器 S22 的状态由 0 变为 1，步 S22 由活动步变为静止步，同时步 S22 由静止步变为活动步，只执行 STL S23 触点右边的程序段。系统使输出信号 Y002 变为 OFF，控制电磁阀 YA2 断电，停止注入液体 B；同时控制输出信号 Y004 为 ON，控制接触器 KM2 通电，对混合液体进行加热。

加热混合液体达到设定温度后，温度传感器动作，输入信号 X005 有效；系统将状态继电器 S23 的状态由 0 变为 1，步 S22 由活动步变为静止步，同时步 S23 由静止步变为活动步，只执行 STL S24 触点右边的程序段。系统使输出信号 Y004 变为 OFF，控制接触器 KM2 断电，停止加热；同时输出信号 Y000 为 ON，控制接触器 KM1 通电，电动机对混合液体进行搅拌。

接触器 KM1 通电的同时定时器 T0 工作，定时 120s 后，T0 的动合接点闭合，系统将状态继电器 S24 的状态由 0 变为 1，步 S23 由活动步变为静止步，同时步 S24 由静止步变为活动步，只执行 STL S25 触点右边的程序段。系统使输出信号 Y000 变为 OFF，接触器 KM1 断电，电动机停止对混合液体进行搅拌。同时将输出信号 Y003 置位，控制电磁阀 YA3 通电，排出混合液体。

液体排出到达 L 位置后，传感器 SL3 动作，输入信号 X004 的状态由 ON 变为 OFF 时；系统将状态继电器 S25 的状态由 0 变为 1，步 S24 由活动步变为静止步，同时步 S25 由静止步变为活动步，只执行 STL S26 触点右边的程序段。系统使定时器 T1 工作，此时输出信号 Y003 的状态并未发生变化，混合液体继续排出。

定时器 T1 定时 10s 后，T1 的动合触点闭合，系统将状态继电器 S26 的状态由 0 变为 1，步 S25 由活动步变为静止步，同时步 S26 由静止步变为活动步，只执行 STL S26 触点右边的程序段。系统使输出信号 Y003 复位为 OFF，控制电磁阀 YA3 断电，停止混合液体的排出。同时，根据停止信号的状态判断系统是转换到初始步 S0 等待启动信号还是转换到注入液体 A 步 S20 处进行下一个工作周期的循环。

停止时，按下按钮 SB2，输入信号 X001 有效，将状态继电器 S0 置 1，系统转换到初始步 S0；若此时无停止信号，则将状态继电器 S20 置 1，系统转换到步 S20，进行下一个周期的循环。

六、编程体会

本实例的最后，要根据停止信号的状态判断系统是转换到初始步 S0 等待启动信号还是转换到注入液体 A 步 S20 处进行下一个工作周期的循环，这一点要加以注意，否则程序执行会出现错误。另外，设计程序时没有考虑在其他步时按下停止按钮的情况，读者在应用时应考虑实际问题。在使用 STL 指令设计顺序功能图的梯形图程序中还应注意以下几点。

（1）STL 和 RET 是一对指令，在多个 STL 指令后必须加上 RET 指令，表示该次步进顺序过程结束；RET 指令可以多次使用。

（2）在步进顺序控制程序中，不同状态内可以重复使用同一编号的定时器，但相邻状态不可以使用。

（3）在 STL 指令后尽量不使用跳转指令。

（4）在中断程序和子程序中不能使用 STL 和 RET 指令。

3.2　选择性流程顺序功能图的编程

实例47　采用顺序功能图设计自动门控制系统的应用程序

一、控制要求

采用顺序功能图设计自动门控制系统控制要求，当有人靠近自动门时，驱动电动机正转高速开门，碰到开门减速开关时，减速开门；开到位时电动机停止运行。开门到位后开始定时，若在 5s 内感应器检测到无人，启动电动机反向高速关门，碰到关门减速开关，减速关门，关门到位后，电动机停止运行，自动门返回初始状态停止运行，等待有人时的开门信号。在关门过程中若感应器检测到有人信号则停止关门，延时 1s 自动转为高速开门。

二、硬件电路设计

根据控制要求列出所用的输入/输出点，并为其分配相应的地址，其 I/O 分配表见表 3-4。

表 3-4　　　　　　　　　采用顺序功能图设计自动门控制系统的 I/O 分配表

输入信号			输出信号		
输入地址	代号	功能	输出地址	代号	功能
X000	SQ1	检测有人感应器	Y000	KM1	电动机正转高速接触器
X001	SQ2	开门减速限位	Y001	KM2	电动机正转低速接触器
X002	SQ3	开门到位限位	Y002	KM3	电动机反转高速接触器
X003	SQ4	关门减速限位	Y003	KM4	电动机反转低速接触器
X004	SQ5	关门到位限位			

　　根据表 3-4 和控制要求设计 PLC 的硬件原理图，如图 3-18 所示。其中 COM1 为 PLC 输入信号的公共端，COM2 为输出信号的公共端。

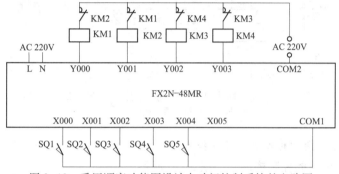

图 3-18　采用顺序功能图设计自动门控制系统的电路图

三、编程思想

　　根据本实例控制功能应采用选择性流程顺序功能图设计，自动门控制过程的顺序功能图如图 3-19 所示。其中图 3-19（a）是采用内部继电器 M 的顺序功能图，图 3-19（b）是采用状态继电器 S 的顺序功能图。

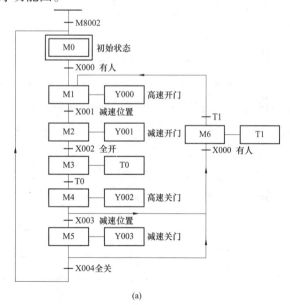

(a)

图 3-19　自动门控制系统的顺序功能图（一）

（a）采用内部继电器 M 的顺序功能图

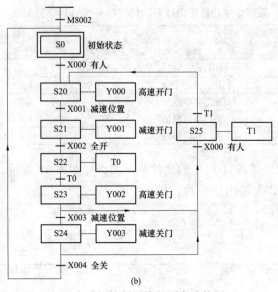

图 3-19 自动门控制系统的顺序功能图（二）

（b）采用状态继电器 S 的顺序功能图

四、控制程序的设计

1. 采用通用逻辑指令的方法设计的控制梯形图

根据控制要求设计的控制梯形图如图 3-20 所示。

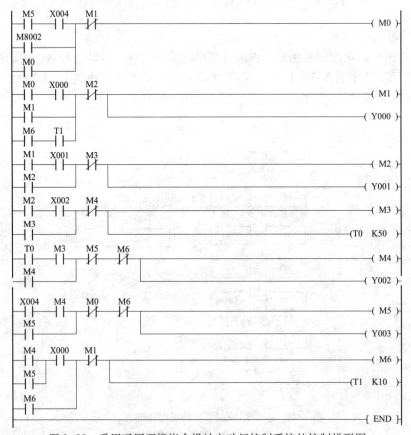

图 3-20 采用通用逻辑指令设计自动门控制系统的控制梯形图

2. 采用置位、复位（S、R）指令的方法设计的控制梯形图

根据控制要求设计的控制梯形图如图 3-21 所示。

```
  M5    X004
──┤├────┤├──────────────────────────────────────────[SET  M0 ]
  M8002
──┤├──

  M0    X000
──┤├────┤├──────────────────────────────────────────[SET  M1 ]
  T1
──┤├────────────────────────────────────────────────[RST  M0 ]

  M1    X001
──┤├────┤├──────────────────────────────────────────[SET  M2 ]
                                                     [RST  M1 ]

  M2    X002
──┤├────┤├──────────────────────────────────────────[SET  M3 ]
                                                     [RST  M2 ]

  M3
──┤├────────────────────────────────────────────────( T0  K50 )

  M3    T0
──┤├────┤├──────────────────────────────────────────[SET  M4 ]
                                                     [RST  M3 ]

  M4    X003
──┤├────┤├──────────────────────────────────────────[SET  M5 ]
                                                     [RST  M4 ]

  M5    X004
──┤├────┤├──────────────────────────────────────────[RST  M5 ]

  M4    X000
──┤├─┬──┤├───────────────────────────────────────────[SET  M6 ]
  M5 │
──┤├─┘                                               [RST  M4 ]
                                                     [RST  M5 ]

  M6
──┤├────────────────────────────────────────────────( T1  K10 )
           M1
        ───┤├────────────────────────────────────────[RST  M6 ]

  M1
──┤├────────────────────────────────────────────────( Y000 )
  M2
──┤├────────────────────────────────────────────────( Y001 )
  M4
──┤├────────────────────────────────────────────────( Y002 )
  M5
──┤├────────────────────────────────────────────────( Y003 )

                                                     [ END ]
```

图 3-21 采用置位、复位（S、R）指令设计自动门控制系统的控制梯形图

3. 采用 STL 指令的方法设计的控制梯形图

根据控制要求设计的控制梯形图如图 3-22 所示。

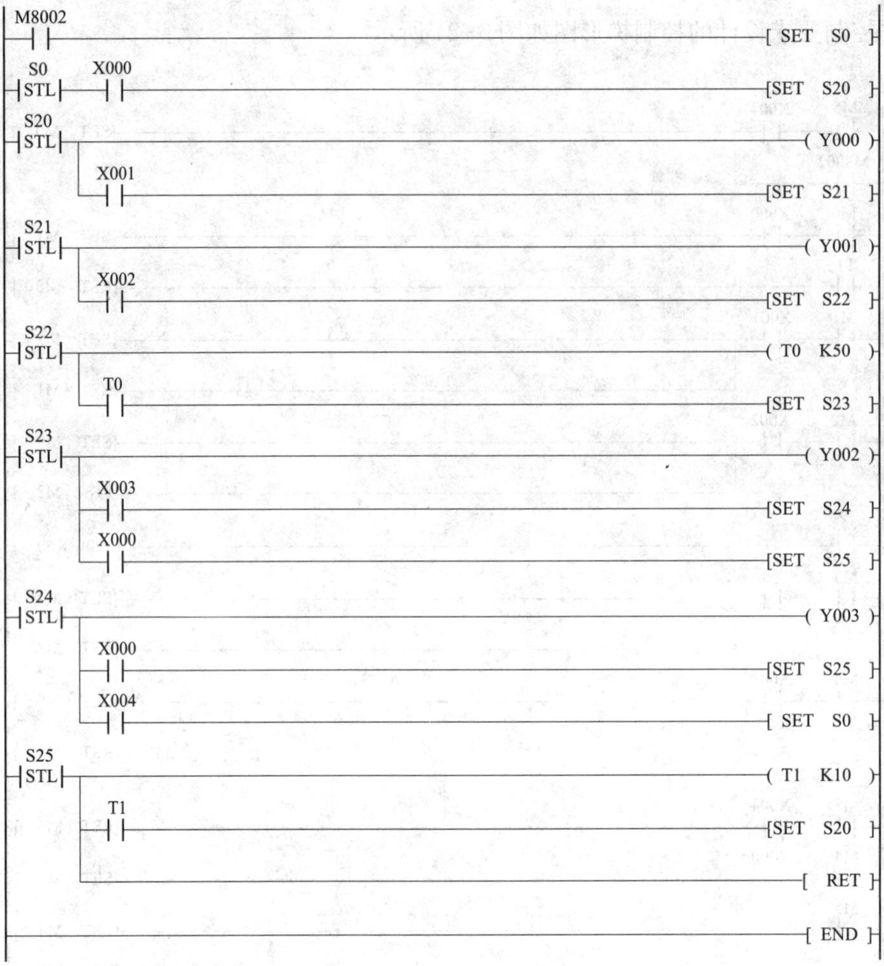

图 3-22　采用 STL 指令设自动门控制系统的控制梯形图

五、程序的执行过程

1. 使用通用逻辑指令的方法设计的控制梯形图的程序执行过程

首次扫描时，M8002 接通一个扫描周期，使内部继电器 M0 变为 ON，初始步变为活动步，等待启动命令。当有人接近时，检测有人的感应开关 SQ1 动作，输入信号 X000 为 ON，此时内部继电器 M1 的工作条件满足，内部继电器 M1 变为 ON，步 M1 变为活动步而初始步 M0 为静止步，输出信号 Y000 为 ON，接触器 KM1 线圈通电，控制自动门高速开门；当自动门开至开门减速位置时，开门减速关 SQ2 动作，输入信号 X001 为 ON，此时内部继电器 M2 的工作条件满足，步 M1 变为静止步，而步 M2 变为活动步，控制输出信号 Y000 为 OFF，控制接触器 KM1 断电，控制输出信号 Y001 为 ON，控制接触器 KM2 通电，自动门的工作状态转换为低速开门，关门到位后开门到位开关 SQ3 动作，输入信号 X002 为 ON，此时内部继电器 M3 的工作条件满足，步 M2 变为静止步，而步 M3 变为活动步，控制输出信号 Y001 为 OFF，控制接触器 KM2 断电，自动门的停止工作；同时定时器 T0 开始定时，延时 5s 后内部继电器 M4 的工作条件满足，步 M3 变为静止步，而步 M4 变为活动步，控制输出信号 Y002

为 ON，控制接触器 KM3 通电，自动门的反向高速关门；当自动门关至关门减速位置时，开门减速关 SQ3 动作，输入信号 X003 为 ON，此时内部继电器 M5 的工作条件满足，步 M4 变为静止步，而步 M5 变为活动步，控制输出信号 Y002 为 OFF，控制接触器 KM3 断电，控制输出信号 Y003 为 ON，控制接触器 KM4 通电，自动门的工作状态转换为低速关门，关门到位后关门到位开关 SQ5 动作，输入信号 X004 为 ON，此时内部继电器 M0 的工作条件满足，步 M5 变为静止步，而步 M0 变为活动步，控制输出信号 Y003 为 OFF，控制接触器 KM4 断电，自动门停止工作，初始步变为活动步，系统返回初始状态等待命令；在整个关门过程中，不管是高速还是低速，只要有人接近，感应开关 SQ1 动作，步 M6 变为活动步，使步 M4 或步 M5 变为静止步，停止关门的工作，定时器 T1 开始定时，延时 1s 后自动门高速开门。

2. 使用 R、S 指令的方法设计的控制梯形图的程序执行过程

首次扫描时，M8002 接通一个扫描周期，使内部继电器 M0 变为 ON，初始步变为活动步，等待启动命令。

当有人接近时，检测有人的感应开关 SQ1 动作，输入信号 X000 为 ON，将内部继电器 M1 置位变为 ON，同时将内部继电器 M0 复位变为 OFF，步 M1 变为活动步而初始步 M0 为静止步，输出信号 Y000 为 ON，接触器 KM1 线圈通电，控制自动门高速开门。

当自动门开至开门减速位置时，开门减速关 SQ2 动作，输入信号 X001 为 ON，将内部继电器 M2 置位变为 ON，同时将内部继电器 M1 复位变为 OFF，步 M1 变为静止步，而步 M2 变为活动步，控制输出信号 Y000 为 OFF，控制接触器 KM1 断电，控制输出信号 Y001 为 ON，控制接触器 KM2 通电，自动门的工作状态转换为低速开门。

开门到位后开门到位开关 SQ3 动作，输入信号 X002 为 ON，将内部继电器 M3 置位变为 ON，同时将内部继电器 M2 复位变为 OFF，步 M2 变为静止步，而步 M3 变为活动步，控制输出信号 Y001 为 OFF，控制接触器 KM2 断电，自动门停止工作，同时定时器 T0 开始定时。

定时器 T0 延时 5s 后，其动合触点动作将内部继电器 M4 置位变为 ON，同时将内部继电器 M3 复位变为 OFF，步 M3 变为静止步，而步 M4 变为活动步，控制输出信号 Y002 为 ON，控制接触器 KM3 通电，自动门的反向高速关门。

当自动门关至关门减速位置时，开门减速关 SQ3 动作，输入信号 X003 为 ON 将内部继电器 M5 置位变为 ON，同时将内部继电器 M4 复位变为 OFF，步 M4 变为静止步，而步 M5 变为活动步，控制输出信号 Y002 为 OFF，控制接触器 KM3 断电，控制输出信号 Y003 为 ON，控制接触器 KM4 通电，自动门的工作状态转换为低速关门。

关门到位后关门到位开关 SQ5 动作，输入信号 X004 为 ON，将内部继电器 M1 置位变为 ON，同时将内部继电器 M0 复位变为 OFF，步 M5 变为静止步，而步 M0 变为活动步，控制输出信号 Y003 为 OFF，控制接触器 KM4 断电，自动门停止工作，初始步变为活动步，系统返回初始状态等待命令。

在整个关门过程中，不管是高速还是低速，只要有人接近，感应开关 SQ1 动作，输入信号 X000 为 ON，将内部继电器 M6 置位变为 ON，同时将内部继电器 M4 或 M5 复位变为 OFF，步 M6 变为活动步，使步 M4 或步 M5 变为静止步，停止关门的工作，定时器 T1 开始定时，延时 1s 后将 M1 置位为 ON，自动门高速开门。

3. 使用 STL 指令的方法设计的控制梯形图的程序执行过程

首次扫描时，M8002 接通一个扫描周期，使状态继电器 S0 置位，初始步变为活动步，只执行 STL S0 触点右边的程序段，初始步变为活动步，等待启动命令。

当有人接近时，检测有人的感应开关 SQ1 动作，输入信号 X000 为 ON，将对应的状态继电器 S20 的状态由 0 置位为 1；初始步 S0 由活动步变为静止步，同时步 S20 由静止步变为活动步，只执行 STL S20 触点右边的程序段。输出信号 Y000 为 ON，接触器 KM1 线圈通电，控制自动门高速开门。

当自动门开至开门减速位置时，开门减速关 SQ2 动作，输入信号 X001 为 ON，将对应的状态继电器 S21 的状态由 0 置位为 1；步 S20 由活动步变为静止步，同时步 S21 由静止步变为活动步，只执行 STL S21 触点右边的程序段。控制输出信号 Y000 为 OFF，控制接触器 KM1 断电，控制输出信号 Y001 为 ON，控制接触器 KM2 通电，自动门的工作状态转换为低速开门。

门到位后开门到位开关 SQ3 动作，输入信号 X002 为 ON，将对应的状态继电器 S22 的状态由 0 置位为 1；步 S20 由活动步变为静止步，同时步 S22 由静止步变为活动步，只执行 STL S22 触点右边的程序段。控制输出信号 Y001 为 OFF，控制接触器 KM2 断电，自动门的停止工作，同时定时器 T0 开始定时。

定时器 T0 延时 5s 后，其动合触点接通，将对应的状态继电器 S23 的状态由 0 置位为 1；步 S22 由活动步变为静止步，同时步 S23 由静止步变为活动步，只执行 STL S23 触点右边的程序段。控制输出信号 Y002 为 ON，控制接触器 KM3 通电，自动门的反向高速关门；在高速关门过程中，只要有人接近，感应开关 SQ1 动作，输入信号 X000 为 ON，将对应的状态继电器 S25 的状态由 0 置位为 1；步 S23 由活动步变为静止步，同时步 S25 由静止步变为活动步，只执行 STL S25 触点右边的程序段。控制输出信号 Y002 为 OFF，控制接触器 KM3 断电，停止关门的工作，同时定时器 T2 开始定时，延时 1s 后其动合接点为 ON，将对应的状态继电器 S20 的状态由 0 置位为 1；步 S25 由活动步变为静止步，同时步 S20 由静止步，变为活动步，只执行 STL S20 触点右边的程序段。控制输出 Y000 为 ON，控制接触器 KM1 通电，自动门高速开门。

当自动门关至关门减速位置时，开门减速关 SQ3 动作，输入信号 X003 为 ON，将对应的状态继电器 S24 的状态由 0 置位为 1；步 S23 由活动步变为静止步，同时步 S24 由静止步变为活动步，只执行 STL S24 触点右边的程序段。控制输出信号 Y002 为 OFF，控制接触器 KM3 断电，控制输出信号 Y003 为 ON，控制接触器 KM4 通电，自动门的工作状态转换为低速关门；在低速关门过程中，只要有人接近，感应开关 SQ1 动作，输入信号 X000 为 ON，将对应的状态继电器 S25 的状态由 0 置位为 1；步 S24 由活动步变为静止步，同时步 S25 由静止步变为活动步，只执行 STL S25 触点右边的程序段。控制输出信号 Y002 为 OFF，控制接触器 KM3 断电，停止关门的工作，同时定时器 T2 开始定时，延时 1s 后其动合触点为 ON，将对应的状态继电器 S20 的状态由 0 置位为 1；步 S25 由活动步变为静止步，同时步 S20 由静止步变为活动步，只执行 STL S20 触点右边的程序段。控制输出 Y000 为 ON，控制接触器 KM1 通电，自动门高速开门。

关门到位后关门到位开关 SQ5 动作，输入信号 X004 为 ON，将对应的状态继电器 S0 的状态由 0 置位为 1；步 S24 由活动步变为静止步，同时步 S0 由静止步变为活动步，只执行

STL S0 触点右边的程序段。控制输出信号 Y003 为 OFF，控制接触器 KM4 断电，自动门的停止工作，系统返回初始状态等待命令。

六、编程体会

本实例根据具体情况采用了选择性顺序功能图，根据条件选择顺序功能图的流向。在大多数情况下，单一顺序、并行和选择性顺序功能图会同时出现，读者应综合考虑。另外，为了简化程序设计，没有考虑在关门过程中关门的位置没有到达开门减速的问题，解决此实际问题应再增加一个判断条件，使其选择跳转至低速开门的步 M2 实现低速开门直至开门到位。

3.3 跳转和循环流程顺序功能图的编程

 实例 48 采用顺序功能图设计电动机顺序启停的应用程序

一、控制要求

3 台电动机在按下启动按钮后，每隔一段时间自动顺序启动，启动完毕后，按下停止按钮，每隔一段时间自动反向顺序停止。在启动过程中，如果按下停止按钮，则立即中止启动过程，对已启动运行的电动机，进行反方向顺序停止，直到全部结束。

二、硬件电路设计

根据控制要求列出所用的输入/输出点，并为其分配相应的地址，其 I/O 分配表见表 3-5。

表 3-5　　　　采用顺序功能图设计电动机顺序启停的控制 I/O 分配表

输入信号			输出信号		
输入地址	代号	功能	输出地址	代号	功能
X000	SB1	启动按钮	Y000	KM1	控制电动机 M1
X001	SB2	停止按钮	Y001	KM2	控制电动机 M2
			Y002	KM3	控制电动机 M3

根据表 3-5 和控制要求设计 PLC 的硬件原理图，如图 3-23 所示。其中 COM1 为 PLC 输入信号的公共端，COM2 为输出信号的公共端。

三、编程思想

单一顺序、并行和选择是功能图的基本形式。多数情况下，这些基本形式是混合出现的，通过对本实例控制过程的分析，应采用跳转和循环顺序功能图控制。本实例的程序设计可以根据状态的转移条件，决定流程是跳转还是顺序向下执行。其控制的顺序功能图如图 3-24 所示。

四、控制程序的设计

根据控制要求设计的控制梯形图如图 3-25 所示。

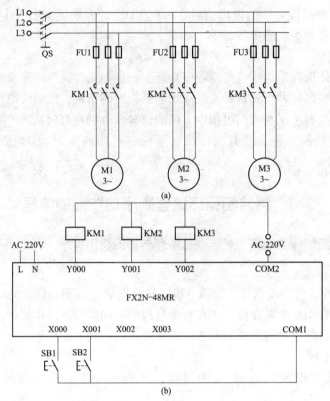

图 3-23　采用顺序功能图设计电动机顺序启停的电气原理图

（a）电动机控制电路；（b）PLC 硬件原理图

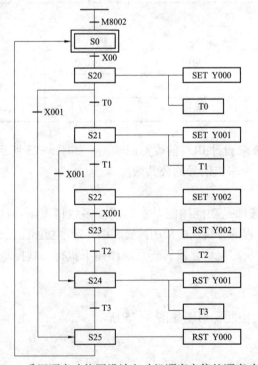

图 3-24　采用顺序功能图设计电动机顺序启停的顺序功能图

```
M8002
 ┤├                                                              [SET  S0 ]

 S0   X000
┤STL├──┤├                                                        [SET  S20]

 S20
┤STL├──┬──────────────────────────────────────────────────────  [SET  Y000]
       │
       ├──────────────────────────────────────────────────────  (T0  K50 )
       │  T0
       ├──┤├───────────────────────────────────────────────────  [SET  S21]
       │  X001
       └──┤├───────────────────────────────────────────────────  [SET  S25]

 S21
┤STL├──┬──────────────────────────────────────────────────────  [SET  Y001]
       │
       ├──────────────────────────────────────────────────────  (T1  K100)
       │  T1
       ├──┤├───────────────────────────────────────────────────  [SET  S22]
       │  X001
       └──┤├───────────────────────────────────────────────────  [SET  S24]

 S22
┤STL├──┬──────────────────────────────────────────────────────  [SET  Y002]
       │  X001
       └──┤├───────────────────────────────────────────────────  [SET  S23]

 S23
┤STL├──┬──────────────────────────────────────────────────────  [RST  Y002]
       │
       ├──────────────────────────────────────────────────────  (T2  K100)
       │  T2
       └──┤├───────────────────────────────────────────────────  [SET  S24]

 S24
┤STL├──┬──────────────────────────────────────────────────────  [RST  Y001]
       │
       ├──────────────────────────────────────────────────────  (T3  K50 )
       │  T3
       └──┤├───────────────────────────────────────────────────  [SET  S25]

 S25
┤STL├──┬──────────────────────────────────────────────────────  [RST  Y000]
       │
       ├──────────────────────────────────────────────────────  [SET  S0 ]
       │
       └──────────────────────────────────────────────────────  [ RET ]

───────────────────────────────────────────────────────────────  [ END ]
```

图 3-25　采用顺序功能图设计电动机顺序启停的控制梯形图

五、程序的执行过程

首次扫描时，M8002 接通一个扫描周期，使状态继电器 S0 置位，初始步变为活动步，只执行 STL S0 触点右边的程序段。

按下启动按钮 SB1，输入信号 X000 有效；将对应的状态继电器 S20 的状态由 0 置位为 1；初始步 S0 由活动步变为静止步，同时步 S20 由静止步变为活动步，只执行 STL S20 触点右边的程序段。系统从初始步转换到 S20 启动步，输出信号 Y000 置为 ON，控制接触器 KM1 通电，电动机 M1 工作，同时定时器 T0 开始定时。在此期间若有停止按钮按下，输入信号

X001 有效，将对应的状态继电器 S25 的状态由 0 置位为 1；初始步 S20 由活动步变为静止步，同时步 S25 由静止步变为活动步，只执行 STL S25 触点右边的程序段。将输出信号 Y000 复位，接触器 KM1 断电，M1 停止运行。

定时器 T0 定时 5s 后，将对应的状态继电器 S21 的状态由 0 置位为 1；步 S20 由活动步变为静止步，同时步 S21 由静止步变为活动步，只执行 STL S21 触点右边的程序段。输出信号 Y000 保持 ON 的状态；同时将控制输出 Y001 置为 ON，接触器 KM2 通电，电动机 M2 启动；同时定时器 T1 开始定时；在此期间若有停止按钮按下，输入信号 X001 有效，系统将状态继电器 S24 的状态由 0 变为 1，系统从 M2 启动步转换到停止步 S24，输出信号 Y001 复位，接触器 KM2 断电，M2 停止运行；同时定时器 T3 开始定时，定时器 T3 定时 5s 后其相应的接点动作，系统将状态继电器 S25 的状态由 0 变为 1，系统转换到停止步 S25，将输出信号 Y000 复位，接触器 KM1 断电，M1 停止运行。

定时器 T1 定时 10s 后，其相应的接点将对应的状态继电器 S22 的状态由 0 置位为 1；初始步 S21 由活动步变为静止步，同时步 S22 由静止步变为活动步，只执行 STL S22 触点右边的程序段。输出信号 Y000 和 Y001 保持 ON 的状态；同时将控制输出 Y003 置为 ON，接触器 KM3 通电，电动机 M3 启动，完成 3 台电动机的启动。

需要停止时，按下停止按钮，输入信号 X001 有效，将对应的状态继电器 S23 的状态由 0 置位为 1；步 S22 由活动步变为静止步，同时步 S23 由静止步变为活动步，只执行 STL S23 触点右边的程序段，使输出信号 Y002 复位，接触器 KM3 断电，M3 停止运行，同时定时器 T2 开始定时；定时器 T2 定时 10s 后其相应的接点动作，系统将状态继电器 S24 的状态由 0 变为 1，系统从 M3 停止步转换到 M2 停止步 S24，将输出信号 Y001 复位，接触器 KM2 断电，M2 停止运行；同时定时器 T3 开始定时，定时器 T3 定时 5s 后其相应的接点动作，系统将状态继电器 S25 的状态由 0 变为 1，系统转换到 M1 停止步 S25，将输出信号 Y000 复位，接触器 KM1 断电，M1 停止运行；同时将状态继电器 S0 置位为 ON，系统转换到初始步 S0 等待启动信号进行下一个工作周期的循环。

六、编程体会

本实例的程序设计是根据状态的转移条件，决定流程是单流程、跳转或顺序向下执行。在大多数情况下，单一顺序、并行、选择性、跳转和循环顺序功能图会同时出现，读者应综合考虑；其中跳转和循环是其典型代表，读者可根据具体情况进行选择。在应用顺序功能指令进行编程时，通常会出现多种情况供选择，即一个控制流程可能转入多个可能的控制流中的某一个，但不允许多路分支同时执行。为了保证一次选择一个顺序及选择的优先权，还必须对各个转移条件进行约束，进入到哪一个分支，取决于控制流前面的转移条件哪一个为真。另外，本实例设计时没有考虑电动机的过载问题，读者可根据实际情况考虑。

 实例 49 采用顺序功能图设计硫化机控制系统的应用程序

一、控制要求

硫化机控制系统接收到合模命令时硫化机进行合模；在合模过程中若有开模命令，硫化机进行开模。在合模过程中，若有急停信号，停止合模的工作，并进行开模动作。在合模过程中，若在预定时间内未接收到合模到位信号，停止合模的工作，并进行报警。

合模到位后，硫化机进行进气控制，进行反料延时；进气控制时间达到后硫化机进气停止，同时进行放气，并开始定时。

放气时间达到后，硫化机放气停止，并控制硫化机进行开模，若在预定时间内未接收到合模到位信号，停止开模的工作，并控制硫化机进行报警。当开模到位后硫化机返回初始状态等待命令。

二、硬件电路设计

根据控制要求列出所用的输入/输出点，并为其分配相应的地址，其 I/O 分配表见表 3-6。

表 3-6　　　　　　　　　　采用顺序功能图设计硫化机的 I/O 分配表

输入信号			输出信号		
输入地址	代号	功能	输出地址	代号	功能
X000	SB1	急停按钮	Y000	KM1	合模接触器
X001	SQ1	合模到位	Y001	KM2	开模接触器
X002	SQ2	开模到位	Y002	KM3	进气接触器
X003	SB2	开模命令按钮	Y003	KM4	放气接触器
X004	SB3	合模命令按钮	Y004	HA	报警蜂鸣器
X005	SB4	复位按钮			

根据表 3-6 和控制要求设计 PLC 的硬件原理图，如图 3-26 所示。其中 COM1 为 PLC 输入信号的公共端，COM2 为输出信号的公共端。

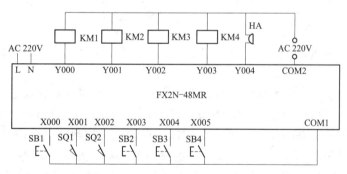

图 3-26　硫化机 PLC 硬件原理图

三、编程思想

单一顺序、并行和选择是功能图的基本形式。多数情况下，这些基本形式是混合出现的，通过对本实例控制过程的分析，应采用跳转和循环顺序功能图控制。本实例的程序设计可以根据状态的转移条件，决定流程是跳转还是顺序向下执行。其控制的顺序功能图如图 3-27 所示。

四、控制程序的设计

根据控制要求设计的控制梯形图如图 3-28 所示。

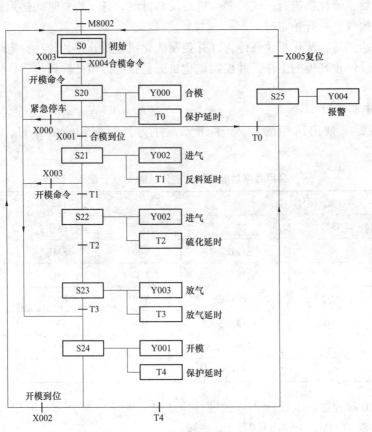

图3-27 硫化机的顺序功能图

五、程序的执行过程

首次扫描时，M8002接通一个扫描周期，使状态继电器S0置位，初始步变为活动步，只执行STL S0触点右边的程序段。

当合模命令的输入信号X004为ON，将对应的状态继电器S20的状态由0置位为1；初始步S0由活动步变为静止步，同时步S20由静止步变为活动步，只执行STL S20触点右边的程序段。输出信号Y000为ON，接触器KM1线圈通电，控制硫化机进行合模。若有开模命令时，输入信号X003为ON，将对应的状态继电器S24的状态由0置位为1；步S20由活动步变为静止步，同时步S24由静止步变为活动步，只执行STL S24触点右边的程序段。控制输出Y001为ON，控制接触器KM2通电，硫化机进行开模。在合模过程中，若有急停信号，输入信号X000为ON，将对应的状态继电器S24的状态由0置位为1；步S20由活动步变为静止步，同时步S24由静止步变为活动步，只执行STL S24触点右边的程序段，控制输出信号Y000为OFF，控制接触器KM1断电，停止合模的工作，控制输出Y001为ON，控制接触器KM2通电，硫化机进行开模。在合模过程中，若在预定时间内未接收到合模到位信号，定时器T0的动合触点动作，将对应的状态继电器S25的状态由0置位为1；步S20由活动步变为静止步，同时步S25由静止步变为活动步，只执行STL S25触点右边的程序段。控制输出信号Y000为OFF，控制接触器KM1断电，停止合模的工作，控制输出Y004为ON，控制硫化机进行报警。

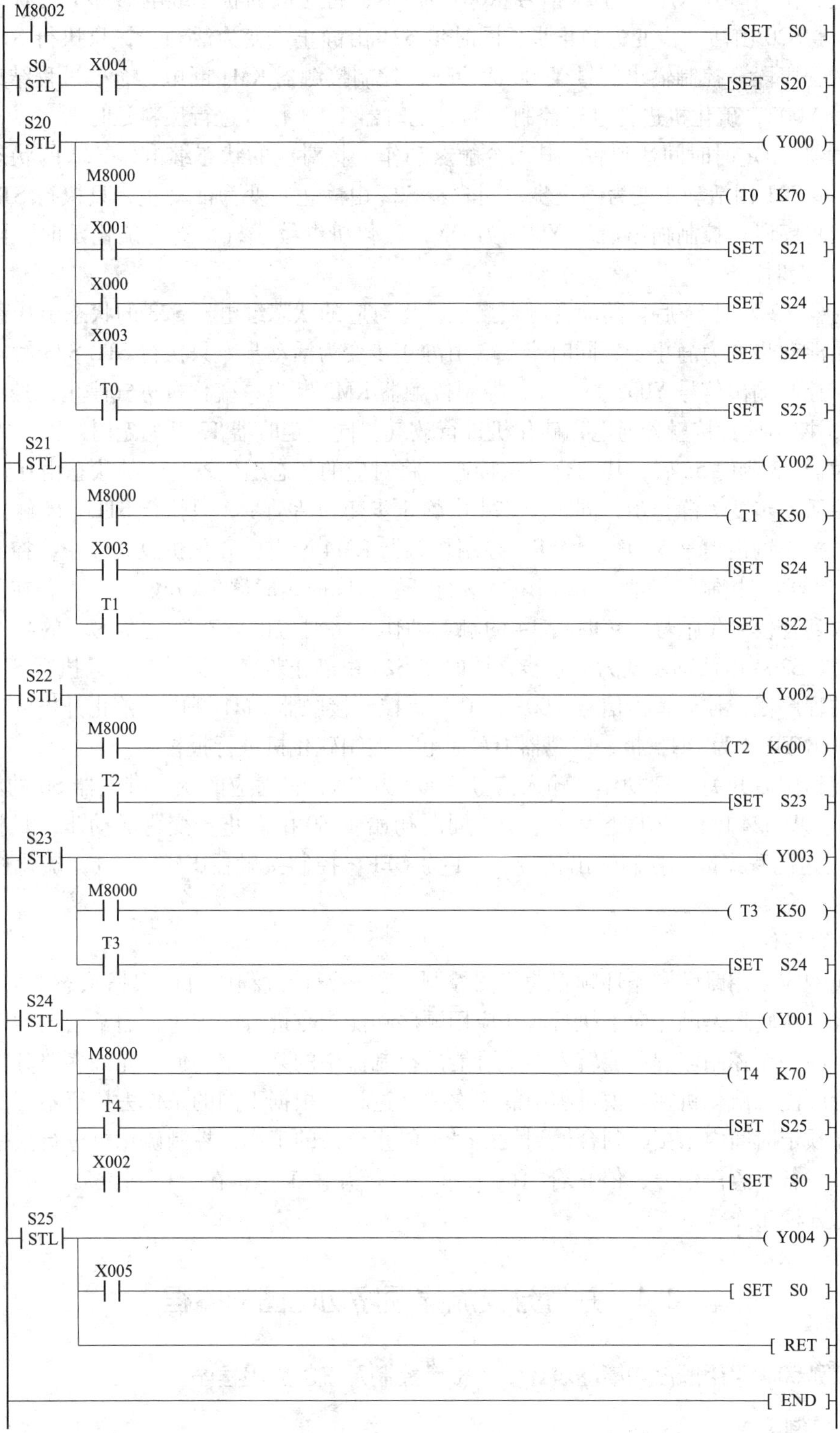

```
M8002
─┤├──────────────────────────────────────────────────[ SET  S0 ]

 S0   X004
─┤STL├──┤├──────────────────────────────────────────[ SET  S20 ]

 S20
─┤STL├──────────────────────────────────────────────( Y000 )
       M8000
       ─┤├────────────────────────────────────────( T0  K70 )
       X001
       ─┤├────────────────────────────────────────[ SET  S21 ]
       X000
       ─┤├────────────────────────────────────────[ SET  S24 ]
       X003
       ─┤├────────────────────────────────────────[ SET  S24 ]
       T0
       ─┤├────────────────────────────────────────[ SET  S25 ]

 S21
─┤STL├──────────────────────────────────────────────( Y002 )
       M8000
       ─┤├────────────────────────────────────────( T1  K50 )
       X003
       ─┤├────────────────────────────────────────[ SET  S24 ]
       T1
       ─┤├────────────────────────────────────────[ SET  S22 ]

 S22
─┤STL├──────────────────────────────────────────────( Y002 )
       M8000
       ─┤├────────────────────────────────────────( T2  K600 )
       T2
       ─┤├────────────────────────────────────────[ SET  S23 ]

 S23
─┤STL├──────────────────────────────────────────────( Y003 )
       M8000
       ─┤├────────────────────────────────────────( T3  K50 )
       T3
       ─┤├────────────────────────────────────────[ SET  S24 ]

 S24
─┤STL├──────────────────────────────────────────────( Y001 )
       M8000
       ─┤├────────────────────────────────────────( T4  K70 )
       T4
       ─┤├────────────────────────────────────────[ SET  S25 ]
       X002
       ─┤├────────────────────────────────────────[ SET  S0 ]

 S25
─┤STL├──────────────────────────────────────────────( Y004 )
       X005
       ─┤├────────────────────────────────────────[ SET  S0 ]

─────────────────────────────────────────────────────[ RET ]

─────────────────────────────────────────────────────[ END ]
```

图 3-28 硫化机的控制梯形图

合模到位后SQ1动作，输入信号X001为ON，将对应的状态继电器S21的状态由0置位为1；步S20由活动步变为静止步，同时步S21由静止步变为活动步，只执行STL S21触点右边的程序段。控制输出信号Y000为OFF，控制接触器KM1断电，合模过程结束；控制输出信号Y002，硫化机进行进气控制，同时定时器T1工作，进行反料延时。

定时器T1定时时间达到后，其动合触点动作，将对应的状态继电器S22的状态由0置位为1；步S21由活动步变为静止步，同时步S22由静止步变为活动步，只执行STL S22触点右边的程序段。控制输出信号Y002为ON，硫化机继续进气，进行硫化延时，同时定时器T2开始定时。

定时器T2延时5s后，其动合触点接通，将对应的状态继电器S23的状态由0置位为1；步S22由活动步变为静止步，同时步S23由静止步变为活动步，只执行STL S23触点右边的程序段。控制输出信号Y002为OFF，控制接触器KM3断电，硫化机进气停止，控制输出信号Y003，控制放气接触器通电，硫化机进行放气，同时定时器T3开始定时。

定时器T3延时5s后，其动合触点接通，将对应的状态继电器S24的状态由0置位为1；步S23由活动步变为静止步，同时步S24由静止步变为活动步，只执行STL S24触点右边的程序段。控制输出信号Y003为OFF，控制接触器KM4断电，硫化机放气停止，控制输出信号Y001为ON，控制接触器KM2通电，进行开模，同时定时器T4开始定时。若在预定时间内未接收到合模到位信号，定时器T4的触点动作，将对应的状态继电器S25的状态由0置位为1；步S204由活动步变为静止步，同时步S25由静止步变为活动步，只执行STL S25触点右边的程序段。控制输出信号Y001为OFF，控制接触器KM1断电，停止开模的工作，同时控制输出Y004为ON，报警蜂鸣器HA通电，控制硫化机进行报警。

开模到位后开关SQ2动作，输入信号X002为ON，将对应的状态继电器S0的状态由0置位为1；步S24由活动步变为静止步，同时初始步S0由静止步变为活动步，只执行STL S0触点右边的程序段。控制输出信号Y001为OFF，控制接触器KM2断电，硫化机返回初始状态等待命令。

六、编程体会

本实例应采用跳转和循环顺序功能图控制。程序设计过程中可以根据状态的转移条件，决定流程是跳转还是顺序向下执行。在应用顺序功能指令进行编程时，通常会出现多种情况供选择，即一个控制流程可能转入多个可能的控制流中的某一个，但不允许多路分支同时执行。读者应注意硫化机在合模过程中的多次跳转过程，根据不同的条件去执行不同的分支程序：如在预定时间内未接收到合模到位信号，停止合模的工作，控制硫化机进行报警；在合模过程中，若有急停信号，停止合模的工作，进行开模工作；在合模到位后若接到开模命令，进行开模工作等。

3.4　并行分支流程顺序功能图的编程

 实例50　采用顺序功能图设计专用钻床控制系统的应用程序

一、控制要求

某专用钻床工作过程如图3-29所示，使用大小两只钻头同时钻两个孔，开始自动运行之前两个钻头在最上面，上限位开关X003和X005为ON。放好工件后，按下启动按钮

X000，工件被夹紧，夹紧到位后 X001 为 ON，两只钻头同时开始工作，钻到由限位开关 X002 和 X004 设定的深度时分别上行，回到由限位开关 X003 和 X005 设定的起始位置时分别停止上行。两个钻头都到位后，工件被松开，松开到位后，一个工作周期结束系统返回初始状态。

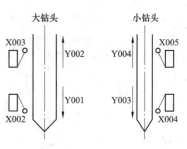

图 3-29 专用钻床工作示意图

二、硬件电路设计

根据控制要求列出所用的输入/输出点，并为其分配相应的地址，其 I/O 分配表见表 3-7。

表 3-7　　　　　　　　　　专用钻床的 I/O 分配表

输入信号			输出信号		
输入地址	代号	功能	输出地址	代号	功能
X000	SB1	启动按钮	Y000	KM1	工件夹紧接触器
X001	SQ1	夹紧到位	Y001	KM2	大钻头下降接触器
X002	SQ2	大钻头下降到位	Y002	KM3	大钻头上升接触器
X003	SQ3	大钻头上升到位	Y003	KM4	小钻头下降接触器
X004	SQ4	小钻头下降到位	Y004	KM5	小钻头上升接触器
X005	SQ5	小钻头上升到位	Y005	KM6	工件放松接触器
X006	SQ6	放松到位			

根据表 3-7 和控制要求设计 PLC 的硬件原理图，如图 3-30 所示。其中 COM1 为 PLC 输入信号的公共端，COM2 为输出信号的公共端。

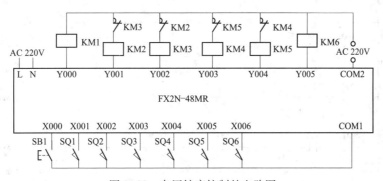

图 3-30　专用钻床控制的电路图

三、编程思想

根据本实例的控制要求可采用并行分支的顺序功能图设计，系统的某一步活动后，满足转换条件能够同时激活若干步的并行分支；并行分支的结束时，在表示同步的水平双线之下只允许有一个转换符号，即当两个钻头都回升到位后，才允许工件松开，松开到位后，一个工作周期结束系统返回初始状态等待下一次工作的开始。本实例设计的专用钻床顺序功能图如图 3-31 所示。

四、控制程序的设计

根据控制要求设计的控制梯形图如图 3-32 所示。

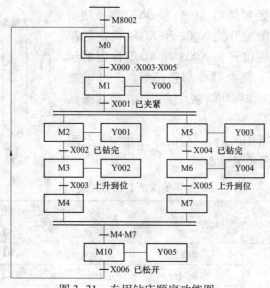

图 3-31 专用钻床顺序功能图

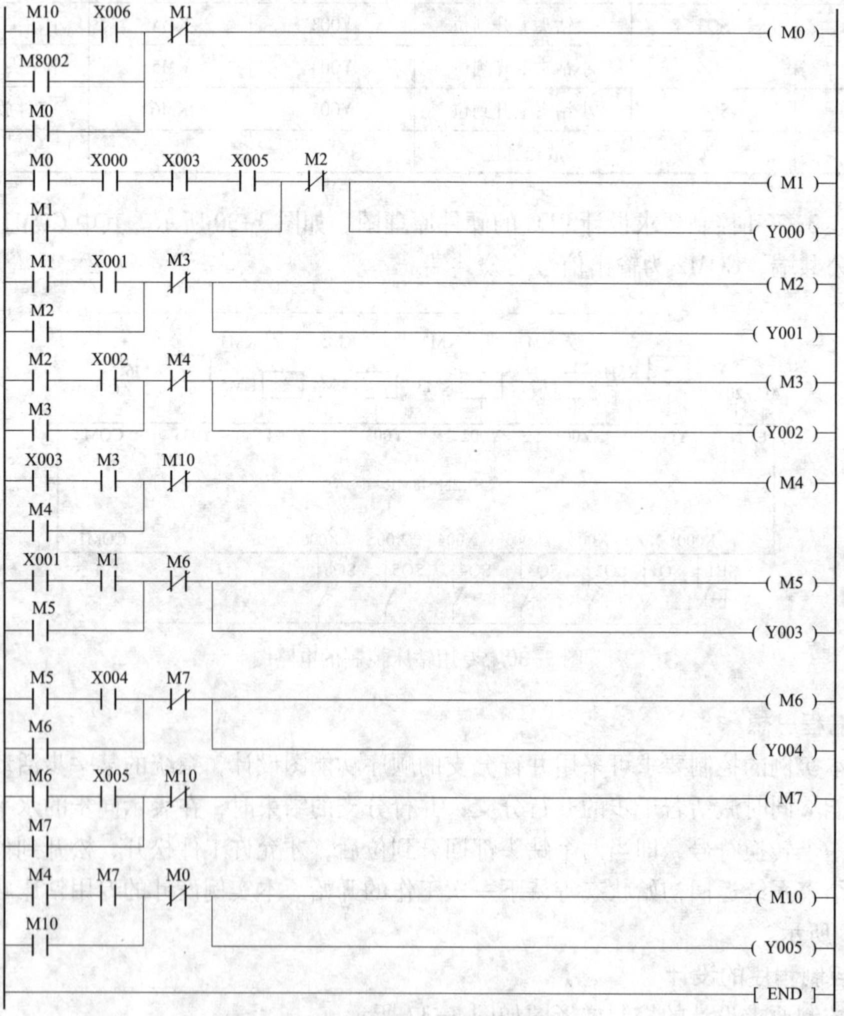

图 3-32 专用钻床控制梯形图

五、程序的执行过程

首次扫描时，M8002 接通一个扫描周期，使继电器 M0 变为 ON，初始步变为活动步，等待启动命令。按下启动按钮 SB1，输入信号 X000 为 ON，自动运行之前两个钻头在最上面，上限位开关 SQ3 和 SQ2 动作，输入信号 X003 和 X005 为 ON，此时继电器 M1 的工作条件满足，继电器 M1 变为 ON，步 M1 变为活动步而初始步 M0 为静止步，输出信号 Y000 为 ON，接触器 KM1 线圈通电，控制夹紧电磁阀通电夹紧工件，夹紧到位后开关 SQ1 动作，输入信号 X001 为 ON，其动合触点接通即满足转换条件，这时步 M1 变为静止步，而步 M2 和步 M5 同时变为活动步，控制输出信号 Y001 和 Y003 同时为 ON，控制接触器 KM2 和 KM4 线圈通电，大小钻头同时向下运动进行钻孔。

当两个孔钻完，大、小钻头分别碰到各自的下限位开关 SQ2 和 SQ4，输入信号 X002 和 X004 有效，使步 M3 和步 M6 变为活动步，控制输出信号 Y002 和 Y004 同时为 ON，控制接触器 KM3 和 KM5 线圈通电，两个钻头分别向上运动，碰到各自的上限位开关 SQ3 和 SQ5，输入信号 X003 和 X005 有效，控制输出信号 Y002 和 Y004 为 OFF，大小钻头停止上行，两个等待步 M4 和 M7 变为活动步。只要辅助继电器 M4 和 M7 同时为 ON，使辅助继电器 M10 为 ON，步 M10 也变为活动步，同时步 M4 和 M7 变为静止步，控制输出信号 Y005 为 ON，控制接触器 KM6 线圈通电，工件被松开，限位开关 SQ6 压下，输入信号 X006 变为 ON，使辅助继电器 M0 变为 ON，步 M10 变为静止步，初始步 M0 变为活动步，系统返回初始状态，等待启动命令。

六、编程体会

本实例应用并行序列顺序功能图进行设计，应注意系统的某一步活动后，满足转换条件能够同时激活若干步的序列；当并行序列的结束后要进行合并，又开始下一个周期的工作。并行序列的合并，在表示同步的水平双线之下只允许有一个转换符号。在应用顺序功能指令进行编程时有多种方法可以选择，本实例的编程采用了通用逻辑指令的方法设计的控制梯形图，读者也可以尝试其他的方法设计。另外在本实例程序设计中，未考虑在程序执行过程中出现意外情况紧急停止的问题，读者在实际应用时应加以考虑。

实例 51　采用顺序功能图设计剪板机控制系统的应用程序

一、控制要求

剪板机工作示意图如图 3-33 所示。开始时，压钳和剪刀在上限位置，限位开关 X000 和 X001 为 ON，按下启动按钮 X011。工作过程如下：首先板料右行（Y000 为 ON）至限位开关 X003 动作，然后压钳下行（Y001 为 ON 并保持），压紧板料后，压力继电器 X004 为 ON，压钳保持压紧，剪刀开始下行（Y002 为 ON），剪断板料后，X002 变为 ON，压钳和剪刀同时上行（Y003 和 Y004 为 ON，Y001 和 Y002 为 OFF），它们分别碰到限位开关 X000 和 X001，停止上行，都停止后开始下一个周期的工作，剪完 10 块后停止并停在初始状态。

二、硬件电路设计

根据控制要求列出所用的输入/输出点，并为其分配相应的地址，其 I/O 分配表见表 3-8。

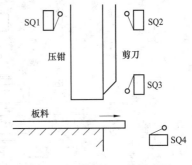

图 3-33　剪板机工作示意图

表3-8   剪板机控制的 I/O 分配表

输入信号			输出信号		
输入地址	代号	功能	输出地址	代号	功能
X000	SQ1	压钳上限位	Y000	KM1	料板右行接触器
X001	SQ2	剪刀上限位	Y001	KM2	压钳下行接触器
X002	SQ3	剪刀下限位	Y003	KM3	剪刀下行接触器
X003	SQ4	料板前进限位	Y004	KM4	压钳上行接触器
X004	SQ5	压力开关	Y005	KM5	剪刀上行接触器
X005	SB	启动按钮			

根据表3-8和控制要求设计PLC的硬件原理图，如图3-34所示。其中COM1为PLC输入信号的公共端，COM2为输出信号的公共端。

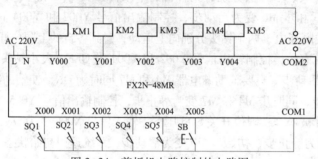

图3-34 剪板机电路控制的电路图

三、编程思想

本实例应用并行序列、跳转和循环流程的顺序功能图进行设计，开始工作时压钳和剪刀在上限位置，当压钳保持压紧，剪刀开始下行剪断板料，系统达到该步活动后，满足转换条件X002变为ON，同时激活若干步的序列即压钳和剪刀同时上行，他们分别碰到限位开关X000和X001，都停止上行后，并行序列的合并结束，开始下一个周期的工作，剪完10块后停止并停在初始状态，其并行序列顺序功能图如图3-35所示。

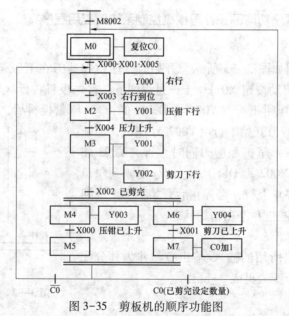

图3-35 剪板机的顺序功能图

四、控制程序的设计

根据控制要求设计的控制梯形图如图 3-36 所示。

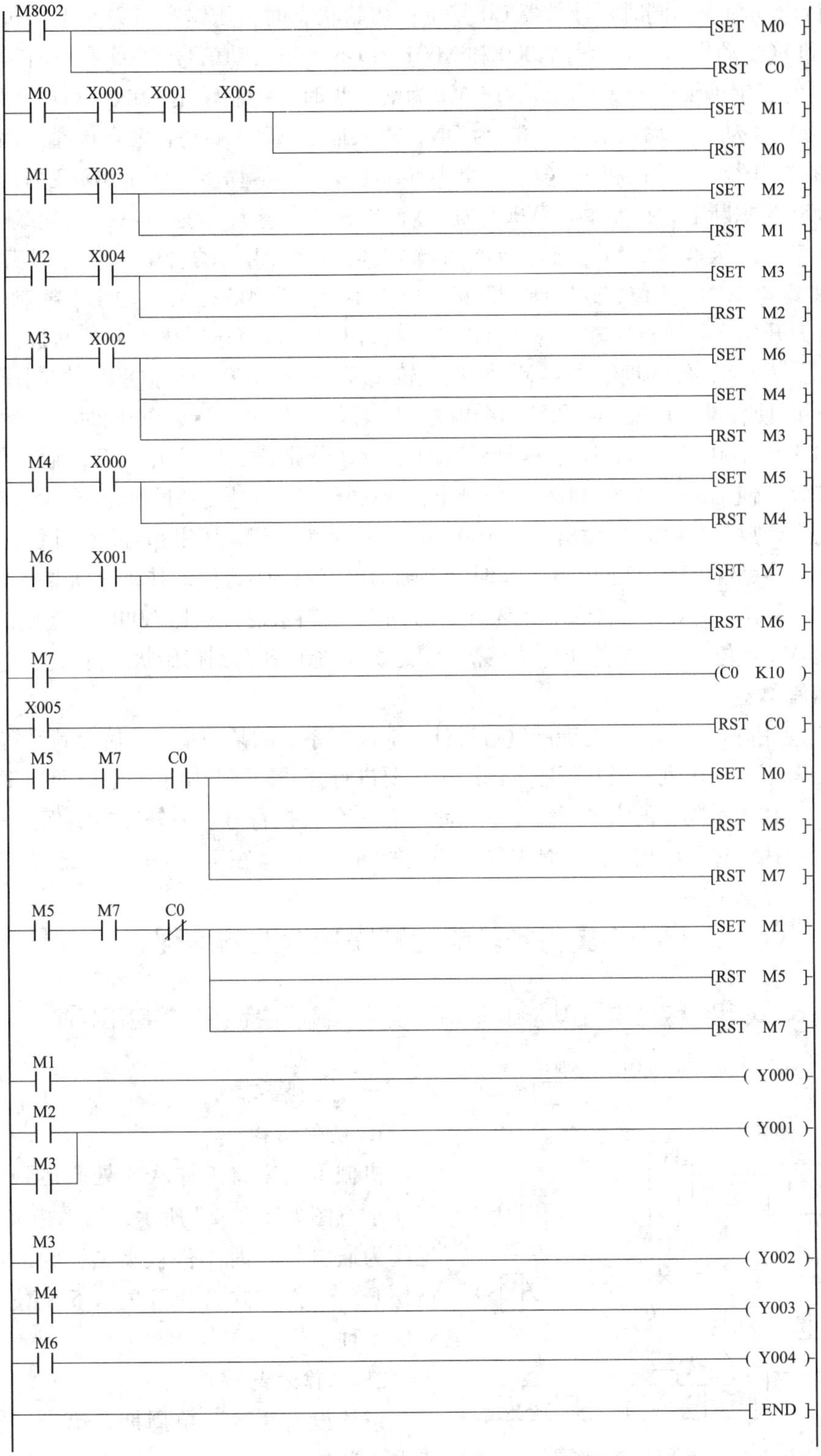

```
M8002                                          [SET  M0 ]
──┤├───┬───────────────────────────────────────[RST  C0 ]
       │
M0   X000  X001  X005                          [SET  M1 ]
──┤├──┤├───┤├───┤├──┬───────────────────────────[RST  M0 ]
                    │
M1   X003                                      [SET  M2 ]
──┤├──┤├──┬─────────────────────────────────────[RST  M1 ]
          │
M2   X004                                      [SET  M3 ]
──┤├──┤├──┬─────────────────────────────────────[RST  M2 ]
          │
M3   X002                                      [SET  M6 ]
──┤├──┤├──┬─────────────────────────────────────[SET  M4 ]
          ├─────────────────────────────────────[RST  M3 ]
          │
M4   X000                                      [SET  M5 ]
──┤├──┤├──┬─────────────────────────────────────[RST  M4 ]
          │
M6   X001                                      [SET  M7 ]
──┤├──┤├──┬─────────────────────────────────────[RST  M6 ]
          │
M7                                             (C0   K10 )
──┤├────────────────────────────────────────────
X005                                           [RST  C0 ]
──┤├────────────────────────────────────────────
M5   M7   C0                                   [SET  M0 ]
──┤├──┤├──┤├──┬──────────────────────────────────[RST  M5 ]
             ├──────────────────────────────────[RST  M7 ]
             │
M5   M7   C0                                   [SET  M1 ]
──┤├──┤├──┤/├─┬──────────────────────────────────[RST  M5 ]
             ├──────────────────────────────────[RST  M7 ]
             │
M1                                             ( Y000 )
──┤├────────────────────────────────────────────
M2                                             ( Y001 )
──┤├──┬──────────────────────────────────────────
M3    │
──┤├──┘
M3                                             ( Y002 )
──┤├────────────────────────────────────────────
M4                                             ( Y003 )
──┤├────────────────────────────────────────────
M6                                             ( Y004 )
──┤├────────────────────────────────────────────
                                               [ END ]
```

图 3-36 剪板机的控制梯形图

五、程序的执行过程

首次扫描时，M8002 接通一个扫描周期，使辅助继电器 M0 置位，初始步变为活动步，在原位等待启动命令，同时将计数器 C0 复位；初始状态时，压钳和剪刀在上限位置，限位开关 SQ1 和 SQ2 动作，输入信号 X000 和 X001 为 ON，当启动信号 X005 有效时，使辅助继电器 M0 复位、辅助继电器 M1 置位，步 M1 为活动步时，控制输出 Y000 为 ON，板料右行，至限位开关 SQ4 动作，输入信号 X003 为 ON，输入信号 X003 的动合触点接通即满足转换条件，使辅助继电器 M2 置位和 M1 复位，此时步 M1 变为不活动步，而步 M2 变为活动步，输出信号 Y000 线圈断电，控制输出 Y001 为 ON，压钳下行，压紧板料后，压力继电器 X004 为 ON，压钳保持压紧（Y001 仍然为 ON）；输入信号 X004 的动合触点接通即满足转换条件，使辅助继电器 M3 置位，这时步 M2 变为静止步，而步 M3 变为活动步，控制输出 Y002 为 ON，剪刀开始下行，此时输出信号 Y001 仍然为 ON（保持压钳压力）剪断板料后，输入信号 X002 变为 ON，使辅助继电器 M3 复位，输出 Y001 和 Y002 变为 OFF，控制压钳和剪刀都断电；同时使辅助继电器 M4 和辅助继电器 M6 置位，步 M4 和步 M6 同时变为活动步，输出信号 Y003 和 Y004 为 ON，压钳和剪刀同时上行，分别碰到限位开关后，输入信号 X000 和 X001 有效，使辅助继电器 M4 和辅助继电器 M6 复位，同时使辅助继电器 M5 和辅助继电器 M7 置位，计数器 C0 加 1，输出信号 Y003 和 Y004 变为 OFF，压钳和剪刀停止上行；当辅助继电器 M5 和辅助继电器 M7 同时为 ON 时，将辅助继电器 M1 置位，并将辅助继电器 M5 和辅助继电器 M7 复位，开始下一个周期的工作，剪完 10 块料板后计数器 C0 的动合触点动作，将辅助继电器 M0 置位，剪板机停止并停在初始状态，系统重新回到初始状态待命。

六、编程体会

本实例应用并行序列顺序功能图进行设计，应注意系统的某一步活动后，满足转换条件能够同时激活若干步的序列；当并行序列的结束后要进行合并，又开始下一个周期的工作。并行序列的合并，在表示同步的水平双线之下只允许有一个转换符号。另外在本实例程序设计中，未考虑在程序执行过程中出现意外情况紧急停止的问题，读者在实际应用时应加以考虑。

3.5　具有多功能的顺序功能图的编程

实例 52　采用状态初始化功能指令 IST 设计机械手控制系统的应用程序

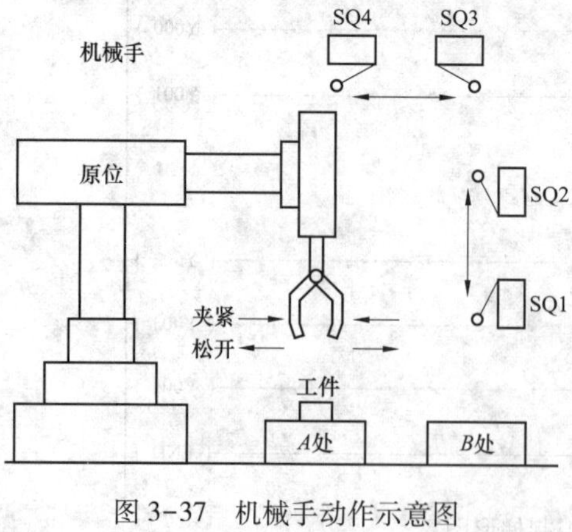

图 3-37　机械手动作示意图

一、控制要求

1. 硬件结构

机械手用来将工件从 A 处搬运到 B 处，其工作示意图如图 3-37 所示，当手指夹紧放松电磁阀为通电状态时工件被夹紧，为断电状态时被松开，工作方式选择开关有 5 个位置，分别对应 5 种工作方式。

2. 工作方式

系统设有手动、单周期、单步、连续和回原点 5 种工作方式。

手动工作方式用 6 个按钮分别独立控制机械手的升、降、左行、右行、右行和夹紧、松开。

机械手在最上面和最左边，且夹紧装置松开的状态，称为系统处于原点状态（或称初始状态）。在进入单周期、连续和单步工作方式之前系统应处于原点状态；如果不满足这一条件，可以选择回原点工作方式，然后按启动按钮，使系统自动返回原点状态。

机械手从初始状态开始，将工件从 A 处搬运到 B 处，最后返回初始状态的过程，称为一个工作周期。

单周期工作方式在初始状态按下启动按钮后，机械手按顺序的规定完成一个周期的工作后，返回并停留在初始步。

连续工作方式在初始状态按下启动按钮，机械手从初始状态开始，工作一个周期后开始搬运下一个工件，反复连续地工作。按下停止按钮，并不马上停止工作，完成最后一个周期的工作后，系统才返回并停留在初始状态。

单步工作方式从初始状态开始，按一下启动按钮，系统转换到下一个动作，完成该步任务后，自动停止工作并停留在该步，再按一下启动按钮，才开始执行下一步的操作。单步工作方式常用于系统的调试。

二、硬件电路设计

根据控制要求列出所用的输入/输出点，并为其分配相应的地址，其 I/O 分配表见表 3-9。

表 3-9   机械手控制的 I/O 分配表

输入信号			输出信号		
PLC 的输入地址	代号	器件功能	PLC 的输出地址	代号	器件功能
X001	SQ1	下限位检测	Y000	YV1	手臂下降电磁阀
X002	SQ2	上限位检测	Y001	YV2	手指夹紧放松电磁阀
X003	SQ3	右限位检测	Y002	YV3	手臂上升电磁阀
X004	SQ4	左限位检测	Y003	YV4	手臂右行电磁阀
X005	SB1	手动上升	Y004	YV5	手臂左行电磁阀
X006	SB2	手动左行			
X007	SB3	手动放松			
X010	SB4	手动下降			
X011	SB5	手动右行			
X012	SB6	手动夹紧			
X020	SA-1	手动操作方式			
X021	SA-2	回原位操作方式			
X022	SA-3	单步操作方式			
X023	SA-4	单周期操作方式			
X024	SA-5	循环操作方式			

续表

输入信号			输出信号		
PLC 的输入地址	代号	器件功能	PLC 的输出地址	代号	器件功能
X025	SB7	回原位启动			
X026	SB8	启动			
X027	SB9	停止			

　　根据表 3-9 和控制要求设计 PLC 的硬件原理图，如图 3-38 所示。其中 COM1 为 PLC 输入信号的公共端，COM2 为输出信号的公共端。

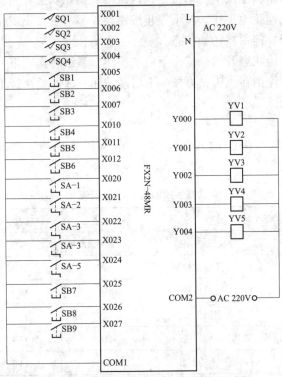

图 3-38　机械手控制的 PLC 硬件原理图

三、编程思想

　　从工程实际出发，为了满足生产的需要，很多设备要求设置多种工作方式，例如手动和自动（包括连续、单周期、单步和自动返回初始状态）工作方式。手动程序比较简单，一般用经验法设计，而复杂的自动程序一般根据系统的顺序功能图用顺序控制法设计。

　　为了使程序的结构清晰，本实例采用状态初始化功能指令 IST 与 STL 指令联合使用的方法设计，使用状态初始化功能指令 IST 设置有多种工作方式的控制系统的初始化和有关的特殊辅助继电器的状态，并根据外部的输入信号实现系统的自动控制，可以大大简化顺序控制程序的设计，简化程序结构，增加程序的可读性。在手动方式，X020 为 ON，执行"手动"程序；在自动回原点方式，X021 为 ON，执行"回原点"程序。在其他 3 种工作方式执行"自动"程序。根据控制要求设计的自动回原点程序和自动工作程序的顺序功能图，如图 3-39 和图 3-40 所示。

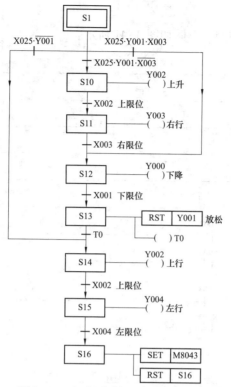

图 3-39 自动回原点程序顺序功能图

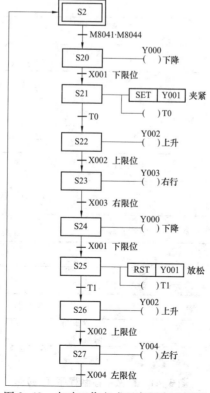

图 3-40 自动工作方式程序顺序功能图

四、控制程序的设计

根据控制要求设计的控制梯形图如图 3-41 所示。

```
X004  X002  Y001                                    ( M8044 )
 |—| |—| |—|/|—                                  
M8000                                        [IST  X020  S20  S27 ]
 |—| |—                                      
 S0    X012                                       [SET  Y001 ]
|STL|—| |—                                   
       X007                                       [RST  Y001 ]
       |—| |—                                
       X005  Y000                                  ( Y002 )
       |—| |—| |—                             
       X010  Y002                                  ( Y000 )
       |—| |—| |—                             
       X006  Y003  X002                             ( Y004 )
       |—| |—|/|—| |—                         
       X011  Y004  X002                             ( Y003 )
       |—| |—|/|—| |—                         
 S1    X025  Y001  X003                           [ SET  S10 ]
|STL|—| |—| |—|/|—                           
       X025  Y001  X003                           [ SET  S12 ]
       |—| |—| |—| |—                         
       X025  Y001                                 [ SET  S14 ]
       |—| |—|/|—                             
 S10                                               ( Y002 )
|STL|—                                        
       X002                                       [ SET  S11 ]
       |—| |—                                
 S11                                               ( Y003 )
|STL|—                                        
       X003                                       [ SET  S12 ]
       |—| |—                                
 S12                                               ( Y000 )
|STL|—                                        
       X001                                       [ SET  S13 ]
       |—| |—                                
 S13                                              [RST  Y001 ]
|STL|—                                        
                                                   (T0  K20 )
       T0                                         [ SET  S14 ]
       |—| |—                                
 S14                                               ( Y002 )
|STL|—                                        
       X002                                       [ SET  S15 ]
       |—| |—                                
 S15                                               ( Y004 )
|STL|—                                        
       X004                                       [ SET  S16 ]
       |—| |—                                
 S16                                              [ SET  M8043 ]
|STL|—                                        
       X003                                       [ RST  S16 ]
       |—| |—                                
```

图 3-41　机械手控制程序（一）

```
 S2   M8041  M8044
─┤STL├──┤├────┤├──────────────────────────────────[ SET  S20 ]
 S20
─┤STL├──────────────────────────────────────────────( Y000 )
        X001
        ─┤├──────────────────────────────────────[ SET  S21 ]
 S21
─┤STL├──────────────────────────────────────────[ SET  Y001 ]
        ──────────────────────────────────────────( T0  K10 )
        T0
        ─┤├──────────────────────────────────────[ SET  S22 ]
 S22
─┤STL├──────────────────────────────────────────────( Y002 )
        X002
        ─┤├──────────────────────────────────────[ SET  S23 ]
 S23
─┤STL├──────────────────────────────────────────────( Y003 )
        X003
        ─┤├──────────────────────────────────────[ SET  S24 ]
 S24
─┤STL├──────────────────────────────────────────────( Y000 )
        X001
        ─┤├──────────────────────────────────────[ SET  S25 ]
 S25
─┤STL├──────────────────────────────────────────[ RST  Y001 ]
        ──────────────────────────────────────────( T1  K10 )
        T1
        ─┤├──────────────────────────────────────[ SET  S26 ]
 S26
─┤STL├──────────────────────────────────────────────( Y002 )
        X002
        ─┤├──────────────────────────────────────[ SET  S27 ]
 S27
─┤STL├──────────────────────────────────────────────( Y004 )
        X004
        ─┤├──────────────────────────────────────────( S2 )
        ────────────────────────────────────────────[ RET ]
─────────────────────────────────────────────────────[ END ]
```

图 3-41　机械手控制程序（二）

五、程序的执行过程

1. 状态初始化功能指令 IST 的初始化

状态初始化功能指令 IST 的源操作数指定的输入元件的首元件为 X020，一共为 8 个连续的元件，输入信号功能分配表见表 3-10；状态初始化功能指令 IST 的目的操作数指定自动运行方式的最小状态号为 S20，指定自动运行方式的最大状态号为 S27；状态初始化功能指令 IST 设定 3 种操作方式，分别用 S0、S1 和 S2 作为 3 种操作方式的初始状态步，状态初始化功能指令 IST 的特殊辅助继电器和状态继电器功能分配表见表 3-11。

表 3-10   状态初始化功能指令 IST 输入信号的分配表

输入信号	功能	输入信号	功能
X020	手动操作方式	X024	循环操作方式
X021	回原位操作方式	X025	回原位启动
X022	单步操作方式	X026	启动
X023	单周期操作方式	X027	停止

表 3-11   状态初始化功能指令 IST 的特殊辅助继电器和状态继电器功能分配表

特殊辅助继电器	功能	状态继电器	功能
M8040	禁止转换	S0	手动操作初始状态继电器
M8041	转换启动	S1	回原点初始状态继电器
M8042	启动脉冲	S2	自动操作初始状态继电器
M8043	回原点完成		
M8044	原点条件		
M8047	STL 监控有效		

2. 机械手控制手动程序

图 3-41 为机械手控制程序的梯形图，为了保证系统的安全运行，手动程序应设置必要的连锁。

（1）设置上升与下降之间、左行与右行之间的互锁，以防止功能相反的两个输出同时为 ON。

（2）用限位开关 X001~X004 的动断触点限制机械手动移动的范围。

（3）上限位开关 X002 的动合触点与控制左、右行的 Y004 和 Y003 的线圈串联，机械手升到最高位置才能左右移动，以防止机械手在较低位置运行时与别的物体碰撞。

（4）只允许机械手在最左边或最右边时上升、下降和松开工作。

手动控制的过程如下。

状态初始化功能指令 IST 的源操作数指定的输入元件的首元件为 X020，一共为 8 个连续的元件，当输入信号 X020 为 ON 时，状态初始化功能指令 IST 启动 S0 初始状态步，执行手动操作程序。

状态继电器 S0 置位，初始步 S0 变为活动步，只执行 STL S0 触点右边的程序段。当输入信号 X012 为 ON 时，输出信号 Y001 置位为 ON，控制电磁阀 YV2 通电，机械手放松；当输入信号 X007 为 ON 时，将输出信号 Y001 复位为 OFF，控制电磁阀 YV2 断电，机械手夹紧。当输入信号 X005 为 ON 时，输出信号 Y002 为 ON，控制电磁阀 YV3 通电，机械手上升；当输入信号 X005 为 OFF 时，输出信号 Y002 变为 OFF，控制电磁阀 YV3 断电，机械手停止上升。当输入信号 X010 为 ON 时，输出信号 Y000 为 ON，控制电磁阀 YV1 通电，机械手下降，当输入信号 X010 为 OFF 时，输出信号 Y000 变为 OFF，控制电磁阀 YV1 断电，机械手停止下降。机械手左移和右移的控制过程与上升和下降类似，读者可自行分析。

3. 机械手自动回原点控制程序

在如图 3-41 所示中，在自动回原点工作方式中，输入信号 X021 为 ON，执行自动回原点子程序。状态初始化功能指令 IST 的源操作数指定的输入元件的首元件为 X020，当输入信号 X021 为 ON 时，状态初始化功能指令 IST 启动 S1 初始状态步，执行自动回原点操作程序。

执行自动回原点操作程序时，使状态继电器 S1 置位，初始步 S1 变为活动步，只执行 STL S1 触点右边的程序段。

按下回原位启动按钮 X025 时，根据机械手当时所处的位置和夹紧装置的状态，可以分为如下 3 种情况，采用不同的处理方法。

（1）夹紧装置处于夹紧状态，机械手不在最右边（Y001 为 ON，X003 为 ON）。按下回原位启动按钮，输入信号 X025 有效，将对应的状态继电器 S10 的状态由 0 置位为 1；初始步 S1 由活动步变为静止步，同时步 S10 由静止步变为活动步，只执行 STL S10 触点右边的程序段。控制输出信号 Y002 为 ON，电磁铁 YV3 通电，控制机械手上升，上升到位后上限位开关 SQ2 动作，输入信号 X002 有效，将对应的状态继电器 S11 的状态由 0 置位为 1；步 S10 由活动步变为静止步，同时步 S11 由静止步变为活动步，只执行 STL S11 触点右边的程序段。控制输出信号 Y002 为 OFF，电磁铁 YV3 断电，控制机械手停止上升；同时控制输出信号 Y003 为 ON，电磁铁 YV4 通电，控制机械手右移，右移到位后右移限位开关 SQ3 动作，输入信号 X003 有效，将对应的状态继电器 S12 的状态由 0 置位为 1；步 S11 由活动步变为静止步，同时步 S12 由静止步变为活动步，只执行 STL S12 触点右边的程序段。依次类推再控制机械手下降和松开工件，将工件搬运到 B 处；然后上升、左移返回原点位置。

（2）夹紧装置处于夹紧状态，机械手在最右边（Y001 和 X003 的状态为 ON）。此时应将工件搬运到 B 处后返回原点位置。按下回原位启动按钮，输入信号 X025 有效，将对应的状态继电器 S12 的状态由 0 置位为 1；初始步 S1 由活动步变为静止步，同时步 S12 由静止步变为活动步，只执行 STL S12 触点右边的程序段。控制输出信号 Y000 为 ON，电磁铁 YV1 通电，控制机械手下降，下降到位后下限位开关 SQ1 动作，输入信号 X001 有效，将对应的状态继电器 S13 的状态由 0 置位为 1；步 S12 由活动步变为静止步，同时步 S13 由静止步变为活动步，只执行 STL S13 触点右边的程序段。依次类推再控制机械手松开工件，将工件搬运到 B 处；然后上升、左移返回原点位置。

（3）夹紧装置松开（Y001 为 0 状态）。机械手处于放松状态，应上升和右行，直接返回原点位置。按下回原位启动按钮 SB7，输入信号 X025 有效，将对应的状态继电器 S14 的状态由 0 置位为 1；初始步 S1 由活动步变为静止步，同时步 S14 由静止步变为活动步，只执行 STL S14 触点右边的程序段。控制输出信号 Y002 为 ON，电磁铁 YV3 通电，控制机械手上升，上升到位后下限位开关 SQ3 动作，输入信号 X003 有效，将对应的状态继电器 S15 的状态由 0 置位为 1；步 S14 由活动步变为静止步，同时步 S15 由静止步变为活动步，只执行 STL S15 触点右边的程序段。控制输出信号 Y004 为 ON，电磁铁 YV5 通电，控制机械手左移；左移到位后上限位开关 SQ4 动作，输入信号 X003 有效，将对应的状态继电器 S16 的状态由 0 置位为 1；步 S15 由活动步变为静止步，同时步 S16 由静止步变为活动步，只执行 STL S16 触点右边的程序段。控制输出信号 Y004 为 OFF，控制机械手停止左移，同时将特殊辅助继电器 M8043 置位，机械手回到原点，特殊辅助继电器 M8043 置位后标志自动回原点过程完成，机械手停止工作，并将状态继电器 S16 复位，等待机械手的工作方式的转换。

如果机械手开始在最上面，上限位开关动作则输入信号 X002 有效，进入上升步后，因为转换条件已经满足，转换到左行步，到位后自动停止。

4. 机械手自动控制程序

图3-41为自动工作程序的梯形图。机械手自动控制程序处理机械手单周期、连续和单步工作方式。

在自动工作方式时，输入信号 X022～X024 有一个为 ON，执行自动控制程序。状态初始化功能指令 IST 启动 S2 初始状态步，执行自动控制程序。当状态初始化功能指令 IST 的源操作数指定的输入元件 X022 为 ON 时，执行自动控制程序的单步运行功能；当状态初始化功能指令 IST 的源操作数指定的输入元件 X023 为 ON 时，执行自动控制程序的单周期运行功能；当状态初始化功能指令 IST 的源操作数指定的输入元件 X024 为 ON 时，执行自动控制程序的连续运行功能。

（1）单步运行的程序执行过程。当状态初始化功能指令 IST 的源操作数指定的输入元件 X022 为 ON 时，执行自动控制程序的单步运行功能。

在单步工作方式时，输入信号 X022 有效，如果满足转换条件，状态步不再自动转移，必须按下启动按钮 SB8，即输入信号 X026 有效状态步才能转移，以后在完成某一步的操作后，都必须按一次启动按钮，系统才能转换到下一步。

（2）单周期工作方式的程序执行过程。当状态初始化功能指令 IST 的源操作数指定的输入元件 X023 为 ON 时，执行自动控制程序的单周期运行功能。

在单周期工作方式时，输入信号 X023 有效，按下启动按钮 SB8，即输入信号 X026 有效后系统进入单周期的工作方式。在转换条件满足后特殊辅助继电器 M8041 和 M8044 为 ON，此时按下启动按钮 SB8，输入信号 X026 有效，将对应的状态继电器 S20 的状态由 0 置位为 1；初始步 S2 由活动步变为静止步，同时步 S20 由静止步变为活动步，只执行 STL S20 触点右边的程序段。控制输出信号 Y000 为 ON，电磁铁 YV1 通电，控制机械手下降，下降到位后下限位开关 SQ1 动作，输入信号 X001 有效，将对应的状态继电器 S21 的状态由 0 置位为 1；步 S21 由活动步变为静止步，同时步 S21 由静止步变为活动步，只执行 STL S21 触点右边的程序段。控制输出信号 Y000 为 OFF，控制机械手停止下降，同时将输出信号 Y001 置位为 ON，电磁铁 YV2 通电，控制机械手夹紧工件；定时器 T0 开始工作，1s 后，其动合触点将对应的状态继电器 S22 的状态由 0 置位为 1；步 S21 由活动步变为静止步，同时步 S22 由静止步变为活动步，只执行 STL S22 触点右边的程序段。控制输出信号 Y002 为 ON，电磁铁 YV3 通电，控制机械手上升，上升到位后上限位开关 SQ3 动作，输入信号 X002 有效，将对应的状态继电器 S23 的状态由 0 置位为 1；步 S22 由活动步变为静止步，同时步 S23 由静止步变为活动步，只执行 STL S23 触点右边的程序段。控制输出信号 Y002 为 OFF，控制机械手停止上升，同时控制输出信号 Y003 为 ON，电磁铁 YV4 通电，控制机械手右移；右移到位后右移限位开关 SQ3 动作，输入信号 X003 有效，将对应的状态继电器 S24 的状态由 0 置位为 1；步 S23 由活动步变为静止步，同时步 S24 由静止步变为活动步，只执行 STL S24 触点右边的程序段。控制输出信号 Y000 为 ON，电磁铁 YV1 通电，控制机械手下降，下降到位后下限位开关 SQ1 动作，输入信号 X001 有效，将对应的状态继电器 S25 的状态由 0 置位为 1；步 S24 由活动步变为静止步，同时步 S25 由静止步变为活动步，只执行 STL S25 触点右边的程序段。控制输出信号 Y000 为 OFF，控制机械手停止下降，同时将输出信号 Y001 复位，电磁铁 YV2 断电，控制机械手松开工件；定时器 T1 开始工作，1s 后，其动合触点将对应的状态继电器 S26 的状态由 0 置位为 1；步 S25 由活动步变为静止步，同时步 S26 由静止步变为活动步，只执行 STL S26 触点右边的程序段。控制输出信号 Y002 为 ON，电磁铁 YV3 通电，控制机械手上升，上升到位后上限位开关 SQ3 动作，输入信号 X002 有效，将对应的状态继电器 S27 的状态由 0 置位为 1；步 S26 由活动步变为静止步，同时步 S27 由静止步变为活动步，只执行 STL S27 触点右边的程序段。控制输出信号 Y002 为 OFF，控制机械手停止上升，同时控制输出信号 Y004 为 ON，电磁铁 YV5 通电，控制机械手左移；左移到位后左移限位开关 SQ4 动作，输入信号 X004 有效，将对应的状态继电器 S2 的状态由 0 置位为 1；步 S27 由活动步变为静止步，同时步 S2 由静止步变为活动步，只执行 STL S2 触点右边的程序段。控制输出信号 Y004 为 OFF，电磁铁 YV5 断电，机械手停止左移；机械手左移返回原点位置，系统完成一个工作周期，等待下一个工作周期的启动命令。

（3）连续工作方式的程序执行过程。当状态初始化功能指令 IST 的源操作数指定的输入元件 X024 为 ON 时，执行自动控制程序的连续运行功能。

在连续工作方式，输入信号 X024 有效，按下启动按钮 SB8，即输入信号 X026 有效后系统进入连续的工作方式。在转换条件满足后特殊辅助继电器 M8041 和 M8044 为 ON，此时按下启动按钮 SB8，输入信号 X026 有效，将对应的状态继电器 S20 的状态由 0 置位为 1；初始步 S2 由活动步变为静止步，同时步 S20 由静止步变为活动步，只执行 STL S20 触点右边的程序段。控制输出信号 Y000 为 ON，电磁铁 YV1 通电，控制机械手下降，下降到位后下限位开关 SQ1 动作，输入信号 X001 有效，将对应的状态继电器 S21 的状态由 0 置位为 1；步 S21 由活动步变为静止步，同时步 S21 由静止步变为活动步，只执行 STL S21 触点右边的程序段。控制输出信号 Y000 为 OFF，控制机械手停止下降，同时将输出信号 Y001 置位为 ON，电磁铁 YV2 通电，控制机械手夹紧工件；定时器 T0 开始工作，定时 1s 后，其动合触点将对应的状态继电器 S22 的状态由 0 置位为 1；步 S21 由活动步变为静止步，同时步 S22 由静止步变为活动步，只执行 STL S22 触点右边的程序段。控制输出信号 Y002 为 ON，电磁铁 YV3 通电，控制机械手上升，上升到位后上限位开关 SQ3 动作，输入信号 X002 有效，将对应的状态继电器 S23 的状态由 0 置位为 1；步 S22 由活动步变为静止步，同时步 S23 由静止步变为活动步，只执行 STL S23 触点右边的程序段。控制输出信号 Y002 为 OFF，控制机械手停止上升，同时控制输出信号 Y003 为 ON，电磁铁 YV4 通电，控制机械手右移；右移到位后右移限位开关 SQ3 动作，输入信号 X003 有效，将对应的状态继电器 S24 的状态由 0 置位为 1；步 S23 由活动步变为静止步，同时步 S24 由静止步变为活动步，只执行 STL S24 触点右边的程序段。控制输出信号 Y000 为 ON，电磁铁 YV1 通电，控制机械手下降，下降到位后下限位开关 SQ1 动作，输入信号 X001 有效，将对应的状态继电器 S25 的状态由 0 置位为 1；步 S24 由活动步变为静止步，同时步 S25 由静止步变为活动步，只执行 STL S25 触点右边的程序段。控制输出信号 Y000 为 OFF，控制机械手停止下降，同时将输出信号 Y001 复位，电磁铁 YV2 断电，控制机械手松开工件；定时器 T1 开始工作，定时 1s 后，其动合触点将对应的状态继电器 S26 的状态由 0 置位为 1；步 S25 由活动步变为静止步，同时步 S26 由静止步变为活动步，只执行 STL S26 触点右边的程序段。控制输出信号 Y002 为 ON，电磁铁 YV3 通电，控制机械手上升，上升到位后上限位开关 SQ3 动作，输入信号 X002 有效，将对应的状态继电器 S27 的状态由 0 置位为 1；步 S26 由活动步变为静止步，同时步 S27 由静止步变为活动步，只执行 STL S27 触点右边的程序段。控制输出信号 Y002 为 OFF，控制机械手停止上升，同时控制输出信号 Y004 为 ON，电磁铁 YV5 通电，控制机械手左移；左移到位后左移限位开关 SQ4 动作，输入信号 X004 有效，将对应的状态继电器 S2 的状态由 0 置位为 1；步 S27 由活动步变为静止步，同时步 S2 由静止步变为活动步，只执行 STL S2 触点右边的程序段。控制输出信号 Y004 为 OFF，电磁铁 YV5 断电，机械手停止左移；机械手左移返回原点位置，系统完成一个工作周期后，自动进入下一个工作周期的循环，直到按下停止按钮 SB9，即输入信号 X027 有效后，控制机械手返回原点，在原点位置停止工作，等待再次工作的命令。

六、编程体会

本实例控制过程比较复杂，为了简化程序结构，增加程序的可读性，笔者采用状态初始化功能指令 IST 和步进指令 STL 相结合的方法设计程序。在程序设计中，状态初始化功能指令 IST 只能使用一次且应放在程序开始的位置，步进指令 STL 控制的程序应放在状态初始化功能指令 IST 的后面。输入信号 X020～X024 中同时只能有一个处于接通状态，必须使用选择开关，以保证 5 个输入只有一个接通，否则程序将无法运行。自动工作方式的连续、单周期和单步运行时系统通过状态初始化功能指令 IST 自动设置的，根据输入信号 X022～X024 状态执行相应的控制程序。另外，手动控制子程序简单，一般用经验法设计；而自动控制程序（包括连续、单周期和单步）和自动回原点控制程序较为复杂，采用顺序功能图用顺序控制法设计。总之，在实际工程的程序设计中针对特定的控制方法也较多，读者可根据自身实际掌握的指令知识选择不同方法。

第4章

时间控制原则的编程应用

4.1 利用硬件改变定时时间的控制编程

实例53 用按钮设定定时器预设值的编程应用

一、控制要求

由两个按钮设置定时器时间。设置完成后，由按钮控制指示灯点亮，指示灯点亮同时定时器开始计时，计时完成后指示灯自动熄灭。

二、硬件电路设计

根据控制要求列出所用的输入/输出点，并为其分配相应的地址，其 I/O 分配表见表 4-1。

表 4-1 用按钮设定定时器的设定值的 I/O 分配表

输入信号			输出信号		
输入地址	代号	功能	输出地址	代号	功能
X000	SB1	时间增加按钮	Y000	HL	指示灯
X001	SB2	时间减少按钮			
X002	SB3	启动			
X003	SB4	停止			

根据表 4-1 和控制要求设计 PLC 的硬件原理图，如图 4-1 所示。其中 COM1 为 PLC 输入信号的公共端，COM2 为输出信号的公共端。

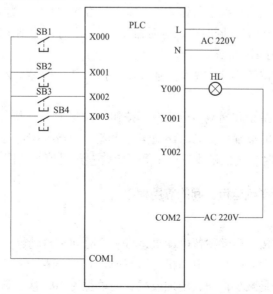

图 4-1 用按钮设定定时器的设定值的电路图

三、编程思想

本实例可将定时器的预设值定义为寄存器，并通过字递增和字递减指令使寄存器的内容增减，达到改变定时器预设值的控制。

四、梯形图设计

根据控制要求设计的控制梯形图如图 4-2 所示。

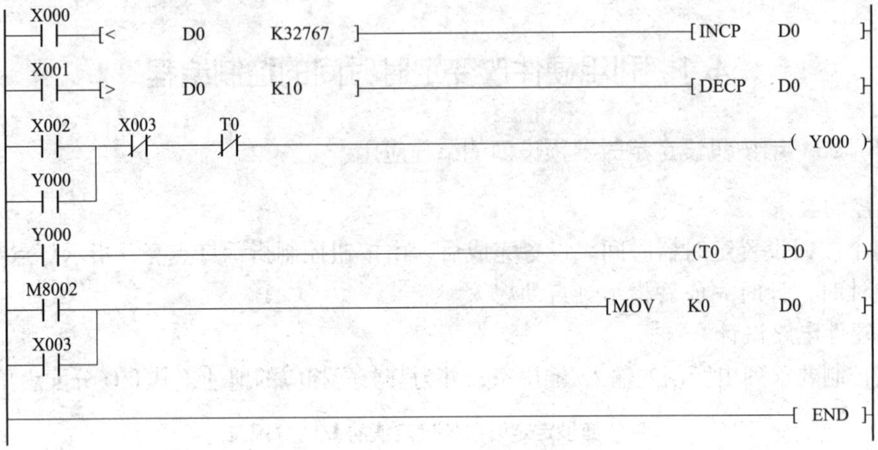

```
 X000
 ─┤├───[<      D0      K32767 ]──────────────────[INCP   D0 ]─
 X001
 ─┤├───[>      D0      K10    ]──────────────────[DECP   D0 ]─
 X002   X003    T0
 ─┤├────┤/├────┤├──────────────────────────────────────( Y000 )─
 Y000
 ─┤├─┘
 Y000
 ─┤├──────────────────────────────────────────────────( T0    D0 )─
 M8002
 ─┤├──────────────────────────────────[MOV   K0    D0 ]─
 X003
 ─┤├─┘
                                                        ─[ END ]─
```

图 4-2 用按钮设定定时器的设定值的梯形图

五、程序控制过程

按下按钮 SB1，输入信号 X000 有效为 ON，递增指令 INCP 将寄存器 D0 的内容加 1；再按下按钮 SB1，输入信号 X000 再次有效为 ON，寄存器 D0 的内容再次加 1，其内容累加为 2，依次类推，将按钮按下的次数累加至寄存器 D0 中，该数据作为定时器的设定值。按钮 SB2 按下，输入信号 X001 有效为 ON，递减指令 DECP 将寄存器 D0 的内容减 1；再按下按钮 SB2，输入信号 X000 再次有效为 ON，寄存器 D0 的内容再次减 1，寄存器 D0 的内容就可以增减，从而改变时器的预设值。

定时器时间设置完成后，按下按钮 SB3，输入信号 X002 有效为 ON，输出信号 Y000 为 ON 并自锁，指示灯 HL 点亮；同时启动定时器 T0 开始定时，达到定时时间后其动断触点将输出 Y000 断开，指示灯 HL 熄灭。

停止时，按下停止按钮 SB4，输入信号 X003 有效，输出 Y000 断开指示灯 HL 熄灭。

六、编程体会

本例使用脉冲递增指令和递减指令，保证按钮每次接通时只执行一次加 1 或减 1 指令，以便保证定时器预设值的准确性。同时还应考虑设置递减指令执行时，其预设值应大于等于 10，设置递增指令执行时，其预设值应小于等于定时器预设值的范围上限 32767。

 实例54 调整电动机运行时间的应用程序

一、控制要求

控制一台电动机，按下启动按钮电动机运行一段时间后自动停止；需要紧急停止时可按下停止按钮，电动机应立即停止。电动机的运行时间可以调整，设置两个按钮来进行控制，一个是增加按钮，一个是减少按钮，增加或减少的单位为 10s/次。调整范围为 300s。

二、硬件电路设计

根据控制要求列出所用的输入/输出点,并为其分配相应的地址,其 I/O 分配表见表 4-2。

表 4-2　　　　　　　　　　调整电动机运行时间的 I/O 分配表

输入信号			输出信号		
输入地址	代号	功能	输出地址	代号	功能
X000	SB1	启动按钮	Y000	KM	接触器
X001	SB2	停止按钮			
X002	SB3	设定时间增加按钮			
X003	SB4	设定时间减少按钮			

根据表 4-2 和控制要求设计 PLC 的硬件原理图,如图 4-3 所示。其中 COM1 为 PLC 输入信号的公共端,COM2 为输出信号的公共端。

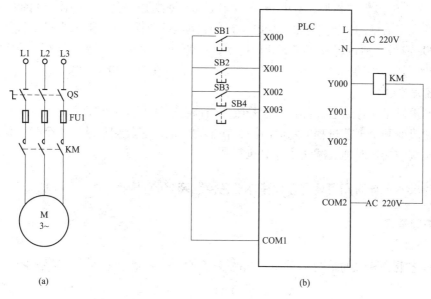

图 4-3　调整电动机运行时间的控制电气原理图

(a) 电动机控制电路;(b) PLC 硬件原理图

三、编程思想

本实例的程序设计使用加、减法指令改变定时器 TIM 设定值,通过电动机运行时间的加、减按钮,改变定时器的设定值的存储单元的数据,达到改变电动机运行时间的目的。

四、控制程序的设计

根据控制要求设计的控制梯形图如图 4-4 所示。

五、程序的执行过程

当按钮 SB1 为 ON 时,输入信号 X000 有效,输出信号 Y000 为 ON,控制接触器 KM 通电,电动机启动运行,同时定时器 T0 的设定值初值被设定为 100s,经过 100s 之后,输出 Y000 变为 OFF,电动机停止运行。需要紧急停止时,按下按钮 SB2,输入信号 X001 有效,输出信号 Y000 为 OFF,控制接触器 KM 断电,电动机停止运行。

```
X002                      Y000
├─┤├──┤<= D0 K3000├──┤├────────────────────[ADDP  D0    K100   D0 ]
  X003                      Y000
├─┤├──┤> D0 K100├──┤├─────────────────────[SUBP  D0    K100   D0 ]
  X000  X003   T0
├─┤├───┤/├────┤/├─────────────────────────────────────────( Y000 )
  Y000
├─┤├─┤
  Y000
├─┤├───────────────────────────────────────────────────────( T0    D0 )
  M8002
├─┤├─┤
  X001
├─┤├─┤─────────────────────────────────────────────[MOV   K0    D0 ]
  X000
├─┤├───────────────────────────────────────────────[MOVP  K1000  D0 ]
  └────────────────────────────────────────────────────────[ END ]
```

图4-4 调整电动机运行时间的梯形图

电动机启动运行后，若想增加电动机的自动运行时间，按下增加设定按钮 SB3，输入信号 X002 有效，通过整数相加 AADP 指令，按钮 SB3 每接通一次，寄存器 D0 的数据加 100，即定时器的设定值增加 10s；若想减少电动机的自动运行时间，按下减少设定按钮 SB4，输入信号 X003 有效，通过整数相减 SUBP 指令，按钮 SB4 每接通一次，寄存器 D0 的数据减 100，即定时器的设定值减少 10s；这样定时器设定值可在 10~300s 调整。

六、编程体会

本实例提供了一种通过外部控制信号改变内部定时器的设定值的方法，在实际工程应用中会很方便改变某个工艺过程的定时时间，在编程时应注意使用加减法指令时，采用脉冲指令保证每次按钮接通时加、减法指令只执行一次。

实例 55　搅拌时间可调的多种液体混合控制装置的应用程序

一、控制要求

1. 初始状态

多种液体混合装置的结构示意图，如图 4-5 所示。初始状态是各阀门关闭，容器内无液体。即 YA1 = YA2 = YA3 = OFF；SQ1 = SQ2 = SQ3 = OFF；M = OFF。

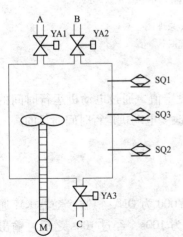

图4-5　搅拌时间可调的多种液体
混合控制装置示意图

2. 启动操作

按下启动按钮，开始工作。

（1）YA1 = ON，液体 A 开始进入容器，当液体达到 SQ3 时，YA1 = OFF，YA2 = ON，开始注入液体 B。

（2）液面达到 SQ1 时，YA2 = OFF，M = ON，开始搅拌。

（3）混合液体搅拌均匀后（设时间为 30s），M = OFF，YA3 = ON，放出混合液体。

（4）当液体下降到 SQ2 时，SQ2 从 ON 变为 OFF，20s 后容器放空，关闭 YA3，YA3 = OFF；完成一个操作周期。

（5）如果没按下停止按钮，则自动进入下一操作周期。

3. 停止操作

按下停止按钮，则在当前混合操作周期结束后，才停止操作，系统停止时回到初始状态。

4. 搅拌时间可调

可根据不同的液体改变搅拌时间。

二、硬件电路设计

根据控制要求列出所用的输入/输出点，并为其分配相应的地址，其 I/O 分配表见表 4-3。

表 4-3　　　　　　　　搅拌时间可调的多种液体混合控制装置 I/O 分配表

输入信号			输出信号		
输入地址	代号	功能	输出地址	代号	功能
X000	SB1	启动按钮	Y000	KM	搅拌电动机接触器
X001	SB2	停止按钮	Y001	YA1	液体 A 电磁阀
X002	SQ1	高位液位传感器	Y002	YA2	液体 B 电磁阀
X003	SQ2	低位液位传感器	Y003	YA3	排出液体电磁阀
X004	SQ3	中位液位传感器			
X005	SA1	选择搅拌时间 1			
X006	SA2	选择搅拌时间 2			

根据表 4-3 和控制要求设计 PLC 的硬件原理图，如图 4-6 所示。其中 COM1 为 PLC 输入信号的公共端，COM2 为输出信号的公共端。

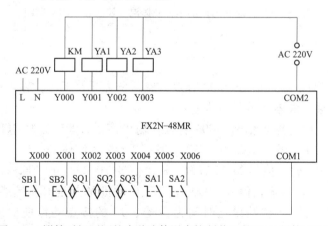

图 4-6　搅拌时间可调的多种液体混合控制装置的 PLC 硬件原理图

三、编程思想

在本设计中使用两个开关设定定时器 TIM 的设定值，按两种液体注入的先后顺序进行编程。

四、控制程序的设计

根据控制要求设计的控制梯形图如图 4-7 所示。

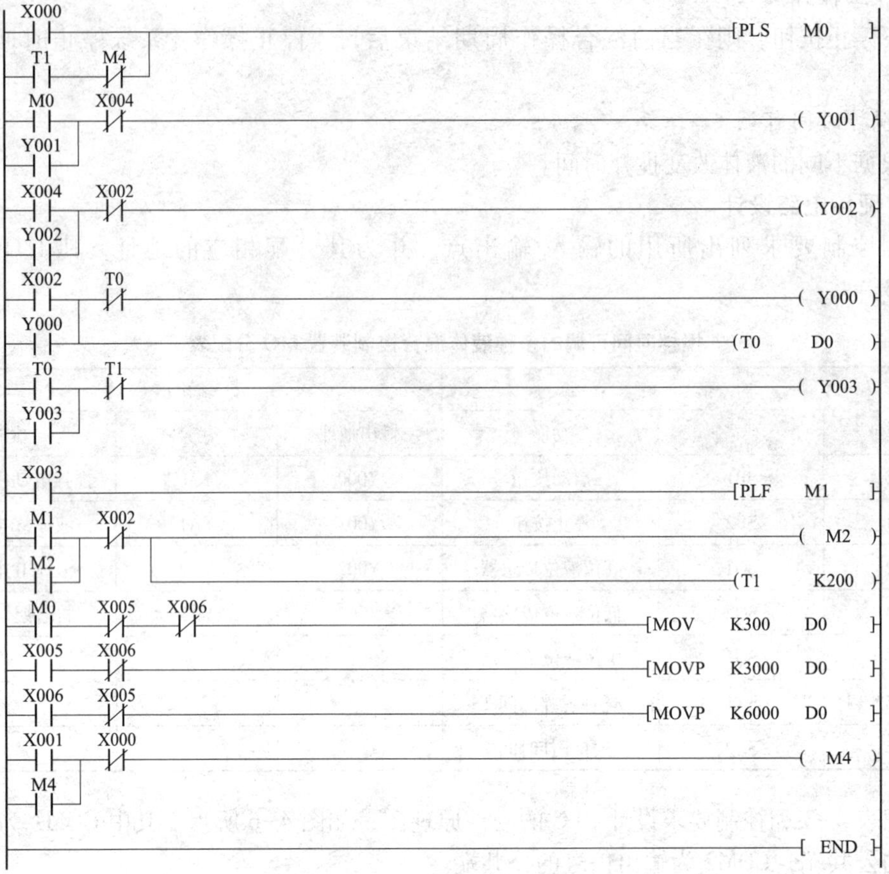

图 4-7　搅拌时间可调的多种液体混合控制装置的梯形图

五、程序的执行过程

1. 启动操作

按下启动按钮 SB1，输入信号 X000 有效，控制系统开始工作，输出信号 Y001 为 ON，控制电磁阀 YA1 接通，液体 A 开始进入容器。

当液体达到 SQ3 时，输入信号 X004 有效，输出信号 Y001 变为 OFF，同时输出信号 Y002 为 ON，控制 YA1 断开，电磁阀 Y A2 接通，开始注入液体 B。

液面达到 SQ1 时，输入信号 X002 有效，输出信号 Y002 变为 OFF，控制电磁阀 YA2 断开，停止注入液体 B。同时输出信号 Y000 为 ON，电动机 M 接通开始搅拌。

混合液体搅拌均匀后（初始设定时间为 30s），T0 的接点动作使输出信号 Y000 变为 OFF，同时输出信号 Y003 为 ON，控制电磁阀 YA3 接通，排出混合液体。

当液体下降到 SQ2 时，SQ2 的状态由 ON 变为 OFF，检测到输入信号 X002 的下降沿时，控制定时器 T1 开始工作，20s 后容器放空，定时器 T1 的接点动作，使输出信号 Y003 变为 OFF，控制电磁阀 YA3 断开，完成一个操作周期。

如果没按下停止按钮，则自动进入下一操作周期。定时器 T1 的动合触点作为下一次循环周期的启动信号，重新启动系统工作。

2. 停止操作

按下停止按钮，则在当前混合操作周期结束后，才停止操作，系统停止时回到初始状态。

当停止信号 X001 有效时，控制信号 M4 有效，断开下次循环的启动信号。

3. 液体搅拌时间的调整

在液体混合控制中，液体搅拌所需的时间要求可调，分别 30s、5min 和 10min。

若想改变液体搅拌所需的时间，改变定时器的设定值即可。可以分别设置两个按钮，用来选择所需控制时间。

输入信号 X005 有效时，选择定时器的设定值为 K3000；输入信号 X006 有效时，选择定时器的设定值为 K6000。控制液体搅拌时间的初始时间设定为 30s，若不选择设定时间，当系统工作时将常数 K300 送入 D0 中，搅拌时间自动设定为 30s。

六、编程体会

本实例提供了一种比较简单的通过外部控制信号改变内部定时器的设定值的方法，在定时时间不经常变化且定时器的个数较少时，可采用此方法。

 实例 56　采用数字键设定多个定时器预设值的应用程序

一、控制要求

使用 10 个数字键设定定时器 TIM 的设定值。当开关 SA1 接通时，通过 10 个数字键对应的 10 个数字 0~9，设定定时器 TIM 的设定值；当清除开关 SA2 接通时，定时器 TIM 设定值被清零。通过 3 个选择开关可分别选定 8 个定时器工作状态。

二、硬件电路设计

根据控制要求列出本实例中所用的输入/输出点，并为其分配相应的地址，其 I/O 分配表见表 4-4。

表 4-4　　　　采用数字键设定一个定时器预设值程序的 I/O 分配表

输入信号			输出信号		
输入地址	代号	功能	输出地址	代号	功能
X000	SB1	设定数字 0 按钮	Y000	HL1	定时器 1 输出指示灯
X001	SB2	设定数字 1 按钮	Y001	HL2	定时器 2 输出指示灯
X002	SB3	设定数字 2 按钮	Y002	HL3	定时器 3 输出指示灯
X003	SB4	设定数字 3 按钮	Y003	HL4	定时器 4 输出指示灯
X004	SB5	设定数字 4 按钮	Y004	HL5	定时器 5 输出指示灯
X005	SB6	设定数字 5 按钮	Y005	HL6	定时器 6 输出指示灯
X006	SB7	设定数字 6 按钮	Y006	HL7	定时器 7 输出指示灯
X007	SB8	设定数字 7 按钮	Y007	HL8	定时器 8 输出指示灯
X010	SB9	设定数字 8 按钮			
X011	SB10	设定数字 9 按钮			
X012	SA1	定时器工作开关			
X013	SA2	清除定时器设定值开关			

续表

输入信号			输出信号		
输入地址	代号	功能	输出地址	代号	功能
X014	SA3	定时器选择开关			
X015	SA4	定时器选择开关			
X016	SA5	定时器选择开关			

根据表 4-4 和控制要求设计 PLC 的硬件原理图，如图 4-8 所示。其中 COM1 为 PLC 输入信号的公共端，COM2 为输出信号的公共端。

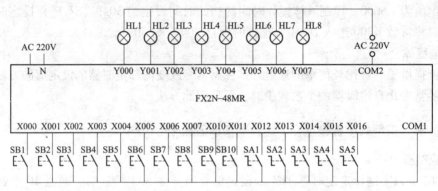

图 4-8 采用数字键设定定时器预设值的 PLC 硬件原理图

三、编程思想

本设计使用 10 个数字键设定定时器的设定值，通过字左移指令，每输入一个数字后左移一次，将相应的数值存入寄存器，该数据作为定时器的设定值。并通过 3 个选择开关通断的状态选择 8 个定时器。

四、控制程序的设计

根据控制要求设计的控制梯形图如图 4-9 所示。

图 4-9 采用数字键设定多个定时器预设值的梯形图（一）

```
X013  X000
─┤/├──┤ ├────────────────────────────────────[MOV  K0   K2M10]
      X001
      ─┤ ├────────────────────────────────────[MOV  K1   K2M10]
      X002
      ─┤ ├────────────────────────────────────[MOV  K2   K2M10]
      X003
      ─┤ ├────────────────────────────────────[MOV  K3   K2M10]
      X004
      ─┤ ├────────────────────────────────────[MOV  K4   K2M10]
      X005
      ─┤ ├────────────────────────────────────[MOV  K5   K2M10]
      X006
      ─┤ ├────────────────────────────────────[MOV  K6   K2M10]
      X007
      ─┤ ├────────────────────────────────────[MOV  K7   K2M10]
      X010
      ─┤ ├────────────────────────────────────[MOV  K8   K2M10]
      X011
      ─┤ ├────────────────────────────────────[MOV  K9   K2M10]

 M0
─┤ ├──────────────────────────────────────────[MOV  K2M10 K2M30]
      [>=  C0   K1  ]──────────────[SFTLP M30  M30  K16   K4]
                            ───────[WOR  K2M30 K2M10 K2M20]
                            ───────[MOV  K2M20 D0]

X012  X013  X014  X015  X016
─┤ ├──┤/├──┬─┤/├──┤/├──┤/├───────────────────────(T0   D0)
           │ M1
           ├─┤ ├──────────────────────────────────( M1 )
           │          T0
           └──────────┤ ├────────────────────────( Y000 )

X012  X013  X014  X015  X016
─┤ ├──┤/├──┬─┤/├──┤/├──┤/├───────────────────────(T1   D0)
           │ M2
           ├─┤ ├──────────────────────────────────( M2 )
           │          T1
           └──────────┤ ├────────────────────────( Y001 )

X012  X013  X014  X015  X016
─┤ ├──┤/├──┬─┤/├──┤/├──┤/├───────────────────────(T2   D0)
           │ M3
           ├─┤ ├──────────────────────────────────( M3 )
           │          T2
           └──────────┤ ├────────────────────────( Y002 )

X012  X013  X014  X015  X016
─┤ ├──┤/├──┬─┤ ├──┤/├──┤/├───────────────────────(T3   D0)
           │ M4
           ├─┤ ├──────────────────────────────────( M4 )
           │          T3
           └──────────┤ ├────────────────────────( Y003 )

X012  X013  X014  X015  X016
─┤ ├──┤/├──┬─┤ ├──┤/├──┤/├───────────────────────(T4   D0)
           │ M5
           ├─┤ ├──────────────────────────────────( M5 )
           │          T4
           └──────────┤ ├────────────────────────( Y004 )
```

图 4-9 采用数字键设定多个定时器预设值的梯形图（二）

129

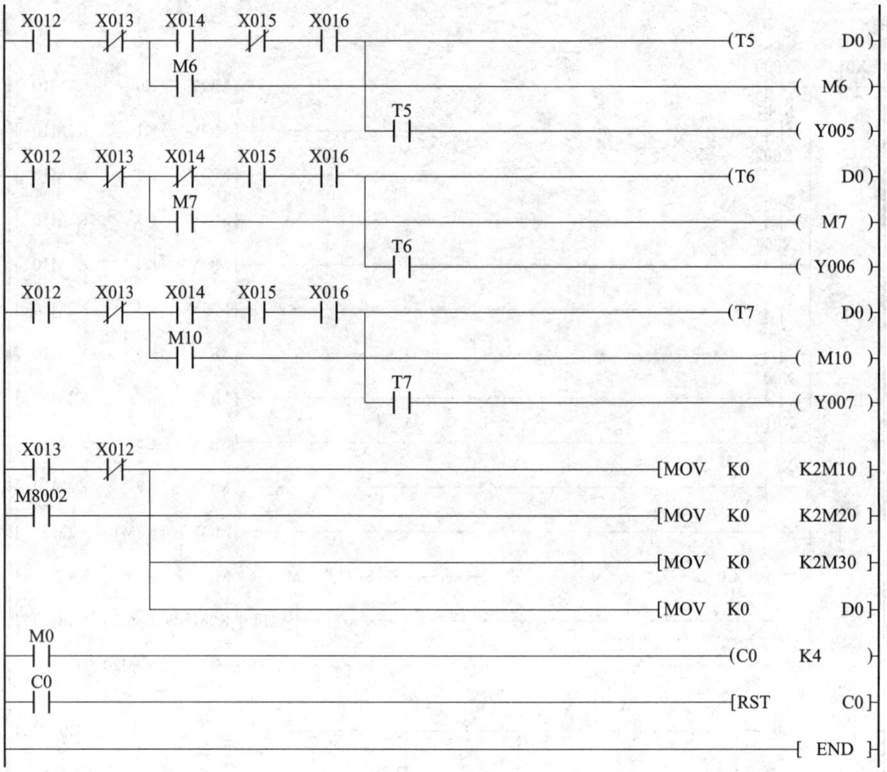

图4-9 采用数字键设定多个定时器预设值的梯形图（三）

五、程序的执行过程

例如将定时器T0的设定值设定为180s，即将定时器的预设值设为K1800；操作过程如下。

首先按下数字键SB2，将1送入寄存器K2M10中，并将1存入寄存器K2M30中；按下数字键SB9，将8送入寄存器K2M10中，此时字比较指令条件满足，将寄存器K2M30的数据按字左移一位，其内容为"10"，并将其存入寄存器K2M30中；然后与寄存器K2M10的内容进行逻辑或并存入寄存器K2M20，其内容变为"18"；再按下数字键SB1，将0送入寄存器K2M30中，同时将寄存器K2M30的数据按字左移一位，其内容为"180"，再与寄存器K2M10的内容进行逻辑或并存入寄存器K2M20，其内容变为"180"；再按下数字键SB1，将0送入寄存器K2M30中，将寄存器K2M30的数据按字左移一位，其内容为"1800"，再与寄存器K2M10的内容进行逻辑或并存入寄存器K2M20，其内容变为"1800"；同时将数据区K2M20的内容传送给数据寄存器D0，D0作为定时器T0的预设值，其定时时间为180s。当SA1为ON时，输入信号X012有效，选择开关SA1、SA2、SA3处于断开位置时，经过180s的延时之后，输出Y000变为ON，控制指示灯HL1点亮。

其他定时器的设定方法与此类似，读者可自行分析。

当SA2为ON时，输入信号X013有效，寄存器K2M10、K2M20、K2M30和D0同时被清零。

六、编程体会

本实例提供了一种通过外部控制信号改变内部定时器的设定值的方法，在实际工程应用中会很方便改变某个工艺过程的定时时间。在程序分析时读者应注意,通过传送指令给定时器的设定值赋值时,采用上升沿脉冲指令保证通过多次操作给不同的定时器的设定值赋新值。另外还应注意左移指令在输入第一个数字时不移位,输入后 3 个数字时才开始移位。

4.2 定时控制的实际应用

 实例 57 定时闹钟自动控制的应用程序

一、控制要求

每天早晨 6 点闹钟响 5s,间隔 5s 再响,持续 3min,在此期间若按下停止按钮则闹钟停止工作。上述过程不包括星期六和星期日。

二、硬件电路设计

根据控制要求列出所用的输入/输出点,并为其分配相应的地址,其 I/O 分配表见表 4-5。

表 4-5 定时闹钟自动控制 I/O 分配表

输入信号			输出信号		
输入地址	代号	功能	输出地址	代号	功能
X000	SB1	启动按钮	Y000	HA	蜂鸣器
X001	SB2	停止按钮			

根据表 4-5 和控制要求设计 PLC 的硬件原理图,如图 4-10 所示。其中 COM1 为 PLC 输入信号的公共端,COM2 为输出信号的公共端。

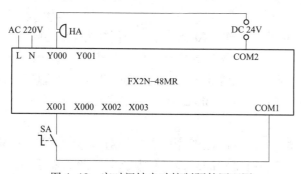

图 4-10 定时闹钟自动控制硬件原理图

三、编程思想

闹钟控制的关键在于设计时钟程序,对于 FX2N 系列的 PLC 的 CPU 内部本身具备时钟输出,内部特殊寄存器单元 D8013~D8019 中存放实时的时钟,其中 D8013 和 D8014 存放秒和分、D8015 和 D8016 中存放时和日、D8017 和 D8018 存放月和年、D8019 中存放星期。其中 D8013 和 D8014 的数据为 0~59、D8015 的数据为 0~23、D8016 的数据为 0~31、D8017 的数据为 1~12、D8018 的数据为 00~99、D8019 的数据为 0~6(0 代表星期日,6 代表星期六)、PLC 通过时钟数据读取指令 TRD 获取时钟,根据闹钟的控制要求,只需要小时和星期的时钟,只要判断小时的时钟等于常数 6 且满足星期的时钟不等于 0 和 6 即可。

四、控制程序的设计

根据控制要求设计的控制梯形图如图 4-11 所示。

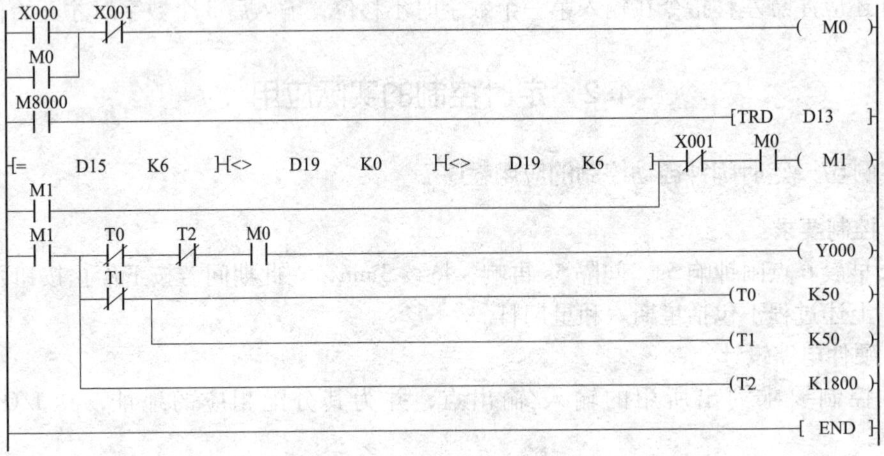

图 4-11　定时闹钟自动控制梯形图

五、程序的执行过程

当工作开关 SA 接通时，输入信号 X000 有效，中间继电器 M0 为 ON，启动闹钟控制。同时通过时钟数据读取指令 TRD 将内部特殊寄存器 D8013～D8019 中存放的实时时钟存放到寄存器 D13～D19 中，其中寄存器 D15 中存放小时时钟，寄存器 D19 中存放星期的时钟。

通过等于和不等于比较指令来判断闹钟的是否工作，当存放小时的时钟寄存器 D15 的内容等于 6 时，并满足星期的时钟寄存器 D19 的内容不等于 0（星期日）和 6（星期六）的条件，使开启闹钟信号 M1 接通并自锁，其动合触点动作，控制输出信号 Y000 为 ON，闹钟开始工作。

定时器 T0、T1 和 T2 同时工作，T0 相当于一个周期为 10s 的脉冲，控制闹钟响 5s，间隔 5s 再响，持续 180s，180s 后定时器 T2 定时时间到，其动断触点动作使开启闹钟信号 M1 断开，控制输出信号 Y000 为 OFF，闹钟停止工作；在此期间若按下停止按钮，输入信号 X001 有效，使开启闹钟信号 M1 和闹钟工作信号 M0 断开，控制输出信号 Y000 为 OFF，闹钟停止工作。

六、编程体会

在本实例的程序设计中，笔者通过使用时钟数据读取指令 TRD 确定 PLC 的小时时钟脉冲，然后通过比较指令实现对闹钟的启停的控制，对于此类程序的编写，要求读者对 PLC 的指令系统比较熟悉，充分利用其应用指令简化程序。

 实例 58　整点定时输出的应用程序

一、控制要求

编写时钟程序，每逢整点控制蜂鸣器鸣响，鸣响 5s 后停止。

二、硬件电路设计

根据控制要求列出所用的输入/输出点，并为其分配相应的地址，其 I/O 分配表见表 4-6。

根据表 4-6 和控制要求设计 PLC 的硬件原理图，如图 4-12 所示。其中 COM1 为 PLC 输入信号的公共端，COM2 为输出信号的公共端。

表 4-6   整点定时输出的 I/O 分配表

输入信号			输出信号		
输入地址	代号	功能	输出地址	代号	功能
X000	SA	工作开关	Y000	HA	蜂鸣器

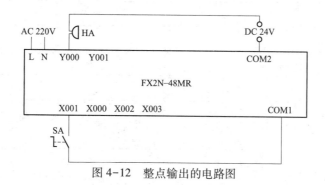

图 4-12   整点输出的电路图

三、编程思想

本实例采用自编时钟的方法，通过比较指令确定分钟的时钟和秒的时钟同时为 0 的条件满足时，控制整点报时。

四、梯形图设计

根据控制要求设计的控制梯形图如图 4-13 所示。

五、程序控制过程

当工作开关接通时，输入信号 X000 有效，M0 置位为 ON，利用两个定时器 T0、T1 产生秒脉冲。当辅助继电器 M0 为 ON，定时器 T0 开始计时，定时 0.5s 后，定时器 T1 开始定时，定时器 T1 定时 0.5s 后，其动断触点动作使 T0 复位，又开始重新定时，如此产生 1s 脉冲信号。

定时器 T0 为周期 1s 的秒脉冲信号，每经过一个脉冲 C0 计数器数值加 1，当计数器 C0 的当前值等于设定值时，计数器 C0 的工作状态位为 1，下一个扫描周期使 C0 计数器计数复位。

C0 为周期 1min 的分脉冲信号，每经过一个脉冲 C1 计数器数值减 1，当计数器 C1 的当前值等于设定值时，计数器 C0 的工作状态位为 1，下一个扫描周期使 C1 计数器计数复位。

C1 为周期 1h 的脉冲信号，每经过一个脉冲 C2 计数器数值加 1，当计数器 C2 的当前值等于设定值时，计数器 C2 的工作状态位为 1，下一个扫描周期使 C2 计数器计数复位。

计数器 C1 的计数值和计数器 C1 的计数值同时为 0 时，两个触点相等比较指令同时满足条件（当前分的时钟和秒的时钟为 0），控制输出信号 Y000 导通为 ON，控制蜂鸣器鸣响，同时定时器 T2 定时器开始定时，5s 后定时结束其动断触点将输出 Y000 复位，报时铃停止报时。当 C1 分钟时钟寄存器内值不等于 0 时，T2 断开为 OFF，为下一次整点报时做好准备。

当工作开关断开时，在输入信号 X000 的下降沿将辅助继电器 M0 复位为 OFF，两个定时器 T0、T1 停止工作无秒脉冲输出，时钟程序停止定时。

六、编程体会

本实例采用自编时钟的方法，可根据输入信号的状态，实现整点定时输出，每次输出都经过 60min 后才输出。程序中 T3 的作用是开始工作时断开蜂鸣器的输出回路。本实例也可以根据 PLC 的内部实时时钟来实现，可参考读写实时时钟指令的实例。

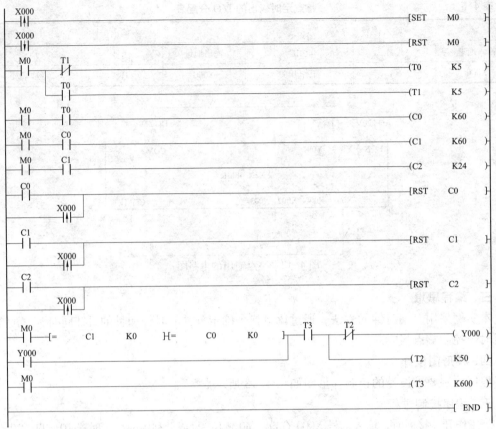

图 4-13 整点定时输出的控制梯形图

实例 59 加热器定时交替工作控制的应用程序

一、控制要求

（1）加热器早晨 6 点开始工作，每逢半点停止工作，整点开始工作。

（2）加热器下午 6 点以后工作 10min，停止 50min，一直到第二天早晨 6 点。

（3）每天都重复上述过程。

二、硬件电路设计

根据控制要求列出本实例所用的输入/输出点，并为其分配相应的地址，其 I/O 分配表见表 4-7 所示。其硬件原理图参考实例 59。

表 4-7　　　　　　　　　　　　　　　加热器定时的 I/O 分配表

输入信号			输出信号		
输入地址	代号	功能	输出地址	代号	功能
X000	SA	定时工作开关	Y000	KM	加热接触器

三、编程思想

本实例利用时钟数据读取指令 TRD 从 PLC 的内部时钟中读取当前时间和日期，并装载到以 D13 为起始地址的 7 个数据寄存器中，依次存放年、月、日、时、分、秒和星期；寄存器 D15 和 D14 中存放小时和分钟的时钟。

通过监视 PLC 的内部时钟的变化,采用比较指令实现对电加热炉实时控制。

四、梯形图设计

根据控制要求设计的控制梯形图如图 4-14 所示。

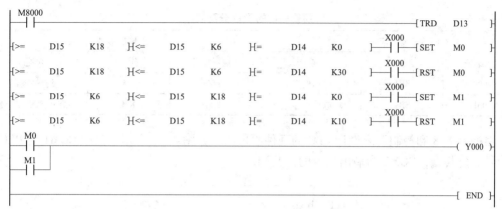

图 4-14　加热定时启动控制的梯形图

五、控制的执行过程

PLC 上电工作,PLC 通过时钟数据读取指令 TRD 从 PLC 的内部时钟中读取当前时间和日期,并装载到以 D13 为起始地址的 7 个数据寄存器中,依次存放年、月、日、时、分、秒和星期;寄存器 D15 和 D14 中存放小时和分钟的时钟。

当工作开关 SA 接通时,输入信号 X000 有效,通过大于等于比较指令比较 D15 中的内容,当其值大于等于 18,即晚上 6 点以后,通过小于等于比较指令比较 D15 中的内容,当其值小于等于 6,即早上 6 点之前,确定时间在晚 6 点与早 6 点之间;当 D14 中的数据等于 0,即为整点时,将控制加热器工作的信号 M0 置位,输出信号 Y000 为 ON,加热器开始工作。当 D14 中的数据等于 30,即为半点时,将控制加热器工作的信号 M0 复位,输出信号 Y000 为 OFF,加热器停止工作。

同理可确定时间在早 6 点与晚 6 点之间;当 D14 中的数据等于 0,即为整点时,将控制加热器工作的信号 M1 置位,输出信号 Y000 为 ON,接通加热器工作。当 D14 中的数据等于 10,即为加热器工作 10min 时,将控制加热器工作的信号 M1 复位,输出信号 Y000 为 OFF,加热器停止工作。

六、编程体会

本实例利用时钟数据读取指令 TRD 从 PLC 的内部时钟中读取当前时间和日期,并装载到以 D13 为起始地址的 7 个数据寄存器中。通过本实例程序设计运用比较指令确定时间,并通过置位、复位指令实现对电加热器的控制,使程序结构简单,便于理解。

4.3　报　警　控　制

　实例 60　预警启动控制的应用程序

一、控制要求

为了保证运行安全,许多大型生产机械在运行启动前采用电铃发出预警信号,然后再进行启动，即按下启动按钮后电铃先工作5s，然后启动电动机。

二、硬件电路设计

根据控制要求列出所用的输入/输出点，并为其分配相应的地址，其 I/O 分配表见表4-8。

表4-8   预警启动的 I/O 分配表

输入信号			输出信号		
输入地址	代号	功能	输出地址	代号	功能
X000	SB1	电动机启动	Y000	HA	报警蜂鸣器
X001	SB2	电动机停止	Y001	KM	控制电动机接触器

根据表4-8和控制要求设计PLC的硬件原理图，如图4-15所示。其中COM1为PLC输入信号的公共端，COM2为输出信号的公共端。

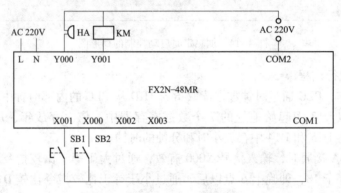

图 4-15　预警启动的 PLC 硬件原理电路图

三、编程思想

编程时先确定预警蜂鸣器的输出，然后根据预警的时间启动电动机的控制。

四、梯形图设计

根据控制要求设计的控制梯形图如图4-16所示。

图 4-16　预警启动的控制梯形图

五、程序控制过程

按钮 SB1 按下，输入信号 X000 有效为 ON，控制输出信号 Y000 为 ON 并自锁，报警蜂鸣器鸣响同时定时器 T0 开始定时；T0 定时完成其对应的动合触点为 ON，控制输出信号

Y001 为 ON 并自锁，接触器 KM 线圈通电，控制电动机开始运行；同时 T0 的动断触点将输出 Y000 断开为 OFF，报警蜂鸣器停止工作。

按钮 SB2 按下，输入信号 X001 有效为 ON，控制输出 Y000 和 Y001 断开，电动机停止。

六、编程体会

在本实例的程序设计中，预警启动定时运行控制是电气自动控制系统中不可缺少的重要环节，当有的设备需要启动时的预警功能，采用报警灯和蜂鸣器实现启动报警，提醒他人注意。在实际工程应用中，可根据需要增加预警功能。在本实例编写的程序只编写了蜂鸣器报警的程序，蜂鸣器鸣响的时间长短是根据定时器的定时时间长短来确定的，至于灯光报警读者也可以根据需要增加。另外，本实例未考虑定时时长期过载保护功能，读者在应用时应加以考虑。

 实例 61 预警启动定时运行控制的应用程序

一、控制要求

为了保证运行安全，许多大型生产机械在运行启动前采用电铃发出预警信号，然后进行启动，即按下启动按钮后警铃先工作 5s，然后启动电动机。

按下启动按钮，开始预警 5s；预警结束后电动机开始运行，运行 10min 自动停止。

二、硬件电路设计

根据控制要求列出所用的输入/输出点，并为其分配相应的地址，其 I/O 分配表见表 4-9。

表 4-9　　　　　　　　　　预警启动定时运行的 I/O 分配表

输入信号			输出信号		
输入地址	代号	功能	输出地址	代号	功能
X000	SB1	电动机启动	Y000	HA	报警蜂鸣器
X001	SB2	电动机停止	Y001	KM	控制电动机接触器

PLC 的硬件原理图参考实例 60。

三、编程思想

编程时先确定预警蜂鸣器的输出，然后根据预警的时间启动电动机的控制。在电动机运行的基础，增加电动机的定时运行，即电动机启动运行 10min 后自动停止运行。

四、梯形图设计

根据控制要求设计的控制梯形图如图 4-17 所示。

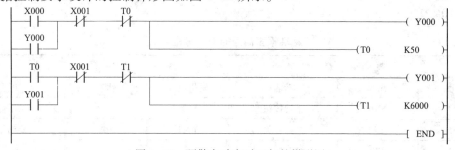

图 4-17　预警启动定时运行的梯形图

137

五、程序控制过程

按下启动按钮 SB1，输入信号 X000 有效为 ON，控制输出信号 Y000 为 ON 并自锁。报警蜂鸣器响起，同时定时器 T0 开始定时；T0 定时完成其对应的动合触点为 ON，控制输出 Y001 为 ON 并自锁，接触器 KM 线圈通电，控制电动机开始运行；同时 T0 的动断触点将输出 Y000 断开为 OFF，报警蜂鸣器停止工作。定时器 T1 定时 10min 后，其动断触点将输出 Y001 断开，接触器 KM 线圈断电，电动机定时停止。

按钮 SB2 按下，输入信号 X001 有效为 ON，控制输出 Y001 断开，电动机停止。

六、编程体会

在本实例的程序设计中，预警启动定时运行控制是电气自动控制系统中不可缺少的重要环节，当有的设备需要启动时的预警功能，采用报警灯和蜂鸣器实现启动报警，提醒他人注意。在实际工程应用中，可根据需要增加预警功能。在本实例编写的程序只编写了蜂鸣器报警的程序，蜂鸣器鸣响的时间长短是根据定时器的定时时间长短确定的，至于灯光报警读者也可以根据需要增加。另外，本实例未考虑定时时长期过载保护功能，读者在应用时应加以考虑。

 实例 62 标准报警信号的应用程序

一、控制要求

当故障发生时，报警指示灯闪烁，警铃或蜂鸣器鸣响。操作人员知道发生故障后，按消铃按钮，把警铃关掉，报警指示灯从闪烁变为长亮。故障消失后，报警灯熄灭。其控制时序如图 4-18 所示。

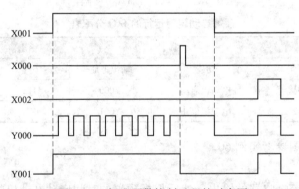

图 4-18 标准预警控制过程的时序图

二、硬件电路设计

根据控制要求列出所用的输入/输出点，并为其分配相应的地址，其具体功能分配见表 4-10。

表 4-10 标准报警信号的 I/O 分配表

输入信号			输出信号		
输入地址	代号	功能	输出地址	代号	功能
X000	SB1	消铃按钮	Y000	HL	指示灯
X001	SA	故障开关	Y001	HA	蜂鸣器
X002	SB2	试验按钮			

根据表 4-10 和控制要求设计 PLC 的硬件原理图，如图 4-19 所示。其中 COM1 为 PLC 输入信号的公共端，COM2 为输出信号的公共端。

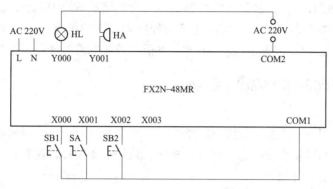

图 4-19 标准报警信号的 PLC 硬件原理图

三、编程思想
本实例可采用经验设计法，根据报警控制的时序进行编程。

四、梯形图设计
根据控制要求设计出控制梯形图，如图 4-20 所示。

图 4-20 标准报警信号的梯形图

五、程序执行过程
当出现故障时，输入信号 X001 有效，按钮 SA 按下时，输入信号 X000 有效为 ON，输出信号 Y000 为 ON，控制报警灯以 1s 周期闪烁；同时输出信号 Y001 也为 ON，控制蜂鸣器鸣响。当按下消铃按钮 SB1 时，输入信号 X000 有效，辅助继电器 M0 为 ON 并自锁，其动合触点将定时器 T0 的动合触点短接，报警灯停止闪烁，变成长亮，并将输出 Y001 断开，报警蜂鸣器停止工作。当故障消除后，输出信号 Y000 和 Y001 复位。

按下试验按钮 SB2，输入信号 X002 有效，报警灯和蜂鸣器同时工作，试验按钮复位后报警灯和蜂鸣器同时停止工作。

六、编程体会

在本实例的程序设计中，故障报警控制是电气自动控制系统中不可缺少的重要环节，也是 PLC 控制系统基本控制环节。本实例的控制程序为标准的报警程序，采用报警灯和蜂鸣器实现故障报警，在实际中应用广泛。另外，可根据现场的需要调整报警灯的闪烁频率。

 实例63 多故障报警控制的应用程序

一、控制要求

在实际工程应用中，当多个故障同时发生时，一个故障对应一个报警指示灯闪烁，蜂鸣器鸣响。操作人员知道发生故障后，按消铃按钮，将蜂鸣器关掉，报警指示灯从闪烁变为长亮。故障消失后，报警灯熄灭。

二、硬件电路设计

根据控制要求列出所用的输入/输出点，并为其分配相应的地址，其 I/O 分配表见表 4-11。

表 4-11　　　　　　　　　多故障报警的 I/O 分配表

输入信号			输出信号		
输入地址	代号	功能	输出地址	代号	功能
X000	SA1	故障 1	Y000	HL1	故障 1 报警指示灯
X001	SA2	故障 2	Y001	HL2	故障 2 报警指示灯
X002	SA3	故障 3	Y002	HL3	故障 3 报警指示灯
X003	SB1	消铃按钮	Y003	HA	蜂鸣器
X004	SB2	试验按钮			

根据表 4-12 和控制要求设计 PLC 的硬件原理图，如图 4-21 所示。其中 COM1 为 PLC 输入信号的公共端，COM2 为输出信号的公共端。

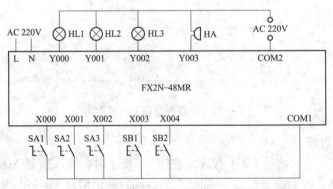

图 4-21　多故障报警控制 PLC 硬件原理图

三、编程思想

根据控制要求先确定报警灯闪烁频率，然后根据故障信号的顺序编写故障显示程序和编写故障蜂鸣器报警程序，最后编写消铃和试验程序。

四、控制程序的设计

根据控制要求设计的控制梯形图如图 4-22 所示。

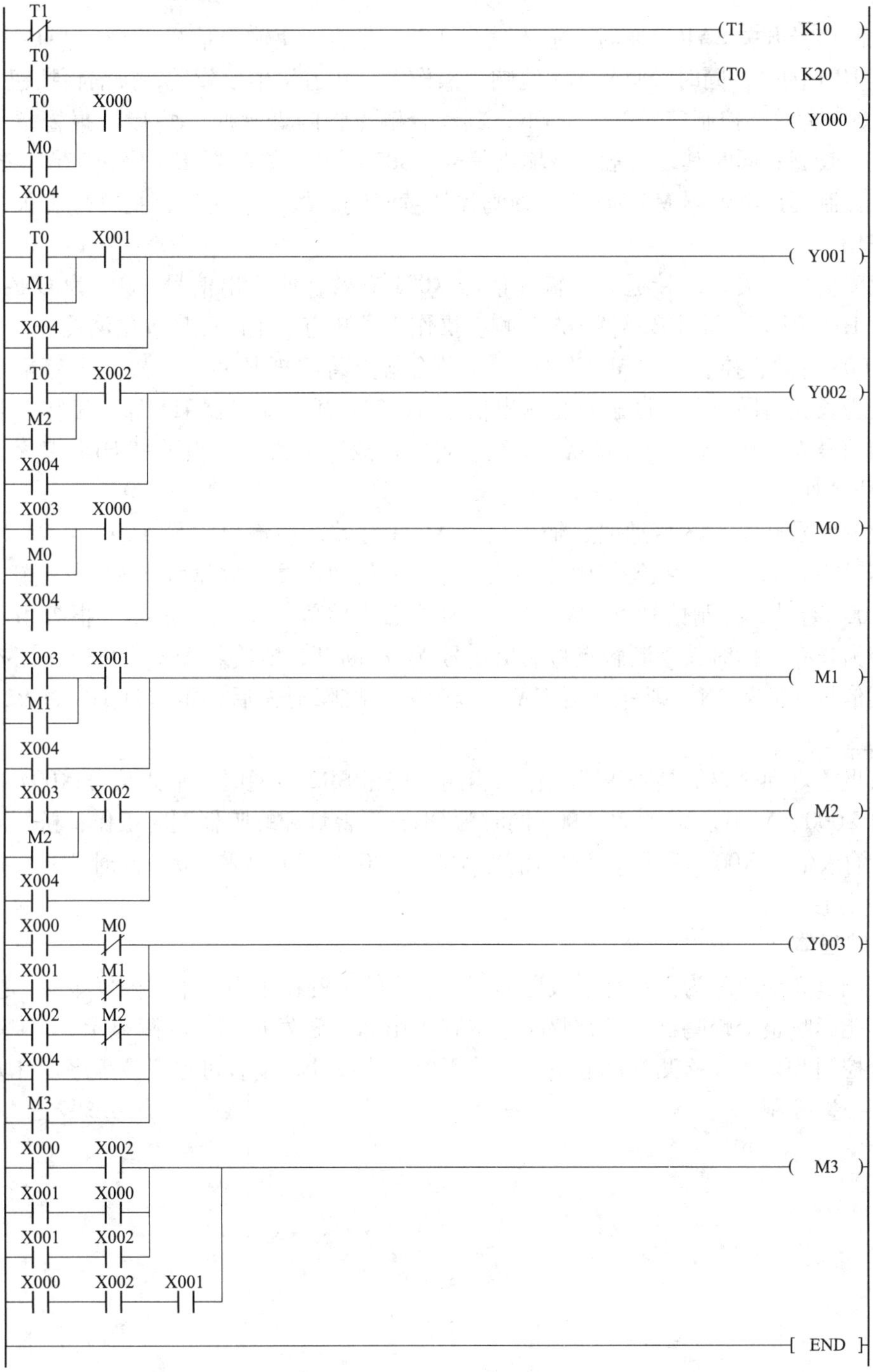

图 4-22 多故障报警的控制梯形图

五、程序的执行过程

定时器 T0 与 T2 组成一个接通 2s、断开 1s 的脉冲信号，为报警灯提供闪烁脉冲控制信号。

当故障信号开关 SA1 接通时，输入信号 X000 有效，使输出信号 Y000 为 ON 接通，报警指示灯 HL1 闪烁，同时蜂鸣器 HA 鸣响。操作人员知道发生故障后，按消铃按钮 SB1，输入信号 X003 有效，控制信号 M0 为 ON，其动合触点将闪烁脉冲"短接"报警指示灯 HL1 从闪烁变为长亮；同时其动断触点将输出信号 Y003 断开，蜂鸣器 HA 停止工作。若出现多个故障，控制辅助继电器 M3 为 ON，蜂鸣器继续鸣响。故障消失后，报警灯熄灭，蜂鸣器也停止工作。

当故障信号开关 SA2 接通时，输入信号 X001 有效，使输出信号 Y001 为 ON 接通，报警指示灯 HL2 闪烁，同时蜂鸣器 HA 鸣响。操作人员知道发生故障后，按消铃按钮 SB1，输入信号 X003 有效，控制信号 M1 为 ON，其动合触点将闪烁脉冲"短接"报警指示灯 HL2 从闪烁变为长亮；同时其动断触点将输出信号 Y003 断开，蜂鸣器 HA 停止工作。若为多故障，控制信号 M3 为 ON，则蜂鸣器 HA 继续鸣响。故障消失后，报警灯 HL2 熄灭，蜂鸣器 HA 也停止工作。

当故障信号开关 SA3 接通时，输入信号 X002 有效，使输出信号 Y002 为 ON 接通，报警指示灯 HL3 闪烁，同时报警蜂鸣器鸣响。操作人员知道发生故障后，按消铃按钮 SB1，输入信号 X003 有效，控制信号 M2 为 ON，其动合触点将闪烁脉冲"短接"报警指示灯 HL3 从闪烁变为长亮；同时其动断触点将输出信号 Y003 断开，蜂鸣器 HA 停止工作。若为多故障，控制信号 M3 为 ON，则蜂鸣器 HA 继续鸣响。故障消失后，报警灯 HL 熄灭，蜂鸣器 HA 也停止工作。

测试报警灯和蜂鸣器是否正常工作：当测试按钮 SB2 接通时，输入信号 X004 有效，使输出信号 Y000、Y001、Y002 和 Y003 同时为 ON，报警灯和蜂鸣器同时工作；松开测试按钮 SB2 时，输入信号 X004 断开，使输出信号 Y000、Y001、Y002 和 Y003 同时断开，报警灯和蜂鸣器停止工作。

六、编程体会

本实例以 3 个故障为例设计了报警程序，程序的关键在于当多个故障发生时，按下消铃按钮，不能影响报警蜂鸣器的正常鸣响。本程序由脉冲触发控制、故障显示、蜂鸣器逻辑、报警试验控制和多故障检测 5 部分组成，采用模块化设计，读者可参考该程序设计方法实现更多故障报警控制。

第 5 章

电动机基本控制环节的编程应用

5.1 三相鼠笼式异步电动机启动的基本控制

实例 64 三相异步电动机位置与自动循环控制线路的应用程序

一、控制要求

按下启动按钮 SB1，电动机 M1 启动正向运行，当前进到 A 地点时，电动机 M1 自动停止并反向运行；当后退到 B 地点时，电动机 M1 恢复正向运行，此过程进行自动循环。按下停止按钮 SB2 电动机停止运行。

二、硬件电路设计

根据控制要求列出所用的输入/输出点，并为其分配相应的地址，其 I/O 分配表见表 5-1。

表 5-1　　　　　　　　三相异步电动机位置与自动循环控制 I/O 口分配表

输入信号			输出信号		
输入地址	代号	功能	输出地址	代号	功能
X000	SB1	正向启动按钮	Y000	KM1	电动机正向运行接触器
X001	SB2	停止按钮	Y001	KM2	电动机反向运行接触器
X002	SB3	反向启动按钮			
X003	SQ1	前进到位行程开关			
X004	SQ2	后退到位行程开关			
X005	FR	过载保护			

根据表 5-1 和控制要求设计 PLC 的硬件原理图，如图 5-1 所示。其中 COM1 为 PLC 输入信号的公共端，COM2 为输出信号的公共端。

三、编程思想

由于控制要求为位置自动循环，所以要使用行程开关，编程时应使电动机的正转与反转能连续运行。

四、控制程序的设计

根据控制要求设计控制梯形图，如图 5-2 所示。

五、程序的执行过程

按下正向启动按钮 SB1，输入信号 X000 有效，使输出信号 Y000 为 ON，控制接触器 KM1 的线圈通电，其触点闭合电动机正向启动运行；当前进至 A 处压下行程开关 SQ1，输入信号 X003 有效，切断输出信号 Y000，接触器 KM1 断电复位，同时接通定时器 T0，经过 0.5s 延时，其动合触点使输出信号 Y001 为 ON，控制接触器 KM2 的线圈通电，其触点闭合

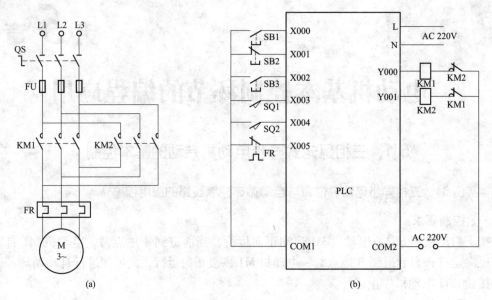

图 5-1　三相异步电动机位置与自动循环控制的电气原理图

（a）电动机控制电气原理图；（b）PLC 硬件原理图

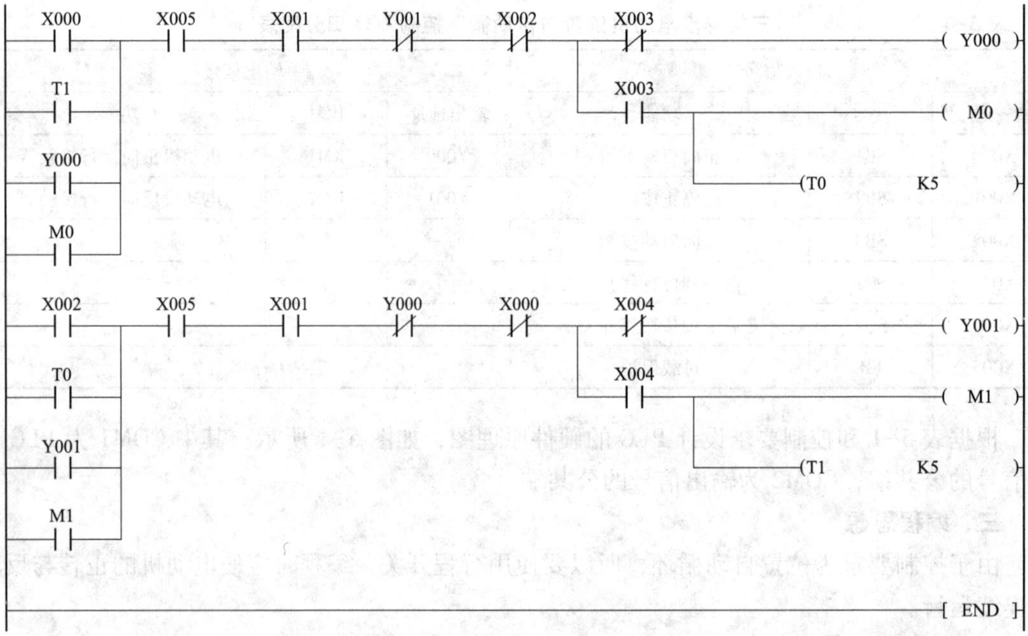

图 5-2　三相异步电动机位置与自动循环控制梯形图

电动机反向启动运行。当后退至 *B* 处压下行程开关 SQ2，输入信号 X004 有效，切断输出信号 Y001，接触器 KM2 断电复位，同时接通定时器 T1，经过 0.5s 延时，其动合触点使输出信号 Y000 为 ON，控制接触器 KM1 的线圈通电，其触点闭合电动机正向启动运行，进行往复运行重复以上过程。停止时按下按钮 SB2，输入信号 X001 有效，则输出信号 Y000 或 Y001 为 OFF，控制接触器线圈 KM1 或 KM2 断电，其触点复位电动机停止运行。

当电动机过载时热继电器动作，输入信号 X005 断开，使输出信号 Y000 或 Y001 复位，切断 KM1 或 KM2 的线圈回路，达到对电动机过载保护的目的。

六、编程体会

本实例中考虑到接触器的换接时间，增加了两个定时器，使接触器可靠复位后，才能进行正反转换接，否则会因为 PLC 的扫描周期过短，造成因一个接触器还没有可靠复位，另一个已接通短路事故。在设计控制程序中没有考虑电动机停止 A 点和 B 点实际问题，为了增加控制系统的可靠性，建议读者在硬件电路设计时增加互锁保护。

 实例 65　三相异步电动机顺序与多地控制线路的应用程序

一、控制要求

按下按钮 SB1 或 SB3，电动机 M1、M2、M3 顺序启动运行，按下按钮 SB2 或 SB4，电动机 M1、M2、M3 顺序停止运行。

二、硬件电路设计

根据控制要求列出所用的输入/输出点，并为其分配相应的地址，其 I/O 分配表见表 5-2。

表 5-2　　　　　　　　　　　电动机顺序与多地控制 I/O 分配表

输入信号			输出信号		
输入地址	代号	功能	输出地址	代号	功能
X000	SB1	在 A 地 3 台电动机顺序启动	Y000	KM1	电动机 M1 运行接触器
X001	SB2	在 A 地 3 台电动机顺序停止	Y001	KM2	电动机 M2 运行接触器
X002	SB3	在 B 地 3 台电动机顺序启动	Y002	KM3	电动机 M3 运行接触器
X003	SB4	在 B 地 3 台电动机顺序停止			
X004	SB5、SB6	在 A 地或 B 地紧急停止			
X005	FR、FR2、FR3	长期过载保护			

根据表 5-2 和控制要求，设计三相异步电动机顺序与多地控制电气原理图，如图 5-3 所示。其中 COM1 为 PLC 输入信号的公共端，COM2 为输出信号的公共端。

三、编程思想

利用定时器实现电动机的顺序启动和停止；两地启动按钮为"或"的关系，两地停止按钮为"与"的关系；因为考虑到突发故障的原因，所以增加了紧急停止按钮。

四、控制程序的设计

根据控制要求设计控制梯形图，如图 5-4 所示。

五、程序的执行过程

按下按钮 SB1 或 SB3，输入信号 X000 或 X002 有效，使输出信号 Y000 为 ON，控制接触器 KM1 的通电，电动机 M1 启动运行；同时定时器 T0 工作，经过 5s 的延时，其动合触点闭合，使输出信号 Y001 为 ON，控制接触器 KM2 通电，电动机 M2 启动运行；同时定时器 T1 开始工作，经过 5s 延时，其动合触点闭合，则输出信号 Y002 为 ON，控制接触器 KM3 通电，电动机 M3 启动运行。

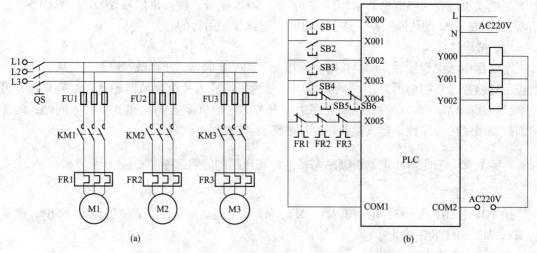

图 5-3 三相异步电动机顺序与多地控制电气原理图

（a）电动机控制电气原理图；（b）PLC 硬件原理图

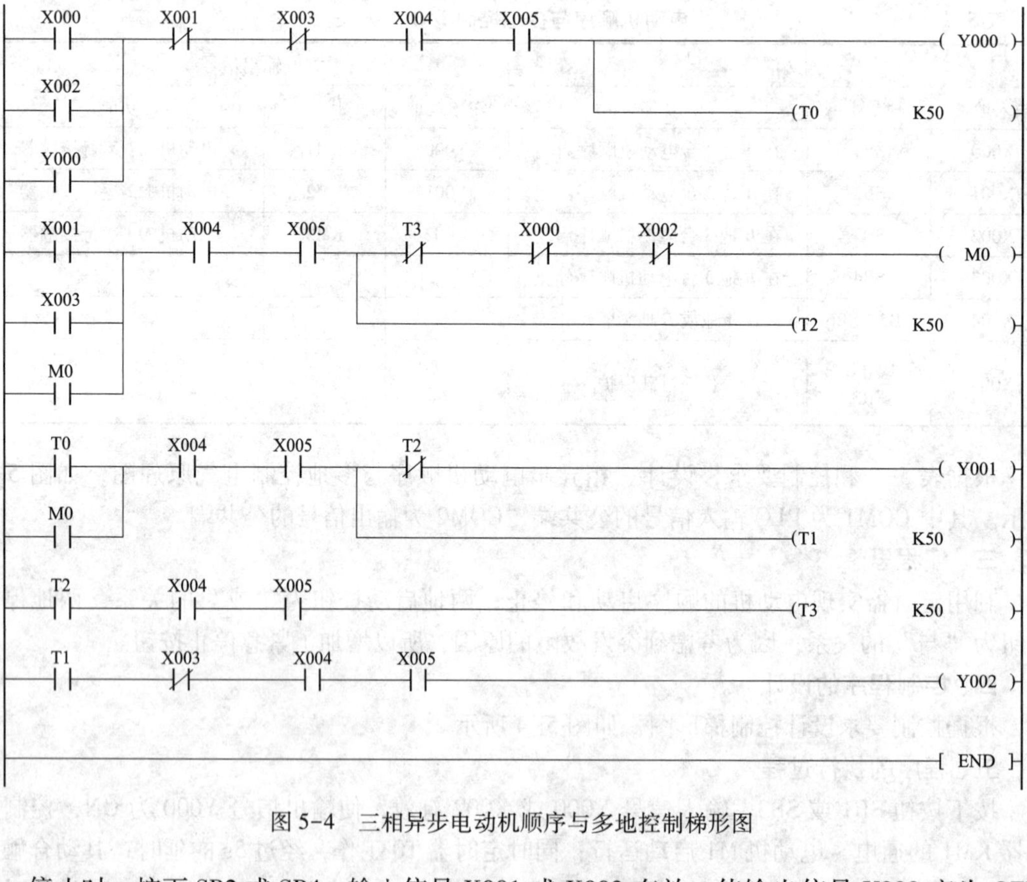

图 5-4 三相异步电动机顺序与多地控制梯形图

停止时，按下 SB2 或 SB4，输入信号 X001 或 X003 有效，使输出信号 Y000 变为 OFF，控制接触器 KM1 的断电，电动机 M1 停止运行；同时内部辅助继电器 M0 接通并自锁，定时器 T2 开始定时，在 T0 的动合触点上并联内部辅助继电器 M0 的动合触点是为了保证输出信号 Y001 在 T0 的动合触点复位后，能继续为 ON，实现顺序停止；定时器 T2 定时 5s 后，其动断触点断开使输出信号 Y001 复位，接触器线圈断电，电动机 M2 停止运行，电动机 M3 执行过程与 M2 类似，读者可自行分析。

当电动机过载或需要紧急停止时，输入信号 X004 或 X005 断开，所有输出信号都全部复位，3 台电动机同时停止。

六、编程体会

在顺序启动、停止编程的过程中注意电动机启动、停止的先后顺序；在 T0 的动合触点的下面并联内部辅助继电器 M0 的动合触点是为了保证输出信号 Y001 在 T0 的动合触点复位后，能继续为 ON，实现顺序停止。在顺序停止结束后，应将内部辅助继电器 M0 复位，为下一次启动做好准备。将 3 个热继电器的动断触点串联作为 PLC 的一个输入信号，可以节省 I/O 点数，对于一个复杂的控制系统可以降低其成本。

 实例 66 多台三相异步电动机同时启停与单独启停控制的应用程序

一、控制要求

按下按钮 SB1 3 台电机同时启动，按下 SB2 3 台电机同时停止。按下按钮 SB3 第一台电动机单独启动，按下按钮 SB4 第一台电动机单独停止。按下按钮 SB5 第二台电动机单独启动，按下按钮 SB6 第二台电动机单独停止。按下按钮 SB7 第三台电动机单独启动，按下按钮 SB8 第三台电动机单独停止。

二、硬件电路设计

根据控制要求列出所用的输入/输出点，并为其分配相应的地址，其 I/O 分配表见表 5-3。

表 5-3　　　　　多台电动机同时启停与单独启停控制 I/O 分配表

输入信号			输出信号		
输入地址	代号	功能	输出地址	代号	功能
X000	SB1	3 台电机 M1、M2、M3 同时启动	Y000	KM1	电机 M1 运行接触器
X001	SB2	3 台电机 M1、M2、M3 同时停止	Y001	KM2	电机 M2 运行接触器
X002	SB3	电机 M1 单独启动	Y002	KM3	电机 M3 运行接触器
X003	SB4	电机 M1 单独停止			
X004	SB5	电机 M2 单独启动			
X005	SB6	电机 M2 单独停止			
X006	SB7	电机 M3 单独启动			
X007	SB8	电机 M3 单独停止			

根据表 5-3 和控制要求，设计多台电动机同时启停与单独启停控制电气原理图，如图 5-5 所示。其中 COM1 为 PLC 输入信号的公共端，COM2 为输出信号的公共端。

三、编程思想

根据编程要求，可采用中间继电器的方法，区分同时启停和单独启停的功能。先编电动机单独启动和停止的程序，然后在单独控制的基础上增加同时启动控制和同时停止控制，在单独控制与同时控制之间须加连锁保护。

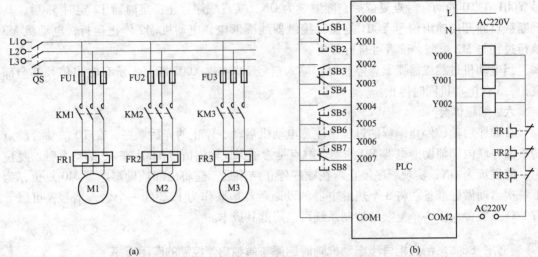

图 5-5 多台电动机同时启停与单独启停控制电气原理图

（a）电动机控制电气原理图；（b）PLC 硬件原理图

四、控制程序的设计

根据控制要求设计控制梯形图，如图 5-6 所示。

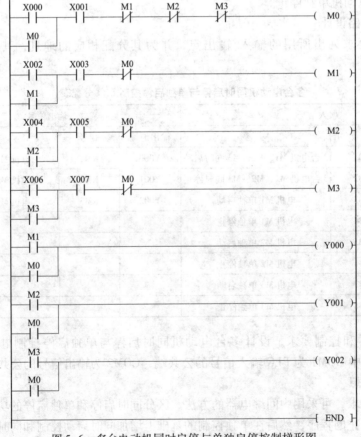

图 5-6 多台电动机同时启停与单独启停控制梯形图

五、程序的执行过程

1. 同时启停控制

按下按钮 SB1，输入信号 X000 有效，使中间继电器控制信号 M0 为 ON，其动合触点闭合，控制输出信号 Y000、Y001 和 Y002 同时为 ON，接触器 KM1、KM2 和 KM3 同时通电，3 台电动机同时启动运行；按下按钮 SB2，输入信号 X001 断开，使中间继电器控制信号 M0 复位为 OFF，输出信号 Y000、Y001 和 Y002 同时为 OFF，控制接触器 KM1、KM2 和 KM3 同时断电，电动机同时停止运行。

当中间继电器控制信号 M0 为 ON 时，断开单台独立操作的控制回路，使单独控制无效。

2. 单台独立控制

3 台电动机单台独立控制分别由按钮 SB3～SB8 控制，按下按钮 SB3，输入信号 X002 有效，中间继电器 M1 为 ON，然后控制输出信号 Y000 为 ON，使接触器 KM1 通电，第一台电动机启动，按下按钮 SB4，输入信号 X003 断开，中间继电器 M1 复位为 OFF，输出信号 Y000 断开，控制接触器 KM1 断电，第一台电动机停止运行，实现第一台电动机的单独控制，其他两台电动机与第一台电动机控制相同，读者可自行分析。

只要有一台电动机独立控制，即中间继电器控制信号 M1、M2 和 M3 有一个为 ON，中间继电器控制信号 M0 就不能接通，从而实现同时工作与单独操作的相互连锁。

六、编程体会

与实例 65 相比，本例在硬件设计上将 3 个热继电器的动断触点串联接入接触器线圈回路中作为过载保护，这样可以节省 PLC 的输入点，降低工程的成本。因多台电动机同时启停和单独启停控制是相互独立，必须增加连锁，否则由于误操作，引起输出信号控制不符合要求。

 实例 67　三相异步电动机Y—△降压启动的应用程序

一、控制要求

按下启动按钮 SB1，电动机绕组星形连接启动运行，经过一定时间自动换接三角形连接运行；按下按钮 SB2，电动机停止运行。

二、硬件电路设计

根据控制要求列出所用的输入/输出点，并为其分配相应的地址，其 I/O 分配表见表 5-4。

表 5-4　　　　三相异步电动机Y—△降压启动控制的 I/O 分配表

输入信号			输出信号		
输入地址	代号	功能	输出地址	代号	功能
X000	SB1	电动机 M1 星形启动按钮	Y000	KM1	电源接触器
X001	SB2	电动机 M1 停止按钮	Y001	KM2	星形连接接触器
X002	FR	长期过载保护	Y002	KM3	三角形连接接触器

根据表 5-4 和控制要求，设计三相异步电动机Y—△降压启动控制电气原理图，如图 5-7 所示。其中 COM1 为 PLC 输入信号的公共端，COM2 为输出信号的公共端。

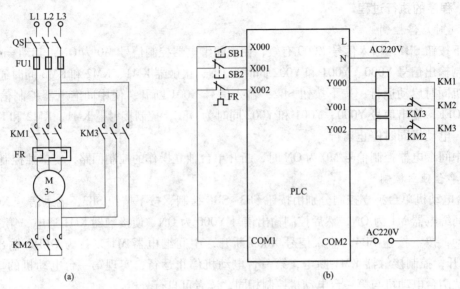

L1 L2 L3
QS
FU1
KM1
KM3
FR
M
3~
KM2
(a)
X000
X001
X002
SB1
SB2
FR
L
N
AC220V
Y000
Y001
Y002
KM1
KM2
KM3
KM3
KM2
PLC
COM1
COM2
AC220V
(b)

图 5-7 三相异步电动机Y—△降压启动控制的电气原理图
（a）电动机控制电气原理图；（b）PLC 硬件原理图

三、编程思想

采用时间控制原则，实现三相异步电动机Y—△降压启动控制。启动时将电动机定子绕组接成星接，当星形启动运行后，经一段时间的延时自动将绕组换为三角形接法正常运行。

四、控制程序的设计

根据控制要求设计控制梯形图，如图 5-8 所示。

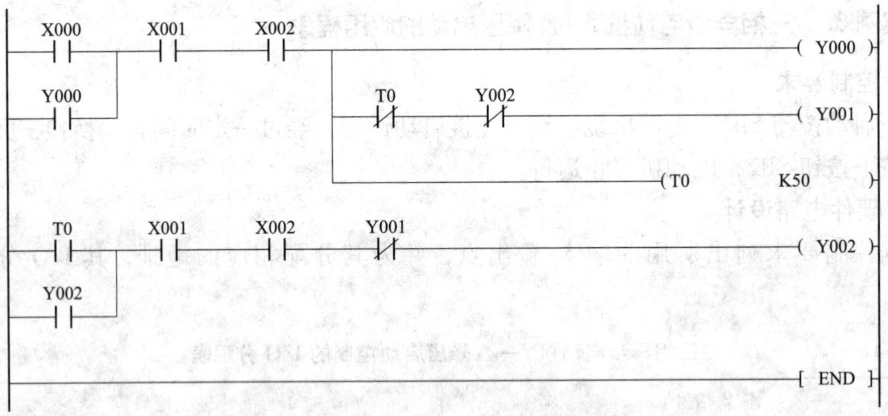

X000
X001
X002
Y000
Y000
T0
Y002
Y001
T0
K50
T0
X001
X002
Y001
Y002
Y002
END

图 5-8 电动机Y—△降压启动控制梯形图

五、程序的执行过程

按下 SB1 启动，输入信号 X000 有效，输出信号 Y000 和 Y001 为 ON，控制接触器 KM1 和 KM2 的线圈通电，其触点闭合电动机 M 星形启动运行；同时定时器 T0 也开始工作，经过 5s 的延时，定时器 T0 的动断触点将输出信号 Y001 断开，其动断触点复位，控制输出信号 Y002 为 ON，使接触器 KM3 通电，将电动机 M 绕组接成三角形接法后正常运行。

按下按钮 SB2，输入信号 X001 断开，输出信号 Y000 和 Y002 断开变为 OFF，控制接触器线圈 KM1、KM2 或 KM3 断电，电动机停止运行。

当电动机过载时，输入信号 X002 断开，所有输出信号全部复位，电动机同时停止，达到过载保护的目的。

六、编程体会

本实例的程序设计过程中，没有考虑Y—△转换的换接时间，建议读者为了保证安全增加此环节，一般情况下预留接触器触点复位的时间大约 0.3s 即可。为了保证Y—△转换过程的可靠进行，在换接过程中定时器 T0 始终工作，使输出信号 Y002 能可靠接通，其过程与 PLC 的扫描周期有关，应引起注意。另外，还应注意硬件电路的互锁，以保证电路安全可靠地运行。

 实例 68　三相异步电动机可逆Y—△降压启动的应用程序

一、控制要求

按下启动按钮 SB1，电动机正转进行星形连接启动运行，经过一段时间电动机换接成三角连接形运行；按下按钮 SB2，电动机停止运行。反转时按下 SB3，电动机反转进行星形连接启动运行，其过程与正转过程类似。

二、硬件电路设计

根据控制要求列出所用的输入/输出点，并为其分配相应的地址，其 I/O 分配表见表 5-5。

表 5-5　　　　　三相异步电动机可逆Y—△降压启动控制的 I/O 分配表

输入信号			输出信号		
输入地址	代号	功能	输出地址	代号	功能
X000	SB1	电动机正转启动运行	Y000	KM1	正转接触器
X001	SB2	电动机停止运行	Y001	KM2	反转接触器
X002	SB3	电动机反转启动运行	Y002	KM3	星形连接接触器
X003	FR	长期过载保护	Y003	KM4	三角形连接接触器

根据表 5-5 和控制要求，设计三相异步电动机可逆Y—△降压启动控制电气原理图，如图 5-9 所示。其中 COM1 为 PLC 输入信号的公共端，COM2 为输出信号的公共端。

三、编程思想

采用时间控制原则，实现三相异步电动机可逆Y—△降压启动控制。启动时将电动机定子绕组接成星接，当星形启动运行后，经一段时间的延时自动将绕组换为三角形接法正常运行。由于控制要求为三相异步电动机可逆Y—△降压启动，可以通过编程实现"正—反—停"控制。

四、控制程序的设计

根据控制要求设计控制梯形图，如图 5-10 所示。

五、程序的执行过程

按下 SB1 启动，输入信号 X000 有效，则输出信号 Y000 和 Y002 为 ON，控制接触器 KM1 和 KM3 的线圈通电，其触点闭合，电动机 M1 正向星接启动运行；同时定时器 T0 也开

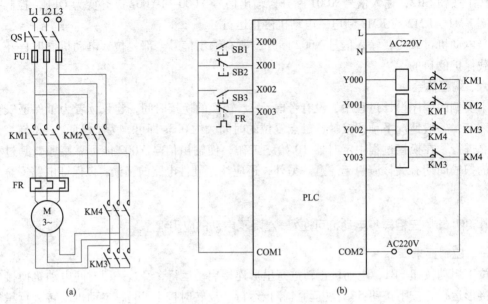

图 5-9 三相异步电动机可逆丫—△降压启动控制的电气原理图

（a）电动机控制电气原理图；（b）PLC硬件原理图

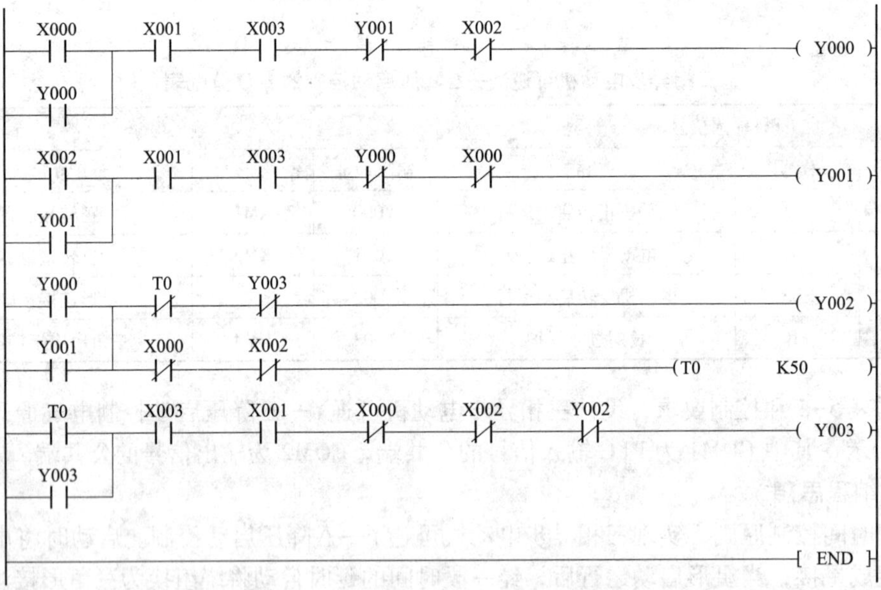

图 5-10 三相异步电动机可逆丫—△降压启动控制梯形图

始工作定时，经过 5s 的延时，定时器 T0 的动断触点断开，将输出信号 Y002 断开，使接触器 KM3 断电。定时器 T0 的动合触点接通，输出信号 Y002 的动断触点复位后，控制输出信号 Y003 为 ON，使接触器 KM4 通电，电动机 M1 绕组接成三角形接法正常运行。

停止时，按下按钮 SB2，输入信号 X001 断开，所有输出信号为 OFF，控制接触器线圈 KM1 和 KM3 或 KM4 断电，电动机停止运行。

当电动机过载时，输入信号 X003 断开，所有输出信号全部复位，电动机同时停止，达到过载保护的目的。

反转控制过程与正转相同，读者可自行分析。

六、编程体会

本实例的程序设计过程中，没考虑预留出丫—△转换时的换接时间问题，建议读者为了保证安全增加此环节。在本实例的设计中，实现"正—反—停"控制时复位定时器，是为了防止电动机绕组直接△接运行。在程序设计过程中一定要考虑到正反转控制之间的连锁保护和丫—△转换控制之间的连锁保护，另外还要考虑 PLC 硬件电路也必须增加连锁保护，只有这样所设计的实际工程项目才会更加安全可靠。

5.2 三相鼠笼式异步电动机制动的基本控制

 实例 69 三相异步电动机可逆运行反接制动的应用程序

一、控制要求

按下正向启动按钮 SB1，电动机正向运行，当电动机转速度达到 120r/min，速度继电器 KS-1 动作。按下停止按钮 SB2，电动机进行反接制动，转速迅速下降，当转度低于 100r/min，速度继电器 KS-1 复位，完成正向制动过程。

按下反向启动按钮 SB3，电动机反向运行，当电动机转速达到 120r/min，速度继电器 KS-2 动作。按下停止按钮 SB2，电动机进行反接制动，转速迅速下降，当转速低于 100r/min，速度继电器 KS-2 复位，完成反向制动过程。

二、硬件电路设计

根据控制要求列出所用的输入/输出点，并为其分配相应的地址，其 I/O 分配表见表 5-6。

表 5-6 三相异步电动机可逆运行反接制动控制的 I/O 分配表

输入信号			输出信号		
输入地址	代号	功能	输出地址	代号	功能
X000	SB1	正向启动按钮	Y000	KM1	正转接触器
X001	SB2	反向启动按钮	Y001	KM2	反转接触器
X002	SB3	停止按钮			
X003	KS-1	速度继电器正转制动触点			
X004	KS-2	速度继电器反向制动触点			
X005	FR	长期过载保护			

根据表 5-6 和控制要求，设计三相异步电动机可逆运行反接制动控制电气原理图，如图 5-11 所示。其中 COM1 为 PLC 输入信号的公共端，COM2 为输出信号的公共端。

三、编程思想

对于三相异步电动机可逆反接制动的控制，在不串接电阻的情况下，实际上就是两个单向的反接制动控制。采用经验设计法完成本实例的程序设计。还应注意两个速度继电器的触点与电动机的转向有关。

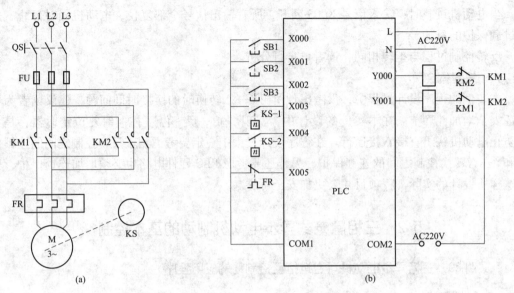

图 5-11　三相异步电动机可逆运行反接制动的电气原理图

（a）电动机控制电气原理图；（b）PLC 硬件原理图

四、控制程序的设计

根据控制要求设计控制梯形图，如图 5-12 所示。

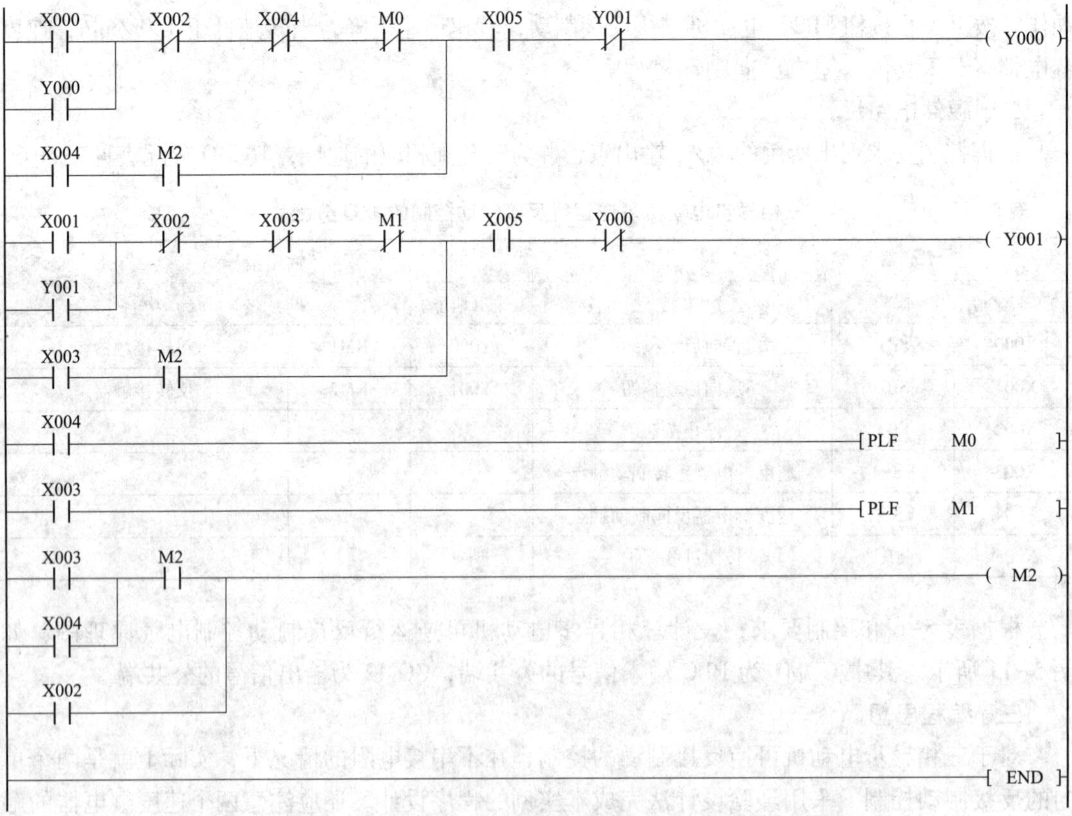

图 5-12　三相异步电动机可逆运行反接制动控制梯形图

五、程序的执行过程

按下正向启动按钮 SB1，输入信号 X000 有效，输出信号 Y000 为 ON，接触器 KM1 通电，电动机正向启动运行，当电动机转速达到 120r/min，速度继电器 KS-1 动作，为停止时反接制动做好准备。当按下停止按钮 SB3 时，输入信号 X002 有效，使输出信号 Y000 断开，接触器 KM1 断电复位；此时由于速度继电器的触点 KS-1 已经闭合，即输入信号 X003 有效，当 Y000 的动断触点复位后，按下停止按钮 SB3 后，中间继电器 M2 也同时接通为 ON，在 X003 和 M2 的共同作用下使输出信号 Y001 为 ON，控制接触器 KM2 通电，电动机的电源相序反接，产生反向力矩进行反接制动，转速迅速下降，当转度低于 100r/min 时，速度继电器 KS-1 复位，输入信号 X003 断开，通过下降沿脉冲指令 PLF，在其下降沿产生脉冲信号 M0，使输出信号 Y001 的自锁回路断开，正向停止的反接制动过程结束。

反向制动过程与正向停止的反接制动过程类似，读者可自行分析。

六、编程体会

在本实例的设计中，需注意的是在正向反接制动结束时，通过输入信号 X003 的下降沿脉冲在下一个扫描周期将输出信号 Y001 的自锁回路切断，完成反接制动，否则电动机将会反向运行。另外还应注意不要把速度继电器的正组触点和反组触点接反，否则电动机无法停止运行。

 实例 70　三相异步电动机具有反接制动电阻的可逆反接制动控制的应用程序

一、控制要求

按下正向启动按钮 SB1，电动机串电阻正向启动运行，当电动机转速度达到 120r/min，速度继电器 KS-1 动作，将电阻短接，电动机正常运行，并为正向反接制动做好准备。按下停止按钮 SB2，电动机串电阻进行反接制动，转速迅速下降，当转度低于 100r/min，速度继电器 KS-1 复位，完成正向制动过程，电动机停止运行。

按下反向启动按钮 SB3，电动机串电阻反向启动运行，当电动机转速达到 120r/min，速度继电器 KS-2 动作，将电阻短接，电动机正常运行，并为反向反接制动做好准备。按下停止按钮 SB2，电动机进行串电阻反接制动，转速迅速下降，当转速低于 100r/min，速度继电器 KS-2 复位，完成反向制动过程，电动机停止运行。

二、硬件电路设计

根据控制要求列出所用的输入/输出点，并为其分配相应的地址，其 I/O 分配表见表 5-7。

表 5-7　　　　三相异步电动机具有反接制动电阻的可逆反接制动的 I/O 分配表

输入信号			输出信号		
输入地址	代号	功能	输出地址	代号	功能
X000	SB1	正向启动按钮	Y000	KM1	正转及反转反接制动接触器
X001	SB2	反向启动按钮	Y001	KM2	反转及正传反接制动接触器
X002	SB3	停止按钮	Y002	KM3	短接制动电阻接触器
X003	KS1	速度继电器正转制动触点			
X004	KS2	速度继电器反向制动触点			
X005	FR	长期过载保护			

根据表 5-7 和控制要求，设计三相异步电动机具有反接制动电阻的可逆反接制动的电气原理图，如图 5-13 所示。其中 COM1 为 PLC 输入信号的公共端，COM2 为输出信号的公共端。

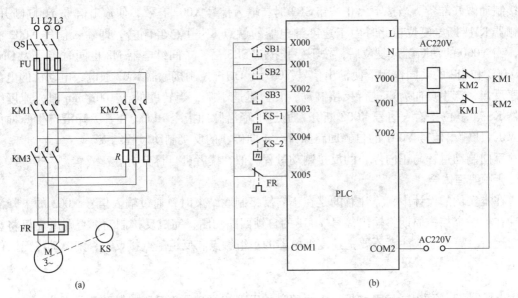

图 5-13　三相异步电动机具有反接制动电阻的可逆反接制动的电气原理图

（a）电动机控制电气原理图；（b）PLC 硬件原理图

三、编程思想

本实例与实例 68 的区别在于主电路在启动和制动时需串入电阻，可以考虑引入辅助寄存器，来控制三相异步电动机在可逆运行的启动过程串入和短接电阻，在反接制动串入电阻的控制。还应注意两个速度继电器的触点与电动机的转向有关。

四、控制程序的设计

根据控制要求设计控制梯形图，如图 5-14 所示。

五、程序的执行过程

按下正向启动按钮 SB1，输入信号 X000 有效，输出 Y000 为 ON，接触器 KM1 通电，其触点闭合，电动机串电阻正向启动，当电动机速度达到速度继电器触点动作值 120r/min 时，输入信号 X003 有效，速度继电器 KS-1 触点闭合，使输出信号 Y002 为 ON，接触器 KM3 通电，其触点闭合，短接制动电阻，电动机正常运行。

当按下停止按钮 SB3，内部辅助寄存器 M0 为 ON，其动断触点断开，输出信号 Y000 为 OFF，接触器 KM1 断电，触点复位；输出信号 Y002 为 OFF，接触器 KM3 断电，将制动电阻串入主电路。由于输入信号 KS-1 仍然有效，且 M0 动合触点闭合，按下停止按钮 SB3 后，中间继电器 M2 也同时接通为 ON，在 X003 和 M2 的共同作用下使输出信号 Y001 为 ON，电动机串入制动电阻反接制动。当转速低于 100r/min 时，速度继电器触点 KS-1 断开，使输入信号 X003 断开，通过下降沿脉冲指令 PLF，在输入信号 X003 的其下降沿产生脉冲信号 M1，使输出信号 Y001 的自锁回路断开，接触器 KM2 断电，其触点复位，电动机正向串电阻反接制动过程结束。

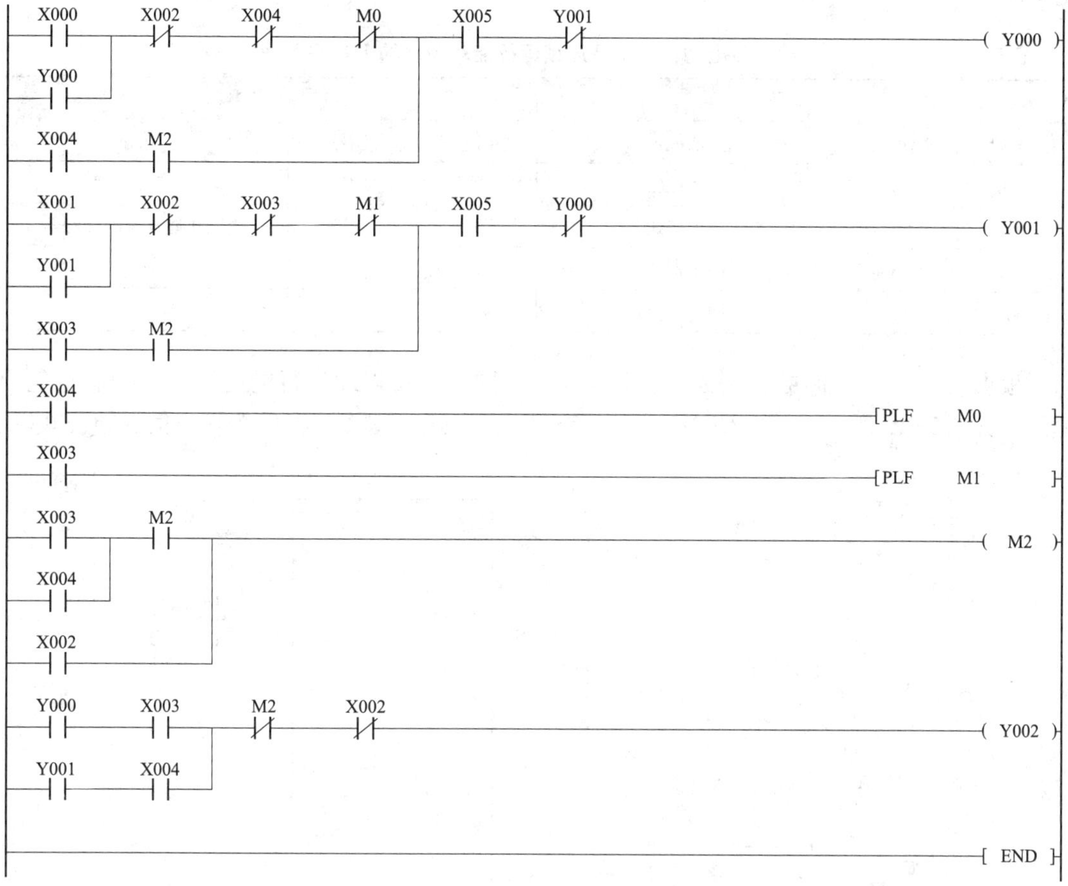

图 5-14 三相异步电动机具有反接制动电阻的可逆反接制动控制梯形图

电动机反向串电阻反接制动过程与正向停止的反接制动过程类似，读者可自行分析。

六、编程体会

本实例的设计使用了辅助寄存器 M2，可以起到防止电动机误动作的作用。如电动机在停止时，人为地正向转动电动机，通过速度继电器 KS-1 动作，输入接点 X003 将会有效，控制电动机反转，从而导致危险。通过引入辅助寄存器 M2，只有在按下停止按钮时才会接通，其动合触点与速度继电器的相应接点串联控制反接制动的接触器输出信号，从而避免人为地转动电动机引起的电动机的启动运行。因此在程序设计时一定要考虑到有意外情况发生时，确保控制设备的安全运行。三相异步电动机具有反接制动电阻的可逆反接制动控制，在停止时反接制动主电路串入反接制动电阻，以减少反接制动电流的冲击。

实例 71 三相异步电动机点动及连续运行能耗制动的应用程序

一、控制要求

按下按钮 SB1，电动机点动运行，松开 SB1 电动机进入能耗制动状态，迅速停止；按下按钮 SB2，电动机启动并连续运行，按下按钮 SB3，电动机进行能耗制动，迅速停止转动。

二、硬件电路设计

根据控制要求列出所用的输入/输出点，并为其分配相应的地址，其 I/O 分配表见

表 5-8。

表 5-8		三相异步电动机点动及连续运行能耗制动的 I/O 分配表			
输入信号			输出信号		
输入地址	代号	功能	输出地址	代号	功能
X000	SB1	点动按钮	Y000	KM1	电动机运行接触器
X001	SB2	连动按钮	Y001	KM2	电动机能耗制动接触器
X002	SB3	停止按钮			
X003	FR	长期过载保护			

　　根据表 5-8 和控制要求，设计三相异步电动机点动及连续运行能耗制动的控制电气原理图，如图 5-15 所示。其中 COM1 为 PLC 输入信号的公共端，COM2 为输出信号的公共端。

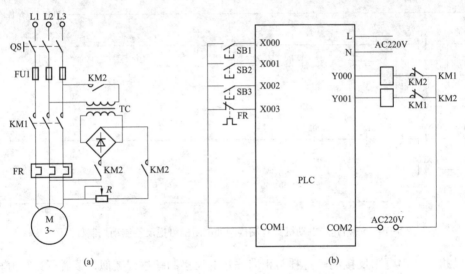

图 5-15　三相异步电动机点动及连续运行能耗制动的控制电气原理图
（a）电动机控制电气原理图；（b）PLC 硬件原理图

三、编程思想

　　在本实例的程序设计过程中，因为涉及电动机的点动与连续运行控制，在不影响其单独控制功能的情况下，可采取内部辅助继电器将点动与连续运行的输出"或"起来控制。点动控制的制动可采用内部辅助继电器的下降沿实现。

四、控制程序的设计

　　根据控制要求设计控制梯形图，如图 5-16 所示。

五、程序的执行过程

　　1. 点动控制的能耗制动

　　按下点动按钮 SB1，输入信号 X000 有效，内部辅助继电器 M0 为 ON，控制输出信号 Y000 为 ON，接触器 KM1 通电，电动机启动运行（点动），松开按钮 SB1，输出信号 Y000 变为 OFF，接触器 KM1 断电，电动机断开交流电源靠惯性继续旋转；同时内部辅助继电器 M0 的下降沿使输出信号 Y001 为 ON，接触器 KM2 通电，电动机断开交流电源靠惯性继续旋

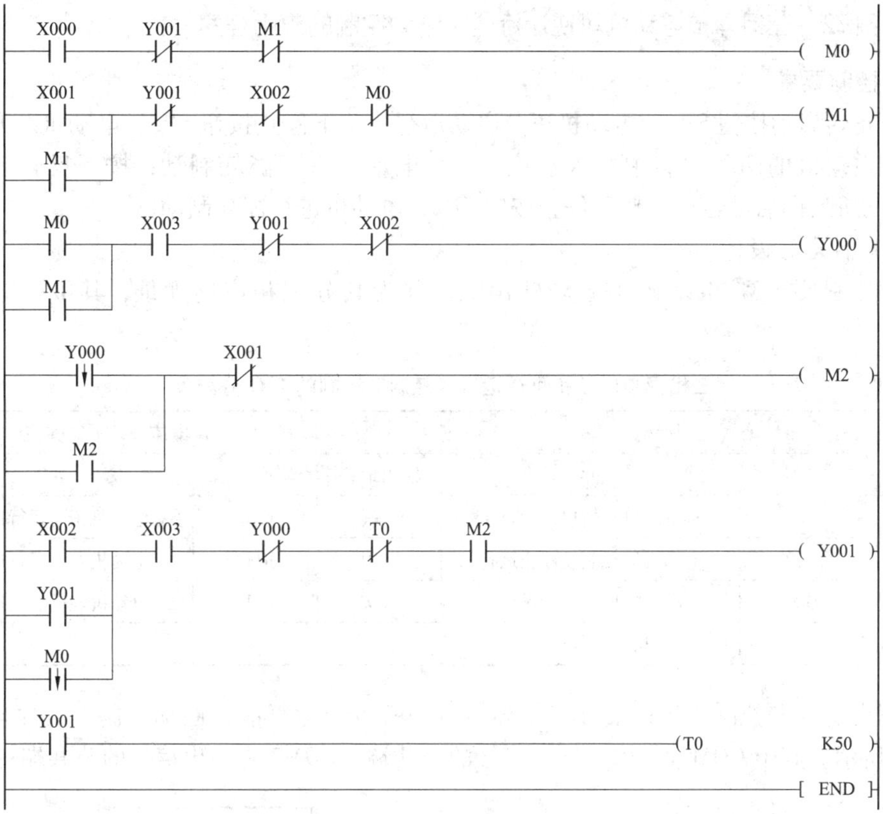

图 5-16　三相异步电动机点动及连续运行能耗制动的控制梯形图

转，此时将电动机的两相绕组接入直流电源，电动机进行耗能制动。定时器 T0 开始定时，5s 后，其动断触点 T0 断开，控制输出信号 Y001 为 OFF，接触器 KM2 断电，能耗制动结束。

2. 连续运行控制的能耗制动

当按下连续工作按钮 SB2，输入信号 X001 有效，内部辅助继电器 M1 为 ON，控制输出信号 Y000 为 ON，接触器 KM1 通电，电动机启动运行；当电动机需要停止时，按下停止按钮 SB3，输入信号 X002 有效，输出信号 Y000 变为 OFF，接触器 KM1 线圈断电，电动机断开交流电源靠惯性继续旋转；同时输出信号 Y001 为 ON，控制接触器 KM2 通电，将电动机的两相绕组接入直流电源，电动机进行耗能制动；定时器 T0 开始定时，5s 后，其动断触点 T0 断开，控制输出信号 Y001 为 OFF，接触器 KM2 断电，触点复位，能耗制动结束。

六、编程体会

本实例的程序设计采取内部辅助继电器控制电动机的点动与连续运行，考虑到在不影响其单独控制功能的情况下，可采取内部辅助继电器将点动与连续运行的输出"或"起来控制。为了提高程序的可靠性，避免误操作，增加点动与连续控制连锁；在输出信号 Y001 的回路串入中间继电器 M2 的动合触点，是为了保证只有在电动机运行后停止信号才起作用。另外，读者还应注意能耗制动的时间应根据电动机的停止时间来调整，太短制动效果不理想，太长则使电动机绕组发热。

实例72 三相异步电动机可逆运行能耗制动控制的应用程序

一、控制要求

按下正转启动按钮 SB1，电动机正向启动运行，按下停止按钮 SB2，电动机断开交流电源，并在电动机的两相绕组中接入直流电源，电动机进行能耗制动；按下反转启动按钮 SB3，电动机反向启动运行，按下停止按钮 SB2，电动机进行能耗制动。

二、硬件电路设计

根据控制要求列出所用的输入/输出点，并为其分配相应的地址，其I/O分配表见表5-9。

表5-9　　　　　　　　　三相异步电动机可逆运行能耗制动控制的 I/O 分配表

输入信号			输出信号		
输入地址	代号	功能	输出地址	代号	功能
X000	SB1	电动机正转启动运行	Y000	KM1	电动机正向运行接触器
X001	SB2	电动机能耗制动停止运行	Y001	KM2	电动机反向运行接触器
X002	SB3	电动机反转启动运行	Y002	KM3	电动机能耗制动接触器
X003	FR	长期过载保护			

根据表5-9和控制要求，设计三相异步电动机可逆运行能耗制动控制电气原理图，如图5-17所示。其中COM1为PLC输入信号的公共端，COM2为输出信号的公共端。

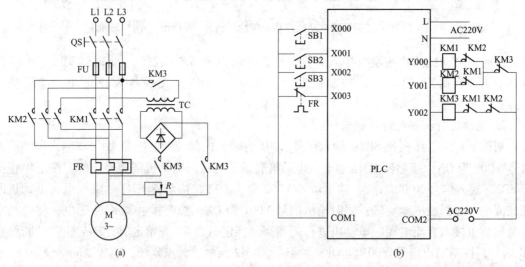

图5-17　三相异步电动机可逆运行能耗制动控制的电气原理图
（a）电动机控制电气原理图；（b）PLC硬件原理图

三、编程思想

采用时间控制原则，实现三相异步电动机的可逆运行能耗制动控制。当电动机进入能耗制动状态后，转速迅速下降接近于零时，能耗制动接触器断开。定时器的延时时间根据实际制动效果调整即可。

四、控制程序的设计

根据控制要求设计控制梯形图，如图 5-18 所示。

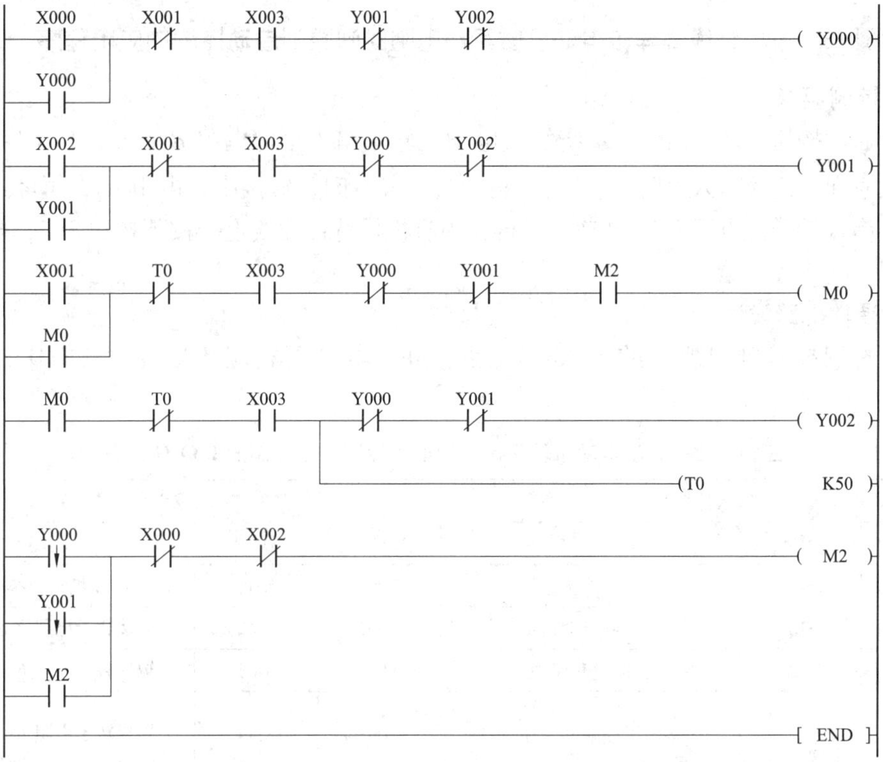

图 5-18　三相异步电动机可逆运行能耗制动控制梯形图

五、程序的执行过程

按下 SB1 启动，输入信号 X000 有效，则输出信号 Y000 为 ON，控制接触器 KM1 通电，电动机启动运行。停止时，按下按钮 SB2，输入信号 X001 有效，使输出信号 Y000 为 OFF，在输出信号 Y000 下降沿使中间继电器 M2 为 ON；在中间继电器 M2 和输入信号 X001 的共同作用下控制中间继电器 M0 为 ON，使输出信号 Y002 为 ON，控制接触器 KM3 线圈通电，电动机断开交流电源靠惯性继续旋转，此时将电动机的两相绕组接入直流电源，电动机进行能耗制动。同时定时器 T0 工作，经过 5s 延时，定时器 T0 动断触点断开，输出信号 Y002 为 OFF，接触器 KM3 断电，其触点复位，断开直流电源，电动机能耗制动结束。

反转执行过程与正转类似，读者可自行分析。

六、编程体会

在本实例的程序设过程中，值得注意的是对于输出信号 Y000、Y001 和 Y002 之间的连锁在软件上考虑外，在其硬件设计的电路中也要考虑 KM1、KM2 和 KM3 线圈之间的连锁，只有这样才能使所设计的工程实际项目更加安全可靠。另外，读者还应注意能耗制动的时间应根据电动机的停止时间来调整，太短制动效果不理想，太长则使电动机绕组发热。

5.3　三相绕线式异步电动机基本控制

 实例73　三相绕线式异步电动机转子串电阻时间原则启动控制的应用程序

一、控制要求

按下启动按钮 SB1，三相异步绕线式电动机转子串入全部电阻 R_1、R_2 和 R_3 启动运行，经过一段时间，短接串入电阻 R_1 运行，再经过一段时间，短接串入电阻 R_2，再经过一段时间，短接串入转子的电阻 R_3，电动机运行在固有机械特性曲线上。按下按钮 SB2，电动机停止运行。

二、硬件电路设计

根据控制要求列出所用的输入/输出点，并为其分配相应的地址，其 I/O 分配表见表 5-10。

表 5-10　　　　　三相绕线式异步电动机转子串电阻时间原则启动控制的 I/O 分配表

输入信号			输出信号		
输入地址	代号	功能	输出地址	代号	功能
X000	SB1	电动机停止运行	Y000	KM1	电动机定子接触器
X001	SB2	电动机启动运行	Y001	KM2	短接转子电阻 R_1 接触器
X002	FR	长期过载保护	Y002	KM3	短接转子电阻 R_2 接触器
X003	KM1、KM2、KM3	短接转子接触器反馈触点	Y003	KM4	短接转子电阻 R_3 接触器

根据表 5-10 和控制要求，设计三相异步电动机三相绕线式电动机转子串电阻时间原则启动控制电气原理图，如图 5-19 所示。其中 COM1 为 PLC 输入信号的公共端，COM2 为输出信号的公共端。

三、编程思想

本实例采用时间控制原则短接绕线式电动机转子串入电阻启动控制方式。由于转子中串入三段电阻，所以要分为 4 个挡来启动运行电动机，即串入全部电阻 R_1、R_2、R_3 为一挡，串入电阻 R_2、R_3 为一挡，串入电阻 R_3 为一挡，不串入电阻为一挡，分别通过 3 个接触器短接。

四、控制程序的设计

根据控制要求设计控制梯形图，如图 5-20 所示。

五、程序的执行过程

按下 SB2 启动，输入信号 X001 有效，使输出信号 Y000 为 ON，控制接触器 KM1 通电，三相绕线式电动机 M1 转子串入全部电阻启动运行；同时定时器 T0 工作，经过 5s 的延时，其动合触点接通，使输出信号 Y001 为 ON，控制接触器 KM2 通电，短接电阻 R_1，电动机 M1 转子串电阻 R_2、R_3 运行；控制接触器 KM2 的线圈通电的同时定时器 T1 工作，经过 5s 的延时，其动合触点接通，使输出信号 Y002 为 ON，控制接触器 KM3 通电，短接电阻 R_2，电动机 M1 转子串电阻 R_3 运行；控制接触器 KM3 的线圈通电的同时定时器 T2 工作，经过

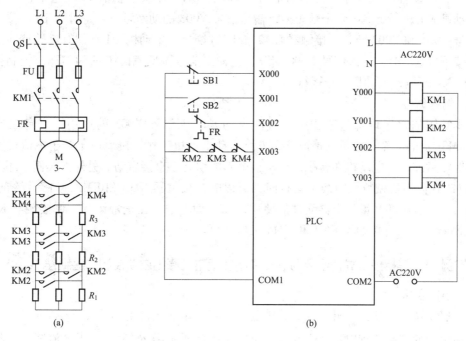

图 5-19　三相绕线式电动机转子串电阻时间原则启动控制的电气原理图

（a）电动机控制电气原理图；（b）PLC 硬件原理图

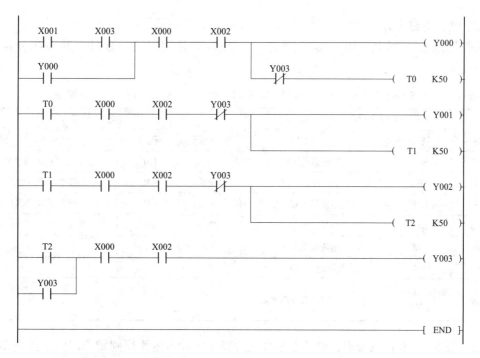

图 5-20　三相绕线式电动机转子串电阻时间原则启动控制梯形图

5s 的延时，其动合触点接通，使输出信号 Y003 为 ON，控制接触器 KM4 通电，短接电阻 R_3，电动机 M1 转子所串电阻全部短接，输出信号 Y003 的动断触点将定时器 T0 复位，控制输出信号 Y001 和 Y002 断开，接触器 KM2 和 KM3 断电，电动机 M1 在固有机械特性曲线上运行。按下按钮 SB1，输入信号 X000 断开，使输出信号 Y000 和 Y004 为 OFF，控制接触器 KM1 和 KM4 断电，电动机停止运行。

六、编程体会

在本实例的程序设计过程中，值得注意的是输入信号 X003 的作用，只有在接触器 KM2、KM3 和 KM4 全部复位的情况下，方可启动电动机工作，避免由于转子电流过大造成接触器触点粘连，使电动机在转子没有串接电阻的状态下直接启动。另外本实例中还考虑到电动机 M1 在固有机械特性曲线上运行时，可以断开接触器 KM2 和 KM3，对运行结果也没有影响。从节省电能和增加电器元件的使用寿命方面考虑，在正常运行时将接触器 KM2 和 KM3 线圈断电，只有接触器 KM1 和 KM4 工作即可。

 实例 74　三相绕线式异步电动机转子串电阻电流原则启动控制的应用程序

一、控制要求

按下启动按钮 SB1，三相异步绕线式电动机转子串入全部电阻 R_1、R_2 和 R_3 启动运行，当电流减少到使欠电流继电器 KI1 动作，短接串入转子电阻 R_1 运行；当电流减少到使欠电流继电器 KI2 动作，短接串入转子电阻 R_2 运行，当电流减少到使欠电流继电器 KI3 动作，短接串入转子的电阻 R_3，电动机运行在固有机械特性曲线上。按下按钮 SB2，电动机停止运行。

二、硬件电路设计

根据控制要求列出所用的输入/输出点，并为其分配相应的地址，其 I/O 分配表见表 5-11。

表 5-11　三相绕线式异步电动机电流原则转子回路串接电阻启动控制的 I/O 分配表

输入信号			输出信号		
输入地址	代号	功能	输出地址	代号	功能
X000	SB1	电动机启动运行	Y000	KM1	电动机启动接触器
X001	SB2	电动机停止运行	Y001	KM2	短接电阻 R_1 接触器
X002	KI1	欠电流继电器 1	Y002	KM3	短接电阻 R_2 接触器
X003	KI2	欠电流继电器 2	Y003	KM4	短接电阻 R_3 接触器
X004	KI3	欠电流继电器 3			
X005	FR	长期过载保护			
X006	KM1、KM2、KM3	短接转子接触器反馈触点			

根据表 5-11 和控制要求，设计三相绕线式异步电动机电流原则转子回路串接电阻启动控制电气原理图，如图 5-21 所示。其中 COM1 为 PLC 输入信号的公共端，COM2 为输出信号的公共端。

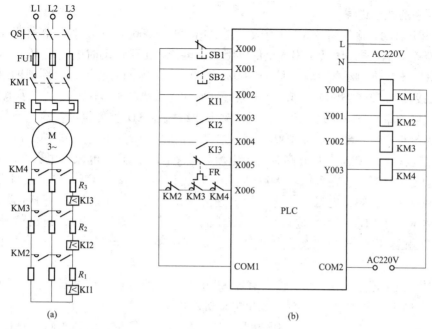

图 5-21 三相绕线式异步电动机电流原则转子回路串接电阻启动控制的电气原理图

（a）电动机控制电气原理图；（b）PLC 硬件原理图

三、编程思想

由于绕线式电动机采用电流原则来控制转子回路串接电阻启动，通过欠电流继电器检测转子电流的变化切断转子中所串入的三段电阻，实际上就是根据电流继电器的动作次序对电阻进行短接，本实例的编程是根据电流继电器的动作顺序控制的方法进行设计。

四、控制程序的设计

根据控制要求设计程序，如图 5-22 所示。

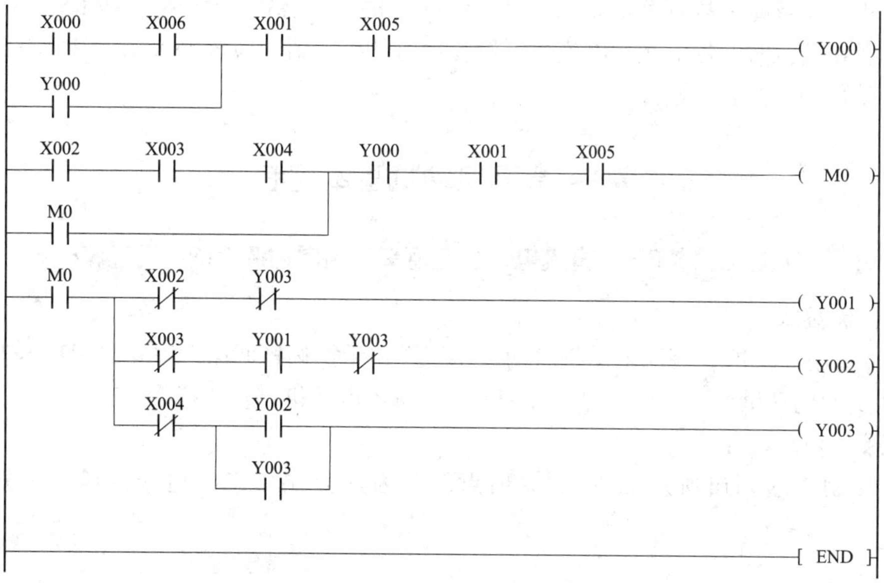

图 5-22 三相绕线式电动机电流原则转子回路串接电阻启动控制梯形图

五、程序的执行过程

按下 SB1 启动，输入信号 X000 有效，使输出信号 Y000 为 ON，控制接触器 KM1 的线圈通电，绕线式电动机 M1 转子串入全部电阻启动运行。由于启动时电流很大，欠电流继电器 KI1、KI2、KI3 同时动作，输入信号 X002、X003、X004 同时有效，内部辅助继电器 M0 为 ON，为接触器 KM2、KM3、KM4 通电做好准备。随着电动机转速升高，转子电流逐渐下降，达到欠电流继电器 KI1 返回动作值时，欠电流继电器 KI1 首先复位，输入信号 X002 断开，其动断触点复位，输出信号 Y001 为 ON，控制接触器 KM2 通电，其主触点闭合，短接电阻 R_1。当电动机转速进一步升高，转子电流仍然下降，达到欠电流继电器 KI2 返回动作值时，其动合触点复位，输入信号 X003 断开，输出信号 Y002 为 ON，控制接触器 KM3 通电，其主触点闭合，短接电阻 R_2。电动机转速再一次升高，转子电流进一步下降，达到欠电流继电器 KI3 返回动作值，输入信号 X004 断开，其动合触点复位，输出信号 Y003 为 ON，控制接触器 KM4 通电，其主触点闭合，短接电阻 R_3，电动机切除全部电阻情况下运行。

停止时，按下停止按钮 SB2，输入信号 X001 有效，所有输出信号断开变为 OFF，控制接触器线圈 KM1~KM4 断电，其触点复位电动机停止运行。

当电动机过载时，输入信号 X005 断开，所有输出信号复位，电动机同时停止，达到过载保护的目的。

六、编程体会

在本实例的程序设计过程中，值得注意的是输入信号 X006 的作用，只有在接触器 KM2、KM3 和 KM4 全部复位的情况下，方可启动电动机工作，避免由于转子电流过大造成接触器触点粘连，使电动机在转子没有串接电阻的状态下直接启动。另外在其硬件设计的电路中也要考虑接触器 KM2、KM3 和 KM4 的顺序启动问题，只有这样才能使所设计的工程实际项目更加安全可靠。另外本实例中还考虑到电动机 M1 在固有机械特性曲线上运行时，断开接触器 KM2 和 KM3 对运行结果也没有影响。从节省电能和增加电器元件的使用寿命方面考虑，在正常运行时将接触器 KM2 和 KM3 线圈断电，只有接触器 KM1 和 KM4 工作即可。其次，读者在调试时一定要注意电流继电器复位时的整定值，应该是 KI1>KI2>KI3，这样才能保证其动作顺序按要求进行。

5.4 直流电动机基本控制

 实例75 并励（或他励）直流电动机电枢串电阻启动调速的应用程序

一、控制要求

按下启动按钮 SB1，直流电动机启动，通过操作手柄选择低速行程开关 SQ1 与高速行程开关 SQ2 实现电动机调速；按下停止按钮 SB2，直流电动机停止运行。

二、硬件电路设计

根据控制要求列出所用的输入/输出点，并为其分配相应的地址，其 I/O 分配表见表 5-12。

表 5-12　　　并励（或他励）直流电动机电枢串电阻启动调速控制的 I/O 分配表

输入信号			输出信号		
输入地址	代号	功能	输出地址	代号	功能
X000	SB1	启动按钮	Y000	KM1	电动机启动
X001	SB2	停止按钮	Y001	KM2	短接电阻 R_1
X002	SQ1	低速开关	Y002	KM3	短接电阻 R_2
X003	SQ2	高速开关			
X004	KI1	过电流继电器			
X005	KI2	欠电流继电器			

　　根据表 5-12 和控制要求，设计并励（或他励）直流电动机电枢串电阻启动调速控制电气原理图，如图 5-23 所示。其中 COM1 为 PLC 输入信号的公共端，COM2 为输出信号的公共端。

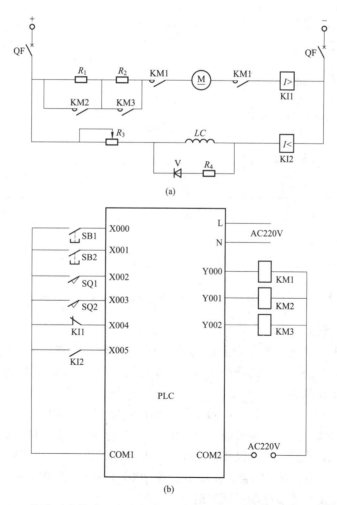

图 5-23　并励（或他励）直流电动机电枢串电阻启动调速电气控制原理图
（a）并励（或他励）直流电动机电枢串电阻启动调速控制电路；（b）PLC 硬件原理图

KI1：过电流继电器作为直流电动机电枢回路的过电流保护，当电流超过其整定电流时，其动断触点断开，起到保护作用。

KI2：欠电流继电器作为直流电动机励磁回路的欠电流保护，当电流低于其整定电流时，其动合触点复位（正常工作时动合触点是闭合的），起到保护作用。

三、编程思想

本实例的程序设计比较简单，须注意控制过程中的先后顺序，防止直流电动机直接启动运行，以免因误操作导致不必要的损失。

四、控制程序的设计

根据控制要求设计程序，如图5-24所示。

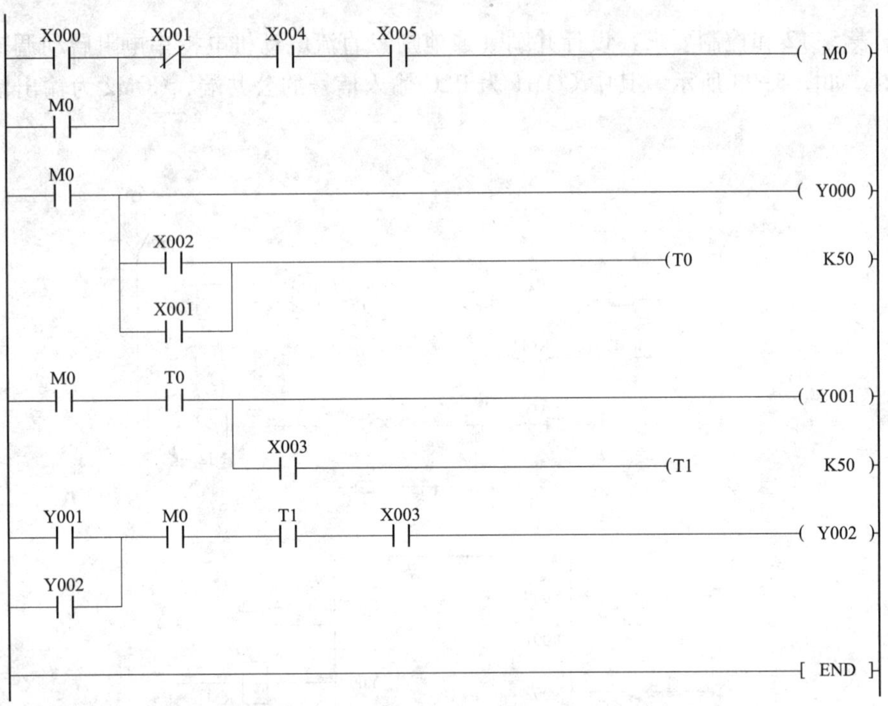

图5-24 并励（或他励）直流电动机电枢串电阻启动调速控制梯形图

五、程序的执行过程

在直流电动机工作之前应先合上自动开关QF，电动机励磁绕组通电，欠电流继电器KI2正常工作，其动合触点闭合，输入信号X005有效，允许直流电动机启动。

1. 电动机的低速运行

按下启动按钮SB1，输入信号X000有效，内部辅助寄存器M0为ON，通过M0动合触点，使输出信号Y000为ON，接触器KM1通电，直流电动机串全部电阻启动。

当选择低速档位手柄压下行程开关SQ1，输入信号X002有效，同时定时器T0开始定时，定时结束后，其动合触点闭合，使输出信号Y001为ON，控制接触器KM2通电，动合触点闭合短接电阻R_1，直流电动机低速运行。

2. 电动机的高速运行

当选择高速档位手柄压下行程开关SQ2，输入信号X003有效，此时在低速运行的基础上，定时器 T1 开始定时，定时结束后，其动合触点闭合，使输出信号 Y002 为 ON，控制接触器 KM3 通电，动合触点闭合短接电阻 R_2，直流电动机短接所有电阻，进行高速运行。

3. 电动机的停止

按下停止按钮 SB2，输入信号 X001 有效，使内部辅助寄存器 M0 复位，控制所有输出断开，直流电动机停止工作。

4. 电动机的保护

当直流电动机运行过程中出现过电流的情况，则过电流继电器 KI1 动作，其动断触点断开，输入信号 X004 断开，使内部辅助寄存器 M0 复位，控制所有输出断开，直流电动机停止工作。

若直流电动机在运行期间发生励磁回路断线，则欠电流继电器 KI2 的动合触点复位，输入信号 X005 断开，使内部辅助寄存器 M0 复位，控制所有输出断开，直流电动机停止工作，避免直流电动机由于磁通突然减少而引发的转速过高的"飞车"现象。

六、编程体会

在本实例的设计中，并励（或他励）直流电动机电枢串接电阻启动调速过程不仅考虑电枢绕组将电阻短接进行调速，还要考虑在换挡时调速过程中的延时，以防电动机换挡时产生过大的电流冲击。而且出现电网突然停电，为防止电动机再来电后自启动现象，引入内部辅助寄存器 M0，必须重新按启动按钮，才能再启动电动机。另外值得读者注意是，过电流继电器和欠电流继电器的使用的触点，其正常工作时的通断状态与 PLC 的控制梯形图的对应关系直接影响程序的输出结果。

 实例 76 直流电动机单向能耗制动控制的应用程序

一、控制要求

按下启动按钮 SB1，直流电动机串电阻进行启动，正常运行后将电阻短接，可通过改变励磁电流来调节直流电动机的转速。按下停止按钮 SB2，直流电动机进入到能耗制动状态，使直流电动机迅速停止运行。

二、硬件电路设计

根据控制要求列出所用的输入/输出点，并为其分配相应的地址，其 I/O 分配表见表 5-13。

表 5-13　　　　　　　　　　直流电动机单向能耗制动控制的 I/O 分配表

输入信号			输出信号		
输入地址	代号	功能	输出地址	代号	功能
X000	SB1	启动按钮	Y000	KM1	电动机启动
X001	SB2	停止按钮	Y001	KM2	短接启动电阻 R_1 接触器
X002	KI2	欠电流继电器	Y002	KM3	能耗制动接触器
X003	KI1	过电流继电器			

根据表 5-13 和控制要求，设计直流电动机单向能耗制动控制电气原理图，如图 5-25 所示。其中 COM1 为 PLC 输入信号的公共端，COM2 为输出信号的公共端。

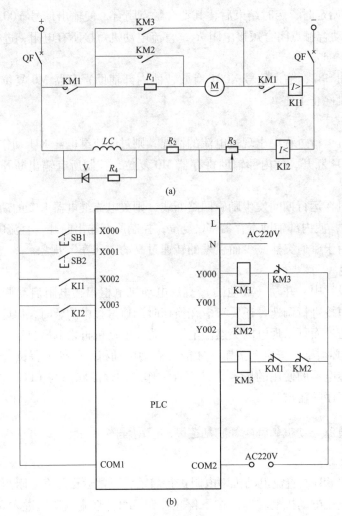

图 5-25 直流电动机单向能耗制动控制电气原理图

（a）直流电动机单向能耗制动控制电路；（b）PLC 硬件原理图

三、编程思想

本实例的编程类似于三相异步电动机的单向能耗制动控制，区别在于直流电动机启动必须串接启动电阻，运行时还需检测励磁回路的电流。

四、控制程序的设计

根据控制要求设计程序，如图 5-26 所示。

五、程序的执行过程

在直流电动机工作之前应合上自动开关 QF，电动机励磁绕组通电，欠电流继电器 KI1 正常工作，其动合触点闭合，输入信号 X002 有效，方才允许直流电动机启动。

按下启动按钮 SB1，输入信号 X000 有效，输出信号 Y000 为 ON，接触器 KM1 通电，触点闭合，直流电动机串电阻 R_1 启动；同时定时器 T0 工作，定时 5s 后，其动合触点闭合，使输出信号 Y001 为 ON，接触器 KM2 通电，触点闭合，短接启动电阻 R_1，电动机启动过程结束正常运行。运行过程中通过改变励磁回路的电阻 R_3 的阻值，调节励磁绕组的磁通来实

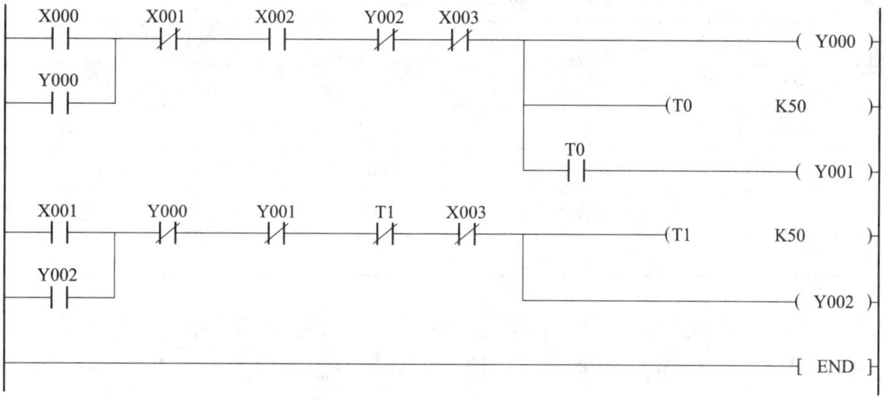

图 5-26 直流电动机单向能耗制动控制梯形图

现电动机的调速。

按下停止按钮 SB2，输入信号 X001 有效，其动断触点断开，使输出信号 Y000 与 Y001 为 OFF，接触器 KM1 和 KM2 断电，电枢回路断电；同时使输出信号 Y002 为 ON，控制接触器 KM3 通电，其触点闭合，通过 R_1 使电枢绕组接成闭合回路，直流电动机由于惯性继续旋转，进入到能耗制动状态，电动机转速迅速下降，当转速接近于零时，通过定时器 T1 动断触点使输出信号 Y002 断开，能耗制动结束。定时器的定时时间设定为 5s，可根据实际制动情况加以调整。

在直流电动机正常运行时，若出现电动机励磁回路开路，则欠电流继电器 KI2 电流低于其整定电流时，其动合触点复位，输入信号 X002 断开，控制输出信号复位，起到弱磁保护作用。

当直流电动机运行过程中出现过电流的情况，则过电流继电器 KI1 动作，其动合触点闭合，输入信号 X003 有效，控制所有输出断开，直流电动机停止工作。

六、编程体会

在本实例的程序设计过程中，值得注意的是输入信号 X002 的作用，只有在励磁回路正常工作后方可启动直流电动机工作，避免由于磁通过小造成电动机的转速过高的危险。另外在其硬件设计的电路中也要考虑接触器 KM1、KM2 和 KM3 的互锁问题，只有这样才能使所设计的工程实际项目更加安全可靠。能耗制动的时间一定要根据实际制动的效果来调整，过短制动效果差，制动时间过长会引发电枢绕组过热，容易烧毁电动机。

实例 77　直流电动机单向反接制动控制的应用程序

一、控制要求

按下启动按钮 SB1，直流电动机串电阻进行启动，正常运行后将电阻短接，可通过改变励磁电流来调节直流电动机的转速。按下停止按钮 SB2，直流电动机进入到反接制动状态，使直流电动机迅速停止运行。

二、硬件电路设计

根据控制要求列出所用的输入/输出点，并为其分配相应的地址，其 I/O 分配表见表 5-14。

表5-14 直流电动机单向反接制动控制的I/O分配表

输入信号			输出信号		
输入地址	代号	功能	输出地址	代号	功能
X000	SB1	启动按钮	Y000	KM1	电动机启动
X001	SB2	停止按钮	Y001	KM2	短接启动电阻 R_1 接触器
X002	KI	欠电流继电器	Y002	KM3	反接制动接触器
X003	KS	速度继电器			

根据表5-14和控制要求，设计直流电动机单向反接制动控制电气原理图，如图5-27所示。其中COM1为PLC输入信号的公共端，COM2为输出信号的公共端。

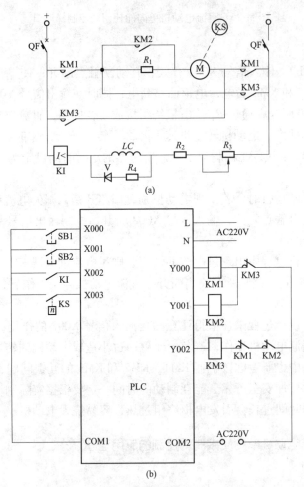

图5-27 直流电动机单向反接制动控制电气原理图

（a）直流电动机单向反接制动控制电路；（b）PLC硬件原理图

三、编程思想

本实例的编程类似于实例76的直流电动机单向能耗制动控制，区别在于使用速度继电器来检测直流电动机的转速；另外直流电动机启动必须串接启动电阻，运行时还需检测励磁回路的电流。

四、控制程序的设计

根据控制要求设计程序，如图 5-28 所示。

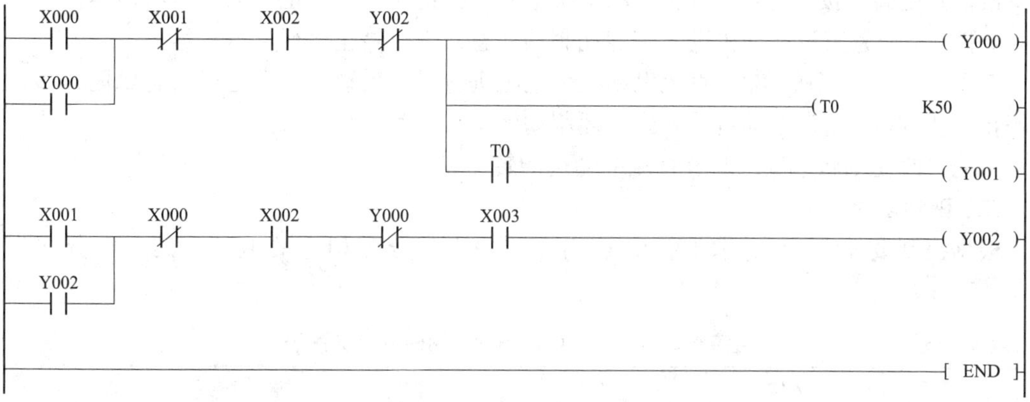

```
  X000    X001    X002    Y002
  ─┤├──────┤/├──────┤├──────┤/├──────────────────────────────( Y000 )
  Y000
  ─┤├─
                                                      ─────( T0        K50 )
                                  T0
                                 ─┤├──────────────────────────( Y001 )
  X001    X000    X002    Y000    X003
  ─┤├──────┤/├──────┤├──────┤/├──────┤├───────────────────────( Y002 )
  Y002
  ─┤├─

                                                          ─[ END ]
```

图 5-28　直流电动机单向反接制动控制梯形图

五、程序的执行过程

在直流电动机工作之前应合上自动开关 QF，电动机励磁绕组通电，欠电流继电器 KI1 正常工作，其动合触点闭合，输入信号 X002 有效，才允许直流电动机启动。

按下启动按钮 SB1，输入信号 X000 有效，输出信号 Y000 为 ON，接触器 KM1 通电，触点闭合，直流电动机串电阻 R_1 启动；同时定时器 T0 工作，定时 5s 后，其动合触点闭合，使输出信号 Y001 为 ON，接触器 KM2 线圈通电，触点闭合，短接启动电阻 R_1，电动机启动过程结束正常运行。在此期间速度继电器的触点动作，输入信号 X003 有效，为反接制动做好准备。运行过程中通过改变励磁回路的电阻 R_3 的阻值，调节励磁绕组的磁通从而实现电动机的调速。

按下停止按钮 SB2，输入信号 X001 有效，其动断触点断开，使输出信号 Y000 与 Y001 为 OFF，接触器 KM1 和 KM2 断电，电枢回路断电；此时输入信号 X003 已经为 ON，输出信号 Y000 的动断触点复位后，使输出信号 Y002 为 ON，控制接触器 KM3 通电，其触点闭合，将电枢绕组的电源极性反接，并将电阻 R_1 串入电枢绕组回路，直流电动机进入到反接制动状态，电动机转速迅速下降，当转速接近于零时，速度继电器的动合触点复位，输入信号 X003 断开，通过其触点使输出信号 Y002 复位，接触器 KM3 断电，反接制动结束。

在直流电动机正常运行时，若出现电动机励磁回路开路，则欠电流继电器电流低于其整定电流时，其动合触点复位，输入信号 X002 断开，控制输出信号复位起到弱磁保护作用。

六、编程体会

在本实例的程序设计过程中，值得注意的是输入信号 X002 的作用，只有在励磁回路正常工作后方可启动直流电动机工作，避免由于磁通过小造成电动机的转速过高的危险。另外在其硬件电路中也要考虑接触器 KM1、KM2 和 KM3 的互锁问题，只有这样才能使所设计的工程实际项目更加安全可靠。

实例78　直流电动机正反向能耗制动控制的应用程序

一、控制要求

按下正向启动按钮 SB1，直流电动机串电阻进行正向启动，正常运行后将电阻短接，按下停止按钮 SB3，直流电动机进入到能耗制动状态，迅速停止运行。

按下反向启动按钮 SB2，直流电动机串电阻进行反向启动，正常运行后将电阻短接，按下停止按钮 SB3，直流电动机进入到能耗制动状态，迅速停止运行。

可通过改变励磁电流来调节直流电动机的转速。

二、硬件电路设计

根据控制要求列出所用的输入/输出点，并为其分配相应的地址，其 I/O 分配表见表 5-15。

表 5-15　　　　　　　　　　直流电动机正反向能耗制动控制的 I/O 分配表

输入信号			输出信号		
输入地址	代号	功能	输出地址	代号	功能
X000	SB1	正向启动按钮	Y000	KM1	电动机正向运行
X001	SB2	反向启动按钮	Y001	KM2	短接启动电阻 R_1 接触器
X002	SB3	停止按钮	Y002	KM3	能耗制动接触器
X003	KI	欠电流继电器	Y003	KM4	电动机反向运行

根据表 5-15 和控制要求，设计直流电动机单向能耗制动控制电气原理图，如图 5-29 所示。其中 COM1 为 PLC 输入信号的公共端，COM2 为输出信号的公共端。

三、编程思想

本实例的编程在直流电动机的单向能耗制动控制的基础上编写，区别在于增加了反向启动运行控制，采用经验设计法进行设计，同时还应考虑直流电动机启动必须串接启动电阻，运行时还需检测励磁回路的电流等问题。

四、控制程序的设计

根据控制要求设计程序，如图 5-30 所示。

五、程序的执行过程

在直流电动机工作之前应先合上自动开关 QF，电动机励磁绕组通电，欠电流继电器 KI1 正常工作，其动合触点闭合，输入信号 X002 有效，方才允许直流电动机启动。

1. 直流电动机的正向运行

按下正向启动按钮 SB1，输入信号 X000 有效，输出信号 Y000 为 ON，接触器 KM1 线圈通电，触点闭合，直流电动机串电阻 R_1 正向启动；同时定时器 T0 工作，开始定时，定时 5s 后，其动合触点闭合，使输出信号 Y001 为 ON，接触器 KM2 线圈通电，触点闭合，短接启动电阻 R_1，电动机正向启动过程结束正常运行。运行过程中通过改变励磁回路的电阻 R_3 的阻值，调节励磁绕组的磁通来实现电动机的调速。

2. 直流电动机的反向运行

按下正向启动按钮 SB2，输入信号 X001 有效，输出信号 Y003 为 ON，接触器 KM4 线圈通电，触点闭合，将直流电动机的电枢绕组的极性反接，串电阻 R_1 反向启动；同时定时器

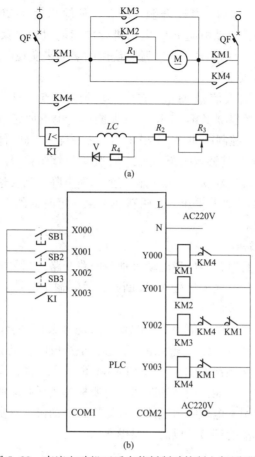

(a)

(b)

图 5-29　直流电动机正反向能耗制动控制电气原理图

（a）直流电动机正反向能耗制动控制电路；（b）PLC 硬件原理图

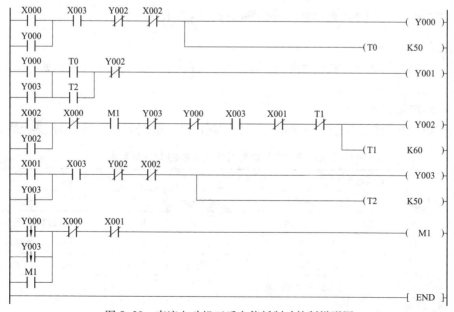

图 5-30　直流电动机正反向能耗制动控制梯形图

T0 工作，开始定时，定时 5s 后，其动合触点闭合，使输出信号 Y001 为 ON，接触器 KM2 线圈通电，触点闭合，短接启动电阻 R_1，电动机反向启动过程结束正常运行。运行过程中通过改变励磁回路的电阻 R_3 的阻值，调节励磁绕组的磁通来实现电动机的调速。

3. 直流电动机的停止运行

按下停止按钮 SB3，输入信号 X002 有效，其动断触点断开，使输出信号 Y000（或 Y003）和 Y001 为 OFF，接触器 KM1 和 KM2 线圈断电，电枢回路断电；通过下降沿脉冲触点在 Y00 或 Y003 断开时，控制中间继电器 M1 为 ON 并自锁；同时使输出信号 Y002 为 ON，控制接触器 KM3 线圈通电，其触点闭合，通过 R_1 使电枢绕组接成闭合回路，直流电动机由于惯性继续旋转进入到能耗制动状态，电动机转速迅速下降，当转速接近于零时，通过定时器 T1 动断触点使输出信号 Y002 断开，能耗制动结束。定时器的定时时间设定为 5s，可根据实际制动情况加以调整。

4. 直流电动机的弱磁保护

在直流电动机正常运行时，若出现电动机励磁回路开路，则欠电流继电器电流低于其整定电流时，其动合触点复位，输入信号 X002 断开，控制输出信号复位起到弱磁保护作用。

六、编程体会

在本实例的程序设计过程中，值得注意的是输入信号 X003 的作用，只有在励磁回路正常工作后方可启动直流电动机工作，避免由于磁通过小造成电动机的转速过高的危险。另外在其硬件电路中也要考虑接触器 KM1、KM3 和 KM4 的互锁问题，只有这样才能使所设计的工程实际项目更加安全可靠。能耗制动的时间一定要根据实际制动的效果来调整，过短制动效果差，制动时间过长会引发电枢绕组过热，容易烧毁电动机。本实例考虑了只有在电动机运行后，才能进行能耗制动的环节，以防止误操作。

5.5　三相异步电动机顺序控制

实例 79　多台电动机顺序定时启动同时停止的应用程序

一、控制要求

当按下启动按钮 SB1，电动机 M1、M2、M3 顺序定时启动；按下停止按钮 SB2，电动机同时停止运行。

二、硬件电路设计

根据控制要求列出所用的输入/输出点，并为其分配相应的地址，其 I/O 分配表见表 5-16。

表 5-16　　　　　　　　多台电动机顺序启动同时停止控制的 I/O 分配表

输入信号			输出信号		
输入地址	代号	功能	输出地址	代号	功能
X000	SB1	停止按钮	Y000	KM1	电动机 M1 接触器
X001	SB2	启动按钮	Y001	KM2	电动机 M2 接触器
X002	FR1	M1 长期过载保护	Y002	KM3	电动机 M3 接触器
X003	FR2	M2 长期过载保护			
X004	FR3	M3 长期过载保护			

根据表 5-16 和控制要求，设计多台电动机顺序定时启动同时停止控制电气原理图，如图 5-31 所示。其中 COM1 为 PLC 输入信号的公共端，COM2 为输出信号的公共端。

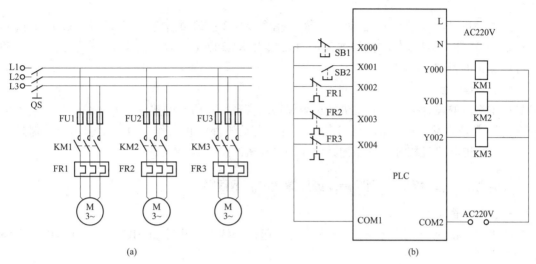

图 5-31 多台电动机顺序定时启动同时停止的电气原理图

(a) 电动机控制电气原理图；(b) PLC 硬件原理图

三、编程思想

对于电动机顺序启动采用时间控制原则，利用定时器的定时功能，直接控制电动机的顺序启动。

四、控制程序的设计

根据控制要求设计程序，如图 5-32 所示。

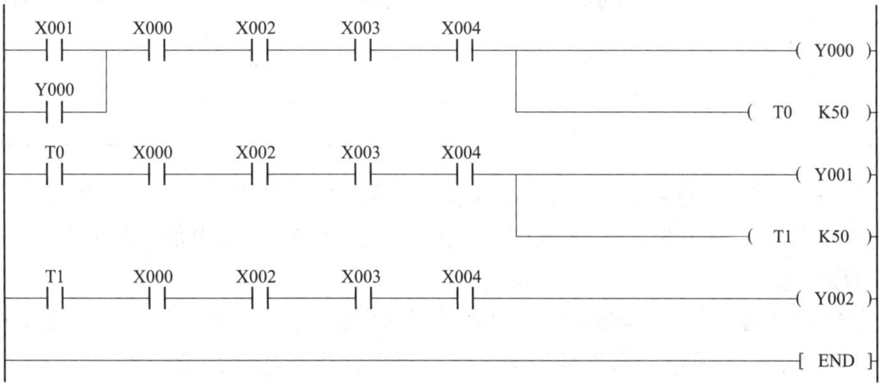

图 5-32 多台电动机顺序定时启动同时停止控制梯形图

五、程序的执行过程

当按下启动按钮 SB1，输入信号 X001 有效，使输出 Y000 为 ON，控制接触器 KM1 通电，电动机 M1 启动；同时定时器 T0 工作，定时 5s 后，其动合触点接通，使输出信号 Y001 为 ON，控制接触器 KM2 通电，电动机 M2 启动；同时定时器 T1 工作，定时 5s 后，其动合触点闭合，使输出信号 Y002 为 ON，控制接触器 KM3 通电，电动机 M3 启动，即达到电动机顺序启动运行的目的。

按下停止按钮 SB2,输入信号 X000 断开,所有输出信号全部断开,电动机同时停止运行。

当电动机过载时热继电器动作,输入信号 X002~X004 中有一个断开,使输出信号 Y000、Y001 和 Y002 复位,接触器 KM1、KM2 和 KM3 断电,电动机停止运行,达到对电动机过载保护的目的。

六、编程体会

在本实例的设计中,对电动机的过载保护的实现是将所有的热继电器过载保护的输入信号"与"起来,发生一台电动机过载时,所有电动机都停止工作,也可以采用单独保护的方法,一台电动机过载时,只保护其对应的电动机。

 实例80 多台电动机顺序启动顺序停止的应用程序

一、控制要求

按下启动按钮 SB1,3 台电动机顺序启动运行;按下停止按钮 SB2,3 台电动机顺序停止运行。

二、硬件电路设计

根据控制要求列出所用的输入/输出点,并为其分配相应的地址,其 I/O 分配表见表 5-17。

表 5-17 多台电动机顺序启动顺序停止控制程序的 I/O 分配表

输入信号			输出信号		
输入地址	代号	功能	输出地址	代号	功能
X000	SB1	启动按钮	Y000	KM1	电动机 M1 接触器
X001	SB2	停止按钮	Y001	KM2	电动机 M2 接触器
X002	FR1、FR2、FR3	长期过载保护	Y002	KM3	电动机 M3 接触器
X003	SB3	急停按钮			

根据表 5-17 和控制要求,设计多台电动机顺序启动顺序停止控制电气原理图,如图 5-33所示。其中 COM1 为 PLC 输入信号的公共端,COM2 为输出信号的公共端。

三、编程思想

对于多台电动机顺序启动与停止,使用定时器,使相应定时信号对应相应电动机的启停信号,通过定时信号的通断,从而控制电动机的启停,进而达到预期效果。

四、控制程序的设计

根据控制要求设计程序,如图 5-34 所示。

五、程序的执行过程

按下启动按钮 SB1,输入信号 X000 有效,使内部辅助继电器 M0 为 ON,定时器 T0 工作,定时 5s 后其动合触点 T0 接通,使输出 Y000 为 ON,控制接触器 KM1 通电,其触点闭合电动机 M1 启动;并控制定时器 T1、T2 依次工作,进行后两台电动机的启动,直至 3 台电动机全部启动完成。

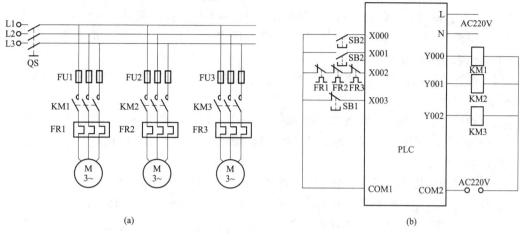

图5-33 多台电动机顺序启动顺序停止的电气原理图
（a）电动机控制电气原理图；（b）PLC硬件原理图

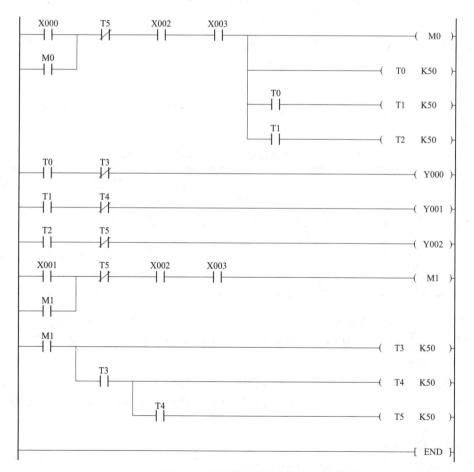

图5-34 多台电动机顺序启动顺序停止控制梯形图

当按下停止按钮 SB2 时，输入信号 X001 有效，使内部辅助继电器 M1 为 ON，定时器 T3 工作，定时 5s 后其动合触点闭合，使输出 Y000 为 OFF，控制接触器 KM1 断电，其触点复位，电动机 M1 停止工作，并控制定时器 T4、T5 依次工作，依次停止电动机 M2 和 M3，实现电动机顺序停止过程。

当出现意外情况，按下急停按钮，输入信号 X003 断开，所有输出信号同时断开，3 台电动机同时停止。

当电动机过载时热继电器动作，输入信号 X002 断开，使输出信号 Y000、Y001 和 Y002 复位，切断 KM1、KM2 和 KM3 的线圈回路，接触器断开，达到对电动机过载保护的目的。

六、编程体会

本实例的程序设计，增加了紧急停止按钮，设备一旦出现意外，操作该按钮可立即停止电动机的运行，避免一些意外的发生。另外将热继电器的动断触点串联后作为 PLC 的输入信号，可节省 PLC 的输入点，在比较复杂的控制系统中，读者可尝试此方法来节省 PLC 的 I/O 点数。

 实例 81 多台电动机顺序启动逆序停止的应用程序

一、控制要求

按下启动按钮 SB1，3 台电动机顺序启动运行；按下停止按钮，3 台电动机逆向顺序停止运行。

二、硬件电路设计

根据控制要求列出所用的输入/输出点，并为其分配相应的地址，其 I/O 分配表见表 5-18。

表 5-18　　　　　　　　多台电动机顺序启动逆序停止控制的 I/O 分配表

输入信号			输出信号		
输入地址	代号	功能	输出地址	代号	功能
X000	SB1	启动按钮	Y000	KM1	电动机 M1 接触器
X001	SB2	停止按钮	Y001	KM2	电动机 M2 接触器
X002	FR1、FR2、FR3	长期过载保护	Y002	KM3	电动机 M3 接触器
X003	SB3	急停按钮			

根据表 5-18 和控制要求，设计多台电动机顺序启动逆序停止控制电气原理图，如图 5-35 所示。其中 COM1 为 PLC 输入信号的公共端，COM2 为输出信号的公共端。

三、编程思想

本实例的编程可参考实例 80，为使多台电动机逆序停止，可以将定时停止的动断触点逆序方向"与"在启动程序中，按逆序方向断开电动机的控制程序，电动机将实现逆序停止过程。

四、控制程序的设计

根据控制要求设计程序，如图 5-36 所示。

五、程序的执行过程

按下启动按钮 SB1，输入信号 X000 有效，使内部辅助继电器 M0 为 ON，定时器 T0 工

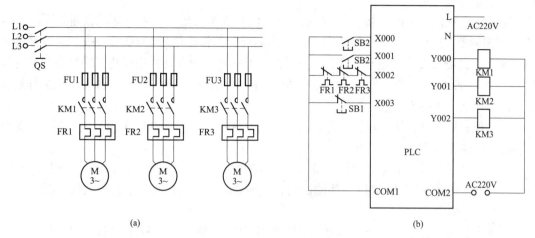

图 5-35 多台电动机顺序启动逆序停止的电气原理图

（a）电动机控制电气原理图；（b）PLC 硬件原理图

图 5-36 多台电动机顺序启动逆序停止的控制梯形图

作，定时 5s 后其动合触点接通，使输出信号 Y000 为 ON，控制接触器 KM1 通电，其触点闭合电动机 M1 启动；同时定时器 T1 工作，进行下一台电动机的启动，依次类推，直至 3 台电动机全部启动完成。

需要停止时，按下停止按钮 SB2 时，输入信号 X001 有效，使内部辅助继电器 M1 为 ON，使定时器 T3 工作，定时 5s 后其动断触点断开，使输出信号 Y002 为 OFF，控制接触器 KM3 断电，其触点复位，电动机 M3 停止工作，即后启动的电动机先停止；同时控制定时器 T4 工作，停止电动机 M2，进行下一台电动机的停止，依次类推，直至 3 台电动机全部启动完成，实现电动机的逆序停止控制过程。

当出现意外情况，按下急停按钮，输入信号 X003 断开，所有输出信号同时断开，3 台电动机同时停止。

当电动机过载时热继电器动作，输入信号 X002 断开，使输出信号 Y000、Y001 和 Y002 复位，切断 KM1、KM2 和 KM3 的线圈回路，接触器断开，达到对电动机过载保护的目的。

六、编程体会

在本实例的设计中，对于类似使电动机顺序启动和停止控制程序，都采用时间控制原则，通过定时器按要求控制相应的电动机启动和停止即可。

 实例82　多台电动机点动、连续及顺序启停控制的应用程序

一、控制要求

（1）各个电动机均能实现单独的点动控制。

（2）各个电动机均能实现单独的连续控制。

（3）自动工作启动时，先启动 M1 的电动机，30s 后依次启动其他的电动机，其顺序为 M1、M2、M3。

（4）自动工作停止时，要求按一定时间间隔顺序停止，先停止最初的电动机，20s 后依次停止其他的电动机，其顺序为 M1、M2、M3。

（5）当运行中发生过载故障时，3 个电动机应立即同时停止工作。

（6）当运行中发生紧急故障时，按下急停按钮，3 个电动机应立即同时停止工作。

二、硬件电路设计

根据控制要求列出所用的输入/输出点，并为其分配相应的地址，其 I/O 分配表见表 5-19。

表 5-19　　　　　　　多台电动机点动、连续及顺序控制的 I/O 分配表

输入信号			输出信号		
输入地址	代号	功能	输出地址	代号	功能
X000	SB1	启动按钮	Y000	KM1	电动机 M1 接触器
X001	SB2	停止按钮	Y001	KM2	电动机 M2 接触器
X002	FR1~FR3	长期过载保护	Y002	KM3	电动机 M3 接触器
X003	SA-1	自动控制选择开关	Y003	HL1	电源指示灯
X004	SA-2	连续控制选择开关	Y004	HL2	电动机过载指示灯
X005	SB3	M1 点动及连续按钮			
X006	SB4	M2 点动及连续按钮			
X007	SB5	M3 点动及连续按钮			
X010	SB6	急停按钮			

根据表 5-19 和控制要求，设计多台电动机点动、连续及顺序启停控制的电气控制原理图，如图 5-37 所示。其中 COM1 为 PLC 输入信号的公共端，COM2 为输出信号的公共端。电动机控制电路参考例 79。

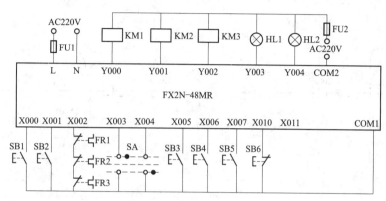

图 5-37 多台电动机点动、连续及顺序启停控制的 PLC 硬件原理图

三、编程思想

本实例 3 台电动机的顺序控制可按时间控制原则进行编程，而对于 3 台电动机的工作方式的控制可采用开关进行选择，然后通过编程实现 3 台电动机的点动、连续和自动顺序启停控制。

四、控制程序的设计

根据控制要求设计程序，如图 5-38 所示。

五、程序的执行过程

1. 3 台电动机点动运行控制

将电动机工作选择开关的位置旋至中间位置，此时输入信号 X003 和 X004 无效，分别按下按钮 SB3、SB4、SB5，电动机 M1、M2、M3 的运行状态为点动运行。

以电动机 M1 的点动为例进行分析，按下按钮 SB3，输入信号 X005 有效，使输出信号 Y000 为 ON，接触器 KM1 通电，电动机 M1 工作；停止时，松开按钮 SB3，输入信号 X005 断开，使输出信号 Y000 为 OFF，接触器 KM1 断电，电动机 M1 停止工作，实现电动机的点动控制。

2. 3 台电动机连续运行控制

将电动机工作选择开关的位置旋至连续运行位置，此时输入信号 X004 有效，分别按下按钮 SB3、SB4、SB5，电动机 M1、M2、M3 的运行状态为连续运行。按下 SB2 电动机 M1、M2、M3 都停止运行。

以电动机 M1 的连续工作为例进行分析，按下按钮 SB3，输入信号 X005 有效，使输出信号 Y000 位 ON 并自锁，接触器 KM1 通电，电动机 M1 工作；停止时，按下按钮 SB2，输入信号 X001 有效，使输出信号 Y000 为 OFF，接触器 KM1 断电，电动机 M1 停止工作，实现电动机的连续控制。

3. 自动工作顺序启动与顺序停止控制

将电动机工作选择开关的位置旋至自动运行位置，此时输入信号 X003 有效。

启动时，按下 SB1 输入信号 X000 有效，控制输出信号 Y000 为 ON，接触器 KM1 线圈

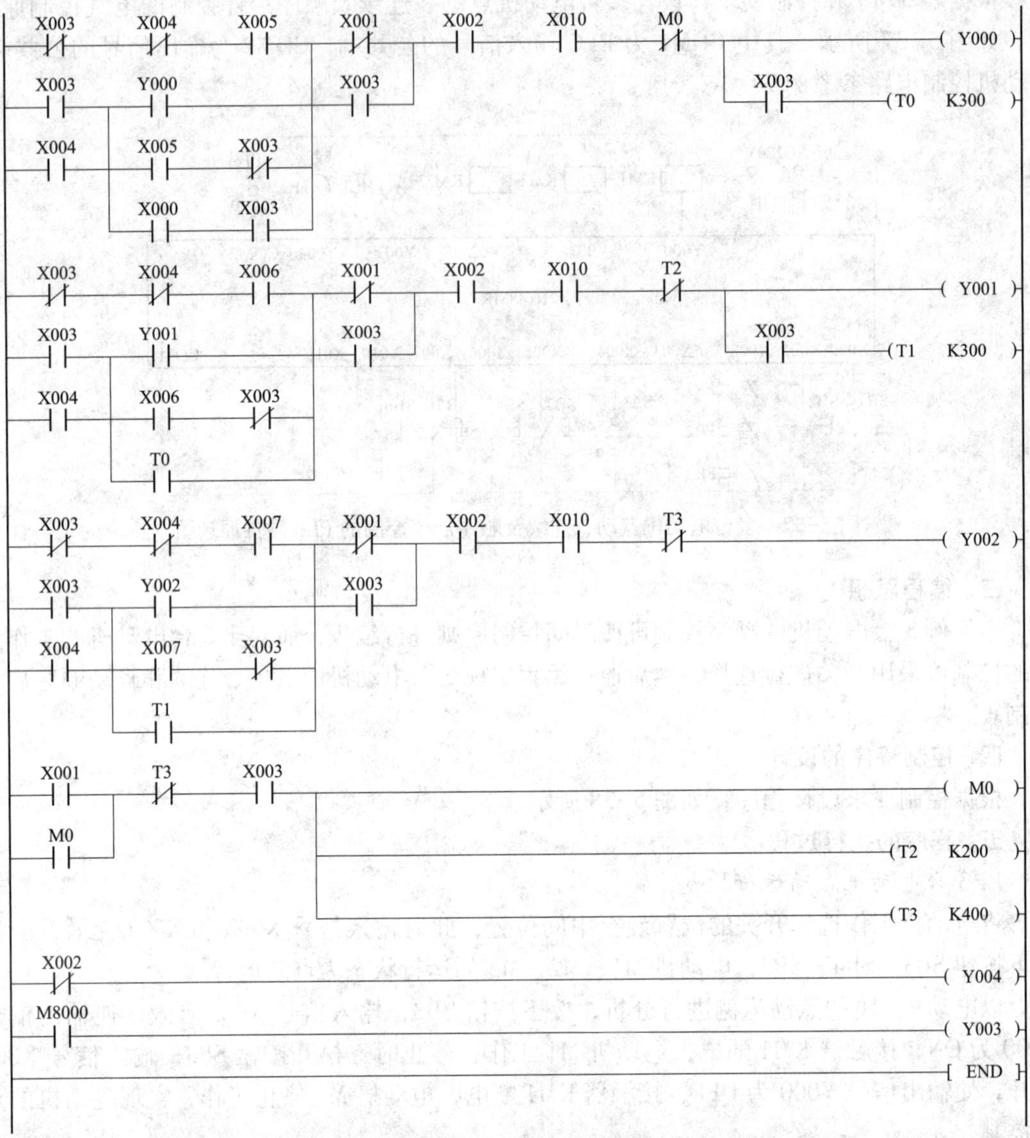

图5-38　多台电动机点动、连续及顺序启停控制的控制梯形图

通电，其触点闭合，电动机 M1 启动运行；同时定时器 T1 工作，控制下一台电动机的启动，依次类推，直至 3 台电动机全部启动完成，其顺序为 M1、M2、M3。

停止时，按下停止 SB2 按钮时，输入信号 X001 有效，使内部辅助继电器 M0 为 ON，使定时器 T2 工作，定时 5s 后其动断触点断开，使输出信号 Y002 为 OFF，控制接触器 KM3 断电，电动机 M3 停止工作，即后启动的电动机先停止；同时控制定时器 T3 工作，延时后控制电动机 M2 停止，依次类推，直至 3 台电动机全部停止，实现电动机的逆序停止控制过程，其顺序为 M1、M2、M3；同时定时器 T3 使内部继电器 M0 复位，为下一次工作做好准备。

4. 电动机过载保护功能控制

当 3 台电动机其中任何一台发生过载时，输入信号 X002 断开，控制输出信号 Y000、Y001 和 Y002 同时为 OFF，控制接触器 KM1、KM2 和 KM3 断电，电动机 M1、M2 和 M3 同时停止运行。

5. 电动机紧急停止功能控制

当出现紧急情况时，按下急停按钮 SB6，输入信号 X010 断开，控制输出信号 Y000、Y001 和 Y002 同时为 OFF，控制接触器 KM1、KM2 和 KM3 线圈断电，触点复位，电动机 M1、M2 和 M3 同时停止运行。

6. 工作状态的显示

系统正常工作时，输出信号 Y003 为 ON，控制指示灯 HL1 点亮，指示系统工作正常；当 3 台电动机其中任何一台发生过载时，输入信号 X002 断开，其动断触点复位，控制输出信号 Y004 为 ON，控制指示灯 HL2 点亮，指示系统电动机发生过载故障。

六、编程体会

本实例的程序设计，增加了紧急停止按钮，一旦出现意外，操作该按钮可立即停止电动机的运行，避免其他意外的发生。3 个热继电器过载保护可以分别对相应的电动机进行过载保护，当其发生过载时起到保护作用，而其他电动机仍能正常工作。也可以将热继电器的动断触点串联后作为 PLC 的输入信号，当一台电动机过载时，使 3 台电动机同时停止，读者可根据实际的工程需要选择不同的方法。而对于 3 台电动机的工作方式的控制必须采取连锁控制，以防止误操作引起的 3 台电动机工作方式的错误造成的危害。另外，电动机的点动和连续工作的启动信号共用一个按钮是为了节省 PLC 的 I/O 点数。

第2篇

应 用 篇

第**6**章

PLC改造典型机床控制线路的应用设计

6.1 普通机床的PLC控制

实例 83　C6140 型普通车床 PLC 控制

一、C6140 型普通车床电气控制系统分析

C6140 型普通车床电气控制原理图如图 6-1 所示。

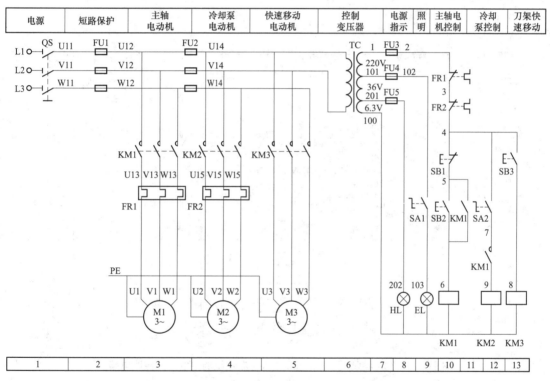

图 6-1　C6140 型普通车床电气控制原理图

1. 主轴电动机控制

主电路中的 M1 为主轴电动机，按下启动按钮 SB2、KM1 通电吸合，辅助触点 KM1 闭合自锁，KM1 主触头闭合，主轴电动机 M1 启动，同时辅助触点 KM1 闭合，为冷却泵启动做好准备。

2. 冷却泵控制

主电路中的 M2 为冷却泵电动机。

在主轴电动机启动后，KM1 闭合，将开关 SA2 闭合，KM2 吸合，冷却泵电动机启动，将 SA2 断开，冷却泵停止，将主轴电动机停止，冷却泵也自动停止。

189

3. 刀架快速移动控制

刀架快速移动电动机 M3 采用点动控制，按下 SB3，KM3 吸合，其主触头闭合，快速移动电动机 M3 启动，松开 SB3，KM3 释放，电动机 M3 停止。

4. 照明和信号灯电路

接通电源，控制变压器输出电压，指示灯 HL 点亮，作为电源指示。

EL 为照明灯，将开关 SA1 闭合，EL 亮，将 SA1 照明灯断开，照明灯 EL 熄灭。

二、改造 C6140 型普通车床 PLC 控制系统的设计

1. C6140 型普通车床 PLC 控制系统的主电路的设计

对于 C6140 型普通车床的主拖动回路来说，应保留原功能。而对于电源指示灯电路和照明电路，其电路结构简单，可直接由外部电路控制，这样不但能节省 PLC 的输入/输出点数，还可以降低故障率，故也将电源指示电路和照明电路给予保留，改造后控制系统的电动机和照明电路如图 6-2 所示。

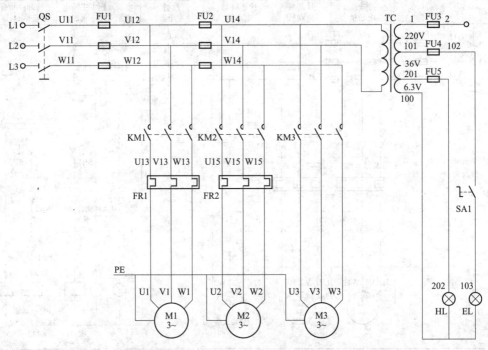

图 6-2   C6140 型普通车床 PLC 硬件控制系统的主电路及照明电路

2. PLC 硬件电路设计

根据 C6140 型普通车床电气控制系统列出所用的输入/输出点，并为其分配相应的地址，其 I/O 分配表见表 6-1。在确定 I/O 点时，考虑到维修的方便，增加电动机过载保护的显示指示灯。

表 6-1   C6140 型普通车床 PLC 硬件控制系统 I/O 分配表

输入信号			输出信号		
输入地址	代号	功能	输出地址	代号	功能
X000	SB1	电动机 M1 停止按钮	Y000	KM1	主轴接触器

续表

输入信号			输出信号		
输入地址	代号	功能	输出地址	代号	功能
X001	SB2	电动机 M1 启动按钮	Y001	KM2	冷却泵接触器
X002	SB3	快速电动机 M3 点动	Y002	KM3	快速进给接触器
X003	SA2	冷却泵电动机 M2 开关	Y003	HL1	主轴电动机过载保护指示灯
X004	FR1	电动机 M1 过热保护	Y004	HL2	冷却泵电动机过载保护指示灯
X005	FR2	电动机 M2 过热保护			

根据 C6140 型普通车床 PLC 的 I/O 表及控制要求，设计的 PLC 硬件原理图如图 6-3 所示。其中 COM1 为 PLC 输入信号的公共端，COM2 为输出信号的公共端。

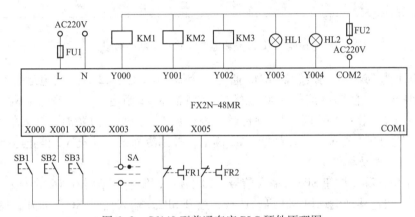

图 6-3　C6140 型普通车床 PLC 硬件原理图

三、编程思想

在仔细阅读与分析 C6140 型普通车床的继电器控制电路工作组原理的基础上，确定输入信号与输出信号之间的逻辑关系及各个电动机控制条件。对于机床设备的改造来说，因原有的继电器控制电路已经过实践的证明是正确的，应根据原有电气控制电路进行程序设计，在保持原有功能的基础上对继电器控制电路不合理的内容加以完善，并增加保护环节，提高机床工作的可靠性。

四、控制程序的设计

根据控制要求设计的控制梯形图如图 6-4 所示。

五、程序的执行过程

1. 主轴电动机控制

按下主轴启动按钮 SB2 时，输入信号 X001 有效为 ON，使输出信号 Y000 为 ON，控制接触器 KM1 通电，主轴电动机 M1 启动运行。需要停止时按下主轴电动机停止按钮 SB1，输入信号 X000 有效为 ON，使输出信号 Y000 复位，接触器 KM1 断电，主轴电动机 M1 停止运行。根据工艺要求当冷却泵过载时不允许继续进行加工，冷却泵过载时，输入信号 X005 断开，使输出信号 Y000 复位，接触器 KM1 断电，控制主轴电动机 M1 停止运行。

2. 冷却泵控制

主轴电动机运行后，若此时需要冷却，可将冷却泵开关接通，输入信号 X003 有效，使

```
   X001   X004   X005   Y002   X000
 ├─┤│├──┤│├──┤│├──┤/├──┤/├─────────────────────────────( Y000 )
   Y000
 ├─┤│├─┘

   Y000   X003   X004   X000   X005
 ├─┤│├──┤/├──┤│├──┤/├──┤│├─────────────────────────────( Y001 )

   X002   X003   X004   X005   Y000
 ├─┤│├──┤/├──┤│├──┤│├──┤/├─────────────────────────────( Y001 )

   T1
 ├─┤/├──────────────────────────────────────────────( T0   K5  )

   T1
 ├─┤│├──────────────────────────────────────────────( T1   K5  )

   X004   T1
 ├─┤/├──┤│├────────────────────────────────────────────( Y003 )

   X005   T1
 ├─┤/├──┤│├────────────────────────────────────────────( Y004 )

                                                      ─[ END ]─
```

图 6-4　C6140 型普通车床 PLC 控制梯形图

输出信号 Y001 为 ON，控制接触器 KM2 通电，冷却泵电动机 M2 开始通电运行。需要停止时断开冷却泵开关，使输出信号 Y001 复位，接触器 KM2 断电，冷却泵电动机 M2 停止运行。根据工艺要求当冷却泵过载时不允许继续进行加工，冷却泵过载时，输入信号 X005 断开，使输出信号 Y001 复位，使接触器 KM2 断电，控制冷却泵电动机 M2 停止运行。

3. 快速移动电动机控制

按下刀架快速移动按钮 SB3，输入信号 X002 有效，使输出信号 Y002 为 ON，控制接触器 KM3 通电，快速移动电动机 M3 启动运行；松开 SB3，输入信号 X002 断开，使输出信号 Y002 复位，接触器 KM3 断电，快速移动电动机 M3 停止运行。

4. 过载保护

当主轴电动机或冷却泵电动机有一台出现过载时，输入信号 X004 或 X005 断开，其相应的接点动作使输出 Y000 和 Y001 断开，电动机停止运行，达到过载保护的目的；同时其相应的动断触点复位使输出 Y004 和 Y005 接通，故障指示灯闪烁，提醒维修人员设备出现故障。

5. 其他辅助控制

（1）连锁保护。当主轴工作时，控制主轴输出的信号 Y000 的动断触点将快速进给输出信号 Y002 断开，防止误操作发生危险。

（2）启动总电源，电源指示灯 HL 亮。

（3）将照明开关 SA1 旋到"开"的位置，"照明"灯 EL 亮，将 SA1 旋到"关"的位置，照明灯 EL 灭。

六、编程体会

对于 C6140 型普通车床的改造来说，在保持原有功能基础上，并对继电器控制电路不合理的内容加以完善。在本实例中考虑实际问题增加了主轴电动机与刀架快速移动电动机的连锁保护，二者拖动两个独立的运动部件，且操作相互独立，以免造成危险。另外，考虑工程实际问题，应将停止信号和热继电器过载保护的动合触点，对应的改为动断触点，其优点是当 SB1、FR1 和 FR2 出现问题（如触点接触不良），则设备无法正常启动；当设备启动后出现紧急情况，不会因触点接触不良，而导致设备不能停止，造成更严重的后果。

实例 84　M7130 型平面磨床 PLC 控制

一、M7130K 型平面磨床电气控制系统分析

1. M7130K 型平面磨床主电路分析

M7130K 型平面磨床电气控制原理图如图 6-5 所示，三相交流电源由转换开关 QS1 引入，冷却泵电动机 M2 采用接插件 XP1 连接，M2 和砂轮电动机 M1 均采取直接启动，由接触器 KM1 控制他们的启动和停止，并采用热继电器 FR1 和 FR2 作长期过载保护。液压泵电动机 M3 也采取直接启动，由接触器 KM2 控制其启动与停止，采用热继电器 FR3 作长期过载保护。3 台电动机共同用熔断器 FU1 作短路保护。

2. M7130K 型平面磨床控制电路分析控制电路分析

（1）控制电路电源。控制电路从 FU1 下引出交流 380V 电压作为控制电源，采用熔断器 FU2 作短路保护。

（2）电磁吸盘控制电路。电磁吸盘控制电路由整流装置、控制装置及保护装置等部分组成。

1）电磁吸盘的充磁控制。转换开关 SA2 的触点 16-18 和 17-20 接通，电磁吸盘 YH 线圈通电，电磁吸盘中的电流达到一定值后，欠电流继电器 KI 才正常工作，其触点动作，从而使电磁吸盘牢牢地吸住工件，允许电动机控制电路工作，同时充磁指示发光二极管发光，指示电磁吸盘处于充磁状态。

2）电磁吸盘的去磁控制。转换开关 SA2 的触点 16-19 和 17-18 接通，电磁吸盘 YH 经 R_2（限流）通入反向电流，吸盘及工件去磁，然后将转换开关 SA2 扳回 0 位（中间）。必要时，搬走工件后，还可以用交流去磁器对工件进一步去磁。

3）欠电流保护。电磁吸盘线圈电流过小（吸力下降）KI 复位，其动合触点断开，KM1、KM2 线圈断电，砂轮及液压泵停止工作。

4）其他保护。R_1、C 用作阻容吸收装置及过电压保护；R_5 用于 YH 的续电流保护。

（3）电动机控制电路。

1）砂轮及冷却泵电动机（M1 和 M2）的主电路：连接水泵插接头，KM1 工作的同时控制 M1、M2 启停。热继电器 FR1、FR2 作过载保护。

砂轮及冷却泵电动机（M1 和 M2）的控制电路：在各台电动机不过载以及电磁吸盘通电吸附时，电流继电器 KI 处于正常工作状。SB2、SB3、KM1 构成 M1 和 M2 启停控制电路。磨床调整时，在电磁吸盘不工作，欠电流继电器 KI 动合触点不工作时，须将开关 SA2 的选择在中间位置，其触点将 KI 的动合触点短接，可以控制各台电动机的启停。按钮 SB1 为总停按钮，其动断触点接入控制电路，当被按下时切断整个控制电路。

2）液压泵电动机 M3 的主电路。KM2 控制 M3 的启停。热继电器 FR3 作过载保护。液压泵电动机 M3 的控制电路：SB4、SB5、KM2 构成液压泵电动机 M3 启停控制电路。

二、改造 M7130K 型平面磨床 PLC 控制系统的设计

1. M7130K 型平面磨床的控制要求

根据 M7130K 型平面磨床电路图，确定其控制要求如下。

（1）冷却泵电动机随砂轮电动机运转而运转，但冷却泵电动机不需要时，可单独断开冷却泵电动机。

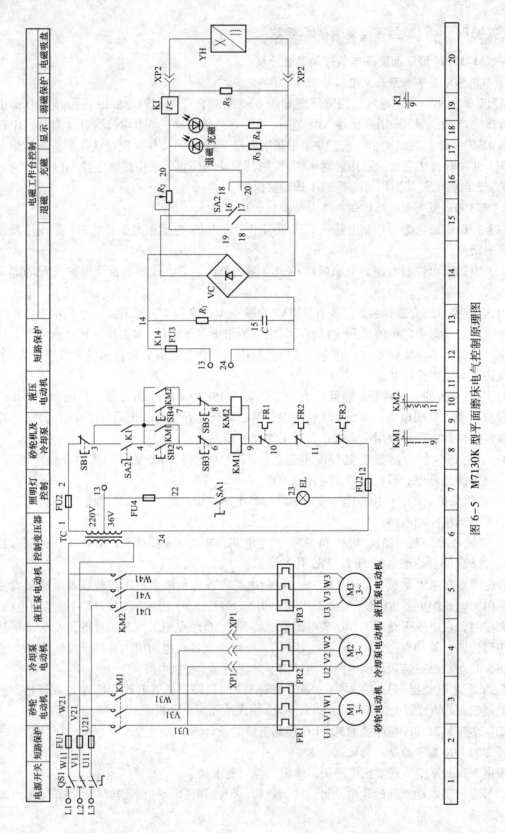

图6-5 M7130K型平面磨床电气控制原理图

（2）具有完善的保护环节：各电路的短路保护，电动机的长期过载保护，零压保护，电磁吸盘的欠电流保护，电磁吸盘断开时产生高电压而危及电路中其他电气设备的保护等。

（3）保证在使用电磁吸盘的正常工作时和不用电磁吸盘在调整机床工作时，都能启动机床各电动机。但在使用电磁吸盘的工作状态时，必须保证电磁吸盘吸力足够大时，才能启动机床各电动机。

（4）具有电磁吸盘吸持工件、松开工件，并使工件去磁的控制环节。

（5）必要的照明与指示信号。

2. M7130K 型平面磨床 PLC 电气控制系统的设计

（1）M7130K 型平面磨床 PLC 控制系统的主电路的设计。M7130K 型平面磨床的主拖动回路应保留原功能；而照明电路结构简单，可直接由外部电路控制，这样不但能节省 PLC 的输入/输出点数，还可以降低故障率，故将照明电路给予保留；而对于电磁吸盘的充磁和去磁控制回路进行重新设计，采用接触器实现其控制，改造后控制系统的电动机、照明电路和电磁吸盘控制电路如图 6-6 所示。

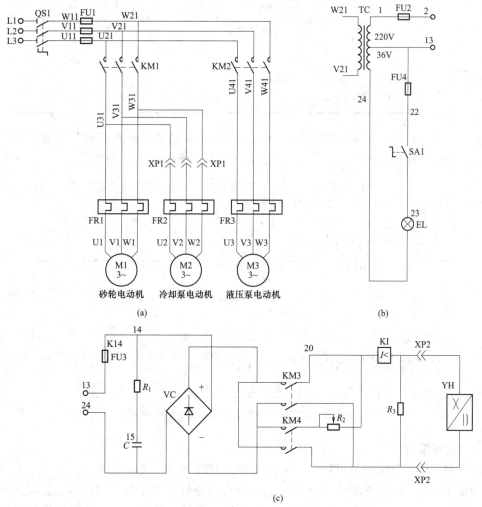

图 6-6　M7130K 型平面磨床控制系统的电动机、照明电路及电磁吸盘电路

（a）电动机控制电路；（b）照明电路；（c）电磁吸盘控制电路

（2）PLC 硬件电路设计。根据 M7130K 型平面磨床电气控制系统列出所用的输入/输出点，并为其分配相应的地址，其 I/O 分配表见表 6-2。在确定 I/O 点时，考虑到维修的方便，增加电动机过载保护的显示指示灯。

表 6-2　　　　　　　M7130K 型平面磨床 PLC 硬件控制系统 I/O 分配表

输入信号			输出信号		
输入地址	代号	功能	输出地址	代号	功能
X000	SB1	总急停按钮	Y000	KM1	M1 控制接触器
X001	SB2	电动机 M1 启动按钮	Y001	KM2	M3 控制接触器
X002	SB3	电动机 M1 停止按钮	Y002	KM3	电磁吸盘充磁接触器
X003	SB4	电动机 M2 启动按钮	Y003	KM4	电磁吸盘去磁接触器
X004	SB5	电动机 M2 停止按钮	Y004	HL1	砂轮电动机过载保护指示灯
X005	SA2-1	电磁吸盘充磁	Y005	HL2	冷却泵电动机过载保护指示灯
X006	SA2-2	电磁吸盘调整	Y006	HL3	液压泵电动机过载保护指示灯
X007	SA2-3	电磁吸盘去磁	Y007	HL4	充磁工作指示灯
X010	FR1	电动机 M1 过热保护	Y010	HL5	去磁工作指示灯
X011	FR2	电动机 M2 过热保护	Y011	HL6	调整工作指示灯
X012	FR3	电动机 M3 过热保护			
X013	KI	欠电流继电器 KI			

根据 M7130K 型平面磨床 PLC 的 I/O 表及控制要求，设计的 PLC 硬件原理图如图 6-7 所示。其中 COM1 为 PLC 输入信号的公共端，COM2 为输出信号的公共端。

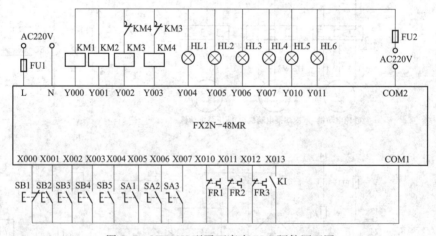

图 6-7　M7130K 型平面磨床 PLC 硬件原理图

三、编程思想

在仔细阅读与分析 M7130K 平面磨床的继电器控制电路工作组原理的基础上，确定输入信号与输出信号之间的逻辑关系及各个电动机控制条件。对于 M7130K 平面磨床的改造来说，应考虑砂轮机、液压泵和电磁吸盘 3 个被控对象是相互独立的，控制时应加必要的连锁，同时还应考虑到砂轮机、液压泵有调整的工作状态。在保持原有功能的基础上对继电器控制电路不合理的内容加以完善，并增加保护环节，提高机床工作的可靠性。

四、控制程序的设计

根据控制要求设计的控制梯形图如图 6-8 所示。

图 6-8   M7130K 型平面磨床 PLC 控制梯形图

五、程序的执行过程

1. 砂轮机控制

当砂轮需要启动时，按下按钮 SB2，输入信号 X001 有效即 X001 为 ON，使输出信号 Y000 为 ON，控制接触器 KM1 通电，砂轮电动机启动运行。需要停止时按下砂轮电动机停止按钮 SB3，输入信号 X002 有效即 X002 为 ON，使输出信号 Y000 复位，接触器 KM1 断电，砂轮电动机 M1 停止运行。根据工艺要求当冷却泵过载时不允许继续进行加工，冷却泵过载时，输入信号 X011 断开，也能使输出信号 Y000 复位，接触器 KM1 断电，控制砂轮电动机停止运行，实现对电动机的过载保护。需要停止时也可以按下总停按钮 SB1，输入信号 X000 断开，输入信号 X000 变为 OFF，使输出信号 Y000 复位，接触器 KM1 断电，砂轮电动机 M1 停止运行。

2. 冷却泵控制

根据加工工艺要求，若需要冷却，可将冷却泵插头接通，当砂轮电动机运行后，冷却泵电动机 M2 随着砂轮电动机工作同时通电开始运行。需要停止时冷却泵插头断开，冷却泵电动机 M2 停止运行。根据工艺要求当冷却泵过载时不允许继续进行加工，冷却泵过载时，输入信号 X011 断开，使输出信号 Y000 复位，接触器 KM1 断电，控制砂轮电动机断电，冷却泵电动机 M2 也随着电动机 M1 的停止而停止运行。

3. 液压泵电动机控制

按下液压泵电动机启动按钮 SB4，输入信号 X003 有效，使输出信号 Y002 为 ON，控制接触器 KM2 吸合，液压泵电动机启动运行；需要停止时，按下液压泵电动机停止按钮 SB5，输入信号 X004 接通，使输出信号 Y001 为 OFF，液压泵电动机接触器 KM3 断电，液压泵电动机停止运行。当液压泵过载时，输入信号 X013 断开，也能使输出信号 Y001 复位，接触器 KM2 断电，控制液压泵电动机停止运行。需要停止时也可以按下总停按钮 SB1，输入信号 X000 断开，输入信号 X000 变为 OFF，使输出信号 Y001 复位，接触器 KM2 断电，砂轮电动机 M3 停止运行。

4. 过载保护

当砂轮电动机、冷却泵电动机和液压泵电动机有一台出现过载时，输入信号 X010 或 X011 或 X012 断开，其相应的接点动作使输出 Y000 和 Y001 断开，电动机停止运行，达到过载保护的目的；同时其相应的接点动作使输出 Y004、Y005 和 Y006 接通，故障指示灯闪烁，提醒维修人员设备出现故障。

5. 电磁吸盘的充磁控制

将开关 SA2 转至充磁位置上，输入信号 X005 有效，输出信号 Y002 为 ON，控制电磁吸盘充磁接触器 KM3 通电，控制电磁吸盘充磁；同时输出信号 Y010 为 ON，控制指示灯 HL4 指示电磁吸盘处于充磁状态，此时电流继电器正常工作，其相应触点闭合，输入信号 X013 有效，可控制 M1、M2 和 M3 正常启动。

6. 电磁吸盘的去磁控制

将开关 SA2 转至去磁位置上，输入信号 X007 有效，输出信号 Y003 为 ON 控制电磁吸盘去磁接触器 KM4 通电，控制电磁吸盘去磁；同时输出信号 Y011 为 ON，控制指示灯 HL5 指示电磁吸盘处于去磁状态，此时将电阻 R_2 串接到电磁吸盘回路中，欠电流继电器因回路电流过小，使欠电流继电器无法正常工作，其相应触点也不闭合，输入信号 X013 为 OFF，此时只能对工件进行去磁，电动机 M1、M2 和 M3 无法工作，即机床在去磁时不能进行加工。

7. 电磁吸盘的调整控制

将开关 SA2 转至中间位置上，输入信号 X006 有效，此时机床处于调整状态，输出信号 Y013 为 ON，控制指示灯 HL6 闪烁，指示电磁吸盘处于调整状态，此时电流继电器不工作，但为了调整工件，工作台和砂轮机可以点动控制，机床不允许正常进行加工。

8. 其他辅助控制

（1）连锁保护。当砂轮机工作时，控制砂轮机输出的信号 Y000 的动断触点将去磁输出信号 Y002 断开，防止误操作发生危险。

（2）在机床调整位置上，实现砂轮机和工作台的点动控制，切断其连续运行的控制程序。

（3）在充磁和去磁的控制回路中，增加了互锁触点，防止直流电源发生短路。

六、编程体会

对于 M7130K 型平面磨床的改造来说，在保持原有功能基础上，并对继电器控制电路不合理的内容加以完善。在本实例中考虑实际问题增加了砂轮机电动机与去磁控制的连锁保护，二者操作是两个独立的部分，防止在加工过程中去磁而造成危险。为了增加电磁吸盘的工作可靠性，将原来的开关控制改为接触器控制。同时考虑工程实际问题，将总停信号和热继电器过载保护的动合触点，对应的改为动断触点以避免出现紧急情况，不会因触点接触不良，而导致设备不能停止，造成更严重的后果。

 实例 85 Z3040 型摇臂钻床 PLC 控制

一、Z3040 型摇臂钻床电气控制系统分析

Z3040 型摇臂钻床电气控制原理图如图 6-9 所示。

1. 主电路组成

电源由自动隔离开关 QF 引入，FU1 用作系统的短路保护，主轴电动机 M1 由接触器 KM2、KM3 控制正反转，FR1 作过载保护；接触器 KM4、KM5 的主触点控制液压泵电动机 M3 正反转，FR2 作过载保护；冷却泵电动机 M4 的工作由组合开关 SA1 控制，熔断器 FU2 用作电动机 M2、M3 主电路的过电流和短路保护。

2. 控制电源的组成

考虑安全可靠和满足照明指示灯的要求，采用控制变压器 TC 降压供电，其一次侧为交流 380V，二次侧为 127V、36V 和 6.3V，其中 127V 电压供给控制电路，36V 电压作为控制局部照明电源，6.3V 作为信号指示电源。

3. Z3040 型摇臂钻床控制电路分析

（1）主轴电动机 M1 的控制。按下启动按钮 SB2，接触器 KM1 吸合并自锁，使主轴电动机 M1 启动运行，同时"主轴启动"指示灯 L3 亮。按下停止按钮 SB1，接触器 KM1 释放，使主轴电动机 M1 停止旋转，同时指示灯熄灭。

（2）摇臂升降控制。按下上升按钮 SB3（或下降按钮 SB4），液压泵电动机 M3 启动，正向旋转，供给压力油。压力油经分配阀体进入摇臂的"松开油腔"，推动活塞移动，活塞推动菱形块，将摇臂松开。同时活塞杆通过弹簧片压下位置开关 SQ2，使其动断触头断开，动合触头闭合。前者切断了接触器 KM4 的线圈电路，KM4 主触头断开，液压泵电动机 M3 停止工作。后者使交流接触器 KM2（或 KM3）的线圈通电，KM2（或 KM3）的主触头接通 M2 的电源，摇臂升降电动机 M2 启动旋转，带动摇臂上升（或下降）。如果此时摇臂尚未松开，则位置开关 SQ2 的动合触头不能闭合，接触器 KM2（或 KM3）的线圈不能通电，摇臂就不能上升（或下降）。

当摇臂上升（或下降）到所需位置时，松开按钮 SB3（或 SB4），则接触器 KM2（或 KM3）断电释放，M2 停止工作，随之摇臂停止上升（或下降）。

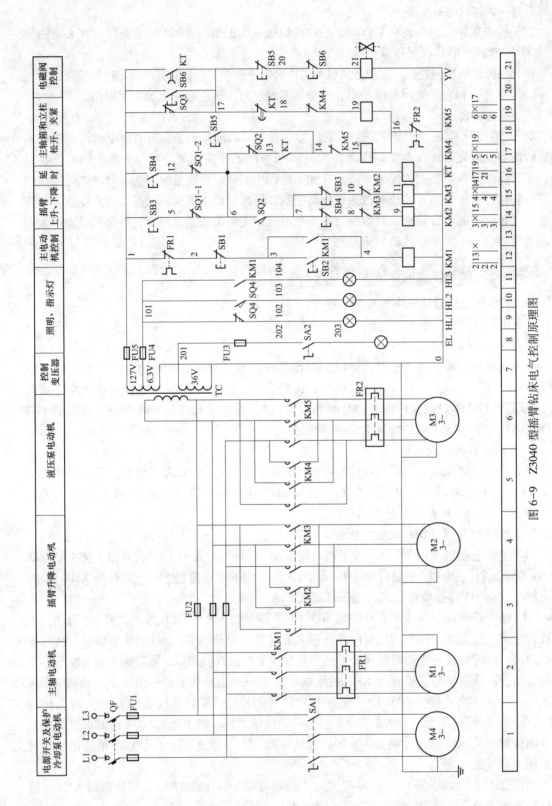

图 6-9 Z3040 型摇臂钻床电气控制原理图

由于时间继电器 KT 断电释放，经 3s 的延时后，其延时闭合的动断触头闭合，使接触器 KM5 吸合，液压泵电动机 M3 反向旋转，随之泵内压力油经分配阀进入摇臂的"夹紧油腔"使摇臂夹紧。在摇臂夹紧后，活塞杆推动弹簧片压下位置开关 SQ3，其动断触头断开，KM5 断电释放，M3 最终停止工作，完成了摇臂的松开→上升（或下降）→夹紧的整套动作。

SQ1-1 和 SQ1-2 作为摇臂升降的超程限位保护。当摇臂上升到极限位置时，压下 SQ1-1 使其断开，接触器 KM2 断电释放，M2 停止运行，摇臂停止上升；当摇臂下降到极限位置时，压下 SQ1-2 使其断开，接触器 KM3 断电释放，M2 停止运行，摇臂停止下降。

摇臂升降电动机 M2 的正反转接触器 KM2 和 KM3 不允许同时通电动作，以防止电源相间短路。在摇臂上升和下降的控制电路中采用了接触器连锁和复合按钮连锁，以确保电路安全工作。

（3）主轴箱和立柱的夹紧与放松控制。立柱和主轴箱的放松（或夹紧）同时进行，由立柱和主轴箱的放松（或夹紧）按钮 SB5（或 SB6）进行控制。SB5 是松开控制按钮，SB6 是夹紧控制按钮。按下松开按钮 SB5，接触器 KM4 通电吸合，液压泵电动机 M3 正转，此时电磁阀 YV 处于断电状态，压力油经 2 位六通阀，供出的压力油进入立柱和主轴箱的松开油腔，推动活塞和菱形块，使立柱和主轴箱同时松开。在放松的同时通过行程开关 SQ4 控制指示灯发出信号，当主轴箱和立柱松开时，行程开关不受压，指示灯 L1 点亮表示主轴箱和立柱已放松，可操作主轴箱和立柱移动；松开 SB5，接触器 KM4 断电释放，液压泵电动机 M3 停转。立柱和主轴箱同时松开的操作结束。

立柱和主轴箱同时夹紧的工作原理与松开相似，只要按下 SB6，使接触器 KM5 通电吸合，液压泵电动机 M3 反转即可。当主轴箱和立柱夹紧时，行程开关 SQ4 受压，指示灯 L2 点亮表示主轴箱和立柱已夹紧，可以进行钻削加工。

（4）冷却泵电动机 M4 的控制。合上或分断 SA1，接通或切断冷却泵电源，操纵冷却泵电动机 M4 的工作或停止。

根据分析 Z3040 型摇臂钻床电路图，确定其控制要求如下。

（1）M1 是主轴电动机，由交流接触器 KM1 控制，只要求单方向旋转，主轴的正反转由机械手柄操作。M1 装于主轴箱顶部，拖动主轴及进给传动系统运转。热继电器 FR 作为电动机 M1 的过载及断相保护，短路保护由自动隔离开关 QF 中的电磁脱扣装置来完成。

（2）M2 是摇臂升降电动机，装于立柱顶部，用接触器 KM2 和 KM3 控制其正反转。由于电动机 M2 是间继性工作，所以不设过载保护。

（3）M3 是液压泵电动机，用接触器 KM4 和 KM5 控制其正反转，液压泵电动机的主要作用是拖动油泵供给液压装置压力油。以实现摇臂、立柱以及主轴箱的松开和夹紧。

（4）M4 是冷却泵电动机，电动机 M4 容量小，由开关 SA1 控制，实现单方向旋转；由断路器 QS 实现短路保护。

（5）摇臂升降电动机 M2 和液压油泵电动机 M3 共用自动隔离开关 QF 中的电磁脱扣器作为短路保护，电源配电盘在立柱前下部。冷却泵电动机 M4 装于靠近立柱的底座上，升降电动机 M2 装于立柱顶部，其余电气设备置于主轴箱或摇臂上。

4. 局部照明及信号指示电路

局部照明设备用照明灯 EL、灯开关 SA2 和照明回路熔断器 FU3 来组合。信号指示电路由三路构成：一路为"主电动机工作"指示灯 HL3（绿）在电源接通后，KM1 线圈通电，其辅助动合触点闭合后绿灯立即亮，表示主电动机处于供电状态；一路为"松开"指示灯 HL1（红），若行程开关 SQ4 动断触点合上，红灯亮，表示摇臂放松；另一路为"夹紧"指示灯 HL2（黄），若行程开关 SQ4 动合触点闭合，黄灯亮，表示摇臂夹紧。

二、Z3040 型摇臂钻床 PLC 控制系统的设计

1. Z3040 型摇臂钻床 PLC 控制系统的主电路的设计

对于 Z3040 型摇臂钻床的主拖动回路来说，应保留原功能；而对于照明电路，其电路结构简单，可直接由外部电路控制，这样不但能节省 PLC 的输入/输出点数，还可以降低故障率，故将照明电路给予保留；而对于电磁吸盘的充磁和去磁控制回路进行重新设计，采用接触器实现其控制，改造后控制系统的电动机、照明电路和电磁吸盘控制电路如图 6-10 所示。

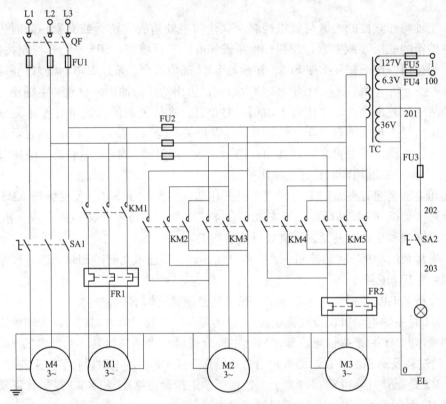

图 6-10 PLC 控制 Z3040 型摇臂钻床的主电路原理图

2. PLC 控制 Z3040 型摇臂钻床的硬件设计

根据 Z3040 型摇臂钻床电气控制系统列出所用的输入/输出点，并为其分配相应的地址，其 I/O 分配表见表 6-3。在确定 I/O 点，考虑到维修的方便，增加电动机过载保护的显示指示灯。

表 6-3　　　　　　　　Z3040 型摇臂钻床 PLC 硬件控制系统 I/O 分配表

输入信号			输出信号		
输入地址	代号	功能	输出地址	代号	功能
X000	SB1	电动机 M1 停止按钮	Y000	YV	主轴箱立柱放松夹紧电磁阀

续表

输入信号			输出信号		
输入地址	代号	功能	输出地址	代号	功能
X001	SB2	电动机 M1 启动按钮	Y001	KM1	电动机 M1 接触器
X002	SB3	摇臂上升按钮	Y002	KM2	摇臂上升接触器
X003	SB4	摇臂下降按钮	Y003	KM3	摇臂下降接触器
X004	SB5	主轴箱立柱放松按钮	Y004	KM4	主轴箱立柱放松接触器
X005	SB6	主轴箱立柱夹紧按钮	Y005	KM5	主轴箱立柱夹紧接触器
X006	SQ1-1	摇臂上升限位行程开关	Y006	HL1	主轴箱与立柱夹紧指示灯
X007	SQ1-2	摇臂下降限位行程开关	Y007	HL2	主轴箱与立柱松开指示灯
X010	SQ2	摇臂自动松开行程开关	Y010	HL3	主轴运行指示灯
X011	SQ3	摇臂自动夹紧行程开关	Y011	HL4	主轴电动机过载指示灯
X012	SQ4	主轴箱与立柱箱夹紧松开行程开关	Y012	HL5	液压泵电动机过载指示灯
X013	FR1	主轴电动机过载			
X014	FR2	液压泵电动机过载			

根据 M7130K 型平面磨床 PLC 的 I/O 表及控制要求，设计的 PLC 硬件原理图如图 6-11 所示。其中 COM1 为 PLC 输入信号的公共端，COM2 为输出信号的公共端。

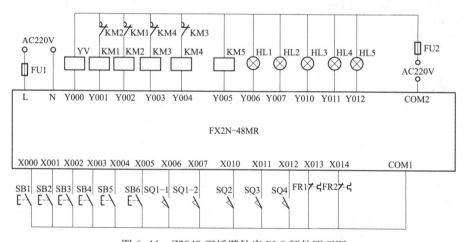

图 6-11　Z3040 型摇臂钻床 PLC 硬件原理图

三、编程思想

在仔细阅读与分析 Z3040 型摇臂钻床的继电器控制电路工作组原理的基础上，确定输入信号与输出信号之间的逻辑关系及各个电动机控制条件。对于 Z3040 型摇臂钻床的改造来说，应重点考虑摇臂的升降控制，必须明确无论是上升还是下降控制摇臂必须先放松后夹紧，夹紧到位后方可进行摇臂的升降控制。同时，应对继电器控制电路不合理的内容加以完善，增加保护环节，提高机床工作的可靠性。

四、控制程序的设计

根据控制要求及 I/O 表设计的控制梯形图如图 6-12 所示。

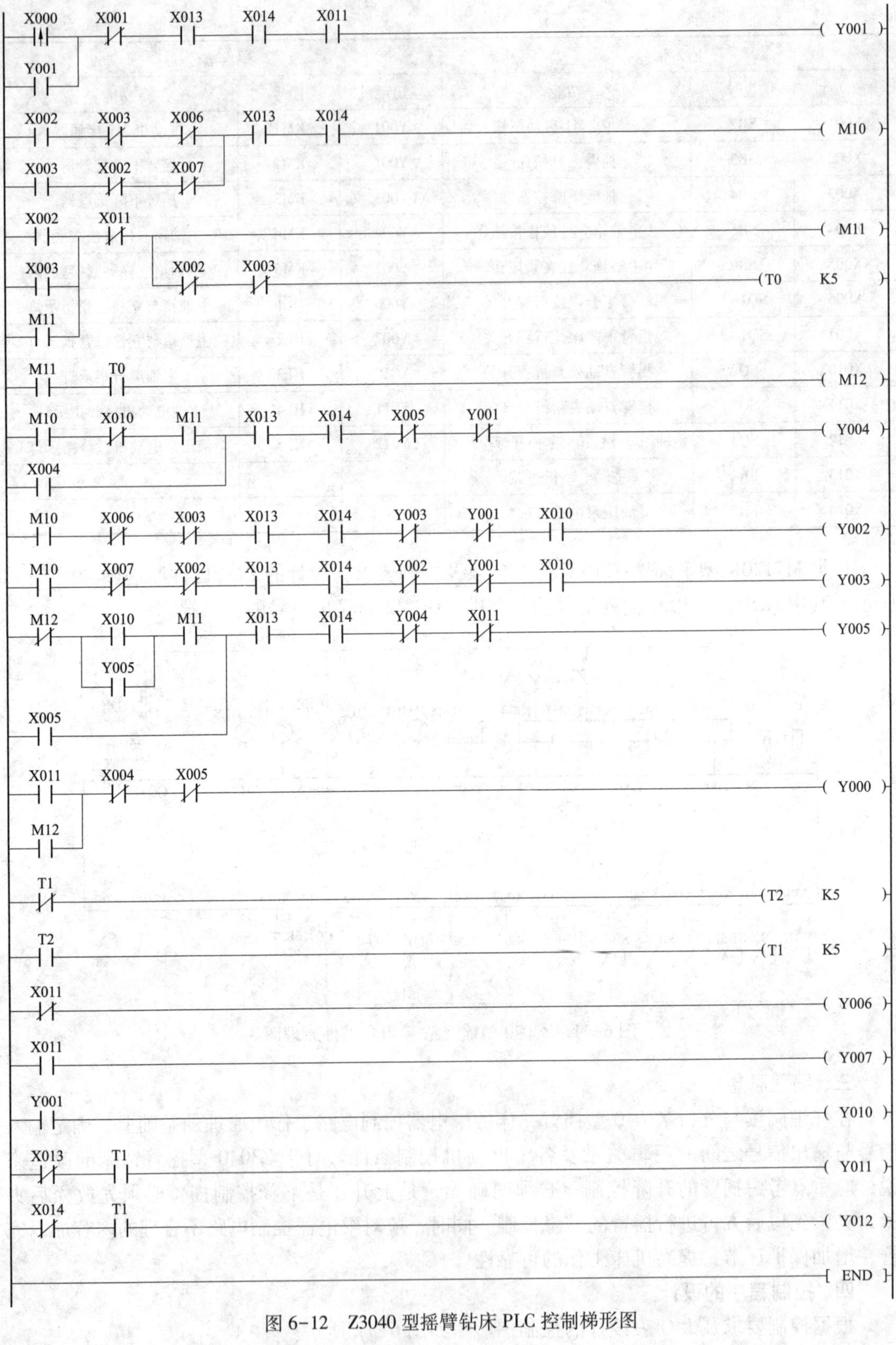

X000　X001　X013　X014　X011　　　　　　　　　　　　　　　　　　　　（ Y001 ）
Y001

X002　X003　X006　X013　X014　　　　　　　　　　　　　　　　　　　　（ M10 ）
X003　X002　X007

X002　X011　　　　　　　　　　　　　　　　　　　　　　　　　　　　　（ M11 ）
X003　　　　　X002　X003　　　　　　　　　　　　　　　　　　　　（T0　　K5 ）
M11

M11　T0　　　　　　　　　　　　　　　　　　　　　　　　　　　　　　（ M12 ）

M10　X010　M11　X013　X014　X005　Y001　　　　　　　　　　　　　（ Y004 ）
X004

M10　X006　X003　X013　X014　Y003　Y001　X010　　　　　　　　　　（ Y002 ）

M10　X007　X002　X013　X014　Y002　Y001　X010　　　　　　　　　　（ Y003 ）

M12　X010　M11　X013　X014　Y004　X011　　　　　　　　　　　　　（ Y005 ）
　　　Y005
X005

X011　X004　X005　　　　　　　　　　　　　　　　　　　　　　　　　（ Y000 ）
M12

T1　　　　　　　　　　　　　　　　　　　　　　　　　　　　　　　（T2　　K5 ）

T2　　　　　　　　　　　　　　　　　　　　　　　　　　　　　　　（T1　　K5 ）

X011　　　　　　　　　　　　　　　　　　　　　　　　　　　　　　　（ Y006 ）

X011　　　　　　　　　　　　　　　　　　　　　　　　　　　　　　　（ Y007 ）

Y001　　　　　　　　　　　　　　　　　　　　　　　　　　　　　　　（ Y010 ）

X013　T1　　　　　　　　　　　　　　　　　　　　　　　　　　　　　（ Y011 ）

X014　T1　　　　　　　　　　　　　　　　　　　　　　　　　　　　　（ Y012 ）

　　　　　　　　　　　　　　　　　　　　　　　　　　　　　　　　　　[END]

图 6-12　Z3040 型摇臂钻床 PLC 控制梯形图

五、程序的执行过程

1. 主轴电动机控制

当主轴电动机需要启动时，按下按钮 SB1，输入信号 X000 接通即 X000 为 ON，使输出信号 Y001 为 ON，控制接触器 KM1 通电，主轴电动机启动运行。需要停止时按下主轴电动机停止按钮 SB2，输入信号 X001 有效即 X001 为 ON，使输出信号 Y001 复位，接触器 KM1 断电，主轴电动机 M1 停止运行。主轴电动机和液压泵过载时，输入信号 X013 和 X014 断开，也能使输出信号 Y001 复位，接触器 KM1 断电，控制主轴电动机停止运行。输出信号 Y001 控制输出信号 Y010 为 ON，点亮指示灯 HL3，指示主轴电动机运行。

2. 摇臂升降控制

按下上升按钮 SB3（或下降按钮 SB4），输入信号 X002（或 X003）有效，使摇臂放松夹紧信号 M10 为 ON，控制输出信号 Y004 为 ON，接触器 KM4 吸合，液压泵电动机 M3 启动运行，正向旋转，供给压力油。此时电磁阀 YV 通电，压力油经分配阀体进入摇臂的"松开油腔"，推动活塞移动，将摇臂松开；同时活塞杆通过弹簧片压下位置开关 SQ2，放松到位输入信号 X010 接通，使输出信号 Y004 为 OFF，液压泵电动机接触器 KM4 释放，液压泵电动机停止运行；同时接通输出信号 Y002 或 Y003 为 ON，控制接触器 KM2（或 KM3）通电，摇臂升降电动机 M2 通电，摇臂上升（或下降）。需要停止时，松开上升按钮 SB3（或下降按钮 SB4），摇臂放松夹紧信号 M10 复位，同时定时器 T0 开始定时，3s 后控制夹紧输出信号 Y005 为 ON，接触器 KM5 吸合，液压泵电动机 M3 反向启动运行，随之泵内压力油经分配阀进入摇臂的"夹紧油腔"使摇臂夹紧。在摇臂夹紧后，活塞杆推动弹簧片压下位置开关 SQ3，输入信号 X011 有效，其动断触点断开，Y005 复位，控制接触器 KM5 断电释放，M3 停止工作，完成了摇臂的松开→上升（或下降）→夹紧的整套动作。

SQ1-1 和 SQ1-2 作为摇臂升降的超程限位保护。当摇臂上升到极限位置时，压下 SQ1-1 输入信号 X006 有效，使 Y002 复位，接触器 KM2 断电释放，M2 停止运行，摇臂停止上升；当摇臂下降到极限位置时，压下 SQ1-2 输入信号 X007 有效，使 Y003 复位，接触器 KM3 断电释放，M2 停止运行，摇臂停止下降。

3. 主轴箱和立柱的夹紧与放松控制

按下立柱和主轴箱的放松按钮 SB5，输入信号 X004 有效，输出信号 Y004 为 ON，Y000 为 OFF，控制接触器 KM4 通电吸合，液压泵电动机 M3 正转，此时电磁阀 YV 处于断电状态，压力油经 2 位六通阀，供出的压力油进入立柱和主轴箱的松开油腔，推动活塞和菱形块，使立柱和主轴箱同时松开。在放松的同时通过行程开关 SQ4 控制指示灯发出信号，当主轴箱和立柱松开时，输入信号 X012 断开，输出信号 Y007 为 ON，控制指示灯 HL2 点亮，表示主轴箱和立柱已放松，可操作主轴箱和立柱移动；松开 SB5，输入信号 X004 断开，输出信号 Y004 为 OFF，接触器 KM4 断电释放，液压泵电动机 M3 停转；同时输出信号 Y000 为 ON，电磁阀 YV 又重新通电，立柱和主轴箱同时松开的操作结束。

立柱和主轴箱同时夹紧的工作原理与松开相似，读者可自行分析。

4. 过载保护

当主轴电动机、液压泵电动机有一台出现过载时，输入信号 X013 或 X014 断开，其相应的接点动作切断主轴和液压泵的输出信号，电动机停止运行，达到过载保护的目的。

5. 过载显示控制

当主轴电动机、液压泵电动机有一台出现过载时，输入信号 X013 或 X014 断开，其相应的接点动作使输出 Y011 和 Y012 接通，故障指示灯闪烁，提醒维修人员设备出现故障。

6. 其他辅助控制

（1）连锁保护。摇臂的升降和立柱及主轴箱的夹紧放松是两个可逆的动作，利用各自的接点进行连锁，避免同时通电造成事故。

（2）将主轴箱和立柱的夹紧与放松控制的检测开关 SQ4，作为保护信号串接到主轴电动机接触器的控制程序中，增加了控制系统的安全性，在移动主轴箱和立柱的机床调整时主轴电动机不允许工作。

（3）在摇臂的升降和立柱及主轴箱的夹紧放松的硬件控制回路中，增加了互锁触点，防止电源发生短路。

六、编程体会

在本实例中考虑实际问题增加了主轴箱及立柱放松和主轴电动机运行的连锁保护，二者操作是两个独立的部分，防止在加工过程中主轴箱和立柱的放松而造成危险。考虑工程实际问题，使用热继电器动断触点作为过载保护的接点，其优点是电动机过载时能可靠地断开，以免造成更严重的后果。对于简单的控制电路如电源指示灯、照明电路等回路，可直接采用外部电路控制，一方面可以增加电路工作的可靠性，同时还可以节省 PLC 的输出点从而降低成本，在其他实例中也可以借鉴此方法。

实例 86　X62W 型万能铣床 PLC 控制

一、X62W 型万能铣床电气控制系统分析

X62W 型万能铣床电气控制原理图如图 6-13 所示。

1. 主电路的组成

主电路由 3 台电动机组成：主轴电动机 M1、进给电动机 M2 和冷却泵电动机 M3。

（1）主轴电动机 M1 通过换相开关 SA5 与接触器 KM1 配合，能进行正反转控制，而与接触器 KM2、制动电阻器 R 及速度继电器的配合，能实现串电阻瞬时冲动和正反转反接制动控制，并能通过机械进行变速。

（2）进给电动机 M2 能进行正反转控制，通过接触器 KM3、KM4 与行程开关及 KM5、牵引电磁铁 YA 配合，能实现进给变速时的瞬时冲动、6 个方向的常速进给和快速进给控制。

（3）冷却泵电动机 M3 只能正转。

（4）熔断器 FU1 作机床总短路保护，也兼作 M1 的短路保护；FU2 作为 M2、M3 及控制变压器 TC、照明灯 EL 的短路保护；热继电器 FR1、FR2、FR3 分别作为 M1、M2、M3 的过载保护。

2. 控制电路

（1）主轴电动机的控制。

1）SB1、SB3 与 SB2、SB4 是分别装在机床两边的停止（制动）和启动按钮，实现两地控制，方便操作。

2）KM1 是主轴电动机启动接触器，KM2 是反接制动和主轴变速冲动接触器。

3）SQ7 是与主轴变速手柄联动的瞬时动作行程开关。

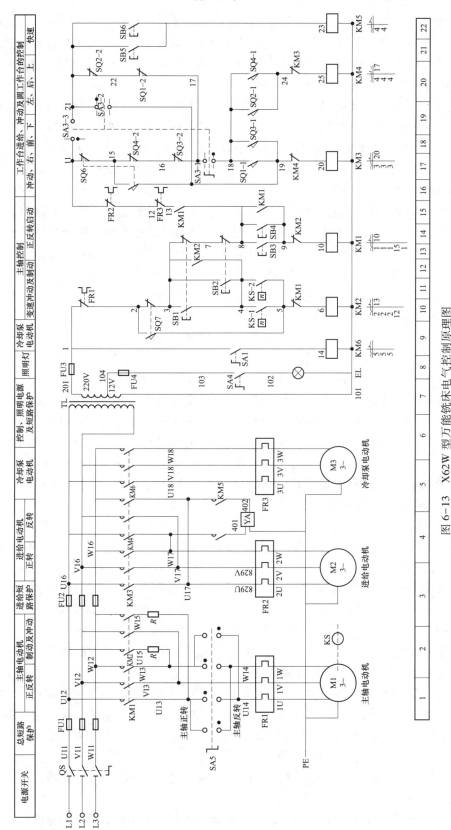

图 6-13　X62W 型万能铣床电气控制原理图

4）主轴电动机需要启动时，首先将 SA5 扳到主轴电动机所需要的旋转方向，然后按启动按钮 SB3 或 SB4 启动主轴电动机 M1。主轴电动机启动（即按 SB3 或 SB4）时控制线路的通路：1—2—3—7—8—9—10—KM1 线圈。主轴电动机 M1 启动后，速度继电器 KS 的一对动合触点闭合，为主轴电动机的停转制动做好准备。

5）停车时，按停止按钮 SB1 或 SB2 切断 KM1 电路，接通 KM2 电路，主轴停止与反接制动（即按 SB1 或 SB2）时的通路：1—2—3—4—5—6—KM2 线圈；改变 M1 的电源相序进行串电阻反接制动，主轴电动机的转速迅速下降，当 M1 的转速低于 100r/min 时，速度继电器 KS 的一对动合触点恢复断开，切断 KM2 电路，M1 停转，制动结束。

6）主轴电动机变速时的瞬动（冲动）控制：利用变速手柄与冲动行程开关 SQ7 通过机械上联动机构进行控制。变速时，先下压变速手柄，然后拉到前面，当快要落到第二道槽时，转动变速盘，选择需要的转速。此时凸轮压下弹簧杆，使冲动行程开关 SQ7 的动断触点断开，切断 KM1 线圈的电路，电动机 M1 断电；同时 SQ7 的动合触点接通，KM2 线圈通电动作，M1 被反接制动。当手柄拉到第二道槽时，SQ7 不受凸轮控制而复位，M1 停转。接着把手柄从第二道槽推回原始位置时，凸轮又瞬时压动行程开关 SQ7，使 M1 反向瞬时冲动一下，以利于变速后的齿轮啮合。

但要注意，主轴不论是正常运行还是停止时，都应以较快的速度把手柄推回原始位置，以免通电时间过长，引起 M1 转速过高而打坏齿轮。

（2）工作台进给电动机的控制。工作台的纵向、横向和垂直运动都由进给电动机 M2 驱动，接触器 KM3 和 KM4 使 M2 实现正反转，用以改变进给运动方向。它的控制电路采用了与纵向运动机械操作手柄联动的行程开关 SQ1、SQ2 和横向及垂直运动机械操作手柄联动的行程开关 SQ3、SQ4 组成复合连锁控制。即在选择 3 种运动形式的 6 个方向移动时，只能进行其中一个方向的移动，以确保操作安全，当这两个机械操作手柄都在中间位置时，各行程开关处于未压下的原始状态，进给电动机 M2 只有在主轴电动机 M1 启动后才能进行工作。在机床接通电源后，将控制圆工作台的组合开关 SA3-2（21-19）扳到断开状态，使触点 SA3-1（17-18）和 SA3-3（11-21）闭合，为进行工作台的进给控制做好准备。

1）工作台纵向（左右）运动的控制。工作台的纵向运动是由进给电动机 M2 驱动，由纵向操纵手柄来控制。此手柄是复式的，一个安装在工作台底座的顶面中央部位，另一个安装在工作台底座的左下方。手柄有 3 个位置：向左、向右和零位。当手柄扳到向右或向左运动方向时，手柄的联动机构压下行程 SQ2 或 SQ1，使接触器 KM4 或 KM3 动作，控制进给电动机 M2 的转向。工作台左右运动的行程，可通过调整安装在工作台两端的撞铁位置来实现。当工作台纵向运动到极限位置时，撞铁撞动纵向操纵手柄，使它回到零位，M2 停转，工作台停止运动，从而实现了纵向终端保护。

工作台向左运动：在主轴电动机 M1 启动后，将纵向操作手柄扳至向左位置，一方面机械接通纵向离合器，同时在电气上压下 SQ2，使 SQ2-2 断，SQ2-1 通，而其他控制进给运动的行程开关都处于原始位置，此时使 KM4 吸合，M2 反转，工作台向左进给运动。

工作台向右运动：当纵向操纵手柄扳至向右位置时，机械上仍然接通纵向进给离合器，但却压动了行程开关 SQ1，使 SQ1-2 断，SQ1-1 通，使 KM3 吸合，M2 正转，工作台向右进给运动。

2）工作台垂直（上下）和横向（前后）运动的控制。工作台的垂直和横向运动，由垂直和横向进给手柄操纵。此手柄也是复式的，有两个完全相同的手柄分别装在工作台左侧的前、后方。手柄的联动机械一方面压下行程开关 SQ3 或 SQ4，同时能接通垂直或横向进给离合器。操纵手柄有 5 个位置（上、下、前、后、中间），5 个位置是连锁的，工作台的上下和前后的终端保护是利用装在床身导轨旁与工作台座上的撞铁，将操纵十字手柄撞到中间位置，使 M2 断电停转。

工作台向后（或者向上）运动的控制：将十字操纵手柄扳至向后（或者向上）位置时，机械上接通横向进给（或者垂直进给）离合器，同时压下 SQ3，使 SQ3-2 断，SQ3-1 通，使 KM3 吸合，M2 正转，工作台向后（或者向上）运动。

工作台向前（或者向下）运动的控制：将十字操纵手柄扳至向前（或者向下）位置时，机械上接通横向进给（或者垂直进给）离合器，同时压下 SQ4，使 SQ4-2 断，SQ4-1 通，使 KM4 吸合，M2 反转，工作台向前（或者向下）运动。

3）进给电动机变速时的瞬动（冲动）控制。变速时，为使齿轮易于啮合，进给变速与主轴变速一样，设有变速冲动环节。当需要进行进给变速时，应将转速盘的蘑菇形手轮向外拉出并转动转速盘，把所需进给量的标尺数字对准箭头，然后把蘑菇形手轮用力向外拉到极限位置并随即推向原位，就在一次操纵手轮的同时，其连杆机构二次瞬时压下行程开关 SQ6，使 KM3 瞬时吸合，M2 作正向瞬动启动。其通路为：11—21—22—17—16—15—19—20—KM3 线圈。由于进给变速瞬时冲动的通电回路要经过 SQ1～SQ4 4 个行程开关的动断触点，因此只有当进给运动的操作手柄都在中间（停止）位置时，才能实现进给变速冲动控制，以保证操作时的安全。同时，与主轴变速时冲动控制一样，电动机的通电时间不能太长，以防止转速过高，在变速时打坏齿轮。

圆工作台工作时，应先将进给操作手柄都扳到中间（停止）位置，然后将圆工作台组合开关 SA3 扳到圆工作台接通位置。此时 SA3-1 断，SA3-3 断，SA3-2 通。准备就绪后，按下主轴启动按钮 SB3 或 SB4，则接触器 KM1 与 KM3 相继吸合。主轴电动机 M1 与进给电动机 M2 相继启动并运转，而进给电动机仅以正转方向带动圆工作台作定向回转运动。其通路为：11—15—16—17—22—21—19—20—KM3 线圈，由上可知，圆工作台与工作台进给有互锁，即当圆工作台工作时，不允许工作台在纵向、横向、垂直方向上有任何运动。若误操作而扳动进给运动操纵手柄（即压下 SQ1～SQ4、SQ6 中任一个），M2 即停转。

二、改造 X62W 型万能铣床 PLC 控制系统的设计

1. X62W 型万能铣床 PLC 控制系统的控制要求

根据 X62W 型万能铣床的电路图，确定其控制要求如下。

（1）机床要求有 3 台电动机，分别为主轴电动机、进给电动机和冷却泵电动机。

（2）由于加工时有顺铣和逆铣两种，所以要求主轴电动机能正反转及在变速时能瞬时冲动一下，以利于齿轮的啮合，并要求能制动停车和实现两地控制。

（3）工作台的 3 种运动形式 6 个方向的移动是依靠机械的方法来达到的，对进给电动机要求能正反转，且要求纵向、横向、垂直 3 种运动形式相互间应有连锁，以确保操作安全。同时要求工作台进给变速时，电动机也能瞬间冲动、快速进给及两地控制等要求。

（4）冷却泵电动机只要求正转。

（5）进给电动机与主轴电动机需实现两台电动的连锁控制，即主轴工作后才能进行进给。

（6）电路应有短路保护，电动机应具有过载保护。

2. X62W 型万能铣床 PLC 电气控制系统的设计

（1）X62W 型万能铣床 PLC 电气控制系统的主电路的设计。对于 X62W 型万能铣床的主拖动回路来说，应保留原功能；而对于照明电路，其电路结构简单，可直接由外部电路控制，这样不但能节省 PLC 的输入/输出点数，还可以降低故障率，故将照明电路给予保留；改造后控制系统的电动机、照明电路和电磁吸盘控制电路如图 6-14 所示。

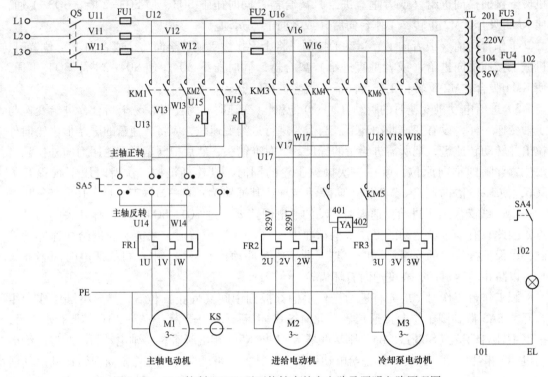

图 6-14　PLC 控制 X62W 型万能铣床的主电路及照明电路原理图

（2）X62W 型万能铣床 PLC 电气控制的硬件设计。根据 X62W 型万能铣床电气控制系统和控制要求列出所用的输入/输出点，并为其分配相应的地址，其 I/O 分配表见表 6-4。在确定 I/O 点时，考虑到维修的方便，增加电动机过载保护的显示指示灯。

表 6-4　　　　　　　　　　X62W 型万能铣床 PLC 硬件控制的 I/O 分配表

输入信号			输出信号		
输入地址	代号	功能	输出地址	代号	功能
X000	SB1	M1 停止按钮	Y000	KM1	主轴运行接触器
X001	SB2	M1 启动按钮	Y001	KM2	主轴反接制动接触器
X002	SB3	M1 停止按钮	Y002	KM3	进给电动机正转接触器
X003	SB4	M1 启动按钮	Y003	KM4	进给电动机反转接触器
X004	SB5	工作台快速移动按钮	Y004	KM5	快速进给接触器
X005	SB6	工作台快速移动按钮	Y005	KM6	冷却泵接触器

续表

输入信号			输出信号		
输入地址	代号	功能	输出地址	代号	功能
X006	SQ7	主轴电动机 M1 变速冲动	Y006	HL1	主轴电动机过载指示灯 HL1
X007	SQ1	工作台向右进给开关	Y007	HL2	进给电动机过载指示灯
X010	SQ2	工作台向左进给开关	Y010	HL3	冷却泵电动机过载指示灯
X011	SQ3	工作台向后、向上进给开关			
X012	SQ4	工作台向前、向下进给开关			
X013	SQ6	进给变速冲动开关			
X014	SA1	冷却液压泵电动机运行开关			
X015	SA3-1	工作台进给位置操作开关			
X016	SA3-2	圆工作台回转运动工作位置			
X017	KS-1	速度继电器正向动作触点			
X020	KS-2	速度继电器反向动作触点			
X021	FR1	主轴电动机过载保护			
X022	FR2	进给电动机过载保护			
X023	FR3	冷却液压泵电动机过载保护			

根据 X62W 型万能铣床 PLC 的 I/O 表及控制要求，设计的 PLC 硬件原理图，如图 6-15 所示。其中 COM1 为 PLC 输入信号的公共端，COM2 为输出信号的公共端。

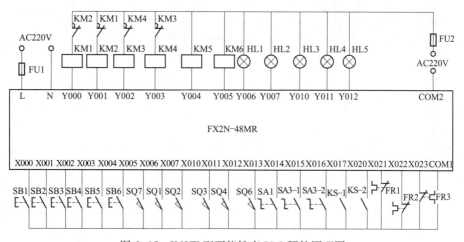

图 6-15　X62W 型万能铣床 PLC 硬件原理图

三、编程思想

在仔细阅读与分析 X62W 型万能铣床的继电器控制电路工作组原理的基础上，确定输入信号与输出信号之间的逻辑关系及各个电动机控制条件。对于 X62W 型万能铣床的改造来说，采用了互锁和互锁清除指令实现主轴电动机和进给电动机的顺序启动。工作台进给控制是机械和电气结合比较紧密的控制方式，左右进给和上下、前后进给，二者操作是相互独立的，控制程序中通过各自的控制回路实现连锁保护，防止由于误操作引起机械故障，同时增加保护环节，以提高机床工作的可靠性。

四、控制程序的设计

根据控制要求设计的控制梯形图如图 6-16 所示。

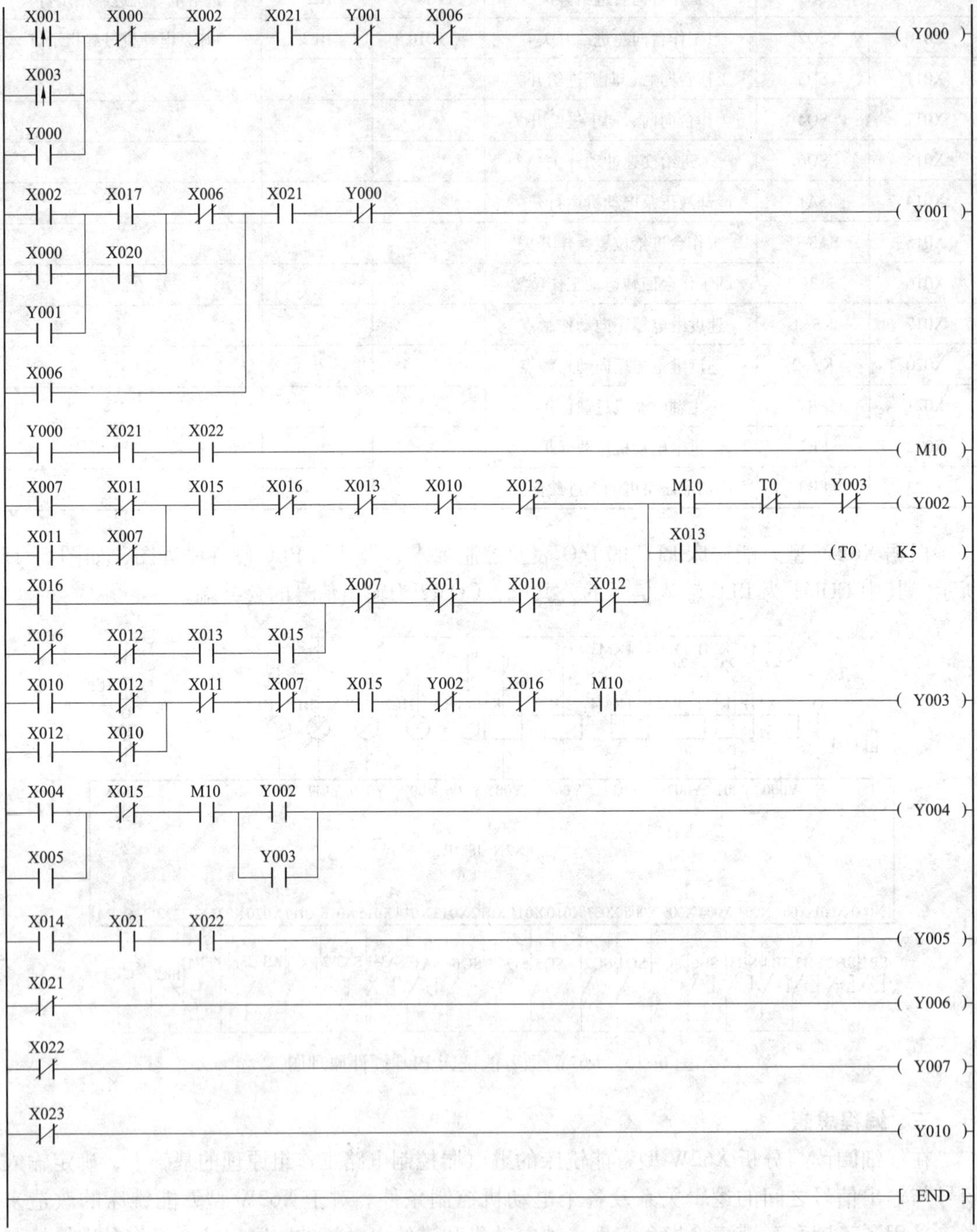

图 6-16　X62W 型万能铣床 PLC 控制程序

五、程序的执行过程

1. 主轴电动机控制

（1）主轴电动机正向（将 SA5 旋至正转位置）运行。按下 SB2 按钮（或 SB4 按钮），输入信号 X001 有效（或 X003 有效），即 X001（或 X003）为 ON，使输出信号 Y000 为 ON，控制接触器 KM1 接通，主轴电动机启动运行，主轴电动机 M1 启动后，速度继电器 KS 的一对动合触点 KS-1 闭合，为主轴电动机的停转制动做好准备；需要停止时，按下 SB1 按钮（或 SB3 按钮），输入信号 X000 有效（或 X002 有效），其动断触点将输出信号 Y000 断开，接触器 KM1 断电，此时电动机由于惯性继续旋转，输出信号 Y000 复位，其动断触点接通，输出信号 Y001 接通，控制接触器 KM2 通电，主轴电动机的三相电源的相序被改变，主轴电动机串电阻进入到反接制动状态，主轴电动机的转速迅速下降，当 M1 的转速低于 100r/min 时，速度继电器 KS 的动合触点 KS-1 复位即输入信号 X017 变为 OFF，使输出信号 Y001 断开，接触器 KM2 断电，主轴电动机 M1 立即停转，反接制动结束。

（2）主轴电动机反向运行。主轴电动机 M1 停转后，将转换开关 SA5 旋至反转位置，其控制过程与正向相同，读者可自行分析。

（3）主轴电动机 M1 变速冲动操作。变速时，先下压变速手柄，主轴变速冲动行程开关 SQ7 动作，输入信号 X006 有效，其动断触点将输出信号 Y000 断开，接触器 KM1 断电，电动机 M1 停止运行；同时 X007 的动合触点使输出信号 Y001 接通，KM2 线圈通电动作，M1 进行反接制动，使电动机 M1 迅速停止。操作变速手柄选择主轴的转速，当把手柄从第二道槽推回原始位置时，凸轮又瞬时压动行程开关 SQ7，输入信号 X006 有效，输出信号 Y001 为 ON，接触器 KM2 通电，使 M1 反向瞬时转动一下，以利于变速后的齿轮啮合。

2. 工作台进给控制

根据铣床的加工工艺要求，只有主轴电动机工作后，进给电动机方可工作。当输出信号 Y000 为 ON 时，中间继电器 M10 执行条件满足，允许操作工作台进给；并将工作台和圆工作台的选择开关旋至工作台工作位置，输入信号 X015 有效，为工作台进给做好准备。

（1）工作台纵向（左右）运动的控制。工作台向左运动：将纵向操作手柄扳至向左位置，一方面机械接通纵向离合器，另一方面压下 SQ2，输入信号 X011 有效，使输出信号 Y003 为 ON，控制接触器 KM4 通电，进给电动机 M2 反转，工作台向左进给运动。将纵向操作手柄扳至中间位置，一方面机械断开纵向离合器，同时 SQ2 复位，输入信号 X011 变为 OFF，使输出信号 Y003 复位，接触器 KM4 断电，进给电动机 M2 停止运行，工作台停止向左进给运动。

工作台向右运动：将纵向操作手柄扳至向右位置，一方面机械接通纵向离合器，另一方面压下 SQ1，输入信号 X007 有效，使输出信号 Y002 为 ON，控制接触器 KM3 通电，进给电动机 M2 正转，工作台向右进给运动。将纵向操作手柄扳至中间位置，一方面机械断开纵向离合器，同时 SQ1 复位，输入信号 X007 变为 OFF，使输出信号 Y002 复位，接触器 KM3 断电，进给电动机 M2 停止运行，工作台停止向右进给运动。

（2）工作台垂直（上下）和横向（前后）运动的控制。工作台向后（或者向上）运动的控制：将十字操纵手柄（垂直和横向进给手柄）扳至向后（或者向上）位置时，机械上接通横向进给（或者垂直进给）离合器，同时压下 SQ3，输入信号 X011 有效，使输出信号 Y002 为 ON，控制接触器 KM3 通电，进给电动机 M2 正转，工作台向后（或者向上）运动。

将十字操纵手柄扳至中间位置，机械上断开横向进给（或者垂直进给）离合器，同时 SQ3 复位，输入信号 X011 变为 OFF，使输出信号 Y002 复位，接触器 KM3 断电，进给电动机 M2 停止工作，工作台停止向后（或者向上）运动。

工作台向前（或者向下）运动的控制：将十字操纵手柄（垂直和横向进给手柄）扳至向前（或者向下）位置时，机械上接通横向进给（或者垂直进给）离合器，同时压下 SQ4，输入信号 X013 有效，使输出信号 Y003 为 ON，控制接触器 KM4 通电，进给电动机 M2 反转，工作台向前（或者向下）运动。将十字操纵手柄扳至中间位置，机械上断开横向进给（或者垂直进给）离合器，同时 SQ4 复位，输入信号 X013 变为 OFF，使输出信号 Y003 复位，接触器 KM4 断电，进给电动机 M2 停止工作，工作台停止向前（或者向下）运动。

（3）工作台的快速进给控制。主轴电动机启动后，将进给操纵手柄扳到所需位置，按下快速进给按钮 SB5（或 SB6），输入信号 X004（或 X005）有效，输出信号 Y004 为 ON，控制接触器 KM5 通电，接通牵引电磁铁 YA，电磁铁通过杠杆使摩擦离合器合上，工作台按运动方向作快速进给运动。当松开快速进给按钮 SB5（或 SB6），输入信号 X004（或 X005）变为 OFF，输出信号 Y004 复位，控制接触器 KM5 断电，断开牵引电磁铁 YA，摩擦离合器断开，快速进给运动停止，工作台按原常速进给时的速度继续运动。

（4）进给变速冲动。当进给运动的操作手柄放在中间（停止）位置时，才能实现进给变速冲动控制，以保证操作时的安全。

在变速手柄操作中，通过联动机构瞬时压下行程开关 SQ6，输入信号 X013 有效，输出信号 Y002 为 ON，接触器 KM3 瞬时通电，使进给电动机 M2 瞬时转动。选择完速度后把调速手柄推向原位，其连杆机构又一次瞬时压下行程开关 SQ6，使 KM3 瞬时通电，M2 作正向瞬时转动。输入信号 X013 有效时间过长时，定时器 T0 动作使输出信号 Y002 复位，接触器 KM3 断电，进给变速瞬时冲动电动机的通电时间不能太长，以防止转速过高，在变速时打坏齿轮。

3. 圆工作台回转运动控制

圆工作台工作时，应先将进给操作手柄全部扳到中间（停止）位置，然后将圆工作台组合开关 SA3 扳到圆工作台接通位置，SA3-2 接通，输入信号 X016 有效。按下主轴启动按钮 SB3 或 SB4，输出信号 Y000 为 ON，输出信号 Y002 为 ON，控制接触器 KM3 通电，进给电动机 M2 运转，进给电动机以正转方向带动圆工作台作定向回转运动。需要停止时，将圆工作台的选择开关 SA3-2 断开，输入信号 X016 变为 OFF，输出信号 Y002 复位，控制接触器 KM3 断电，进给电动机 M2 停转，圆工作台停止工作。

4. 过载保护

当主轴电动机出现过载时，输入信号 X021 断开，其相应的接点动作切断输出信号 Y000，控制主轴电动机接触器 KM1 断电复位，电动机停止运行，达到过载保护的目的。

当进给电动机、液压泵电动机有一台过载时，输入信号 X022 和 X023 断开，使辅助继电器 M10 复位，控制输出信号 Y002、Y003、Y005 断开控制的进给电动机和液压泵电动机接触器 KM3、KM4 及 KM6 断电复位，进给电动机和液压泵电动机停止运行，达到过载保护的目的。

5. 过载显示控制

当主轴电动机、进给电动机和液压泵电动机有一台出现过载时，输入信号 X021、X022

和 X023 有一个断开，其相应的动断触点复位，输出信号 Y006、Y007 和 Y010 为 ON，控制相应的故障指示灯点亮，提醒维修人员设备出现故障。

6. 其他辅助控制

（1）顺序启动。只有在主轴电动机工作后，进给电动机方可工作。当输出信号 Y000 为 ON 时，允许操作工作台进给，防止误操作发生危险。

（2）连锁保护。

1）控制主轴电动机运行接触器 KM1 输出信号 Y000 与主轴反接制动接触器 KM2 输出信号 Y001 之间的互锁。同时在主轴电动机运行接触器与反接制动接触器的线圈的硬件电路也增加了互锁触点，防止 KM1 与 KM2 同时吸合造成电源短路。

2）控制进给电动机正向运行接触器输出信号 Y002 和进给电动机反向运行接触器输出信号 Y003 之间的互锁。同时在进给电动机正反向接触器线圈的硬件电路也增加了互锁触点，防止 KM3 与 KM4 同时吸合造成电源短路。

3）工作台左右进给与上下（前后）进给的连锁。工作台左右进给的控制梯形图中，将上下（前后）进给的输入信号 X011 和 X012 的动断触点串入，只有把上下（前后）进给手柄放在中间位置时，左右进给才能实现；工作台上下（前后）进给的控制梯形图中，将左右进给的输入信号 X007 和 X010 的动断触点串入，只有把左右进给手柄放在中间位置时，上下（前后）进给才能实现，这样保证在同一时刻只能实现一个方向的进给。

六、编程体会

X62W 型万能铣床的改造，在保持原有功能基础上，对继电器控制电路不合理的内容加以完善。为增加程序的可读性，在设计程序时采用了互锁和互锁清除指令实现主轴电动机和进给电动机的顺序启动。工作台进给电动机左右进给和上下、前后进给，二者操作是相互独立的，控制程序中通过各自的控制回路实现连锁保护，保证在同一时刻只能实现一个方向的进给，防止由于误操作引起机械故障。在进给电动机正反向接触器线圈的硬件电路也增加了互锁触点，防止由于 PLC 执行程序的扫描周期过短而引起 KM3 与 KM4 同时吸合造成的电源短路。对于工作台进给变速冲动进行超时保护以避免电动机的通电时间太长，导致电动机转速过高，在变速时打坏齿轮。

 实例 87　T68 型卧式镗床 PLC 控制

一、T68 型卧式镗床电气控制系统分析

T68 型卧式镗床的电气原理图如图 6-17 所示。

1. 主电路的组成

T68 卧式镗床主轴电动机 M1 采用双速电动机，由接触器 KM4 和 KM5 实现三角形—双星形变换，得到主轴电动机 M1 的低速和高速运行。接触器 KM1、KM2 控制主轴电动机 M1 的正反转。快速移动电动机 M2 的正反转由接触器 KM6、KM7 控制，由于 M2 是短时间工作，所以不设置过载保护。

2. 控制电路工作原理

（1）主轴电动机 M1 的控制。主轴电动机 M1 的控制有高速和低速运动、正反转、点动控制和变速冲动。

1）M1 正反转。主轴电动机正反转由接触器 KM1、KM2 主触点完成电源相序的改变，达

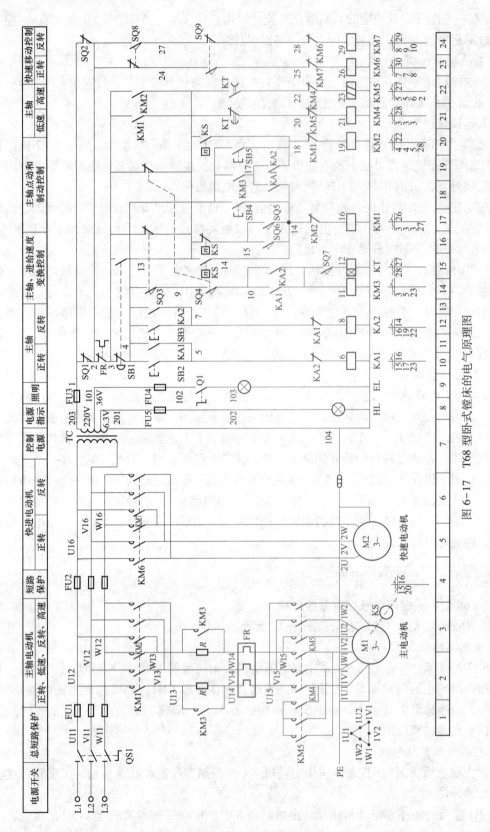

图 6-17　T68 型卧式镗床的电气原理图

到改变电动机转向。按下正转启动按钮SB2，中间继电器KA1线圈通电，其自锁触点闭合，实现自锁。互锁触点KA1断开，实现对控制反转运行的中间继电器KA2的互锁。同时，KA1的另一个动合触点KA1（10-11）闭合，接通接触器KM3，将制动电阻短接为主电动机高速或低速运转做好准备。接触器KM3的动合触点（4-17）和KA1的动合触点（14-17）接通接触器KM1，接触器KM1的动合触点（3-13）接通接触器KM4，主电路中的KM1主触点闭合，电源通过KM3或KM4接通定子绕组，主电动机M1正转（电动机绕组三角形接法）。反转时，按正反转启动按钮SB3，与正转的过程相似，对应接触器KM2线圈通电，主轴电动机M1反转。为了防止接触器KM1和KM2同时通电引起电源短路事故，采用这两个接触器动断触点互锁。

2）M1点动控制。M1正转点动时，按下按钮SB4，由动合触点SB4接通接触器KM1及KM4线圈电路；其主触点接通主轴电动机M1低速正转电源，主轴电动机M1串电阻低速正转运行，当按钮SB4复位时，接触器KM1及KM4线圈断电，其主触点复位，主轴电动机M1停转。

M1反转点动时，按下按钮SB5，接通接触器KM2及KM4线圈电路；其主触点接通主轴电动机M1低速反转电源，主轴电动机M1串电阻低速反转运行，当按钮SB5复位时，接触器KM2及KM4线圈断电，其主触点复位，主轴电动机M1停转。

3）M1高低速选择。主轴电动机M1为双速电动机，定子绕组三角形接法（KM4通电吸合）时；电动机低速旋转；双星形接法（KM5通电吸合）时，电动机高速旋转。高低速的选择与转换由变速手柄和行程开关SQ7控制。选择好主轴转速，将变速手柄选择高速，压下行程开关SQ3，SQ4的触点不动作，由于主电动机M1已经选择了正转或反转，即KM1或KM2闭合，此时接触器KM3线圈通电，其互锁触点KM3断开，实现对接触器KM4，KM5的互锁。主电路中的KM3主触点闭合，将主轴电动机M1定子绕组接成三角形接入电源，电动机低速运转。

由于行程开关SQ7被压合，其动合触点SQ7闭合，时间继电器KT线圈通电，经过一段延时（启动完毕），延时触点KT（13-20）断开，接触器KM4线圈断电，主轴电动机M1解除三角形连接；延时触点KT（13-22）闭合，接触器KM5线圈通电，主电路中的KM5触点闭合，将主轴电动机M1定子绕组接成双星形，主轴电动机高速运转。

4）主轴电动机停车制动。当主轴电动机高、低速运行（正转）时，按下停止按钮SB1，其动断触点将KM1、KM3、KM4或KM5线圈断电，主轴电动机M1断电，同时SB1的动合触点将接触器KM2的线圈接通（此时速度继电器KS1的动合触点已经闭合），KM2的动合触点KM2（3-13）将KM4线圈接通，主轴电动机绕组接成三角形，由于接触器KM3未通电，主轴电动机串电阻进行反接制动，主轴电动机的转速迅速下降，当转速低于100r/min时，速度继电器KS1的动合触点复位，控制接触器KM2的线圈断电，反接制动结束，主轴电动机迅速停车。

5）变速冲动控制。考虑到本机床在运转的过程中进行变速时，能够使齿轮更好的啮合，现采用变速冲动控制。本机床的主轴变速和进给变速分别由各自的变速孔盘机构进行调速。其工作情况是：在主轴或进给变速中，不必按下停车按钮，可直接将变速手柄拉出，此时行程开关SQ3或SQ4被压下，SQ3或SQ4的动合触点复位，接触器KM3断电，同时其动断触点将KM1或KM2断电，无论主轴电动机M1原来工作在低速（接触器KM4主触点闭合，三角形连接），还是工作在高速（接触器 KM5 主触点闭合，双星形连接）都断电停车，同时由于速度继电器 KS1 的动合触点已经闭合，为反接制动做好了准备，当 KM1 的动断触点复位后，接触器 KM2 线圈通电，主轴电动机进入到反接制动状态，主轴电动机迅速停车。这时可以转动变速操作盘（孔盘），选择所需转速，然后将变速手柄推回原位。若手柄可以推回原处（即复位），则行程开关 SQ3 或 SQ4 复位，此时无论是否压下行程开关 SQ5 或 SQ6，主电动机 M1 都是以低速启动，便于齿轮啮合。然后过渡到新设定的转速下运行。若因齿轮箱顶齿而使手柄无法推回时，SQ5 或 SQ6 不能复位，则通过其动合触点和速度继电器的动断触点，使主轴电动机 M1 瞬间通电、断电，产生冲动，使齿轮在冲动过程在很快啮合；手柄推回原位，变速冲动结束，主轴电动机 M1 是新设定的转速下转动。

（2）快速移动电动机 M2 的控制。加工过程中，主轴箱、工作台或主轴的快速移动，是将快速手柄扳动，接通机械传动链，同时压动限位开关 SQ8 或 SQ9，使接触器 KM6、KM7 线圈通电，快速移动电动机 M2 正转或反转，拖动有关部件快速移动。

1）将快速移动手柄扳到"正向"位置，压动 SQ9，其动合触点 SQ9（24-25）闭合，KM6 线圈通电动作，M2 正向转动。将手柄扳到中间位置，SQ9 复位，KM6 线圈断电释放，M2 停转。

2）将快速移动手柄扳到"反向"位置，压动 SQ8，其动合触点 SQ8（2-27）闭合，KM7 线圈通电动作，M2 反向转动。将手柄扳至中间位置，SQ8 复位，KM7 线圈断电释放，M2 停转。

3）主轴箱、工作台与主轴机动进给互锁

为防止工作台，主轴箱和主轴同时机动进给，损坏机床或刀具，在电气线路上采取了相互连锁措施。连锁通过两个关联的限位开关 SQ1 和 SQ2 来实现。主轴进给时手柄压下 SQ1，SQ1 动断触点 SQ1（1-2）断开；工作台进给时手柄压下 SQ2，SQ2 动断触点（1-2）断开。两限位开关的动断触点都断开，切断了整个控制电路的电源，从而 M1 和 M2 都不能运转。

二、改造 T68 型卧式镗床 PLC 控制系统的设计

1. T68 型卧式镗床 PLC 控制系统的控制要求

根据 T68 型卧式镗床的电路图，确定其控制要求如下。

（1）机床要求有两台电动机，分别为主轴电动机、快速进给电动机。

（2）要求主轴电动机能实现正反转，以及在变速时能瞬时冲动一下，以利于齿轮的啮合，并要求还能制动停车。

（3）对快速进给电动机要求能正反转，且要求相互间应有连锁，以确保操作安全。

（4）机床应具有短路保护和过载保护。

2. T68 型卧式镗床 PLC 电气控制系统的设计

（1）T68 型卧式镗床 PLC 电气控制系统的主电路的设计。T68 型卧式镗床的主拖动回路应保留原功能；而对于照明电路，其电路结构简单，可直接由外部电路控制，这样不但能节省 PLC 的输入/输出点数，还可以降低故障率，故将照明电路给予保留；改造后控制系统的电动机、照明电路如图 6-18 所示。

（2）T68 型卧式镗床 PLC 电气控制系统的硬件设计。通过分析 T68 型卧式镗床电气控制系统和控制要求列出所用的输入/输出分配表，并为其分配相应的地址，其 I/O 分配表见表 6-5。在确定 I/O 点时，考虑到维修的方便，增加了电动机过载保护的显示指示灯。

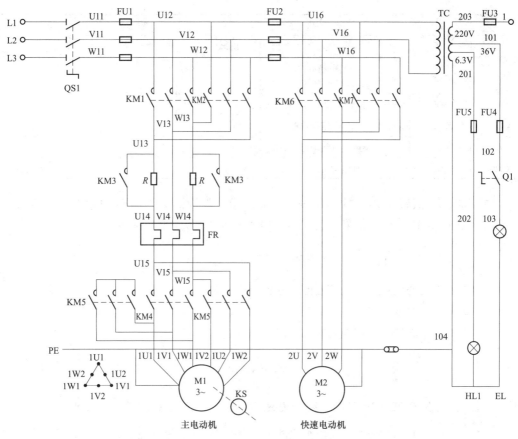

图 6-18　PLC 控制 T68 型卧式镗床的主电路及照明电路原理图

表 6-5　　　　T68 型卧式镗床 PLC 硬件控制系统 I/O 分配表

输入信号			输出信号		
输入地址	代号	功能	输出地址	代号	功能
X000	SB1	M1 停止按钮	Y000	KM1	M1 正转运行接触器
X001	SB2	M1 正转启动按钮	Y001	KM2	M1 反转运行接触器
X002	SB3	M1 反转启动按钮	Y002	KM3	M1 串反接制动电阻接触器
X003	SB4	M1 正转点动按钮	Y003	KM4	M1 绕组角接接触器
X004	SB5	M1 反转点动按钮	Y004	KM5	M1 绕组双星接接触器
X005	SQ1	主轴箱自动进给行程开关	Y005	KM6	M2 正转接触器
X006	SQ2	工作台自动进给行程开关	Y006	KM7	M2 反转接触器
X007	SQ3	主轴变速制动停止行程开关	Y007	HL2	主轴电动机过载指示灯
X010	SQ4	进给变速制动停止行程开关			
X011	SQ5	主轴变速冲动行程开关			
X012	SQ6	进给变速冲动行程开关			
X013	SQ7	主轴电动机 M1 高低速转换行程开关			

续表

输入信号			输出信号		
输入地址	代号	功能	输出地址	代号	功能
X014	SQ8	快速进给电动机 M2 反转行程开关 SQ8			
X015	SQ9	快速进给电动机 M2 正转行程开关			
X016	KS-2	速度继电器反组动作触点			
X017	KS-1	速度继电器正组动作触点			
X020	FR	主轴电动机过载			

根据 T68 型卧式镗床 PLC 的 I/O 表及控制要求，设计的 PLC 硬件原理图如图 6-19 所示。其中 COM1 为 PLC 输入信号的公共端，COM2 为输出信号的公共端。

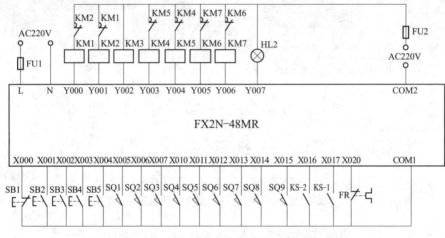

图 6-19　T68 型卧式镗床 PLC 硬件原理图

三、编程思想

在仔细阅读与分析 T68 型卧式镗床的继电器控制电路工作组原理的基础上，确定输入信号与输出信号之间的逻辑关系及各个电动机控制条件。对于 T68 型卧式镗床的改造来说，应注意主轴电动机 M1 正反转运行、点动及高低速的换接；主轴电动机 M1 正反转反接制动运行；主轴和进给的变速冲动。控制程序中应增加各个控制回路的连锁保护，防止误操作引起的不良后果，以提高机床工作的可靠性。

四、控制程序的设计

根据控制要求设计的控制梯形图如图 6-20 所示。

五、程序的执行过程

1. 主轴电动机控制

（1）主轴电动机 M1 正反转运行。按下 SB2 按钮，输入信号 X001 有效，控制正向启动信号 M0 为 ON，M0 的动合接点控制输出信号 Y002 为 ON，接触器 KM3 通电，将制动电阻短接为主电动机高速或低速运转做好准备。Y002 和 M0 再控制输出信号 Y000 和 Y003 为 ON，控制接触器 KM1、KM4 通电，电动机绕组接成三角形，主轴电动机 M1 低速正转运行。

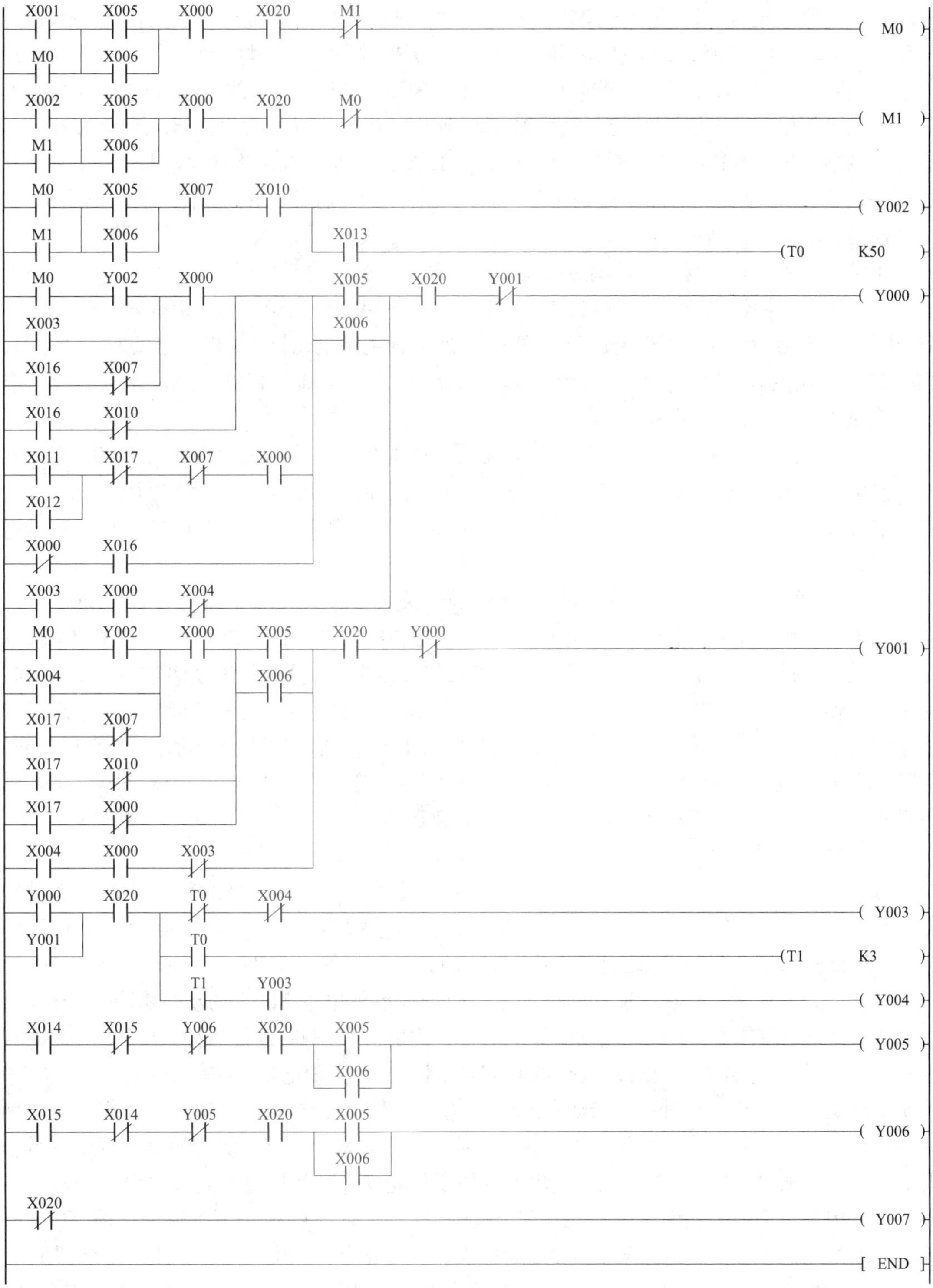

图 6-20　T68 型卧式镗床 PLC 控制梯形图

主轴电动机启动运行，速度继电器 KS 的正转触点 KS1-1 闭合，为主轴电动机的停转制动做好准备。需要停止时，按下 SB1 按钮，输入信号 X000 断开，其动合触点复位将输出信号 Y000、Y002 和 Y003 断开，接触器 KM1、KM3 和 KM4 断电，此时电动机由于惯性继续旋转；输出信号 Y000 断开后其动断触点复位，此时速度继电器 KS-1 的输入信号 X017 已经有效，使输出信号 Y001 为 ON，控制接触器 KM2 通电，主轴电动机串电阻进入到反接制动状态，主轴电动机的转速迅速下降，当 M1 的转速低于 100r/min 时，速度继电器 KS-1 复位状态即输入信号 X017 变为 OFF，使输出信号 Y001 断开，接触器 KM2 断电，主轴电动机 M1 立即停转，反接制动结束。

主轴电动机反转运行，其控制过程与正转相同，读者可自行分析。

（2）M1 点动控制。M1 正转点动时，按下按钮 SB4，输入信号 X003 有效，输出信号 Y000 和 Y003 为 ON，控制接触器 KM1 和 KM4 通电，主轴电动机 M1 串电阻低速正转运行；当按钮 SB4 复位时，输入信号 X003 变为 OFF，输出信号 Y000 和 Y003 复位，接触器 KM1 及 KM4 断电，主轴电动机 M1 停转。

M1 反转点动时，按下按钮 SB5，输入信号 X004 有效，输出信号 Y001、Y003 为 ON，控制接触器 KM2 及 KM4 通电，主轴电动机 M1 串电阻低速反转运行；当按钮 SB5 复位时，输入信号 X004 变为 OFF，输出信号 Y001 和 Y003 复位，接触器 KM2 及 KM4 断电，主轴电动机 M1 停转。

（3）M1 高低速选择。将高低速的选择行程开关置于高速位置，则行程开关 SQ7 被压合。SQ7 动合触点闭合，输入信号 X013 有效。当主轴电动机 M1 启动时定时器 T0 的条件满足，经过 5s 的延时（启动完毕），其动断触点动作，输出信号 Y003 变为 OFF，接触器 KM4 断电，主轴电动机 M1 断开三角形连接；为了安全起见，预留出三角形连接与双星形连接的换接时间 0.3s（接触器的复位时间），定时器 T0 动作后，其动合触点控制定时器 T1，经过 0.3s 的延时，其动合触点动作，使将输出信号 Y004 接通，控制接触器 KM5 通电，将主轴电动机 M1 定子绕组接成双星形，主轴电动机高速运行。

（4）主轴变速冲动控制。以主轴电动机正向运行为例进行分析。

在主轴变速中，不必按下停车按钮，可直接将变速手柄拉出，此时行程开关 SQ3 被压下，输入信号 X007 有效，输出信号 Y002 断开，控制接触器 KM3 断电，将反接制动电阻串入电动机绕组；同时 Y002 的动合触点将 Y000 断开，接触器 KM1 断电，主轴电动机 M1 无论工作在低速，还是工作在高速都断电停车。由于速度继电器 KS-1 的动合触点已经闭合，即输入信号 X017 有效，为反接制动做好了准备，输出信号 Y000 复位后将输出信号 Y001 接通；当 KM1 的动断触点复位后，接触器 KM2 线圈通电，主轴电动机进入到反接制动状态，主轴电动机迅速停车。这时可以转动变速操作盘（孔盘），选择所需转速，然后将变速手柄推回原位。若手柄可以推回原处（即复位），则行程开关 SQ3 复位，此时无论是否压下行程开关 SQ5，主轴电动机 M1 都是以低速启动，便于齿轮啮合，然后过渡到预先设定的转速下运行。若因顶齿而使手柄无法推回时 SQ3 不能复位，此时 SQ5 被压下则输入信号 X011 有效，并通过与其串联的输入信号 X017 动断触点，使输出信号 Y000 接通，控制接触器 KM1 通电，主轴电动机 M1 瞬间通电。当主轴电动机的转速达到 120r/min 时，KS-1 触点断开，输入信号 X017 复位，输出信号 Y000 断开，接触器 KM1 断电，产生冲动，使齿轮在冲动过程在很快啮合，手柄推回原位 SQ3 复位，此时变速冲动结束。主轴变速调整结束后，按新设定的转速重新启动运行。

主轴电动机反向运行时，其过程与正向运行类似，读者可自行分析。

（5）进给变速冲动控制。在进给变速中，不必按下停车按钮，可直接将变速手柄拉出，其过程与主轴变速过程基本相同。以主轴电动机正向运行为例，变速时压下行程开关 SQ4，输入信号 X011 有效，输出信号 Y002 断开，控制接触器 KM3 断电，将反接制动电阻串入电动机绕组；同时 Y002 的动合触点将 Y000 断开，接触器 KM1 断电，主轴电动机 M1 无论工作在低速，还是工作在高速都断电停车。由于速度继电器 KS-1 的动合触点已经闭合，即输入信号 X017 有效，为反接制动做好了准备，输出信号 Y000 复位后将输出信号 Y001 接通；当 KM1 的动断触点复位后，接触器 KM2 线圈通电，主轴电动机进入到反接制动状态，主轴电动机迅速停车。这时可以转动变速操作盘（孔盘），选择所需转速，然后将变速手柄推回原位。若手柄可以推回原处（即复位），则行程开关 SQ4 复位，此时无论是否压下行程开关 SQ6，主轴电动机 M1 都是以低速启动，便于齿轮啮合。然后过渡到新设定的转速下运行。若因顶齿而使手柄无法推回时 SQ4 不能复位，此时 SQ6 被压下则输入信号 X012 有效，并通过与其串联的输入信号 X017 动断触点，使输出信号 Y000 接通，控制接触器 KM1 通电，主轴电动机 M1 瞬间通电。当主轴电动机的转速达到 120r/min 时，KS-1 触点断开，输入信号 X017 复位，输出信号 Y000 断开，接触器 KM1 断电，产生冲动，使齿轮在冲动过程在很快啮合，手柄推回原位 SQ4 复位，此时变速冲动结束。主轴变速调整结束后，按新设定的转速重新启动运行。

2. 快速移动电动机 M2 的控制

（1）将快速移动手柄扳到"正向"位置，压下行程开关 SQ8，输入信号 X014 有效，使输出信号 Y005 接通，控制接触器 KM6 通电，快速移动电动机 M2 正转，拖动有关部件快速移。将手柄扳到中间位置，SQ8 复位，输入信号 X014 复位，使输出信号 Y005 断开，接触器 KM6 断电，快速进给电动机 M2 停止运行。

（2）将快速移动手柄扳到"反向"位置，压下行程开关 SQ9，输入信号 X015 有效，使输出信号 Y006 接通，控制接触器 KM7 通电，快速移动电动机 M2 反转，拖动有关部件快速移。将手柄扳到中间位置，SQ9 复位，输入信号 X015 复位，使输出信号 Y006 断开，接触器 KM7 断电，快速进给电动机 M2 停止运行。

3. 过载保护

当主轴电动机出现过载时，输入信号 X020 断开，其相应的接点动作，切断所有的输出信号主轴电动机停止运行，达到过载保护的目的。

4. 过载显示控制

当主轴电动机出现过载时，输入信号 X020 断开，其相应的动断触点复位，输出信号 Y007 接通，控制故障指示灯点亮，提醒维修人员设备出现故障。

5. 其他辅助控制

主轴箱、工作台与主轴机动进给互锁，为防止工作台、主轴箱自动快速进给和主轴进给同时机动，损坏机床或刀具，通过两个关联的限位开关 SQ1 和 SQ2 来实现。主轴进给时手柄压下 SQ1，工作台进给时手柄压下 SQ2。两限位开关的动断触点都断开，输入信号 X005 和 X006 都为 OFF，所有控制接触器的输出信号都断开，电动机 M1 和 M2 都不能运行，达到保护的目的。

六、编程体会

对于 T68 型卧式镗床的改造来说，在保持原有功能基础上，并对继电器控制电路不合理的内容加以完善。在本实例中考虑实际问题增加了主轴电动机高、低速绕组换接时间的保护以免造成短路。增加主轴箱、工作台与主轴机动进给互锁。考虑工程实际问题，应将停止信号、热继电器过载保护具有保护功能的信号都选择了动断触点，不会因触点接触不良，而导致设备不能停止，以免造成严重的后果。另外向读者建议可以增加一个主轴工作状态的选择开关，用于区分主轴是连续还是点动，避免人为的误操作。

6.2 组合机床的控制

 实例 88 组合机床液压滑台 PLC 控制

一、控制要求

组合机床是由一些通用部件及少量的专用部件组成的高效自动化或半自动化的专用机床，一般采用多轴、多刀、多工序、多面同时加工。组合机床的控制系统大多采用机械、液压或气动、电气相结合控制方式，其中电气控制起着中枢连接作用。

组合机床液压动力滑台为组合机床通用部件，其控制过程分为：原位、快进、工进、快退 4 步。液压动力滑台工作循环如图 6-21（a）所示。原位为步 0（起始步），快进为步 1、工进为步 2、快退为步 3。每一步执行动作的液压元件动作状态如图 6-21（b）所示，其中 YV1、YV2、YV3 为液压电磁阀。

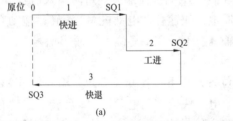

图 6-21 液压动力滑台的动作过程
（a）自动循环过程；（b）液压元件动作表

二、组合机床液压动力滑台的硬件设计

根据组合机床液压动力滑台电气控制系统的要求列出所用的输入/输出点，并为其分配相应的地址，其 I/O 分配表见表 6-6。

表 6-6　　　　　　　　　　　组合机床液压滑台 PLC 控制 I/O 分配表

输入信号			输出信号		
输入地址	代号	功能	输出地址	代号	功能
X000	SB1	启动按钮	Y000	YV1	滑台快进电磁阀
X001	SQ1	工进行程开关	Y001	YV2	滑台工进电磁阀
X002	SQ2	快退行程开关	Y002	YV3	滑台快退电磁阀
X003	SQ3	原位行程开关			
X004	SB2	急停按钮			

根据组合机床液压动力滑台 PLC 控制系统的 I/O 表及控制要求，设计的 PLC 硬件原理图如图 6-22 所示。其中 COM1 为 PLC 输入信号的公共端，COM2 为输出信号的公共端。

三、编程思想

组合机床的液压动力滑台的控制是按一定顺序控制的控制过程，对于其程序设计，可以尝试一下利用顺序功能图设计法，本实例的控制过程比较简单，也可根据其控制过程采用经验法进行设计。其顺序功能图如图 6-23 所示。

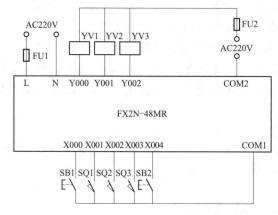

图 6-22 组合机床液压动力滑台 PLC
控制系统的硬件原理图

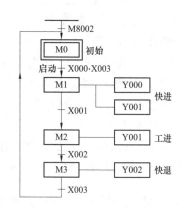

图 6-23 组合机床液压滑台
PLC 控制顺序功能图

四、控制程序的设计

根据控制要求设计的控制梯形图如图 6-24 所示。

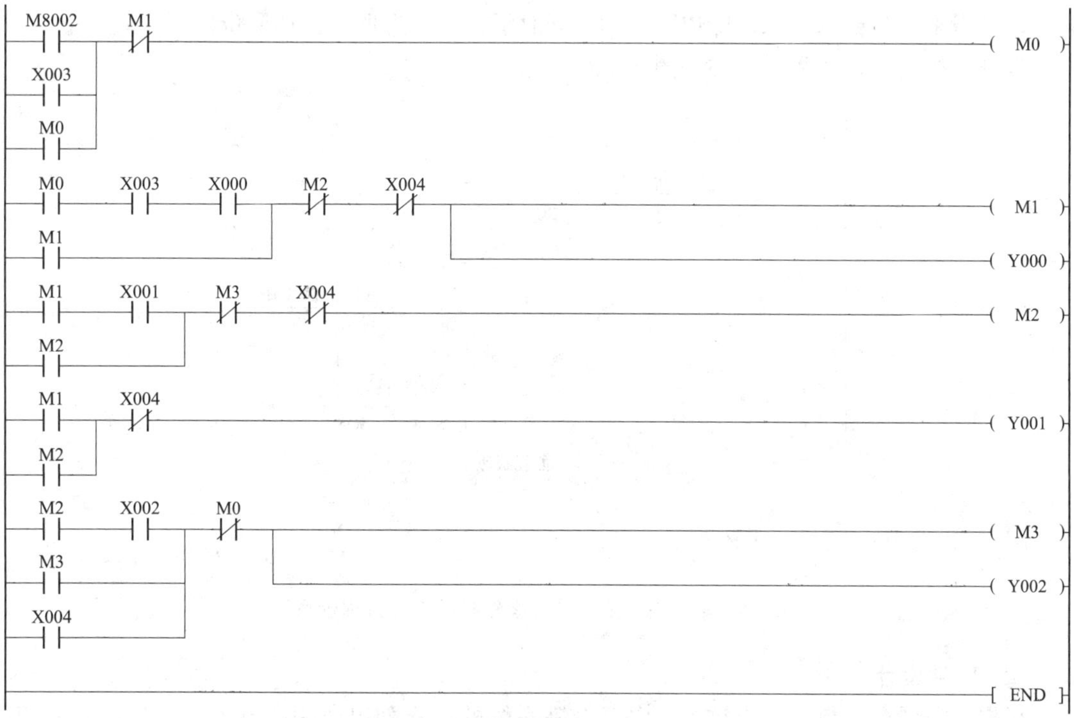

图 6-24 组合机床液压滑台 PLC 控制梯形图

五、程序的执行过程

PLC 上电运行时，初始化脉冲 M8002 将继电器 M0 接通，滑台在原位待命。当组合机床液压滑台系统需要工作时，按下启动按钮 SB1，输入信号 X000 有效，控制继电器 M1 为 ON，输出信号 Y000 和 Y001 同时为 ON，电磁阀 YV1 和 YV2 通电，控制液压滑台快速进给，同时将继电器 M0 复位；当液压滑台移动至工进位置时输入信号 X001 有效，控制继电器 M2 为 ON，输出信号 Y000 复位，电磁阀 YV1 断电，液压滑台由快进转换为工进，同时将继电器 M1 复位；当液压滑台移动至快退位置时输入信号 X002 有效，继电器 M3 为 ON，输出信号 Y002 为 ON，电磁阀 YV3 通电，液压滑台由工进转换为快退，同时将继电器 M2 复位；当液压滑台快退至原位位置时输入信号 X003 有效，继电器 M0 再次为 ON，将输出信号 Y002 复位，为液压滑台下次工作做好准备。当液压滑台进给出现问题时，按下急停按钮输入信号 X004 有效，将输出信号 Y000 和 Y001 断开，同时将输出信号 Y002 接通，使滑台能及时停止进给，并退回原位。

六、编程体会

在采用顺序功能图设计法设计程序时，对于同一个输出 Y001 在工步 M1 和 M2 都接通，为了避免同一线圈输出两次，可将 M1 和 M2 的动合触点并联控制 Y001 的输出。

 实例89　液压滑台式自动攻螺纹机 PLC 控制

一、控制要求

机床的攻螺纹动力头安装在液压驱动的滑台上。滑台在原位启动后，快速向前到一定的位置时转为慢速向前，滑台前进到达攻螺纹进给位置时停止前进，转为攻螺纹主轴转动。主轴转动、丝锥离开原位向前攻入，攻螺纹到达规定的深度时，主轴电动机快速制动。接着反转，丝锥退出。丝锥退到原位即快速制动，同时滑台快速退回，到达原位停下。液压滑台式自动攻螺纹机的动作过程示意图如图 6-25 所示。

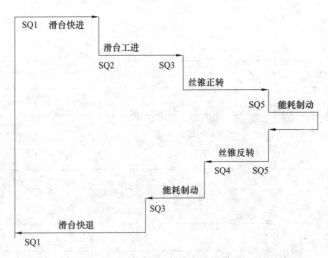

图 6-25　液压滑台式自动攻螺纹机的动作过程示意图

二、硬件设计

根据液压滑台式自动攻螺纹机的电气控制系统的要求列出所用的输入/输出点，并为其分配相应的地址，其I/O分配表见表6-7。

表6-7　　　　　　　　　　　液压滑台式自动攻螺纹机的I/O分配表

输入信号			输出信号		
输入地址	代号	功能	输出地址	代号	功能
X000	SB2	启动按钮	Y000	YV1	快进电磁阀
X001	SQ1	滑台原位	Y001	YV2	工进电磁阀
X002	SQ2	滑台快进到位	Y002	YV3	快退电磁阀
X003	SQ3	滑台进给到位	Y003	KM1	液压泵接触器
X004	SQ4	丝锥原位开关	Y004	KM2	丝锥正转接触器
X005	SQ5	丝锥进给到位	Y005	KM3	丝锥反转接触器
X006	SB1	停止按钮	Y006	KM4	能耗制动接触器

根据组合机床液压动力滑台PLC控制系统的I/O表及控制要求，设计的PLC硬件原理图如图6-26所示。其中COM1为PLC输入信号的公共端，COM2为输出信号的公共端。

三、编程思想

液压滑台式自动攻螺纹机的控制是按某一种序列即一定顺序控制的控制过程，对于其程序设计，可以尝试一下利用顺序功能图设计法，本实例的控制过程比较简单，可根据其控制过程采用经验法进行设计。

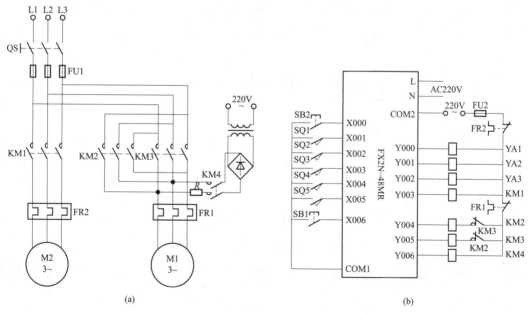

图6-26　液压滑台式自动攻螺纹机电气控制系统原理图
（a）主电路；（b）PLC硬件原理图

四、控制程序的设计

根据控制要求设计的控制梯形图如图6-27所示。

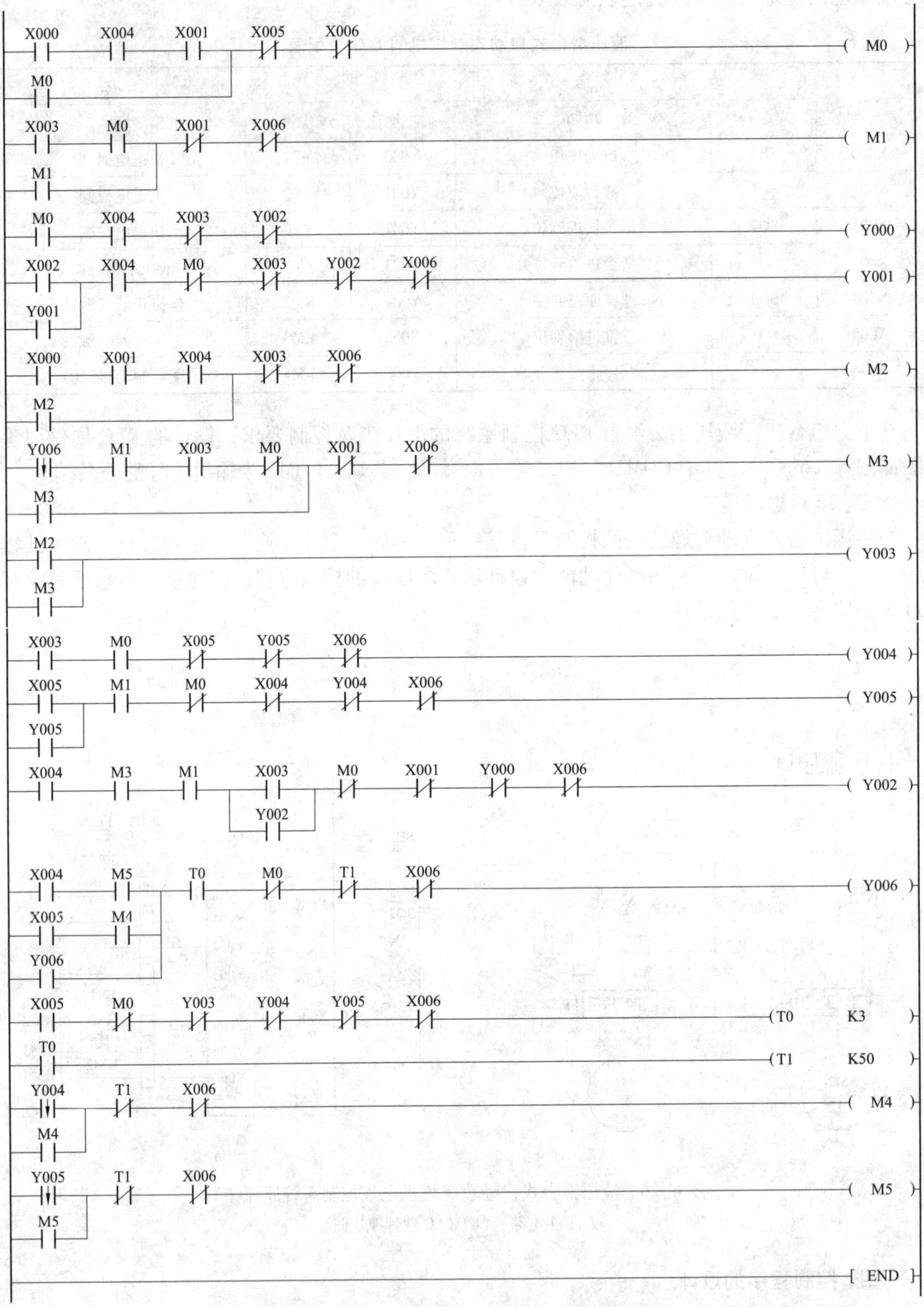

图 6-27　液压滑台式自动攻螺纹机的控制梯形图

五、程序的执行过程

滑台和丝锥在原位时，输入信号 X001 和 X004 有效，按下启动按钮 SB2，输入 X000 有效，辅助继电器 M0 和 M2 为 ON，控制输出 Y000 和 Y003 为 ON，电磁阀 YV1 和接触器 KM1 通电，液压泵电动机 M1 工作，液压滑台快速进给；快速进给到 SQ2 的位置时输入信号 X002，输出信号 Y002 为 ON，控制电磁阀 YV2 通电，滑台转为工进，滑台前进到达攻螺纹进给位置 SQ3 时，输入信号 X003 有效，控制输出 Y000 和 Y001 复位，滑台停止前进；同时控制输出信号 Y004 为 ON，使接触器 KM2 通电，控制攻螺纹主轴电动机转动。主轴转动、丝锥离开原位向前攻入，攻螺纹到达规定的深度 QS5 时，输入信号 X005 有效，使输出信号 Y004 复位，并通过 Y004 下降沿脉冲触点使辅助继电器 M4 为 ON，经过 0.3s 延时控制 Y006 为 ON，接触器 KM4 通电，攻螺纹机主轴电动机进行能耗制动；同时定时器 T1 开始工作，经过 5s 后将输出 Y006 复位，并控制输出 Y005 为 ON，接触器 KM3 通电，控制攻螺纹主轴反转，丝锥退出。丝锥退到原位再压下开关 SQ4，输入信号 X005 有效，使输出信号 Y005 复位，并通过下降沿脉冲指令使辅助继电器 M5 为 ON，经过 0.3s 延时控制 Y006 为 ON，接触器 KM4 通电，攻螺纹机主轴电动机进行能耗制动；同时定时器 T1 开始工作，5s 后将输出 Y006 复位，接触器 KM4 断电，能耗制动结束。输出信号 Y006 复位后，通过 Y006 下降沿脉冲触点使辅助继电器 M3 为 ON，控制输出信号 Y002 和 Y003 为 ON，电磁阀 YV3 和接触器 KM1 通电，液压泵电动机工作，滑台快退；滑台退回原位后开关 SQ1 动作，输入信号 X001 有效，使辅助继电器 M1 和 M3 复位，控制输出信号 Y002 和 Y003 复位，电磁阀 YV3 和接触器 KM1 断电，液压泵电动机停止工作，完成一个工作周期。

六、编程体会

本实例在程序设计时，从工程实际考虑，在控制攻螺纹主轴电动机由正转到能耗制动的过程中预留接触器的换接时间，以保证设备的安全运行，这一点读者在设计程序时应加以注意。另外本程序未考虑滑台未停在原位的问题，读者可增加手动控制功能使滑台返回原位，为正常工作做好准备。

第**7**章

PLC 的 实 际 应 用

7.1 典型机械设备控制

 实例 90　加工中心刀具库的控制

一、控制要求

加工中心圆形刀具库用于自动加工机床的换刀，在刀具库架上放有 7 种刀具，7 种刀具分别放在 1~7 号位置，每个刀具位置有一个检测位置的接近开关，分别为 SQ1~SQ7；用 7 个按钮 SB1~SB7 分别选择 1~7 号刀具；0 号换刀位检测接近开关为 SQ0。当选择某把刀具时，按下对应的按钮，相应的指示灯点亮，同时圆形刀具库选择最近的距离方向旋转，将刀具送到 0 号换刀位，到 0 号换刀位换刀指示灯点亮，停留 30s（进行换刀），之后返回到原位，选择换刀指示灯熄灭。

二、硬件电路设计

根据控制要求列出所用的输入/输出点，并为其分配相应的地址，其 I/O 分配表见表 7-1。

表 7-1　　　　　　　　　　　　加工中心刀具库控制的 I/O 分配表

输入信号			输出信号		
输入地址	代号	功能	输出地址	代号	功能
X000	SB0	停止按钮	Y000	HL0	换刀指示灯
X001~X007	SB1~SB7	选择工位按钮	Y001~Y007	HL1~HL7	选择换刀号指示灯
X010	SQ0	换刀工位接近开关	Y010	KM1	转盘正转
X011~X017	SQ1~SQ7	刀具位置接近开关	Y011	KM2	转盘反转

根据表 7-1 和控制要求设计 PLC 的硬件原理图，如图 7-1 所示。其中 COM1 为 PLC 输入信号的公共端，COM2 为输出信号的公共端。

三、编程思想

刀具库选择最近的距离方向旋转将刀具送到 0 号换刀位，可按选择 1~4 号刀具时刀具圆盘正转，选择 5~7 号刀具时刀具圆盘反转的原则编程；使用刀具的位置信号来控制转盘的停止，编程中如选择 1 号刀具时，刀具圆盘应正转，当刀具圆盘转到 0 号位时，接近开关的磁钢应转到 7 号位，使接近开关 SQ7 动作；如选择 7 号刀具，刀具圆盘应反转，当刀具圆盘转到 0 号位时，接近开关的磁钢应转到 1 号位，使接近开关 SQ1 动作；因此选择 1~7 号刀具对应停止位置为 7~1 号刀具位置。

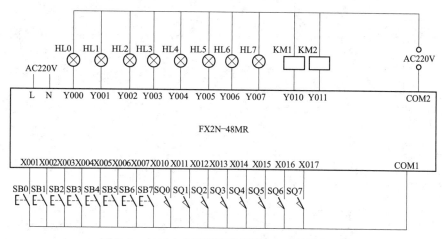

图 7-1 加工中心刀具库控制的 PLC 硬件原理图

四、控制程序的设计

根据控制要求设计程序，如图 7-2 所示。

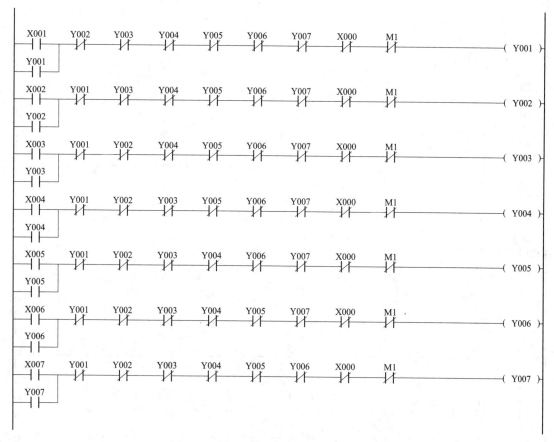

图 7-2 加工中心刀具库控制梯形图（一）

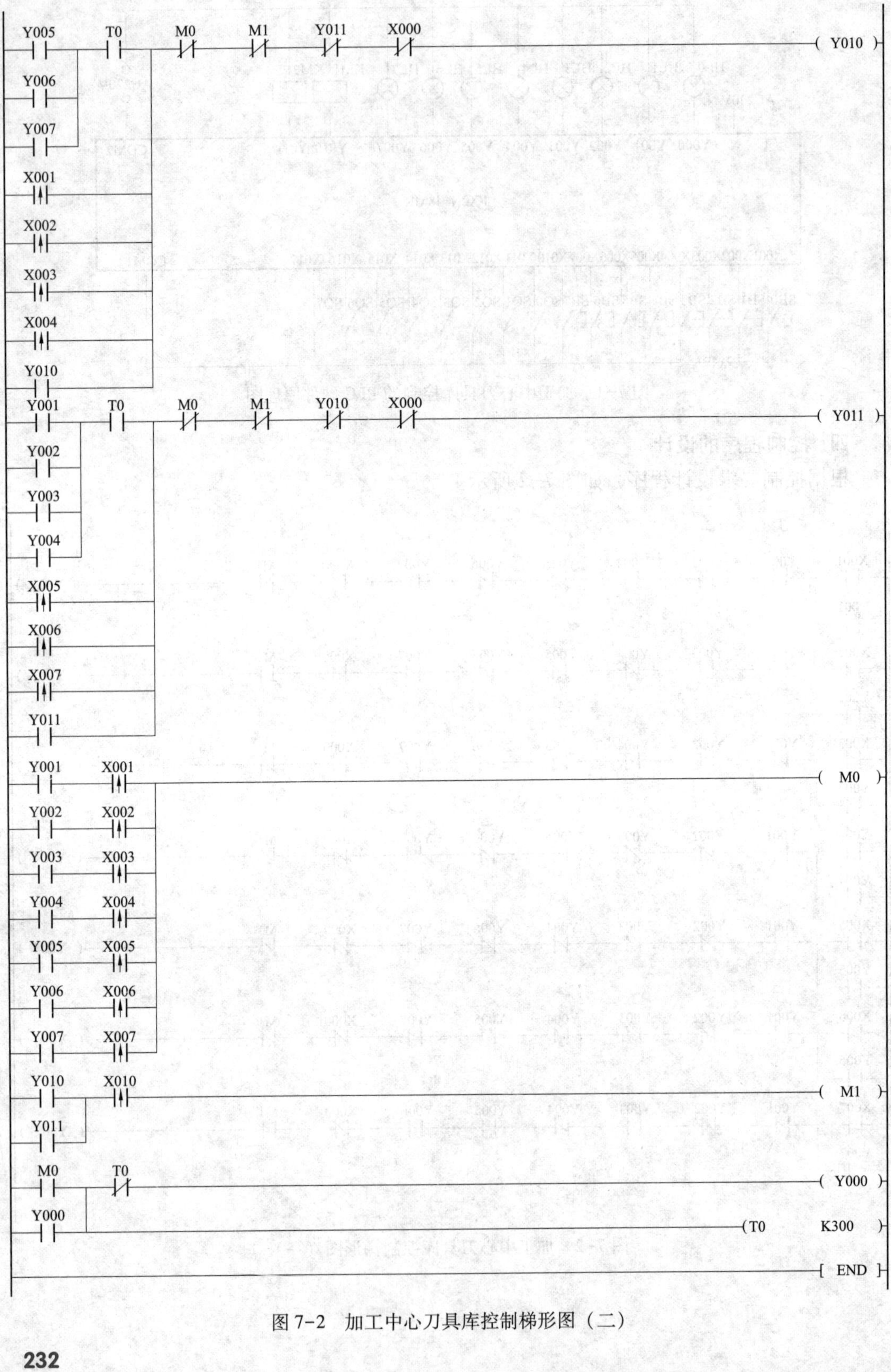

图 7-2 加工中心刀具库控制梯形图（二）

五、程序执行过程

以取 3 号刀具为例分析其过程：按下 3 号刀具选择按钮 SB3，输入信号 X003 有效，其对应的内部接点闭合，使输出信号 Y002 为 ON，控制对应信号灯 HL2 点亮，同时输出信号 Y010 为 ON，控制圆形刀具库正转接触器 KM1 通电，刀具圆盘正转，以最近的距离旋转接近换刀位置。当圆形刀具库转到 0 号位时，接近开关的磁钢正好转到 5 号位，接近开关 SQ5 动作，输入信号 X015 有效，Y003 和 X015 动合触点同时闭合，使停止信号 M0 为 ON，控制输出 Y010 复位，接触器 KM1 断电，刀具圆盘停止。M0 动合触点又控制输出信号 Y000 接通并实现自锁，控制系统换刀，同时点亮换刀指示灯 HL0；同时定时器 T0 工作，延时 30s 后，将输出信号 Y000 复位，换刀过程结束。此时，由于所选择的刀具信号尚未清除，定时器 T0 动合触点将输出信号 Y011 接通，控制刀具反转接触器 KM2 通电，刀具圆盘反转，当刀具圆盘反转到 0 号位时，磁钢使接近开关 SQ0 动作，输入信号 X010 有效，在输入信号 X010 上升沿产生一个脉冲，使内部继电器 M1 为 ON，将输出信号 Y011 复位，接触器 KM2 断电，刀具圆盘回到原位停止，同时将取刀具登记信号断开。

当需要停止时，按下停止按钮 SB0，输入信号 X000 有效，将输出信号 Y010 或 Y011 复位，接触器 KM1 或 KM2 断电，刀具圆盘停止工作，同时将刀具的选择信号复位。

六、编程体会

确定选择刀具的编号与刀具停止位置对应的关系，对编程起到至关重要的作用；本实例中选刀信号增加了连锁保护，在一个换刀过程中，只有一个选择信号有效，避免同时按下两个选刀按钮引起操作失误。另外，当系统发生意外停止，刀具转盘停止的位置是随机的，再启动工作时没有考虑回到原位的问题，读者在实际应用时应加以考虑。

实例 91 传送带机械手的控制

一、控制要求

传送带机械手是将自动生产线上的物品，由一条传送带上的搬运到另一条传送到上。机械手的上升、下降左转、右转、夹紧和放松等动作分别由电磁阀控制液压传动系统工作，并用限位开关及电开关检测机械手动作的状态和物品的位置。两条传送带均由三相鼠笼型异步电动机驱动，电动机应有过载的保护。传送带机械手的工作过程示意图如图 7-3 所示。

机械手要求有 3 种控制方式：手动控制方式、单周期控制方式、连续控制方式。

1. 单循环操作方式

按下启动按钮，传送带 1、传送带 2 启动运行，当传送带 1 上的物品到达前端，光电开关 SQ1 检测到物品时，传送到 1 停止工作；机械手手指夹紧物品，当碰到夹紧限位开关 SQ2，机械手上升，当碰到上限位开关 SQ3，机械手右转，当碰到右限位开关 SQ6，机械手下降，当碰到下限位开关 SQ4，机械手指放松，物品由传送带 1 上移动到传送带 2 上，

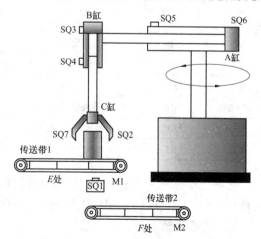

图 7-3 传送带机械手控制过程示意图

当碰到放松限位开关SQ7，机械手上升，当碰到上限位开关SQ3，机械手左转，当碰到左限位开关SQ5，机械手下降。当下限位和左限位同时满足时，单循环操作完成，机械手回到原点。

2. 自动操方式

将开关选择自动挡时，按下启动按钮SB1，机械手工作过程和上述相同，当机械手回到原位时，由于SQ4、SQ5接通所以开始下一个循环。

3. 手动操作方式

手动操作方式，机械手的各个动作都是点动控制的，每按一次按钮，机械手执行一个动作。

二、硬件电路设计

根据控制要求列出所用的输入/输出点，并为其分配相应的地址，其I/O分配表见表7-2。

表 7-2　　　　　　　　　传送带机械手控制 I/O 分配表

输入信号			输出信号		
输入地址	代号	功能	输出地址	代号	功能
X000	SQ2	夹紧限位	Y000	YV1	放松
X001	SQ3	上限位	Y001	YV2	夹紧
X002	SQ4	下限位	Y002	YV3	上升
X003	SQ5	左限位	Y003	YV4	下降
X004	SQ6	右限位	Y004	YV5	左转
X005	SB1	启动	Y005	YV6	右转
X006	SB2	停止	Y006	KM1	传送带1控制
X007	SQ7	放松	Y007	KM2	传送带2控制
X010	SB3	手指放松			
X011	SB4	手指夹紧			
X012	SB5	手臂上升			
X013	SB6	手臂下降			
X014	SB7	手臂左转			
X015	SB8	手臂右转			
X016	SA1	单周/连续			
X017	SA2	手动			
X020	SQ1	检测物品到位			
X021	FR1	电动机M1过载保护			
X022	FR2	电动机M2过载保护			

根据表7-2和控制要求设计PLC的硬件原理图，如图7-4所示。其中COM1为PLC输入信号的公共端，COM2为输出信号的公共端。

三、编程思想

传送带机械手是一个典型的顺序控制过程，与第3章的机械手控制过程类似，但可以采用不同方法编程，本实例可采用移位寄存器指令实现循环工作，采用跳转指令实现选择不同

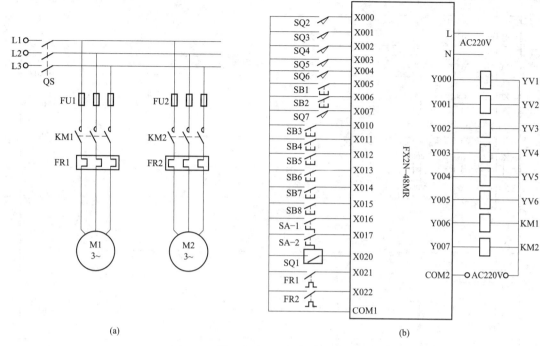

图 7-4　传送带机械手控制的电气原理图

（a）主电路；（b）PLC 硬件原理图

的工作方式。

四、控制程序的设计

根据控制要求设计程序，如图 7-5 所示。

图 7-5　传送带机械手控制梯形图（一）

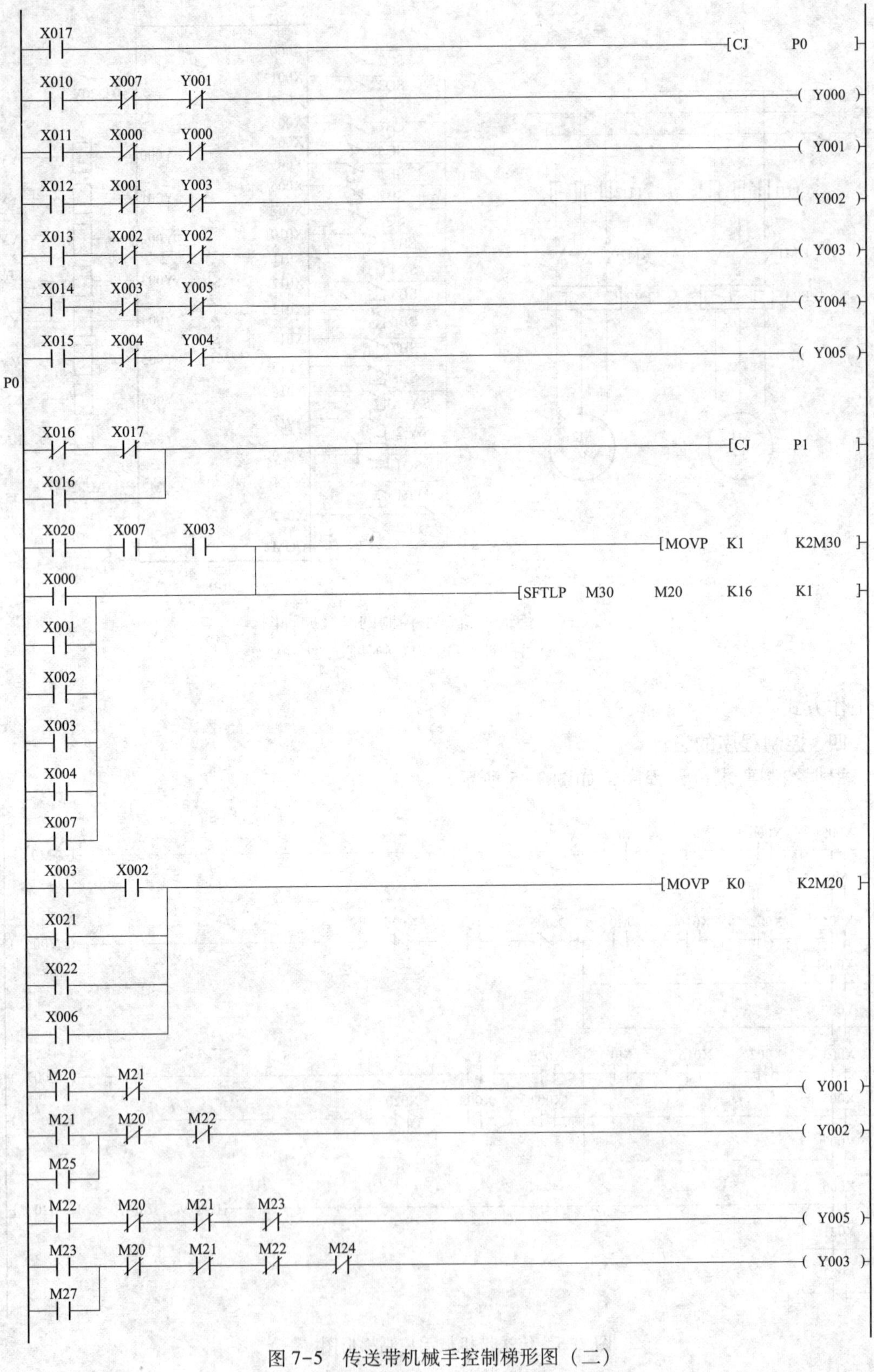

图7-5 传送带机械手控制梯形图（二）

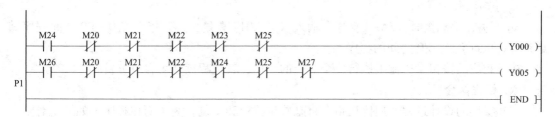

图 7-5　传送带机械手控制梯形图（三）

五、程序执行过程

1. 单循环操作方式

当开关 SA 在中间位置时 SA-1 和 SA-2 都不接通，跳转指令 CJ1—P1 之间程序满足条件，执行 CJ1—P1 之间的程序。按下启动按钮 SB1，输入信号 X005 有效，接点接通，输出信号 Y006 和 Y007 为 ON，线圈 KM1、KM2 通电，传送带 1、传送带 2 启动运行，当传送带 1 上的物品到达传送带 1 前端，光电开关 SQ1 检测到物品时，输入信号 X020 有效，SQ1 动断触点断开，使输出信号 Y006 为 OFF，传送带 1 停止；若在 30s 之内光电开关 SQ1 检测不到物品时，输出信号 Y006 和 Y007 自动断开，传送带停止工作。当输入信号 X020 有效，同时机械手位于原位（停在最左边，手指放松）此时输入信号 X004 和 00X7 有效，将常数 1 送入寄存器 K2M30，作为位左移指令源操作数的数据；同时使位左移指令 SFTLP 的移位，使中间继电器 M20 为 ON，控制输出信号 Y001 为 ON，电磁阀线圈 YV2 通电，机械手指夹紧；当碰到夹紧限位开关 SQ2，输入信号 X000 有效，同时使位左移指令 SFTLP 的移位，使中间继电器 M21 为 ON，控制输出信号 Y002 为 ON，电磁阀线圈 YV3 通电，机械手上升；当碰到上限位开关 SQ3，输入信号 X001 有效，同时使位左移指令 SFTLP 的移位，使中间继电器 M22 为 ON，控制输出信号 Y005 为 ON，线圈 YV6 通电，机械手右转；当碰到右限位开关 SQ6，输入信号 X004 有效，同时使位左移指令 SFTLP 的移位，使中间继电器 M23 为 ON，控制输出信号 Y003 为 ON，线圈 YV4 通电，机械手下降；当碰到下限位开关 SQ4，输入信号 X003 有效，同时使位左移指令 SFTLP 的移位，使中间继电器 M24 为 ON，控制输出信号 Y000 为 ON，线圈 YV1 通电，机械手指放松；当碰到放松限位开关 SQ7，输入信号 X007 有效，同时使位左移指令 SFTLP 的移位，使中间继电器 M25 为 ON，控制输出信号 Y002 为 ON，线圈 YV3 通电，机械手上升；当碰到上限位开关 SQ3，输入信号 X001 有效，同时使位移位指令 SFTLP 的移位，使中间继电器 M26 为 ON，控制输出信号 Y004 为 ON，线圈 YV5 通电，机械手左转；当碰到左限位开关 SQ5，输入信号 X003 有效，同时使位左移指令 SFTLP 的移位，使中间继电器 M27 为 ON，控制输出信号 Y003 为 ON，线圈 YV4 通电，机械手下降。当下限位和左限位同时满足时，输入信号 X002 和 X003 同时有效，将常数 0 送入寄存器 K2M20 中，将中间继电器 M20~M27 复位。单循环操作完成，机械手回到原点。

2. 自动操作方式

SA 开关在自动挡时，SA-1 接通，输入信号 X016 有效，跳转指令 CJ1—P1 之间程序满足条件，执行 CJ1—P1 之间的程序。按下启动按钮 SB1，输入信号 X005 有效，机械手工作过程和上述相同，当机械手回到原位时，由于 SQ4、SQ5 接通使输出信号 Y006 和 Y007 为 ON，传送带重新启动，又开始下一个循环。

3. 手动操作方式

SA 开关在手动挡时，SA-2 接通，输入信号 X017 有效，跳转指令 CJ0—P0 之间程序满足条件，执行 CJ0—P0 之间的程序。

按下相应的按钮，机械手执行一个对应的动作，其过程读者可自行分析。

六、编程体会

在本实例的设计过程使用传送指令将某些位置位和复位，为了简化程序。如果是对整个寄存器进行复位可采用传送指令将其清零。使用位左移指令 SFTL（P）移位时，其移位时脉冲输入就可以不使用上升沿脉冲信号。另外考虑到开关的操作旋钮的位置选择本身的就是唯一的，在手动与自动的程序中没有加联锁保护。

7.2　运 料 小 车 控 制

　实例 92　送料车自动往返的控制

一、控制要求

当小车处于后端时，按下启动按钮，小车向前运行，行至前端压下前限位开关，翻斗门打开装货，7s 后，关闭翻斗门，小车向后运行，行至后端，压下后限位开关，打开小车底门卸货，5s 后底门关闭；完成一次动作后，小车自动连续往复运动。其工作示意图如图 7-6 所示。

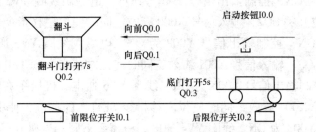

图 7-6　送料车自动往返控制的示意图

二、硬件电路设计

根据控制要求列出所用的输入/输出点，并为其分配相应的地址，其 I/O 分配表见表 7-3。

表 7-3　　　　　　　　　　送料车的自动往返控制的 I/O 分配表

输入信号			输出信号		
输入地址	代号	功能	输出地址	代号	功能
X000	SB1	启动按钮	Y000	KM1	电动机正转
X001	SQ1	前进到位开关	Y001	KM2	电动机反转
X002	SQ2	后退到位开关	Y002	KM3	翻斗门打开
X003	SB2	停止按钮	Y003	KM4	底门打开
X004	SB3	急停按钮			

根据表 7-3 和控制要求设计 PLC 的硬件原理图，如图 7-7 所示。其中 COM1 为 PLC 输入信号的公共端，COM2 为输出信号的公共端。

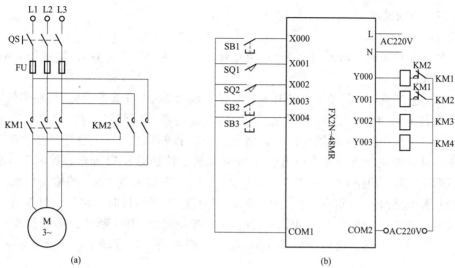

图 7-7　送料车的自动往返电气控制原理图

（a）主电路；（b）PLC 硬件原理图

三、编程思想

本实例的控制按顺序控制的方法进行编程，实现送料车的自动往返控制；送料车循环控制的停止断开周期工作的启动信号即可。

四、梯形图设计

根据控制要求设计的控制梯形图如图 7-8 所示。

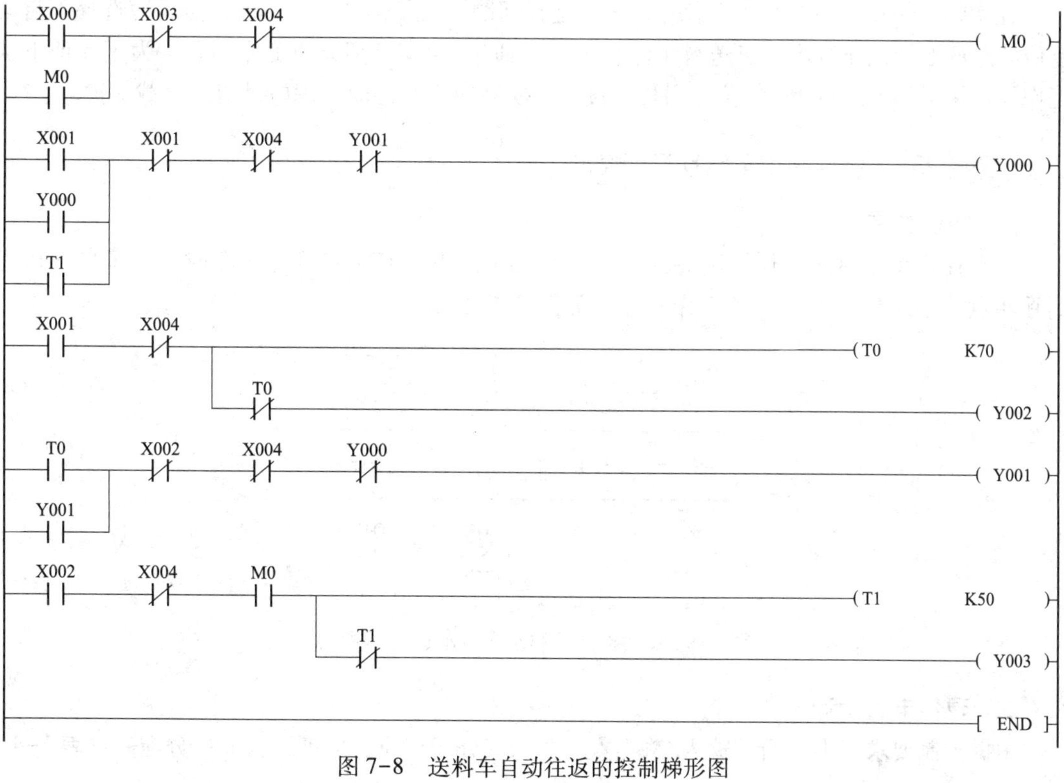

图 7-8　送料车自动往返的控制梯形图

五、程序控制过程

1. 送料车的自动工作

当按钮 SB1 按下时，输入信号 X000 为 ON，输出信号 Y000 为 ON，接触器 KM1 通电，送料车开始前进。

送料车前进到位后，限位开关 SQ1 动作，输入信号 X001 有效为 ON，使输出信号 Y000 断开，接触器 KM1 断电，送料车停止工作，同时定时器 T0 开始定时，输出信号 Y002 为 ON，接触器 KM3 通电，控制翻斗门打开装料，7s 后控制输出 Y002 断开，接触器 KM3 断电，停止装料。T0 的动合触点将输出信号 Y001 接通，接触器 KM2 通电，控制送料车后退，送料车后退到位后，限位开关 SQ2 动作，输入信号 X002 有效为 ON，使输出信号 Y001 断开，接触器 KM2 断电，送料车停止工作，同时定时器 T1 开始计时，输出信号 Y003 为 ON，接触器 KM4 通电，控制底门打开卸料，延时 5s 后控制输出 Y003 断开，接触器 KM4 断电，停止卸料。T1 的动合触点将输出信号 Y000 接通，控制送料车重新前进，重复下一个工作循环。

2. 送料车的停止

按下按钮 SB2，输入信号 X003 为 ON，中间继电器 M0 为 ON，并实现自锁，切断定时器 T1 的接通回路，送料车按工作顺序返回后退位置 SQ2 处自动停止工作。

出现紧急情况时，按下急停按钮 SB3，输入信号 X004 为 ON，输出信号 Y000、Y001、Y002 和 Y003 断开，接触器 KM1、KM2、KM3 和 KM4 断电，送料车、翻斗门和底门停止工作。

六、编程体会

在实际工作过程中，要考虑急停按钮的选择问题，为了保证送料车的安全，应选择不自动复位的蘑菇形的操作机构。当送料车停止工作时通过 M0 切断 T1 的工作回路，为了保证下次工作能正常工作，应将 M0 复位。另外，读者在实际应用时还应考虑电动机的过载保护。

实例 93　4 站点间小车自动运行控制

一、控制要求

小车在 4 个站点间往返运料，无论小车在哪个站点，有站点呼叫小车时，小车自动行进到呼叫点，本站呼叫无效。其工作示意图如图 7-9 所示。

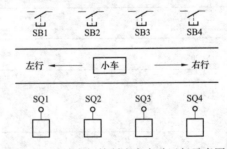

图 7-9　4 站点间控制小车自动运行示意图

二、硬件电路设计

根据控制要求列出所用的输入/输出点，并为其分配相应的地址，其 I/O 分配表见表 7-4。

表 7-4   4 站点间控制小车自动运行的 I/O 分配表

输入信号			输出信号		
输入地址	代号	功能	输出地址	代号	功能
X000	SB1	1 号位置到位开关	Y000	HL1	1 号位置指示灯
X001	SB2	2 号位置到位开关	Y001	HL2	2 号位置指示灯
X002	SB3	3 号位置到位开关	Y002	HL3	3 号位置指示灯
X003	SB4	4 号位置到位开关	Y003	HL4	4 号位置指示灯
X004	SQ1	1 号位置呼叫小车	Y004	HL5	1 号位置呼叫指示灯
X005	SQ2	2 号位置呼叫小车	Y005	HL6	2 号位置呼叫指示灯
X006	SQ3	3 号位置呼叫小车	Y006	HL7	3 号位置呼叫指示灯
X007	SQ4	4 号位置呼叫小车	Y007	HL8	4 号位置呼叫指示灯
			Y010	KM1	小车前行
			Y011	KM2	小车后退

根据表 7-4 和控制要求设计 PLC 的硬件原理图，如图 7-10 所示。其中 COM1 为 PLC 输入信号的公共端，COM2 为输出信号的公共端。

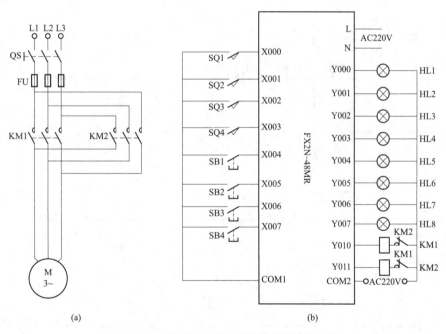

图 7-10   4 站点间控制小车自动运行的原理图
（a）主电路；（b）硬件原理图

三、编程思想

本实例的设计思想首先确定小车所在位置的登记，然后登记小车的呼叫信号，根据小车所在位置的登记和登记的呼叫信号进行逻辑判断，确定小车的运行方向；当判断小车的运行位置与登记的呼叫信号的同时满足时，小车停止运行。

四、控制程序的设计

根据控制要求设计的控制梯形图如图 7-11 所示。

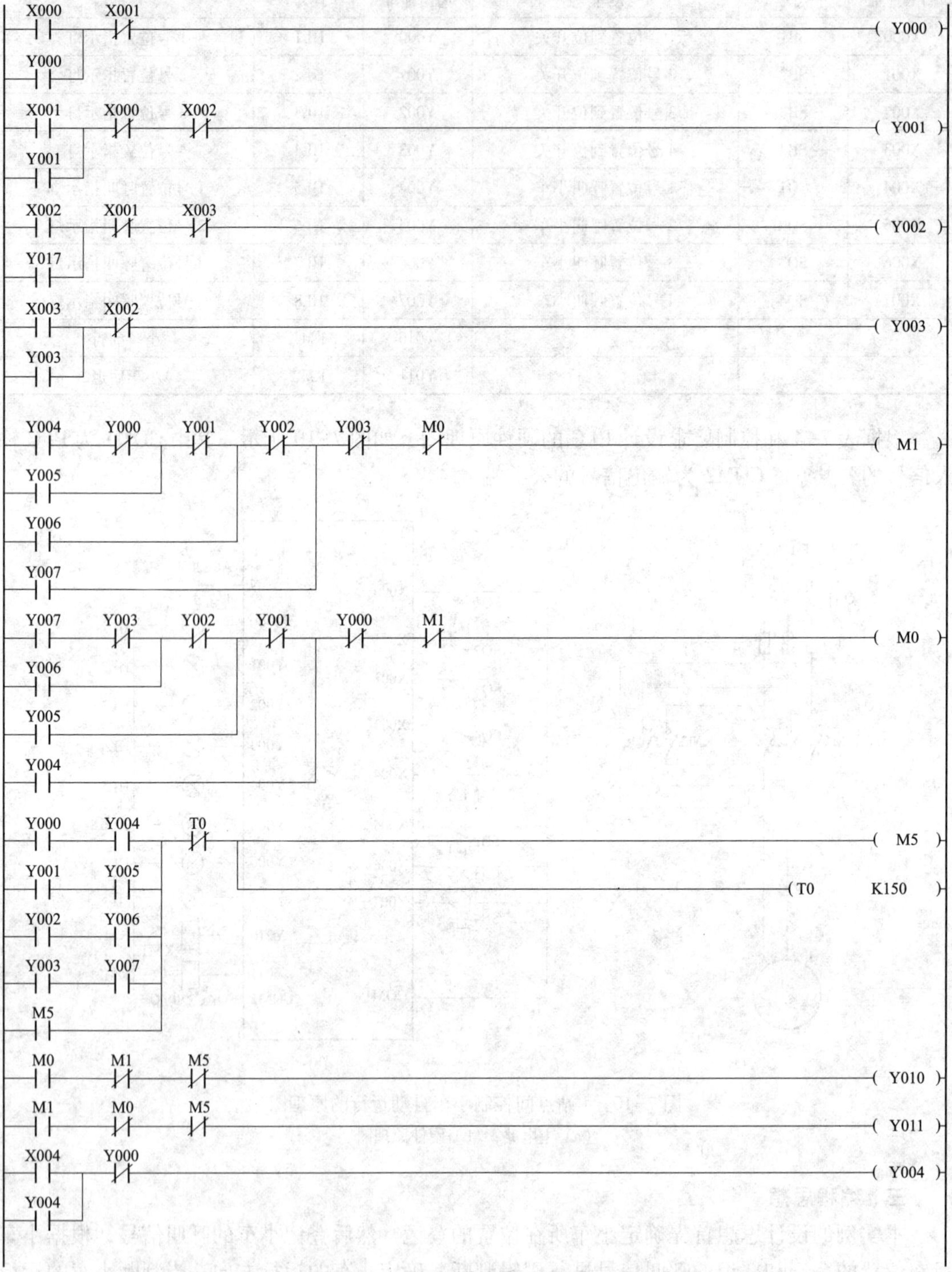

图 7-11 4 站点间控制小车自动运行的控制梯形图（一）

图 7-11 4 站点间控制小车自动运行的控制梯形图（二）

五、程序的执行过程

假设小车在 3 号位置时，输入信号 X002 有效，输出信号 Y002 为 ON，指示小车在 3 号位置。当 1 号位置有呼叫信号，输入信号 X004 有效，输出信号 Y004 为 ON，指示 1 号位置有呼叫。

根据判断小车左移和右移的辅助继电器 M0 和 M1 的逻辑关系可知，左移继电器 M0 为 ON，控制输出信号 Y010 为 ON，控制 KM1 线圈通电，小车开始左行，达到 2 号位置时，限位开关 SQ2 动作，输入信号 X001 有效为 ON，输出信号 Y001 为 ON，此时 M5 为 OFF；小车继续左行，当达到 1 号位置时，限位开关 SQ1 动作，输入信号 X000 有效为 ON，输出信号 Y000 为 ON，此时控制停车继电器 M5 为 ON 并实现自锁，通过 M5 使输出信号 Y010 复位，接触器线圈 KM1 断电，小车停止左行。

假设小车在 1 号位置时，输入信号 X000 有效，输出信号 Y000 为 ON，指示小车在 1 号位置。当 3 号、4 号位置有呼叫信号时，输入信号 X006 和 X007 有效，输出信号 Y006 和 Y007 为 ON，指示 3 号、4 号位置有呼叫。

根据判断小车左移和右移的辅助继电器 M0 和 M1 的逻辑关系可知，右移继电器 M1 为 ON，控制输出信号 Y011 为 ON，控制 KM2 线圈通电，小车开始右行，达到 2 号位置时，限位开关 SQ2 动作，X001 有效为 ON，输出信号 Y001 为 ON，此时 M5 为 OFF；小车继续右行，当达到 3 号位置时，限位开关 SQ3 动作，X002 有效为 ON，输出信号 Y002 为 ON，此时停车继电器 M5 为 ON 并实现自锁，通过 M5 使输出信号 Y011 复位，接触器线圈 KM2 断电，小车停止右行；此时 4 号位置的呼叫信号 Y003 仍然存在，定时器 T0 定时时间达到后，其动断触点使 M5 复位，此时 M1 的状态仍然为 ON，控制输出 Y001 为 ON，接触器 KM2 通电，小车继续右行，当达到 4 号位置时，限位开关 SQ4 动作，输入信号 X003 有效为 ON，输出信号 Y003 为 ON，此时控制 M5 为 ON 并实现自锁，通过 M5 使输出信号 Y011 复位，接触器线圈 KM2 断电，小车停止右行。若此时已无呼叫信号，小车在原地待命。

若本站存在呼叫信号，如小车停在 1 号位置，输入信号 X000 有效，此时 Y000 已有输出为 ON，使输出信号 Y004 无法输出，因而登记不上，即本站登记无效。其他工作状况读者可自行分析。

六、编程体会

本实例的编程，采用基本逻辑指令，便于理解，可登记多个呼叫信号且可以逐一响应，其时间间隔可根据实际需要调整。本例在实际应用中可推广至多站的呼叫，同时为增加工作可靠性小车应增加限位保护、过载保护等环节；另外，读者可根据实际运行情况增加急停按钮等保护环节，在出现意外时进行紧急停止控制。

实例94 5站点间小车自动运行控制

一、控制要求

小车在5个站点间往返运料，无论小车在哪个站点，只要有站点呼叫，小车就自动行进到呼叫点。

二、硬件电路设计

根据控制要求列出所用的输入/输出点，并为其分配相应的地址，其I/O分配表见表7-5。

表7-5 5站点间控制小车自动运行的I/O分配表

输入信号			输出信号		
输入地址	代号	功能	输出地址	代号	功能
X000	SB1	1号位置呼叫小车	Y000	HL1	1号位置呼叫指示灯
X001	SB2	2号位置呼叫小车	Y001	HL2	2号位置呼叫指示灯
X002	SB3	3号位置呼叫小车	Y002	HL3	3号位置呼叫指示灯
X003	SB4	4号位置呼叫小车	Y003	HL4	4号位置呼叫指示灯
X004	SB5	5号位置呼叫小车	Y004	HL5	5号位置呼叫指示灯
X005	SB6	启动信号	Y010	KM1	小车前行
X006	SB7	停止信号	Y011	KM2	小车后退
X007	FR	过载信号			
X011	SQ1	1号位置到位开关			
X011	SQ2	2号位置到位开关			
X012	SQ3	3号位置到位开关			
X013	SQ4	4号位置到位开关			
X014	SQ5	5号位置到位开关			

根据表7-5和控制要求设计PLC的硬件原理图，如图7-12所示。其中COM1为PLC输入信号的公共端，COM2为输出信号的公共端。

三、编程思想

本实例与实例94比较，采用传送指令记录呼叫信号和小车所在的位置，并采用比较指令确定小车的运行方向，从而实现小车的自动运行。

四、梯形图设计

根据控制要求设计的控制梯形图如图7-13所示。

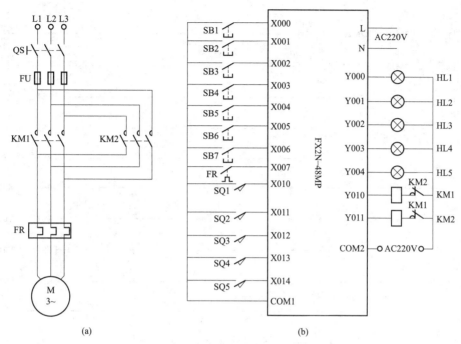

图 7-12　5 站点间控制小车自动运行的原理图

（a）主电路；（b）硬件原理图

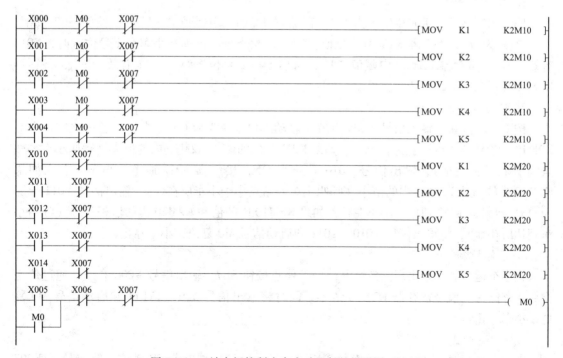

图 7-13　5 站点间控制小车自动运行的梯形图（一）

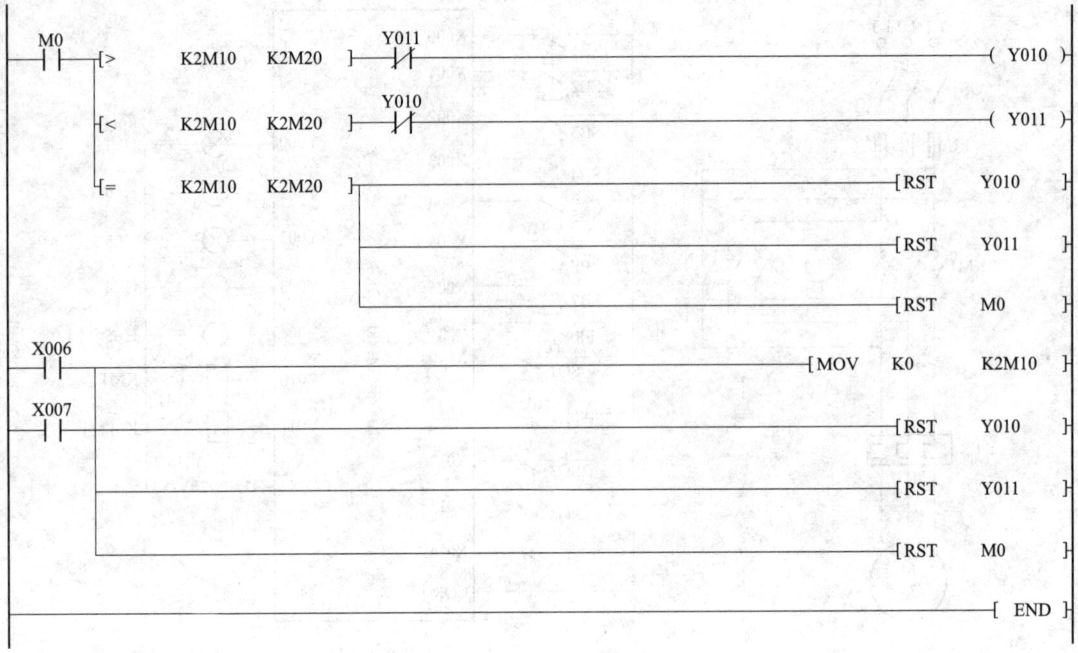

图 7-13　5 站点间控制小车自动运行的梯形图（二）

五、程序控制过程

1. 信号的登记

按钮 SB1 按下，X001 有效为 ON，存储器 K2M10 中赋值"K1"；当按钮 SB2 按下，X002 有效为 ON，寄存器 K2M10 中赋值"2"，依次类推。同理当小车在 1 号位置时，X010 有效为 ON，寄存器 K2M20 中赋值"1"，当小车在 2 号位置时，X011 有效为 ON，寄存器 K2M20 中赋值"K2"，依次类推。

2. 运行方向的确定

按下启动按钮，输入信号 X005 有效，启动继电器 M0 为 ON 并自锁。通过比较指令对 K2M10、K2M20 内的数据进行比较，如果 K2M10 内的值比 K2M20 内的值大（呼叫小车的站点大于小车所在地），输出信号 Y010 导通为 ON，接触器 KM1 通电，小车右行；如果 K2M10 内的值比 K2M20 内的值小（呼叫小车的站点小于小车所在地），输出信号 Y011 导通为 ON，接触器 KM2 通电，小车左行；如果 K2M10 内的值和 K2M20 内的值相等时（呼叫小车到达所在地），将输出信号 Y010、Y011 和启动信号 M0 复位，小车停止运行。

3. 急停控制

在小车运行时，若出现紧急情况，按下停止按钮 SB7，输出信号 X006 有效，通过传送指令将存储呼叫信号寄存器 K2M10 清零，同时将输出信号 Y010、Y011 和启动信号 M0 复位，小车停止运行。

4. 过载控制

在小车运行时，若出现电动机过载情况，过载保护热继电器 FR 动作，输出信号 X007 有效，通过传送指令将存储呼叫信号寄存器 K2M10 清零，同时将输出信号 Y010、Y011 和启动信号 M0 复位，小车停止运行。

六、编程体会

本实例的编程，采用数据传送指令 MOV 和触点比较等功能指令，与实例 93 相比给读者提供一种新的编程方法，简化程序结构，增加程序的可读性。本程序只能登记一个呼叫信号且以最后登记的为准，即只能响应一次登记信号。两种方法都可以推广至多站点小车呼叫控制系统。在实际应用中为增加工作可靠性小车应增加限位保护等保护环节；另外本实例根据实际运行情况增加急停按钮、过载等保护环节，出现意外时进行紧急停止控制。另外还建议读者在设计程序时，对于小车位置信号的记录采用具有掉电保护功能的寄存器，以防止位置信号因停电而复位。

7.3　传 送 带 控 制

 实例 95　传送带产品检测的控制

一、控制要求

一条传送带传送产品，从前一道工序过来的产品等间距排列。在传送带入口，每进来一个产品，光电计数发出一个脉冲，同时，品质检测传感器对该产品进行检测，如果该产品合格，输出逻辑信号 "0"，如果产品不合格输出逻辑信号 "1"。当不合格产品到电磁推杆位置（电磁推杆与品质检测传感器相距一个产品间隔）时，电磁推杆动作，将不合格产品推出，当产品推到位时，推杆限位开关动作，使电磁铁断电，推杆返回原位。

二、硬件电路设计

根据控制要求列出所用的输入/输出点，并为其分配相应的地址，其 I/O 分配表见表 7-6。

表 7-6　　　　　　　　　　　传送带产品检测的控制的 I/O 分配表

输入信号			输出信号		
输入地址	代号	功能	输出地址	代号	功能
X000	SQ1	品质传感器	Y000	YV	推杆电磁阀
X001	SQ2	光电计数器开关	Y001	KM	传送到接触器
X002	SQ3	推杆限位开关			
X003	SB1	传送到启动按钮			
X004	SB2	传送到停止按钮			

根据表 7-6 和控制要求设计 PLC 的硬件原理图，如图 7-14 所示。其中 COM1 为 PLC 输入信号的公共端，COM2 为输出信号的公共端。

三、编程思想

传送带上的产品检测，所用到的信号均为脉冲信号，而且本实例的电磁推杆与品质检测传感器相距一个产品间隔，如若有次品，只需给一个脉冲信号控制电磁铁推杆动作即可。

四、控制程序的设计

根据控制要求设计程序，如图 7-15 所示。

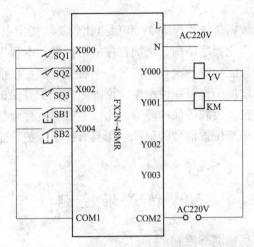

图 7-14　传送带产品检测 PLC 硬件原理图

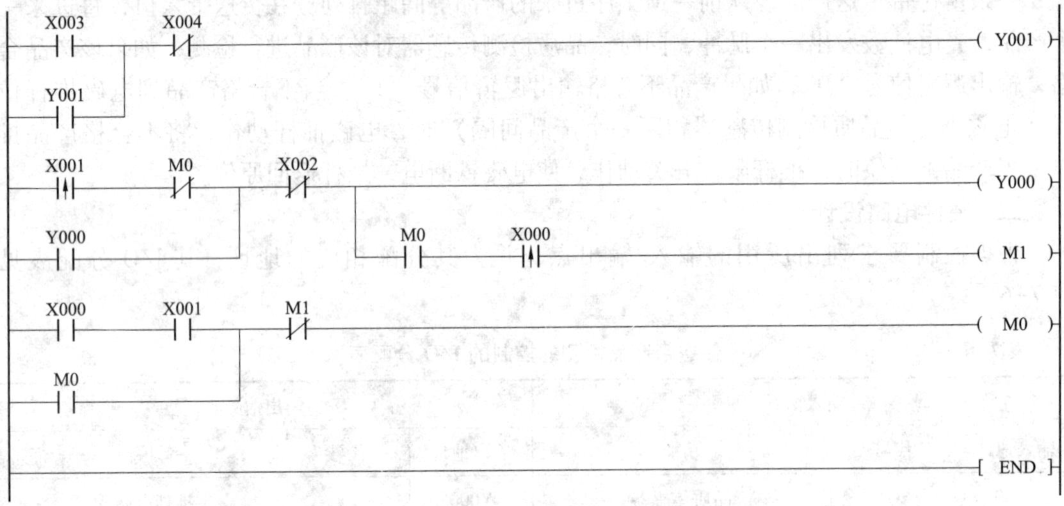

图 7-15　传送带产品检测的控制梯形图

五、程序的执行过程

传送带启动后，当正品通过时，输入信号 X000 无效，动合触点 X000 断开，输出信号 Y000 不能通电，当次品通过时，输入信号 X000 有效，同时光电计数开关 SQ2 检测到有产品通过，输入信号 X001 有效，M0 通电自锁，当下一产品通过时，此时次品正好在下一位置，在输入信号 X001 的上升沿，控制输出信号 Y000 为 ON，推杆电磁阀 YV 通电，将次品推出，当推杆到位后，限位开关 SQ3 动作，输入信号 X002 动断触点断开，控制输出信号 Y000 为 OFF，推杆电磁阀在弹簧的反力下退回原位。同时内部辅助继电器 M1 产生一个上升沿脉冲，使 M0 断电。如果第二个产品也是次品，内部辅助继电器 M0 断开一个扫描周期后，由于输入信号 X000、X001 仍然闭合，M0 会重新接通，继续完成下一个动作。

六、编程体会

实例的程序设计的主要问题是连续出现多个次品时，如何使推杆电磁阀的运动连续执行。如果第二个产品也是次品，则内部辅助继电器 M0 断开一个扫描周期后，由于输入信号 X000、X001 仍然闭合，M0 又会重新为 ON，继续完成下一个动作。

实例 96 传送带的控制

一、控制要求

按下启动按钮 SB1，系统进入开始准备状态。当有零件经过行程开关 SQ1 时，启动传送带 1。零件经过 SQ2 时，启动传送带 2。当零件经过 SQ3 时，启动传送带 3。如果 SQ1～SQ3 在传送带上 60s 未检测到零件，则视为故障，需要闪烁报警。如果 SQ1 在 100s 内未检测到零件则停止全部传送带。

按下停止按钮 SB2，全部传送带停止。

二、硬件电路设计

根据控制要求列出所用的输入/输出点，并为其分配相应的地址，其 I/O 分配表见表 7-7。

表 7-7 传送带控制的 I/O 分配表

输入信号			输出信号		
输入地址	代号	功能	输出地址	代号	功能
X000	SB1	启动按钮	Y000	KM1	控制传送带 1 接触器
X001	SB2	停止按钮	Y001	KM2	控制传送带 1 接触器
X002	SQ1	行程开关 1	Y002	KM3	控制传送带 1 接触器
X003	SQ2	行程开关 2	Y003	HL	报警指示灯
X004	SQ3	行程开关 3			

根据表 7-7 和控制要求设计 PLC 的硬件原理图，如图 7-16 所示。其中 COM1 为 PLC 输入信号的公共端，COM2 为输出信号的公共端。

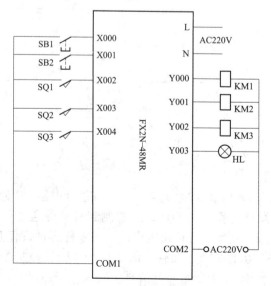

图 7-16 PLC 的控制系统的硬件原理图

三、编程思想

本实例通过运用置位、复位指令来控制传送带的启停，报警灯的闪烁控制可以采用内部的1s脉冲信号实现。

四、控制程序的设计

根据控制要求设计程序，如图7-17所示。

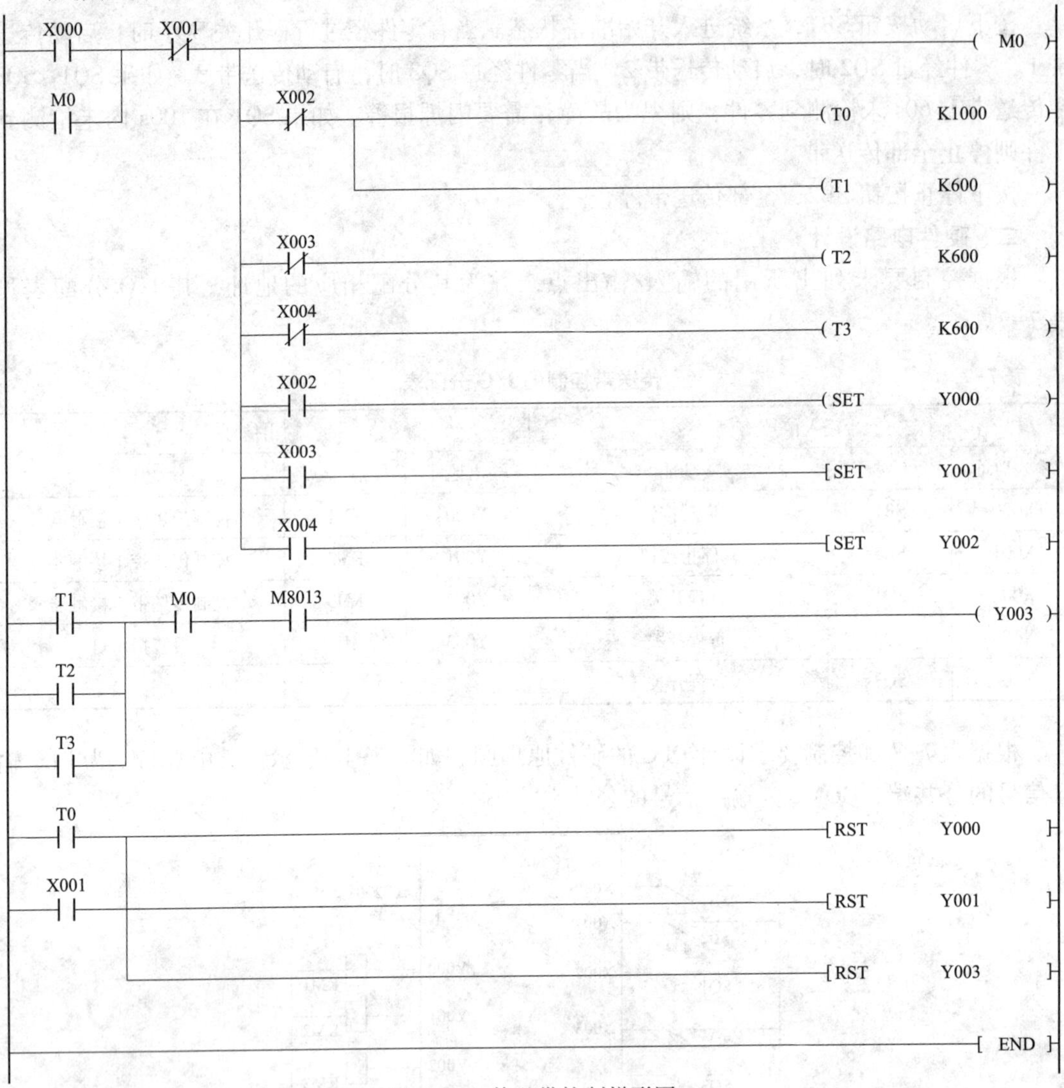

图 7-17　传送带控制梯形图

五、程序的执行过程

按下启动按钮 SB1，输入信号 X000 有效，内部辅助继电器 M0 为 ON 并自锁，同时启动定时器 T0~T3，当零件经过行程开关 SQ1 时，检测到有零件通过信号，输入信号 X002 有效，将输出信号 Y000 置 1，控制 1 号传送带启动；当零件经过行程开关 SQ2 时，检测到有零件通过信号，输入信号 X003 有效，将输出信号 Y001 置 1，控制 2 号传送带启动；当零件经过行程开关 SQ3 时，检测到有零件通过信号，输入信号 X004 有效，将输出信号 Y002 置 1，控制 3 号传送带启动，这样 3 个传送到按顺序依次启动。

如果在 60s 内有一台传送带未检测到零件，则相应定时器的动合触点闭合，在秒脉冲 M8013 的控制下，输出信号 Y003 周期性通断，控制报警灯 HL 闪烁。若在 100s 内 1 号传送带未检测到零件，则定时器 T0 定时时间到，其动合触点闭合，使输出信号 Y000、Y001 和 Y002 复位，传送带全部停止。

按下停止按钮 SB2，输入信号 X001 有效，使输出信号 Y000、Y001、Y002 复位，传送带全部停止。

六、编程体会

通过本实例的程序设计，掌握置位、复位指令的应用，将复位指令放在程序的最后，实现复位指令的优先，同时应注意停止信号一定要加到复位指令上，否则将不能实现停止。另外，报警复位的时间可根据实际情况进行调整。

 实例 97　多条传送带的控制

一、控制要求

一组传送带由 3 条传送带连接组成，用于传送一定长度的金属板，为避免传送带在没有物品时空转，在每条传送带末端安装一个接近开关用于金属板的检测，控制下一条传送带在检测到金属板时启动，金属板离开传送带时停止。如图 7-18 所示。

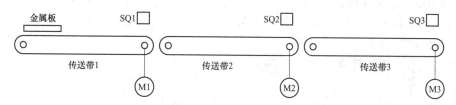

图 7-18　多条传送带控制工作示意图

按下启动按钮 SB1，传送带 1 启动，当金属板前端到达传送带 1 末端时，接近开关 SQ1 动作，传送带 2 启动，当金属板末端离开接近开关 SQ1 时，传送带 1 停止。当金属板的前端到达 SQ2 时，传送带 3 启动，当金属板的末端离开 SQ2 时停止传送带 2。最后当金属板的末端离开 SQ3 时，传送带 3 停止。

二、硬件电路设计

根据控制要求列出所用的输入/输出点，并为其分配相应的地址，其 I/O 分配表见表 7-8。

表 7-8　　　　　　　　　　　　多条传送带控制的 I/O 分配表

输入信号			输出信号		
输入地址	代号	功能	输出地址	代号	功能
X000	SB1	启动按钮	Y000	KM1	控制传送带 1 接触器
X001	SQ1	接近开关 1	Y001	KM2	控制传送带 2 接触器
X002	SQ2	接近开关 2	Y002	KM3	控制传送带 2 接触器
X003	SQ3	接近开关 3			
X004	SB2	急停按钮			

根据表 7-8 和控制要求设计 PLC 的硬件原理图，如图 7-19 所示。其中 COM1 为 PLC 输

入信号的公共端，COM2 为输出信号的公共端。

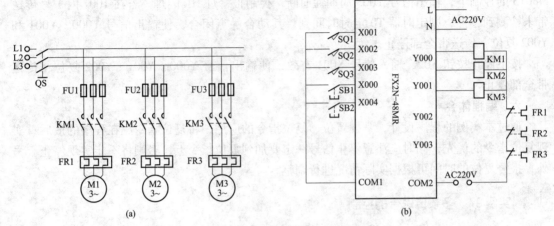

图 7-19　多条传送带控制电气原理图

（a）电动机控制电气原理图；（b）PLC 硬件原理图

三、编程思想

本实例编程与实例 88 的区别在于接近开关接通的时间不同，在程序设计上，可以利用接近开关接通启动下一条传送带，同时利用其下降沿断开前一条传送带。

四、控制程序的设计

根据控制要求设计程序，如图 7-20 所示。

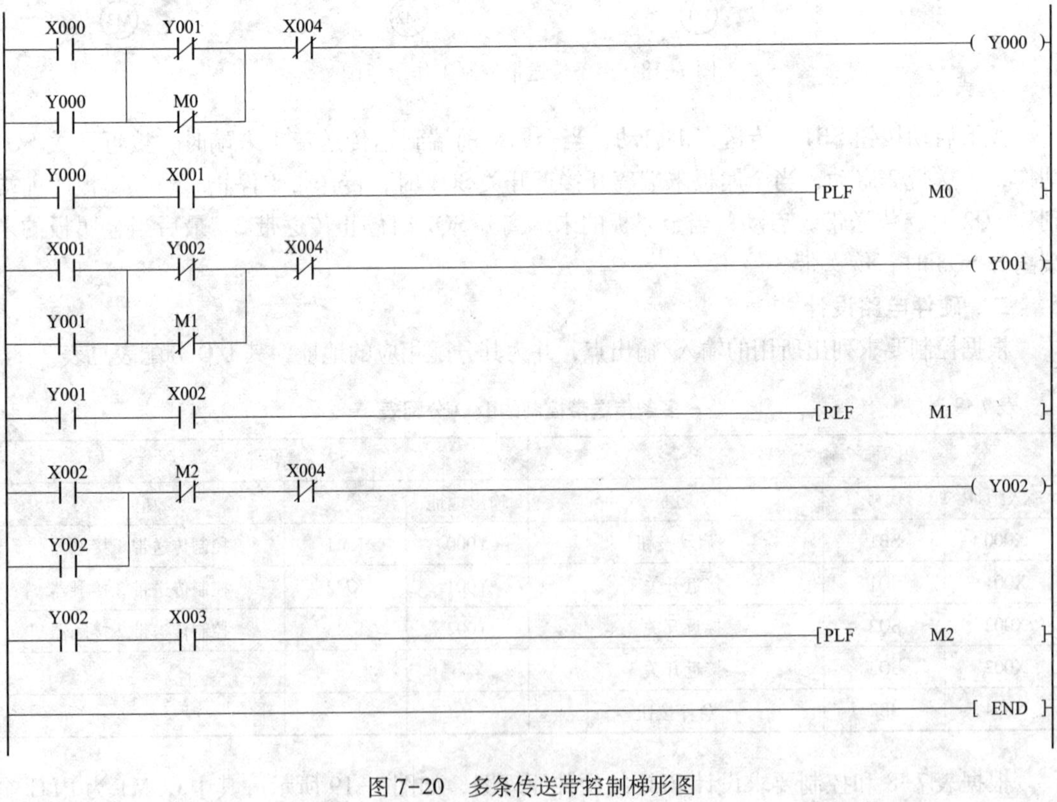

图 7-20　多条传送带控制梯形图

五、程序执行过程

按下启动按钮 SB1，输入信号 X000 有效，输出信号 Y000 为 ON，控制接触器 KM1 通电，电动机 M1 启动，传送带 1 启动工作。当金属板前端到达传送带 1 前端时，接近开关 SQ1 接通，输入信号 X001 有效，输出信号 Y001 为 ON，接触器 KM2 通电，电动机 M2 启动，传送带 2 启动运行，当金属板末端离开接近开关 SQ1 后，接近开关 SQ1 断开，输入信号 X001 断开，其下降沿中间继电器 M0 接通一个扫描周期，使输出信号 Y000 变为 OFF，接触器 KM1 断电，电动机 M1 断电，传送带 1 停止工作。同理，直到传送带 3 工作完毕，全部传送带停止工作，等待下一次工作开始。

如果在工作过程中出现异常情况，按下急停按钮 SB2，输入信号 X004 有效，输出信号 Y000、Y001 和 Y002 断开，传送带停止工作。

六、编程体会

本实例的程序设计，应注意接近开关接通与断开是通过金属板（即相当于长挡铁）控制，其接通与断开期间是经过一段时间间隔的，要利用这个特性进行编程。

实例 98 自动配料装车的控制

一、控制要求

自动配料装车控制系统的示意图如图 7-21 所示，系统由料斗、传送带、检测系统组成。配料装置能自动识别货车到位情况及对货车进行自动配料，当车装满时，配料系统自动停止配料。料斗物料不足时停止配料并自动进料。

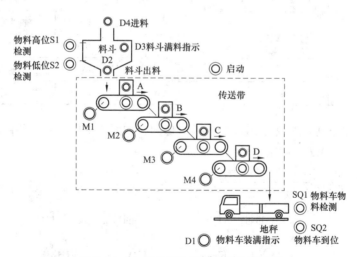

图 7-21 自动配料装车控制系统示意图

按下启动按钮，红灯 HL2 灭，绿灯 HL1 亮，表明允许汽车开进装料。料斗出料口电磁阀 YV2 关闭，若物料检测传感器 SQ1 置为 OFF（料斗中的物料不满），进料电磁阀 YV2 开启进料同时指示灯 HL6 点亮。当 SQ1 置为 ON（料斗中的物料已满），则停止进料电磁阀 YV1。电动机 M1、M2、M3 和 M4 均为 OFF。

当汽车开进装车位置时，限位开关 SQ2 置为 ON，红灯信号灯 HL2 点亮，配料车到位绿灯 HL1 灭；同时启动电动机 M4，5s 后启动 M3，再 5s 后启动 M2，再经过 5s 启动 M1，再经过 5s 才打开出料电磁阀 YV1，同时点指示灯，指示物料经料斗出料。

当车装满时，接近开关 SQ2 为 ON，料斗关闭，5s 后 M1 停止，M2 在 M1 停止 5s 后停止，M3 在 M2 停止 5s 后停止，最后 M4 在 M3 停止 5s 后停止。同时红灯 HL2 灭，绿灯 HL1 亮，指示配料车可以开走。按下停止按钮，自动配料装车的整个系统停止运行。

二、硬件电路设计

根据控制要求列出所用的输入/输出点，并为其分配相应的地址，其 I/O 分配表见表 7-9。

表 7-9　　　　　　　　　　自动配料装车控制控制的 I/O 分配表

输入信号			输出信号		
输入地址	代号	功能	输出地址	代号	功能
X000	SB1	启动按钮	Y000	M1	电动机 M1
X001	SQ1	运料车装满接近开关	Y001	M2	电动机 M2
X002	SQ2	运料车到位接近开关	Y002	M3	电动机 M3
X003	SQ3	料斗物料充足接近开关	Y003	M4	电动机 M4
X004	SQ4	料斗物料缺料接近开关	Y004	HL1	允许进车指示灯
X005	SB2	急停按钮	Y005	HL2	运料车到位指示灯
			Y006	HL3	运料车装满指示灯
			Y007	HL4	料斗下料指示灯
			Y010	HL5	料斗物料充足指示灯
			Y011	HL6	料斗进料指示灯
			Y012	YV	料斗下料电磁阀
			Y013	YA	料斗进料电磁铁

根据表 7-9 和控制要求设计 PLC 的硬件原理图，如图 7-22 所示。其中 COM1 为 PLC 输入信号的公共端，COM2 为输出信号的公共端。

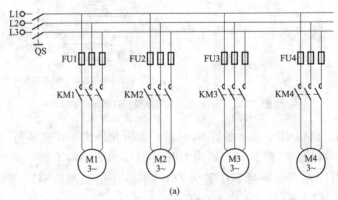

(a)

图 7-22　自动配料装车控制电气原理图（一）

(a) 电动机控制电气原理图

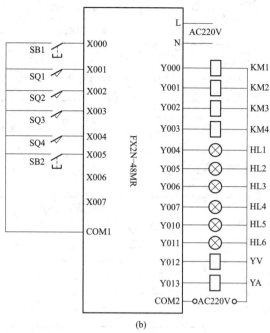

(b)

图 7-22　自动配料装车控制电气原理图（二）

（b）PLC 硬件原理图

三、编程思想

本实例编程是在电动机顺序控制的基础上，再增加两个被控对象料斗和运料车。可采用经验设计法进行设计，利用运料车的到位信号和装满信号作为传送带的启动和停止信号。

四、控制程序的设计

根据控制要求设计程序，如图 7-23 所示。

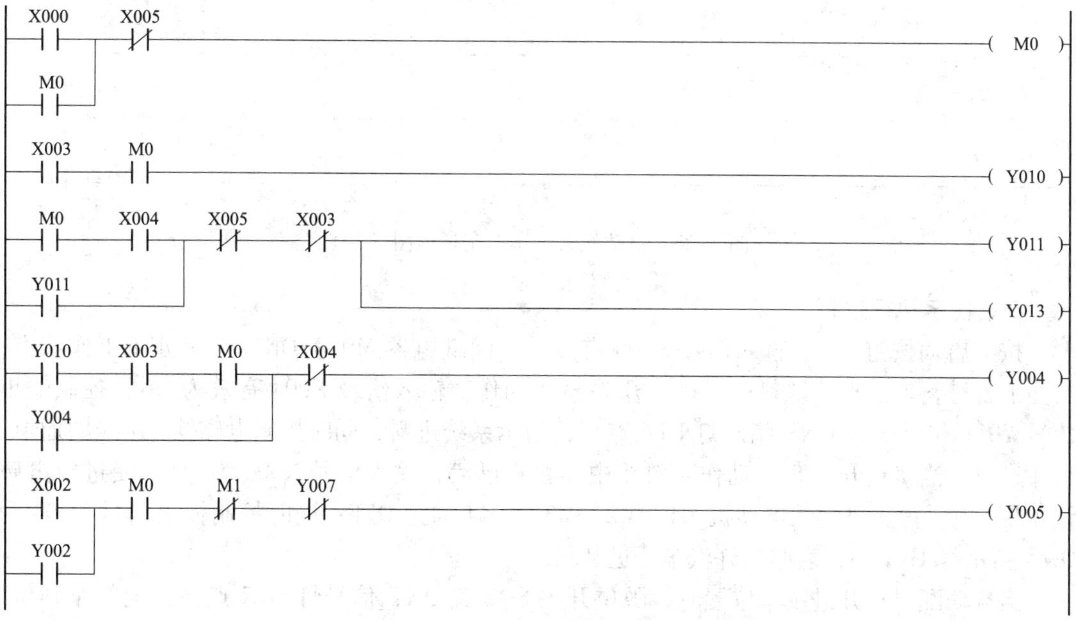

图 7-23　自动配料装车控制梯形图（一）

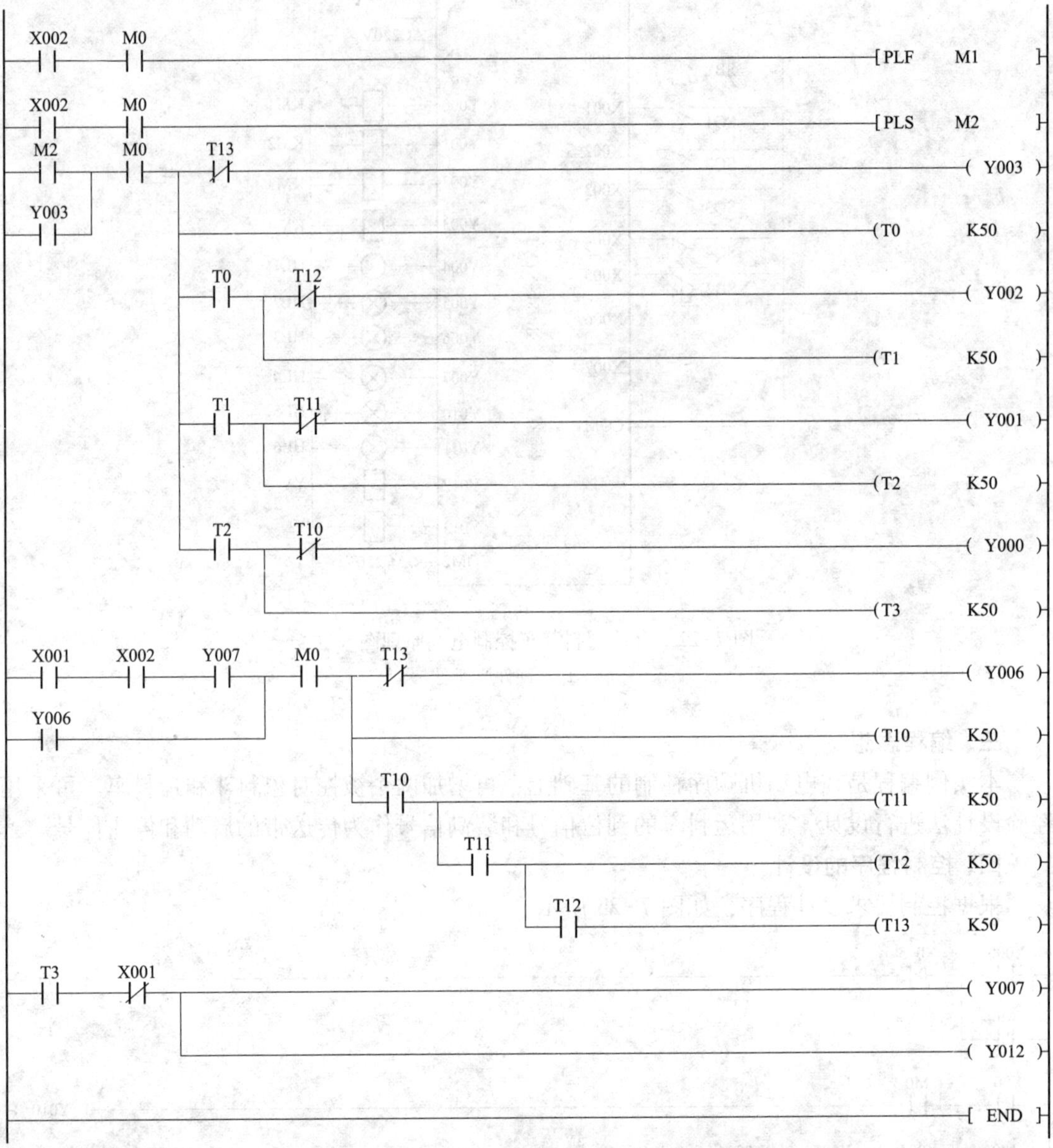

图 7-23 自动配料装车控制梯形图（二）

五、程序执行过程

按下启动按钮 SB1，输入信号 X000 有效，中间继电器 M0 为 ON，系统处于工作状态，料斗准备进料。当料斗缺料时，接近开关 SQ4 动作，输入信号 X004 有效为 ON，控制输出信号 Y011 和 Y13 为 ON，指示灯 HL6 点亮，指示系统进料，同时控制电磁铁 YA 线圈通电，料斗进料；当接近开关 SQ1 动作时料斗中的物料已满，输入信号 X003 为 ON，使进料电磁铁 YA 断电，停止进料。电动机 M1、M2、M3 和 M4 均为 OFF；同时控制输出信号 Y004 为 ON，指示灯 HL1 亮，表明允许汽车开进装料。

当自动配料车开进装车位置时，限位开关 SQ2 置 ON，信号灯 HL2 点亮，配料车到位，指示自动配料车已经到位，允许汽车开进装料指示灯 HL1 熄灭。同时控制输出信号 Y003 为

256

ON，控制接触器 KM4 通电，电动机 M4 启动；定时器 T0 开始工作，定时 5s 后，控制输出信号 Y002 为 ON，接触器 KM3 通电，电动机 M3 启动；定时器 T1 开始工作，定时 5s 后，控制输出信号 Y001 为 ON，接触器 KM2 通电，电动机 M2 启动；定时器 T2 开始工作，定时 5s 后，控制输出信号 Y000 为 ON，接触器 KM1 通电，电动机 M1 启动；定时器 T3 开始工作，再经过 5s 的定时，控制输出信号 Y007 和 Y012 为 ON，电磁阀 YV 通电同时指示灯 HL4 点亮，打开出料电磁阀出料，同时点指示灯，指示物料经料斗出料。

当车装满时，接近开关 SQ1 接通，输入信号 X001 为 ON，控制输出信号 Y007 和 Y012 为 OFF，指示灯 HL4 熄灭，同时电磁阀 YV 断电，关闭出料电磁阀，停止出料。

料斗出料电磁阀关闭后，控制输出信号 Y006 为 ON，指示灯 HL3 点亮，指示自动配料车物料已经充满。定时器 T10 开始定时，定时 5s 后，控制输出信号 Y000 为 OFF，接触器 KM1 断电，电动机 M1 停止运行；定时器 T11 开始定时，定时 5s 后，控制输出信号 Y001 为 OFF，接触器 KM2 断电，电动机 M2 停止运行；定时器 T12 开始定时，定时 5s 后，控制输出信号 Y002 为 OFF，接触器 KM3 断电，电动机 M3 停止运行；定时器 T13 开始定时，定时 5s 后，控制输出信号 Y003 为 OFF，接触器 KM4 断电，电动机 M4 停止运行。指示灯 HL3 点亮后，指示配料车可以开走。

系统需要停止时，按下停止按钮，输入信号 X005 有效，控制中间继电器 M0 复位，自动配料装车的整个系统停止运行。

六、编程体会

本实例的程序设计，应注意料斗进料和料斗出料是两个相互关联的控制过程，当料斗出料时，若出现料斗缺料的情况，应立即进料；而当料斗缺料时不允许出料电磁阀打开，在编程时读者应根据实际情况加以考虑。

7.4 交通信号灯的应用

 实例 99 十字路口交通信号灯的控制

一、控制要求

设计 PLC 程序对十字路口交通灯进行控制，满足功能如按下启动按钮，东西向红灯和南北向绿灯同时点亮，东西向红灯亮 30s，南北向绿灯亮 25s 后闪烁 3s；接着南北向绿灯熄灭，南北向黄灯亮 2s；而后南北向黄灯和东西向红灯同时熄灭。南北向红灯和东西向绿灯同时点亮，南北向红灯亮 30s，东西向绿灯亮 25s 后闪烁 3s；接着东西向绿灯熄灭，东西向黄灯亮 2s；而后东西向黄灯和南北向红灯同时熄灭；如此循环。

二、硬件电路设计

根据控制要求列出所用的输入/输出点，并为其分配相应的地址，其 I/O 分配表见表 7-10。

表 7-10　　　　　　　　　十字路口交通信号灯的 I/O 分配表

输入信号			输出信号		
输入地址	代号	功能	输出地址	代号	功能
X000	SB1	启动按钮	Y000	HL1	东西向红灯

续表

输入信号			输出信号		
输入地址	代号	功能	输出地址	代号	功能
X001	SB2	停止按钮	Y001	HL2	南北向绿灯
			Y002	HL3	南北向黄灯
			Y003	HL4	南北向红灯
			Y004	HL5	东西向绿灯
			Y005	HL6	东西向黄灯

　　根据表7-10和控制要求设计PLC的硬件原理图，如图7-24所示。其中COM1为PLC输入信号的公共端，COM2为输出信号的公共端。

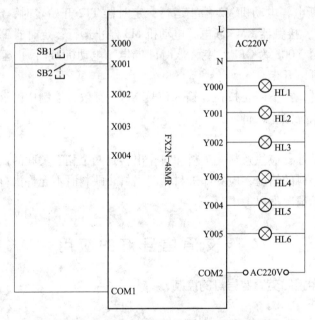

图7-24　十字路口交通信号灯PLC硬件原理图

三、编程思想

　　十字路口的程序设计，首先要考虑东西方向和南北方向的交通信号灯的工作时间，然后考虑采用何种方法实现，本实例采用定时器结合接点比较指令的方法。

四、控制程序的设计

　　根据控制要求设计程序，如图7-25所示。

五、程序控制过程

　　按下启动按钮SB1，输入信号X000有效，中间继电器M0接通并自锁，通过M0启动定时器T1，并且定时器T0与T1组成一个震荡电路，T1动合触点断35s，通35s，作为两个方向的转换周期信号。

　　在定时器T1动合触点断开时，其动断触点闭合，使输出信号Y000为ON，东西方向红灯亮；此时两个触点比较指令条件都满足，控制输出信号Y001为ON，南北方向绿灯亮，

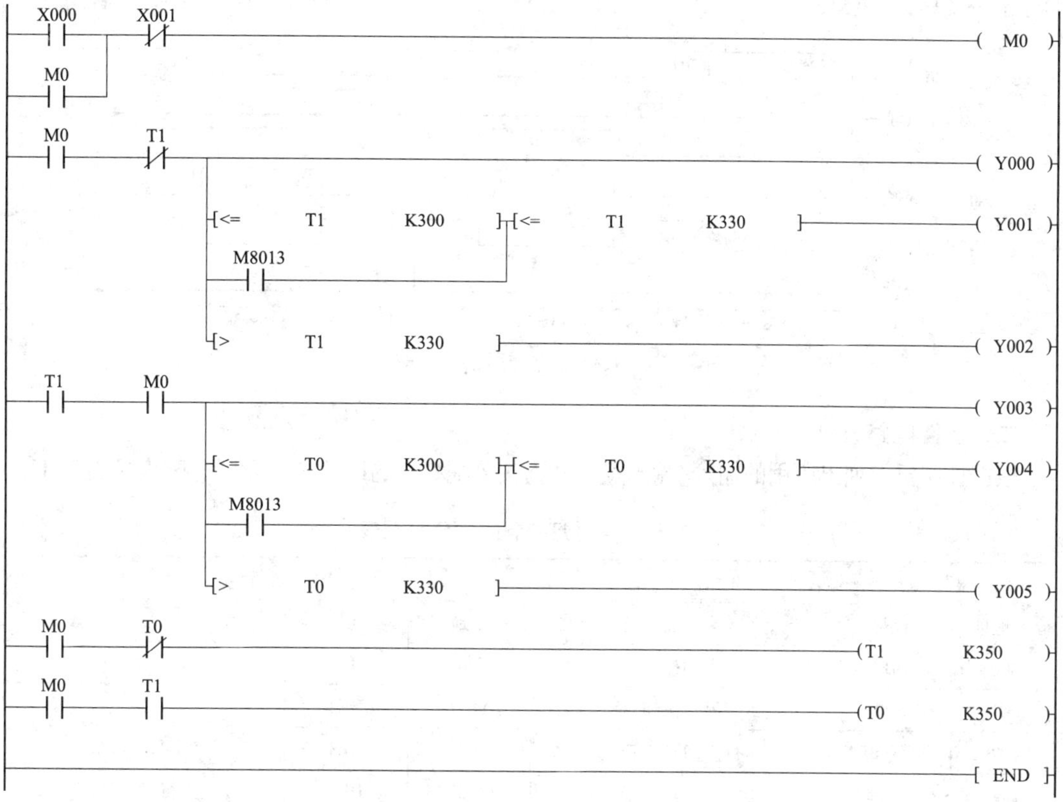

图 7-25 十字路口交通信号灯 PLC 控制梯形图

当定时器 T1 定时 30s 后,第一个触点比较指令 T1 的当前值大于 300,其条件不再满足,输出信号 Y001 经秒脉冲 M8013 接通,南北方向绿灯闪烁,当定时器 T1 定时 33s 后,第二个触点比较指令比较 T1 的当前值大于 330,其条件不满足使输出信号 Y001 为 OFF,东西方向绿灯灭;同时第三个触点比较指令条件满足控制输出信号 Y002 为 ON,东西方向黄灯点亮。在定时器 T1 定时 35s 后,其动断触点断开时,使输出信号 Y002 复位,东西方向黄灯熄灭,输出信号 Y000 也复位,东西方向红灯也熄灭。

南北方向绿灯与东西方向红灯同上述过程完全相同,读者可自行分析。

六、编程体会

本实例应用字比较指令,程序结构清晰,易于分析,在设计程序时尽量应用 PLC 提供的功能指令,简化程序的设计过程。

 实例 100　人行横道交通信号灯的控制

一、控制要求

在城市的主干道上往往要安装人行横道交通信号灯,当行人过马路时,可按下分别在马路两侧的按钮 SB3 或 SB4,交通信号灯进行工作,如图 7-26 所示。在工作期间,任何按钮按下都不再响应。若无人按下人行横道信号灯启动按钮,车行道绿灯点亮 180s,闪烁 3s 后车道绿灯熄灭,黄灯点亮 3s,车道红灯点亮 18s;此时人行横道绿灯点亮 15s,闪烁 3s 后人行横道红灯点亮。在车行道绿灯点亮期间,若有人按下人行横道信号灯启动按钮,则车道绿灯闪烁3s熄灭，黄灯点亮3s，红灯点亮；人行横道信号灯绿灯点亮15s，闪烁3s后熄灭。

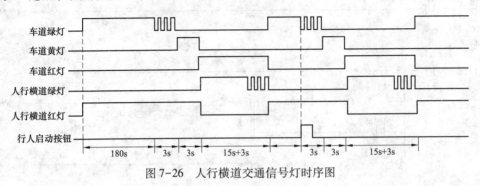

图7-26 人行横道交通信号灯时序图

二、硬件电路设计

根据控制要求列出所用的输入/输出点，并为其分配相应的地址，其I/O分配表见表7-11。

表 7-11 人行横道信号灯控制的 I/O 分配表

输入信号			输出信号		
输入地址	代号	功能	输出地址	代号	功能
X000	SB1	启动按钮	Y000	HL1	行车道绿灯
X001	SB2	停止按钮	Y001	HL2	行车道黄灯
X002	SB3、SB4	行人启动按钮	Y002	HL3	车行道红灯
			Y003	HL4	人行横道红灯
			Y004	HL5	人行横道绿灯

根据表7-11和控制要求设计PLC的硬件原理图，如图7-27所示。其中COM1为PLC输入信号的公共端，COM2为输出信号的公共端。

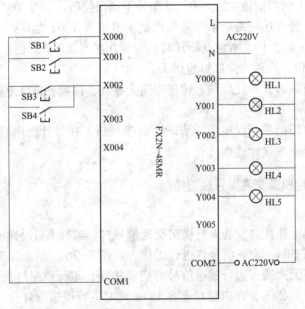

图7-27 人行横道交通信号灯的PLC硬件原理图

三、编程思想

根据人行横道交通信号灯的时序，应用定时器控制交通信号灯的通断。车道和人行横道交通信号灯的工作时间不同的特点，本实例采用定时器结合接点比较指令的方法实现其控制要求。

四、控制程序的设计

根据控制要求设计控制程序，如图 7-28 所示。

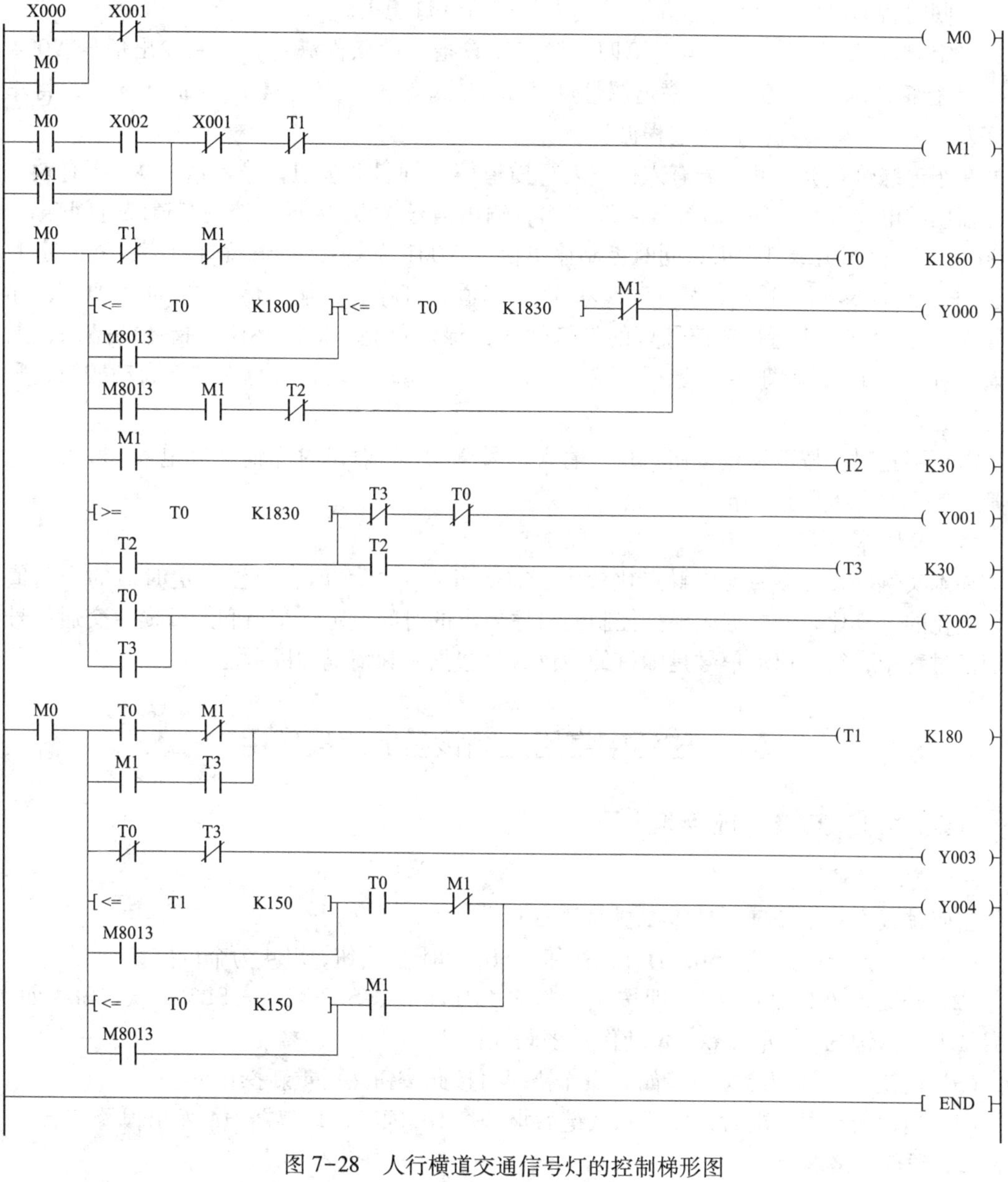

图 7-28 人行横道交通信号灯的控制梯形图

五、程序执行过程

按下启动按钮 SB1，输入信号 X000 有效，内部辅助继电器 M0 为 ON，控制车道绿灯输出信号 Y000、人行横道红灯 Y003 为 ON，同时定时器 T0 开始计时，若无人按下人行横道信号灯启动按钮，通过触点比较指令的结果，车道绿灯点亮 180s，当定时器 T0 定时 180s 后，第一个触点比较指令 T1 的当前值大于 1800，其条件不再满足，输出信号 Y000 经秒脉冲 M8013 接通，车道绿灯闪烁；定时器 T0 定时 183s 后，第二个触点比较指令比较 T0 的当前值大于 1830，其条件不满足使输出信号 Y000 为 OFF，车道绿灯灭；车道绿灯熄灭后；同时第三个触点比较指令 T0 的当前值大于 1830，其条件满足控制，输出信号 Y001 为 ON，车道黄灯点亮。在定时器 T0 定时 186s 后，其动断触点断开时，输出信号 Y001 复位，车道黄灯熄灭，同时将输出信号 Y003 复位，控制人行横道红灯熄灭。

当定时器 T0 定时 186s，同时第四个触点比较指令的条件满足，控制输出信号 Y004 为 ON，人行横道绿灯点亮，人行横道绿灯点亮 15s，闪烁 3s，定时器 T1 定时 18s 后，将车道绿灯人行横道红灯点亮。按此过程循环。

在车道绿灯点亮期间，若有人按下人行横道信号灯启动按钮，输入信号 X002 有效，则内部辅助继电器 M1 为 ON，定时器 T2 工作，输出信号 Y000 闪烁，控制车道绿灯闪烁 3s 后 Y000 为 OFF，车道绿灯熄灭；同时控制输出信号 Y001 为 ON，车道黄灯点亮，同时定时器 T3 工作，定时 3s 后，输出信号 Y002 为 ON，车道红灯点亮，输出信号 Y003 为 OFF，输出信号 Y004 为 ON，人行横道信号灯的红灯熄灭，绿灯点亮；通过字比较指令的结果，人行横道绿灯点亮 15s，闪烁 3s 后熄灭，然后进入下一个循环。若再有行人按下启动按钮，则重复上述过程。

需要停止时，按下停止按钮 SB2，输入信号 X001 有效，内部辅助继电器 M0 和 M1 为 OFF，交通信号灯停止工作。

六、编程体会

在本实例的设计中，使用触点比较大于（或小于）指令时，要注意定时器的当前值是递增变化的，其比较的数据应根据控制的时序要求的时间设定；车道和人行横道交通信号灯的切换过程中，行人启动信号是随机的，读者可根据实际情况加以考虑。

7.5　生活中常用控制设备的编程应用

实例 101　密码锁的应用程序

一、控制要求

密码锁设有 6 个按键，具体控制过程如下。

（1）SB1 为千位按钮，SB2 为百位按钮，SB3 为十位按钮，SB4 为个位按钮。

（2）开锁密码为"1314"，即按顺序按下 SB1 一次、SB2 三次、SB3 一次、SB4 四次，然后按下确认键 SB5，电磁铁 YA 动作，密码锁打开。

（3）按钮 SB6 为清除按钮，如有操作错误可按此按钮然后重新操作。

（4）当输入错误 3 次时，按下确认键后报警灯 HL 闪亮，蜂鸣器 HA 发出报警声响。

二、硬件电路设计

根据控制要求列出所用的输入/输出点，并为其分配相应的地址，其 I/O 分配表见表 7-12。

根据表 7-12 和控制要求设计 PLC 的硬件原理图，如图 7-29 所示。其中 COM1 为 PLC 输入信号的公共端，COM2 为输出信号的公共端。

表 7-12 密码锁的 I/O 分配表

输入信号			输出信号		
输入地址	代号	功能	输出地址	代号	功能
X000	SB1	千位按钮	Y000	YA	电磁铁
X001	SB2	百位按钮	Y001	HL	报警灯
X002	SB3	十位按钮	Y002	HA	蜂鸣器
X003	SB4	个位按钮			
X004	SB5	确认按钮			
X005	SB6	清除按钮			

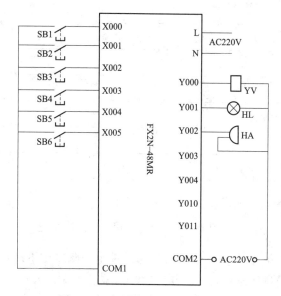

图 7-29 密码锁 PLC 硬件原理图

三、编程思想

本实例可采用计数器和比较指令实现对密码锁的控制。

四、梯形图设计

根据控制要求设计的控制梯形图如图 7-30 所示。

五、程序的执行过程

当按下 SB1 时，输入信号 X000 有效，通过递增指令记录 SB1 的动作次数，并将其存入寄存器 K1M10 中。

当按下 SB2 时，输入信号 X001 有效，通过递增指令记录 SB2 的动作次数，并将其存入寄存器 K1M20 中。

当按下 SB3 时，输入信号 X002 有效，通过递增指令记录 SB3 的动作次数，并将其存入寄存器 K1M30 中。

当按下 SB4 时，输入信号 X003 有效，通过递增指令记录 SB4 的动作次数，并将其存入寄存器 K1M40 中。

假设当前密码锁的密码为 "1314"，当千位、百位、十位和个位的数据与设定的密码

```
X000   C0                                                    [INCP   K1M10]
 ─┤├──┤/├─────────────────────────────────────────────────

X001   C0                                                    [INCP   K1M20]
 ─┤├──┤/├─────────────────────────────────────────────────

X002   C0                                                    [INCP   K1M30]
 ─┤├──┤/├─────────────────────────────────────────────────

X003   C0                                                    [INCP   K1M40]
 ─┤├──┤/├─────────────────────────────────────────────────

X004                                                               ( M0 )
 ─┤├─[=  K1  K1M10]─[=  K3  K1M20]─[=  K1  K1M30]───────────

X004   M0                              T0                          ( Y000 )
 ─┤├──┤├─[=  K4  K1M40]───────────────┤/├──────────────────
Y000
 ─┤├─                                                             ( T0  K30 )

X004  Y000  X005                                                  ( Y001 )
 ─┤├──┤/├──┤/├─────────────────────────────────────────────

                                                                  ( Y002 )

X005                                                         [MOV  K0  K1M10]
 ─┤├───────────────────────────────────────────────────────

                                                             [MOV  K0  K1M20]

                                                             [MOV  K0  K1M30]

                                                             [MOV  K0  K1M40]

Y001                                                              ( C0  K5 )
 ─┤├───────────────────────────────────────────────────────

X000  X001  X002  X003                                       [RST  C0]
 ─┤├──┤├──┤├──┤├────────────────────────────────────────────

                                                                  [ END ]
```

图 7-30 密码锁的控制梯形图

1314 相符合时，即 4 个触点比较指令的条件同时满足，此时按下确认按钮 SB5，输入信号 X004 有效，输出信号 Y000 为 ON，控制电磁铁 YA 动作开锁。

假设当前密码锁的密码为"1314"，当千位、百位、十位和个位的数据与设定的密码 1314 不符合，即 4 个触点比较指令有一个条件不满足时，此时按下确认按钮 SB5，输入信号 X004 有效，输出信号 Y001 和 Y002 为 ON，控制报警灯和蜂鸣器工作，发出声光报警信号。

发出声光报警信号或操作失误后，按下撤销按钮 SB6，输入信号 X005 有效，通过传送指令将寄存器 K1M10、K1M20、K1M30 和 K1M40 的内容清零，并清除报警信号。

发出声光报警信号后，计数器 C0 开始计数，报警 5 次后计数器 C0 动作，其动断触点切断加 1 指令，使加 1 指令不再工作，密码锁无法打开；此时可将 SB1~SB4 同时按下，输入信号 X000~X003 同时有效将计数器 C0 复位，密码锁开启工作，可重新进行。

六、编程体会

在本实例的编程中，应避免每个扫描周期都进行累加，发生记录的次数出错；本程序编写的关键在于将 4 位的数据结果与设定的密码进行比较，采用逻辑"与"方法，只有 4 位数据同时满足，才能实现开锁。本实例编程的思路比较清晰，易于理解。

 实例 102　污水处理控制系统的应用程序

一、控制要求

（1）污水池由两台排水泵实现污水的排放处理。正常工作时两台排水泵定时循环工作，每隔2min（可根据实际时间调整）实现换泵；当污水液位到达超高液位时，两台泵同时投入运行；当某一台泵在其工作期间出现故障时，要求另一台泵立即投入运行。

（2）当污水池液位高于高液位时，系统自动开启排水泵排污；污水池液位低于高液位时，系统自动关闭排水泵；污水池液位到达超高液位时，两台排水泵同时投入运行。

（3）污水池出现超低液位时，要求液位报警灯以2s为周期闪烁；污水池出现超高液位时，液位报警灯以1s为周期闪烁。

二、硬件电路设计

根据控制要求列出所用的输入/输出点，并为其分配相应的地址，其I/O分配表见表7-13。

表7-13 　　　　　　　　　　　　污水处理控制的I/O分配表

输入信号			输出信号		
输入地址	代号	功能	输出地址	代号	功能
X000	SB1	停止按钮	Y000	KM1	1号水泵接触器
X001	SB2	启动按钮	Y001	KM2	2号水泵接触器
X002	FR1	1号水泵过载保护	Y002	HL1	超低液位指示灯
X003	FR2	2号水泵过载保护	Y003	HL2	低液位指示灯
X004	SQ1	污水池超高液位传感器	Y004	HL3	超高液位指示灯
X005	SQ2	污水池超低液位传感器	Y005	HL4	高液位指示灯
X006	SQ3	污水池低液位传感器	Y006	HL5	液位报警灯
X007	SQ4	污水池高液位传感器	Y007	HL6	水泵过载报警灯

根据表7-13和控制要求设计PLC的硬件原理图，如图7-31所示。其中COM1为PLC输入信号的公共端，COM2为输出信号的公共端。

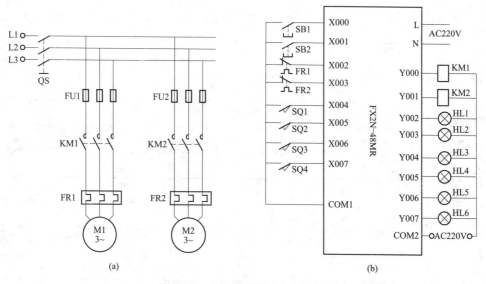

图7-31　污水处理的电气原理图

（a）污水泵电动机控制电路；（b）污水处理的PLC硬件原理图

265

三、编程思想

本实例可按水位高低来编写设计程序，其水泵的工作情况可分为5种状态：①低于超低水位；②超低水位与低水位之间；③低水位与高水位之间；④高水位与超高水位之间；⑤高于超高水位。同时还要考虑水泵工作的实际状况，如出现过载时如何处理。

四、控制程序的设计

根据控制要求设计程序，如图7-32所示。

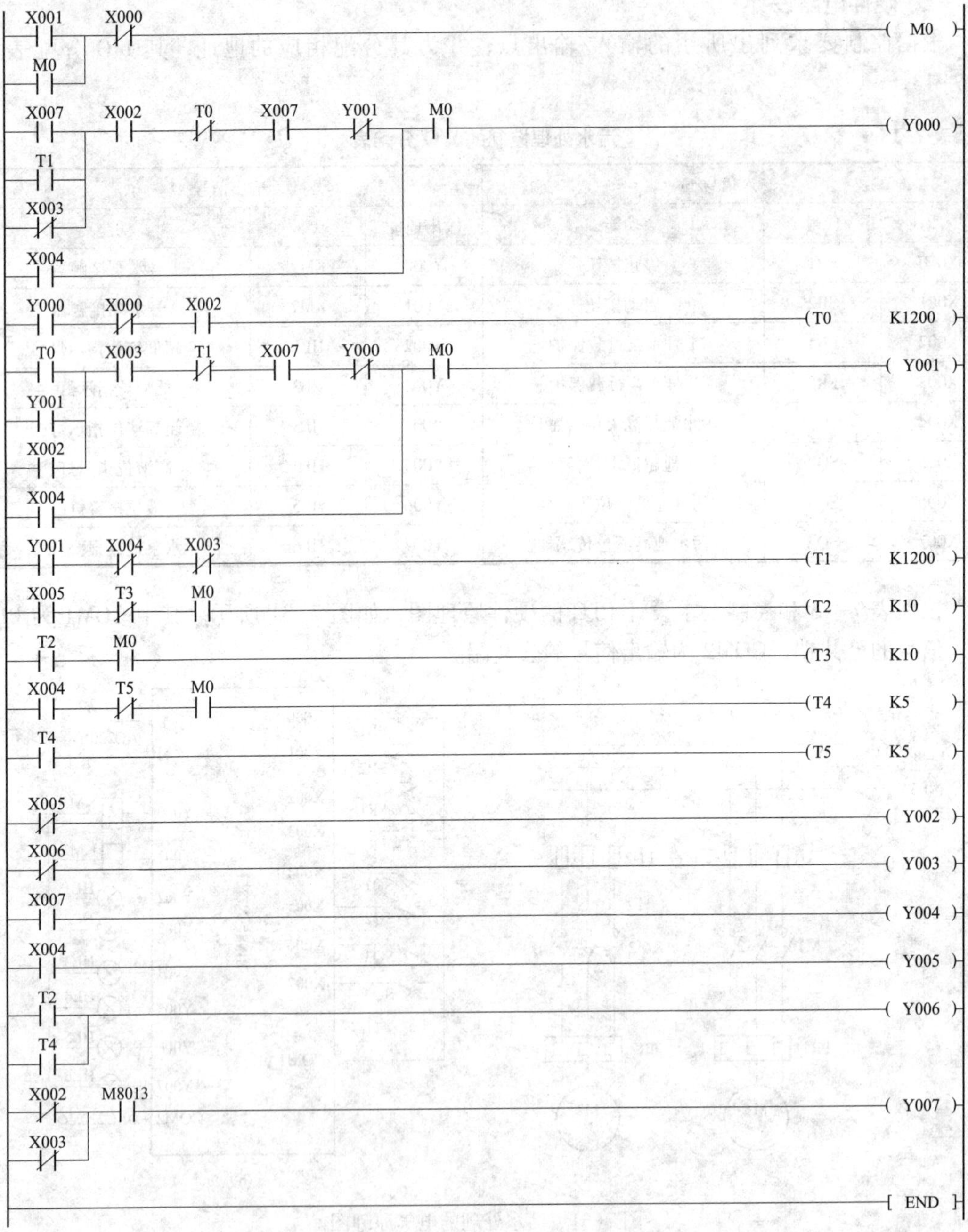

图7-32 污水处理的控制梯形图

五、程序执行过程

1. 两泵轮流工作

当液位低于超高液位，高于高液位时，污水池高液位传感器 SQ4 接通，输入信号 X007 有效，输出信号 Y000 为 ON，控制接触器 KM1 通电，排水泵 1 开始工作，同时接通定时器 T0，2min 后，其动断触点断开，输出信号 Y000 变为 OFF，接触器 KM1 断电，排水泵 M1 停止工作，同时定时器 T0 的动合触点闭合，使输出信号 Y001 为 ON，接触器 KM2 接通，排水泵 M2 开始排水，同时接通定时器 T1，2min 后，其动断触点断开，使输出信号 Y001 变为 OFF，接触器 KM2 断电，排水泵 M2 停止工作，同时定时器 T2 动合触点闭合，使输出信号 Y000 为 ON，接触器 KM1 通电，排水泵 M1 又重新开始排水。排水泵 M1、M2 以 4min 为周期交替进行工作。

2. 两泵同时工作

如果液位达到超高液位标准，SQ1 接通，输入信号 X004 有效，控制输出信号 Y000 和 Y001 同时为 ON，控制接触器 KM1 和 KM2 通电，两台水泵同时启动运行；同时输出信号 Y004 和 Y006 为 ON，超高液位指示灯 HL3 亮报警。

3. 两泵进入待机状态

当污水池液位在高水位与低水位之间，输入信号 X007 断开，两台水泵都不工作；当污水池液位在低水位与超低水位之间时，低水位指示灯 HL2 点亮。

4. 另一台泵备用

当一台泵出现过载时，另一台泵立即投入使用；并断开定时器 T0 和 T1，使两泵不再交替工作，同时报警灯 HL6 闪烁，提醒维修人员进行维修。

5. 报警输出

当污水池水位高于超高水位时，超高液位限位开关 SQ1 接通，输入信号 X004 有效，液位报警灯 HL5 以 1s 为周期闪烁；当污水池水位低于超低水位时，超低液位限位开关 SQ2 接通，当输入信号 X005 断开，液位报警灯 HL5 以 2s 为周期闪烁。

当两台排水泵出现过载时，输入信号 X002 和 X003 断开，输出信号 Y007 为 ON，控制报警灯 HL6 闪烁。

六、编程体会

实例程序设计一定要考虑水泵工作的实际状况，当一台泵出现过载时，另一台泵必须立即投入工作，且切断其交替工作的控制；同时应增加报警功能以提醒维修人员及时进行维修，以免造成不必要的损失。

◎ 实例 103　全自动洗衣机的应用程序

一、控制要求

1. 全自动洗衣机的控制过程

按下启动按钮，洗衣机开始进水，水满时（即水位到达高水位，高水位开关由 OFF 变为 ON）停止进水；洗衣机开始正转洗涤，正转洗涤 30s 后暂停，3s 后开始反转洗涤；反转洗涤 30s 后暂停，3s 后又开始正转洗涤；这样循环洗涤 30 次，当正、反洗涤均达到 30 次后开始排水，水位信号下降到低水位时（低水位开关由 ON 变为 OFF）开始脱水并继续排水，60s 后脱水结束，即完成一次从进水到脱水的大循环过程。大循环完成 3 次后，进行洗涤结束报警。报警 3s 后结束全部过程，自动停机。其控制流程如图 7-33 所示。

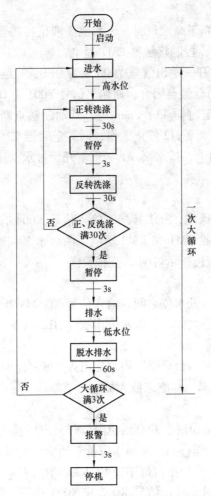

图 7-33　全自动洗衣机控制流程

2. 电动机的控制要求

洗衣机的洗涤和脱水采用同一台双速电动机拖动，其转速不同。洗涤时采用低速，脱水时采用高速。

二、硬件电路设计

根据控制要求列出所用的输入/输出点，并为其分配相应的地址，其 I/O 分配表见表 7-14。

表 7-14　　　　　　　　　　　全自动洗衣机的 I/O 分配表

输入信号			输出信号		
输入地址	代号	功能	输出地址	代号	功能
X000	SB1	启动信号	Y000	KM1	正转接触器
X001	SB2	停止信号	Y001	KM2	反转接触器
X002	SB3	排水按钮	Y002	KM3	洗涤接触器

输入信号			输出信号		
输入地址	代号	功能	输出地址	代号	功能
X003	SQ1	高水位开关	Y003	KM4	脱水接触器
X004	SQ2	低水位开关	Y004	YA1	进水电磁铁
X005	FR	过载保护	Y005	YA2	排水电磁铁
			Y006	HA	报警蜂鸣器

根据表 7-14 和控制要求设计 PLC 的硬件原理图，如图 7-34 所示。其中 COM1 为 PLC 输入信号的公共端，COM2 为输出信号的公共端。

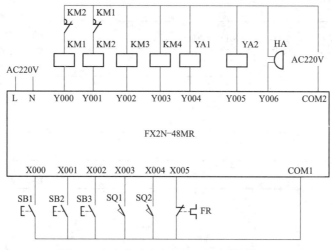

图 7-34　全自动洗衣机的 PLC 硬件原理图

三、编程思想

本实例的编程应根据时间的原则，按全自动洗衣机的控制流程图进行编程。采用计数器来记录洗涤循环的次数。

四、控制程序的设计

根据控制要求设计全自动洗衣机的控制梯形图，如图 7-35 所示。

五、程序的执行过程

按下启动按钮 SB2，输入信号 X000 有效为 ON，使输出信号 Y004 为 ON，电磁铁 YA1 通电，洗衣机开始进水，水满时（即水位到达高水位，高水位开关由 OFF 变为 ON，此时输入信号 X003 有效），输出信号 Y004 断开，进水电磁铁断电，停止进水；同时输出信号正转运行 Y000 和洗涤信号 Y002 有效，洗衣机开始正转洗涤，定时器 T0 开始工作，正转洗涤 30s 后，正转运行 Y000 和洗涤信号 Y002 断开，洗衣机处于暂停状态；同时定时器 T1 开始工作，3s 后反转运行信号 Y001 和洗涤信号 Y002 有效，洗衣机开始反转洗涤；定时器 T2 开始工作，反转洗涤 30s 后，反转运行信号 Y001 和洗涤信号 Y002 断开，洗衣机暂停工作，定时器 T3 开始工作，3s 后又开始正转洗涤；同时计数器 C1 加 1，如此循环洗涤 30 次。当正、反洗涤达到 30 次后，计数器 C1 控制输出信号 Y005 为 ON，排水电磁铁 YA2 通电，洗衣机

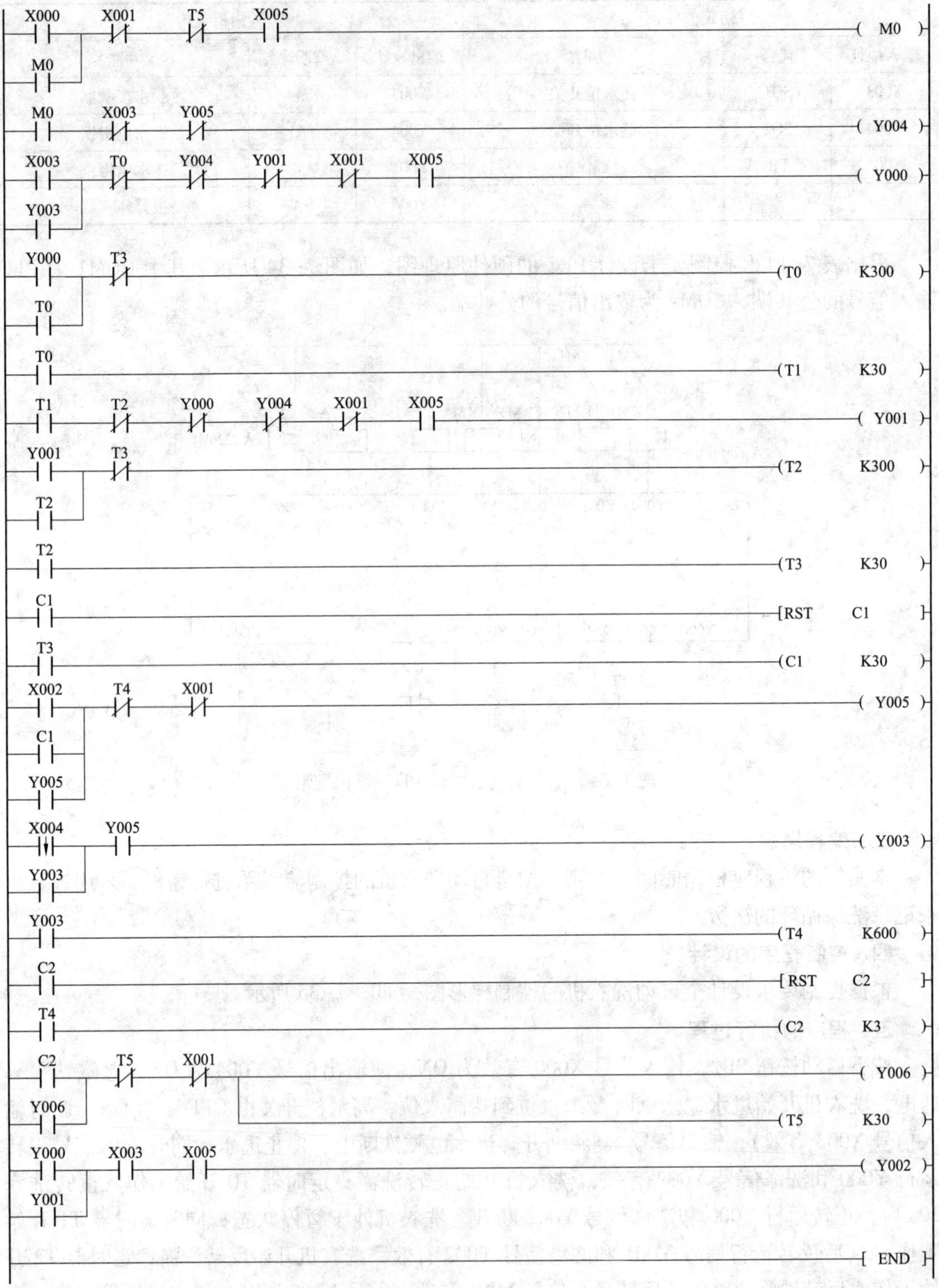

图 7-35 全自动洗衣机的控制梯形图

开始排水，水位信号下降到低水位时（低水位开关输入信号 X004 由 ON 变为 OFF），输出信号正转运行 Y000 和脱水信号 Y003 为 ON，洗衣机开始正转以高速旋转，开始脱水并继续排水；同时定时器 T4 开始工作，定时 60s 后，输出信号正转运行 Y000、脱水信号 Y003 和排水电磁阀 Y005 复位，脱水结束，同时计数器 C2 加 1，即完成一次从进水到脱水的大循环过程。大循环完成 3 次后，输出信号 Y006 为 ON，控制蜂鸣器 HA 通电，进行洗涤结束报警，3s 后报警结束，洗衣机整个洗涤过程结束。

六、编程体会

本实例的程序设计为了保证全自动洗衣机控制程序计数器准确记录洗涤的循环次数，增加了通过 PLC 的初始化脉冲上电复位的环节。另外，应注意水位信号的开关状态对程序运行结果的影响。

 实例 104　自动门控制系统的应用程序

一、控制要求

（1）门卫在警卫室通过开门开关、关门开关和停止开关控制大门。

（2）当门卫按下开门开关后，报警灯以 0.4s 为周期闪烁，5s 后，开门接触器闭合，门开始打开，直到碰到开门限位开关（门全部打开），门停止运动，报警灯停止闪烁。

（3）当门卫按下关门开关时，报警灯以 0.4s 为周期闪烁，5s 后关门接触器闭合，直到碰到关门限位开关（门完全关闭），门停止运动，报警灯停止闪烁。

（4）门在运动过程中，只要门卫按下停止开关，门马上停止在当前位置，报警灯闪烁。

（5）关门过程中，只要门夹住人或物，安全压力板就会受到额定压力，门立即停止运动，以防发生意外。

（6）开门开关和关门开关都按下时，两个接触器都不动作，并发出错误提示声。

二、硬件电路设计

根据控制要求列出所用的输入/输出点，并为其分配相应的地址，其 I/O 分配表见表 7-15。

表 7-15　自动门控制的 I/O 分配表

输入信号			输出信号		
输入地址	代号	功能	输出地址	代号	功能
X000	SB1	开门开关	Y000	KM1	开门接触器
X001	SB2	关门开关	Y001	KM2	关门接触器
X002	SB3	停止开关	Y002	HL	报警灯
X003	SQ1	开门限位	Y003	HA	蜂鸣器
X004	SQ2	关门限位			
X005	ST	安全开关			

根据表 7-15 和控制要求设计 PLC 的硬件原理图，如图 7-36 所示。其中 COM1 为 PLC 输入信号的公共端，COM2 为输出信号的公共端。

三、编程思想

使用两个定时器构成一个振荡器，用来实现报警灯的闪烁。

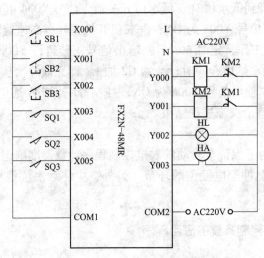

图 7-36　自动门控制 PLC 硬件原理图

四、控制程序的设计

根据控制要求设计程序，如图 7-37 所示。

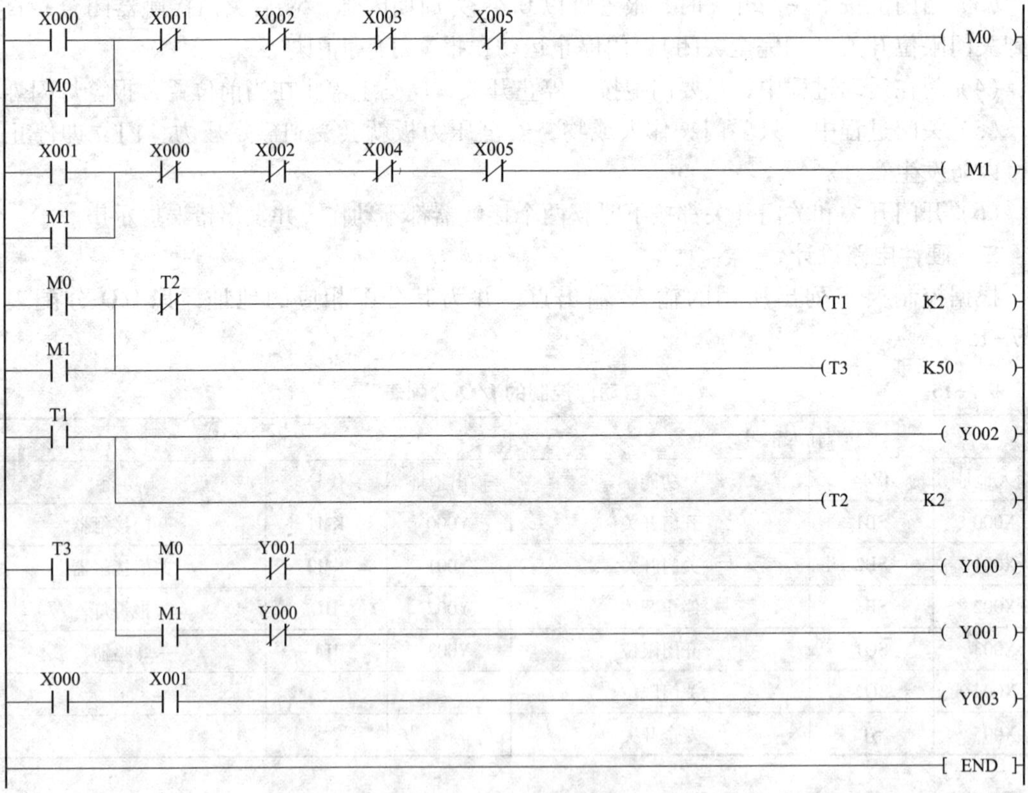

图 7-37　自动门控制梯形图

五、程序执行过程

按下启动按钮 SB1，输入信号 X000 有效，中间继电器 M0 为 ON，使定时器 T1 和 T3 工作，经过 0.2s 的定时，定时器 T1 动合点闭合，输出信号 Y002 为 ON，使报警灯 HL 和定时器 T2 同时工作，定时器 T2 动断点断开，使定时器 T1 断开，输出信号 Y002 断开，报警灯 HL 熄灭；同时定时器 T1 重新工作，形成一个周期为 0.4s 的信号控制报警灯 HL，使报警灯 HL 以周期为 0.4s 闪烁；定时器 T3 定时 5s 后，其动合触点闭合，输出信号 Y000 为 ON，接触器 KM1 通电，自动门开始打开，直到碰到开门限位开关，输入信号 X003 有效，输出信号 Y000 为 OFF，自动门停止工作，输出信号 Y002 为 OFF，报警灯 HL 熄灭。自动门关门的执行过程与开门相同。停止时，按下停止按钮 SB3，输入信号 X002 有效，中间继电器 M0 和 M1 同时变为 OFF，开、关门立即停止。

六、编程体会

本实例没有对自动门电动机采取过载保护的环节，是因为考虑到门电动机工作时间较短，另外使用定时器 T1 和 T2 来实现报警灯闪烁，其闪烁周期可根据实际要求进行调整。

 实例 105　汽车自动清洗机的应用程序

一、控制要求

1. 工作模式选择

选择自动模式时，系统进入自动工作状态。选择手动模式时，系统进入手动工作状态。

2. 系统自动工作

在自动模式下，按下启动按钮，清洗机向前运行。当汽车达到清洗距离时感应开关有信号，喷水阀门打开，同时控制清洗刷子转动。当汽车超出清洗距离时感应开关信号消失，清洗结束；清洗机向后运行，当清洗机返回原位，清洗机停止运行。

3. 系统手动工作

在手动模式下，按下清洗机前进按钮，清洗机前行；按下清洗机后退按钮，清洗机后退。当汽车达到清洗距离时感应开关有信号，喷水阀门打开，同时清洗刷子转动。当汽车超出清洗距离时感应开关信号消失，清洗结束。

当按下停止按钮，清洗机停止运行。

二、硬件电路设计

根据控制要求列出所用的输入/输出点，并为其分配相应的地址，其 I/O 分配表见表 7-16。

表 7-16　　　　　　　　　　　汽车自动清洗机的 I/O 分配表

输入信号			输出信号		
输入地址	代号	功能	输出地址	代号	功能
X000	SB1	清洗机启动	Y000	YV	喷水阀门打开
X001	SB2	清洗机停止	Y001	KM1	清洗机向前移动
X002	SQ1	达到清洗距离感应开关	Y002	KM2	清洗机向后移动
X003	SB3	自动模式	Y003	KM3	控制清洗刷子移动
X004	SB4	手动模式			
X005	SB5	清洗机向前移动			
X006	SB6	清洗机向后移动			
X007	SQ2	原位限位开关			
X010	SQ3	前移到位开关			

根据表 7-16 和控制要求设计 PLC 的硬件原理图，如图 7-38 所示。其中 COM1 为 PLC 输入信号的公共端，COM2 为输出信号的公共端。

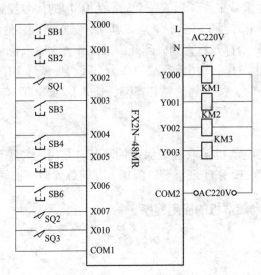

图 7-38　汽车自动清洗机硬件图

三、编程思想

本实例可根据控制要求，采用经验设计法进行设计。首先选择工作模式，然后按控制的顺序进行编程。

四、梯形图设计

根据控制要求设计的控制梯形图如图 7-39 所示。

五、程序控制过程

按下自动模式按钮 SB3，输入信号 X003 有效为 ON，使 M0 有效为 ON 并自锁，系统进入自动状态。按下手动模式按钮 SB4，输入信号 X004 有效为 ON，使 M1 有效为 ON 并自锁，系统进入手动状态。

在自动模式下，按下启动按钮，X000 有效为 ON，使输出信号 Y001 为 ON 并自锁，控制接触器 KM1 通电，清洗机向前运行。当汽车达到清洗距离时感应开关有信号，输入信号 X002 有效为 ON，使输出信号 Y000 和 Y003 为 ON，控制喷水阀 YV 和接触器 KM3 通电，喷水阀门打开，同时清洗刷子转动。当汽车超出清洗距离时感应开关信号断开，即输入信号 X002 为 OFF，使输出信号 Y000 和 Y003 复位为 OFF，控制喷水阀 YV 和接触器 KM3 断电，清洗结束。在输出信号 Y003 断开的下降沿通过 PLF 指令使 M2 接通一个扫描周期，使输出信号 Y002 为 ON 并自锁，清洗机向后运行，当清洗机返回原位行程开关 SQ2 动作，使输入信号 X007 有效为 ON，使输出信号 Y002 复位为 OFF，清洗机停止运行。

在手动模式下，按下清洗机前进按钮，输入信号 X005 有效为 ON，使输出信号 Y001 为 ON，清洗机前行；按下清洗机后退按钮，输入信号 X006 有效为 ON，使输出信号 Y002 为 ON，清洗机后退。当汽车达到清洗距离时感应开关有信号，输入信号 X002 有效为 ON，使输出信号 Y000 和 Y003 为 ON 喷水阀门打开，同时清洗刷子转动。当汽车超出清洗距离时感应开关信号消失，输入信号 X002 为 OFF，使输出信号 Y000 和 Y003 断开为 OFF，清洗结束。

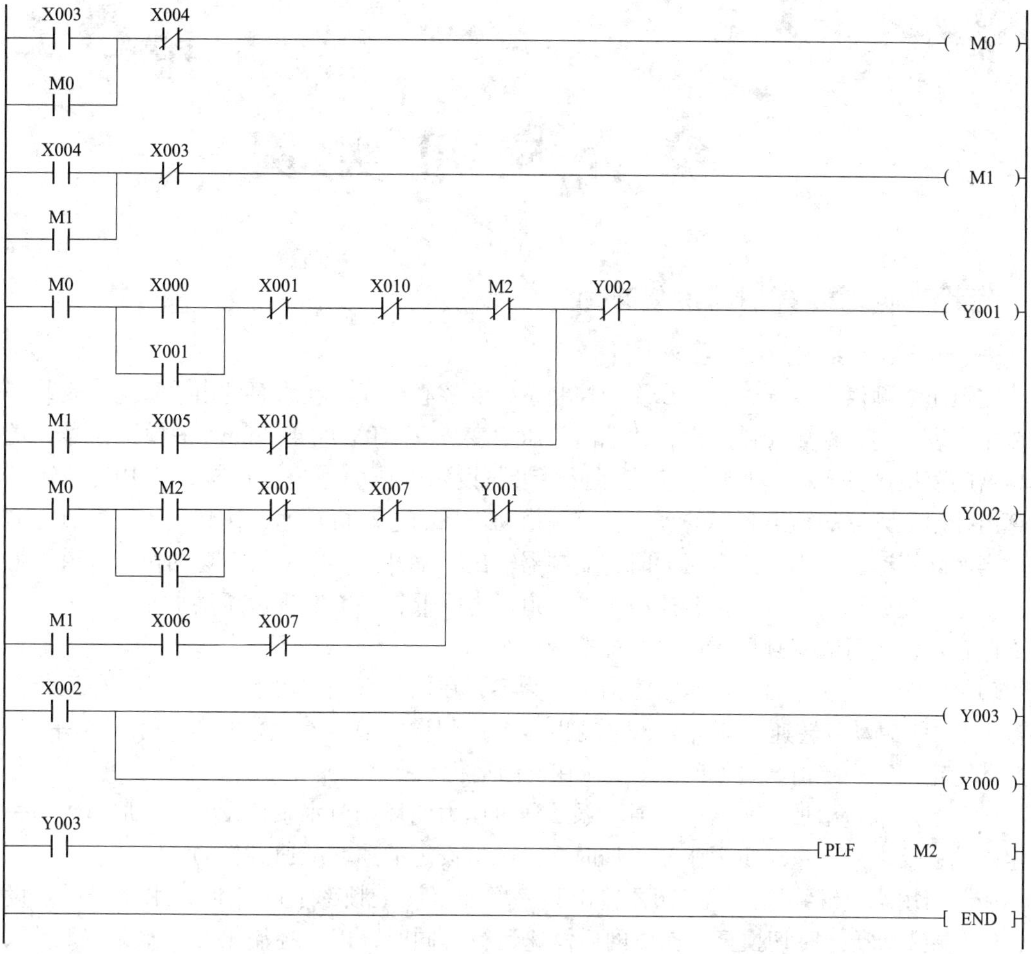

图 7-39　汽车自动清洗机控制梯形图

当按下停止按钮，输入信号 X001 有效为 ON，使输出信号 Y001 和 Y002 复位，清洗机停止运行。

六、编程体会

本实例程序设计中，当汽车超出清洗距离时感应开关信号断开，采用下降沿脉冲指令检测输入信号 X002 断开，产生一个扫描周期的脉冲信号 M2，作为下一个过程的启动信号，读者应加以注意。

第8章

综 合 应 用 实 例

实例 106   恒压供水控制系统的设计

一、恒压供水系统的控制要求

在恒压变频供水系统中，PLC 作为控制系统的核心单元。在水泵的出水管道上安装一个远传压力表，用于检测管道压力，并把出口压力变成 0~10V 或 4~20mA 的模拟信号，送到变频器的模拟量输入端，变频器将实际反馈量与设定的压力值进行比较，经 PID 控制算法计算出控制变频器的输出频率的大小，控制拖动水泵的电动机转速，达到控制管道压力的目的。当实际管道压力小于给定压力时，变频器输出频率升高，电动机转速加快，管道压力升高；反之，频率降低，电动机转速减小，管道压力降低，最终实现恒压供水。

两台水泵运行的变频恒压供水系统控制要求如下。

（1）系统开始工作时，供水管道内水压为零，在控制系统作用下，变频器开始运行，第一台水泵 M1 启动且转速逐渐升高，当输出压力达到设定值，其供水量与用水量相平衡时，转速才稳定到某一定值，这期间 M1 工作在变频运行状态。

（2）当用水量增加、水压减小时，系统通过压力闭环调节水泵按设定速率加速到另一个稳定转速；反之用水量减少、水压增加时，水泵按设定的速率减速到新的稳定转速。

（3）当用水量继续增加，变频器输出频率增加至设定频率上限 f_n 时，水压仍低于设定值，PLC 控制水泵 M1 切换至工频电网后恒速运行；同时，PLC 控制第二台水泵 M2 投入变频运行，系统恢复对水压的闭环调节，直到水压达到设定值为止。

（4）当用水量下降、水压升高，变频器输出频率降至启动频率 f_s 时，水压仍高于设定值，系统将变频运行的第二台水泵 M2 停止，恢复第一台泵变频运行供水，对水压进行闭环调节，使压力重新达到设定值。

二、恒压供水系统的电气控制系统设计

根据控制要求列出所用的输入/输出点，并为其分配相应的地址，其 I/O 分配表见表 8-1。

表 8-1   恒压供水系统控制的 I/O 分配表

输入信号			输出信号		
输入地址	代号	功能	输出地址	代号	功能
X000	SB1	启动按钮	Y000	KM1	1 号水泵工频接触器
X001	SB2	停止按钮	Y001	KM2	1 号水泵变频接触器
X002	SA1	手动/自动转换开关	Y002	KM3	2 号水泵工频接触器
X003	SB3	1 号泵启动按钮	Y003	KM4	2 号水泵变频接触器
X004	SB4	1 号泵停止按钮	Y004	HL1	自动工作指示灯
X005	SB5	2 号泵启动按钮	Y005	HL2	1 号水泵变频工作指示灯

续表

输入信号			输出信号		
输入地址	代号	功能	输出地址	代号	功能
X006	SB6	2 号泵停止按钮	Y006	HL3	2 号水泵变频工作指示灯
X007	MA-MC	变频器故障信号	Y007	HL4	水泵过载报警灯
X010	M1-M2	变频器运行信号			
X011	PC-P1	变频器频率检出上限			
X012	PC-P2	变频器频率检出下限			
X013	FR1、FR2	水泵电动机过载保护			

根据表 8-1 和控制要求设计 PLC 控制恒压供水系统电气原理图，如图 8-1 所示。其中 COM1 为 PLC 输入信号的公共端，COM2 为输出信号的公共端。

三、编程思想

通过选择开关确定供水系统的工作状态，分为恒压供水和手动控制。恒压供水系统根据变频器的频率检出的结果，进行工频泵和变频泵的切换。对于同一水泵来说，既能以工频工作又能变频工作；既可以手动切换又可以自动切换，一定要考虑连锁保护。本实例采用经验设计法进行设计。

四、控制程序的设计

根据控制要求设计程序，如图 8-2 所示。

五、程序执行过程

1. 自动工作方式

（1）水泵变频工作。将转换开关旋转至接通位置，输入信号 X002 有效，变频调速恒压供水系统工作在自动状态。按下自动工作按钮，输入信号 X000 有效，中间继电器 M0 为 ON，系统进入到自动工作的启动状态。程序的执行结果控制输出信号 Y001 为 ON，接触器 KM2 线圈通电，其触点闭合，变频器接到运行信号，同时控制变频器输出频率控制 1 号泵电动机开始变频工作。系统开始工作时，供水管道内水压力为零，在 PID 调节器的调节下，变频器开始运行，1 号泵电动机 M1 启动且转速逐渐升高，当输出压力达到设定值，其供水量与用水量相平衡时，转速才稳定到某一定值，这期间 1 号泵电动机 M1 工作在变频运行状态。当用水量增加、水压减小时，通过变频器的 PID 闭环调节，水泵按设定速率加速到另一个稳定转速；反之用水量减少、水压增加时，水泵按设定的速率减速到新的稳定转速。

（2）1 号泵电动机变频切换工频，2 号泵电动机变频控制。

当供水系统的用水量继续增加，变频器输出频率增加至设定最高频率（达到设定的频率上限）时，水压仍低于设定值，此时变频器的多功能输出变频器输出频率检出上限端子 PC—P1 接通，PLC 的输入信号 X011 有效，控制输出信号 Y001 为 OFF，接触器 KM2 线圈断电；同时定时器 T1 工作，经过 0.5s 的延时使输出 Y000 为 ON，接触器 KM1 线圈通电，控制水泵电动机切换，1 号泵电动机 M1 由变频工作状态切换至工频运行；控制输出信号 Y003 为 ON，接触器 KM4 通电，控制 2 号泵电动机 M2 投入变频工作，即 2 号泵电动机 M2 由变频器控制，系统恢复对水压的闭环调节，直到水压达到设定值为止。

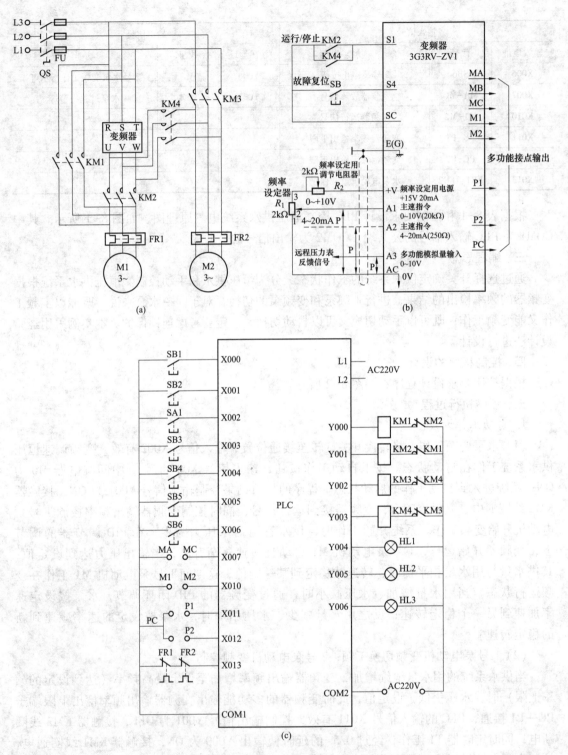

图 8-1 PLC 控制恒压供水系统的电气控制系统原理图

(a) 恒压供水系统的水泵电动机原理图；(b) 变频器控制端子接线图；(c) 恒压供水系统的 PLC 控制硬件原理图

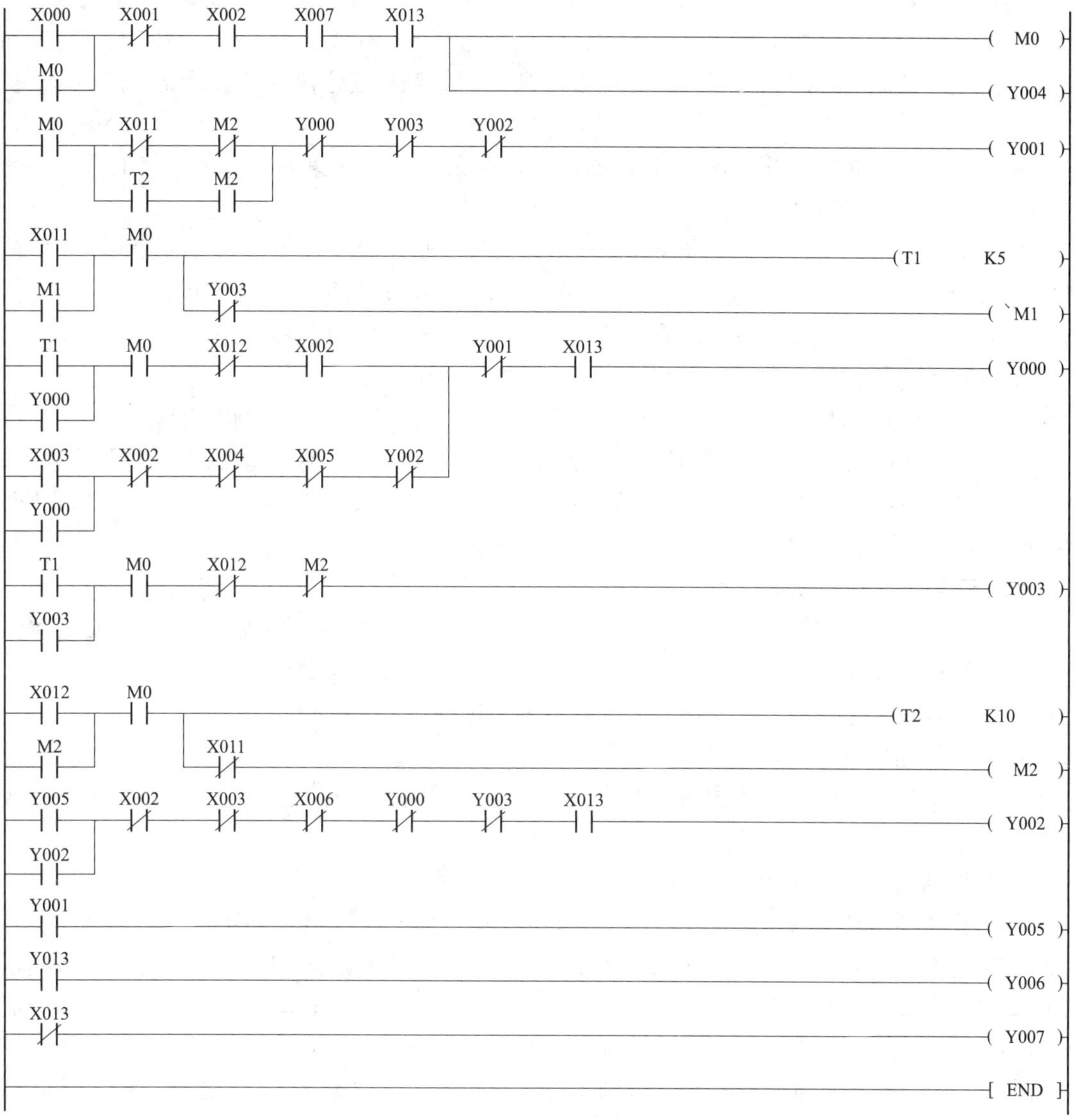

图 8-2　PLC 控制恒压供水系统的控制梯形图

（3）2 号泵切出，1 号泵由工频切换到变频工作。当用水量下降，水压升高，变频器输出频率降至设定的频率下限时，水压仍高于设定值，此时变频器的多功能输出变频器输出频率检出下限端子 PC—P2 接通，PLC 的输入信号 X012 有效为 ON，使输出信号 Y000 和 Y003 复位，接触器 KM1 和接触器 KM4 断电，1 号泵电动机 M1 停止工频运行，2 号泵电动机 M2 也同时停止变频工作；同时定时器 T2 工作，经过 1s 的延时其接点动作，此时由于输出信号 Y000 和 Y003 复位，输出信号 Y001 重新变为 ON，1 号泵电动机 M1 重新进入变频工作状态，系统由 1 号泵电动机变频运行，恢复对水压的闭环调节，使压力重新达到设定值。

当供水系统的用水量继续增加，变频器输出频率增加至设定最高频率（达到设定的频率上限）时，水压仍低于设定值，此时变频器的多功能输出变频器输出频率检出上限端子 PC—P1 接通，PLC 的输入信号 X011 有效，使中间继电器 M2 断开，控制输出信号 Y001 断开，接触器 KM2 断电，1 号泵停止变频工作，又开始控制两台水泵进行变频和工频的切换。

（4）系统的停止。按下停止按钮 SB2，输入信号 X001 有效，输出信号 Y000、Y001 和 Y003 为 OFF，接触器 KM1、KM2 和 KM4 线圈断电，其触点复位控制供水系统停止工作。

2. 手动工作方式

将转换开关旋转至断开位置，输入信号 X002 无效，变频调速恒压供水系统工作在手动状态，两个水泵都可以独立工频工作。

启动 1 号泵电动机，按下 1 号泵电动机启动按钮 SB3，输入信号 X003 有效为 ON，使输出信号 Y000 为 ON，控制接触器 KM1 线圈通电，1 号泵电动机工频启动工作；需要停止时，按下 1 号泵电动机停止按钮 SB4，输入信号 X004 有效为 ON，控制输出信号 Y000 为 OFF，接触器 KM1 线圈断电，1 号泵电动机 M1 停止工作。

启动 2 号泵电动机，按下 2 号泵电动机启动按钮 SB5，输入信号 X005 有效为 ON，使输出信号 Y002 为 ON，控制接触器 KM3 线圈通电，2 号泵电动机工频启动工作；需要停止时，按下 2 号泵电动机停止按钮 SB6，输入信号 X006 有效为 ON，控制输出信号 Y002 为 OFF，接触器 KM3 线圈断电，2 号泵电动机 M2 停止工作。

六、变频器参数的设定

本控制系统选择欧姆龙 3G3RV-ZV1 变频器来对电动机的调速进行控制，为了使变频恒压供水系统能够正常运行，必须对变频器参数进行正确的选择和设定。

（1）按要求对电动机进行自学习，以测定电动机的额定参数。

（2）设定速度给定方式为模拟量设定。

（3）加减速时间的调整及 S 曲线的调整。加减速时间参数为 C1-01、C1-02，S 字曲线参数为 C2-01、C2-02、C2-03、C2-04。

（4）根据实际情况对变频器的 PID 参数作适当调整。

（5）变频器多功能端子的设定。将变频器的多功能输出端子 PC—P1 设定为频率一致 1（变频器参数 L4-04 设定），即选择频率检出上限，当变频器的输出频率等于该频率时，多功能输出端子 PC—P1 接通，PLC 接收到该信号进行变频切换到工频的增泵控制；将变频器的多功能输出端子 PC—P2 设定为任意频率一致 2（变频器参数 L4-03 设定），即选择频率检出下限，当变频器的输出频率等于该频率时，多功能输出端子 PC—P2 接通，PLC 接收到该信号进行工频切换到变频的减泵控制。

将变频器的多功能输出端子 MC—MB 设定为变频器故障信号；变频器的多功能输出端子 M1—M2 设定为变频器运行信号。

（6）PID 参数的调整。使用 PID 功能时，如希望尽早形成稳定的控制状态，可增加比例系数（P）。当产生宽幅的振荡，或在重复超调达不到目标值时，很可能因为积分动作过强，通过增加积分系数（I），或减少比例系数（P），可以减少振荡。产生短周期的振荡时，控制系统的响应变快，很可能因为微分动作过强，可以缩小微分系数（D）。

七、编程体会

PLC 控制变频恒压供水系统是一个应用比较广泛的实例，利用变频器自身的 PID 调节器可以降低系统的成本，简化 PLC 控制电路。本实例的关键在于如何切换两泵的工作状态，实现恒压供水，变频器相关参数的设定一定要满足控制要求，PID 参数的要根据实际控制过程反映出的问题加以设定调整。从供水系统的实际运行情况考虑，为确保供水系统的压力不至于过高，在手动控制时不允许两台泵同时工作，在程序设计中，笔者采取了互锁措施保证手动工作时只有一个泵工作。

 实例 107 交流双速电梯控制系统的设计

一、控制要求

交流电动机具有结构紧凑，维修简单等特点；当电动机是单速时，称为交流单速电梯，其速度一般不高于 0.5m/s；当电动机是双速时，称为交流双速电梯，其速度一般不高于 1m/s。单、双速交流电动机拖动系统采用开环方式控制，线路简单，价格较低，目前广泛应用于载货电梯的驱动。

PLC 首先接收来自电梯的选层指令信号、呼梯信号、楼层信息、平层信号及安全信号，CPU 根据输入信号的状态进行运算处理，并将结果输出给相应的被控对象，适时地控制门机、曳引电动机和楼层显示等负载，实现电梯自动定向、关门、启动、加速、稳速运行，到达目标层站后减速、平层、自动开门等功能。

电梯的运行交流集选调度原则为"顺向截梯，反向最远端截梯"，在电梯轿厢内选层指令有效或厅外召唤信号有效的情况下，电梯响应该有效信号立即启动。当电梯到达轿内指令或厅外指令所指定的目标层时，电梯应自动减速平层，停靠在所到达楼层后自动开门，在此过程中依次响应顺向的召唤信号；若该召唤信号为最远端的反向召唤也应响应该信号，启动运行至该楼层。

1. 电梯的工作方式要求

（1）有司机工作状态：在电梯确定运行方向后，按下运行方向按钮或关门按钮，电梯自动关门启动运行，同时显示其运行状态。

（2）无司机工作状态：电梯自动定向后，自动关门，门关闭后电梯自动运行并显示运行状态。

（3）检修工作状态：轿厢上、下行只能通过上、下运行按钮点动进行控制，并且轿厢可以在任何位置停留。

2. 自动定向要求

在有/无司机状态下，电梯根据登记指令信号和呼梯信号 m 与轿厢所处的层楼位置信号 n 进行比较，以此确定电梯当前的运行方向。若 $m>n$ 则电梯上行；若 $m<n$ 则电梯下行。在有司机工作状态下，指令信号具有优先权，司机可以选择电梯的运行方向。

3. 电梯开门、关门要求

（1）无司机工作状态。电梯到站后，自动开门，延时 6~8s 后自动关门，门关闭后，电梯自动启动运行。

（2）有司机工作状态。电梯到站后，自动开门过程与无司机状态相同，但电梯启动前的关门，应由司机根据电梯运行方向按对应的上下行启动按钮控制，或按下关门按钮电梯自动关门。

（3）检修工作状态。按下开、关门按钮可实现电梯的门点动控制。

（4）本站厅外开门。在无司机状态下，电梯停在某层待命时，电梯门自动关闭。只要按本层任一个召唤按钮，电梯自动开门。

4. 楼层数控制要求

通过楼层计数器记录电梯所在楼层数，并通过七段数码管的显示指示电梯所在的楼层。

5. 停站控制要求

（1）指令信号停站：电梯运行中，当到达已登记楼层时，电梯减速平层。

（2）召唤信号停站：电梯上行时，顺向召唤信号从低到高逐一停站，而与运行相反的向下召唤信号登记并保留，在完成上行最后一个指令或召唤信号后，电梯下行并按已登记的下行信号从高到低逐一停站。反向召唤信号停站的处理原则是：只出现一个反向召唤信号，如电梯停在基站，三层有召唤下行则电梯能在三层停站。如果有多个反向召唤信号，响应最远端的反向召唤运行至该楼层停靠，其他信号被登记保留，然后电梯反向运行中依次响应其他被保留的召唤信号。

6. 指令信号的登记与消除要求

（1）指令信号的登记：当按下除本层外的某层按钮时，此指令信号被登记。

（2）指令信号的消除：电梯运行并到达某层，该指令信号即被消除。

7. 召唤信号的登记与消除要求

（1）召唤信号登记：当按下停站外某层召唤按钮时，此信号应被登记。

（2）召唤信号消除：当电梯到达某层时，该层与电梯运行方向一致的登记信号即被消除。

8. 电梯的保护功能

（1）超载保护功能。电梯超载时，轿厢不能自动关门，同时超载指示灯亮，超载信号消除后电梯方能正常运行。

（2）急停功能。当电梯出现意外故障时，按下此急停按钮，电梯应立即停止运行。

（3）其他安全保护措施。电梯除了上述的保护功能外，还应具有强迫减速、上下限位、上下极限、限速、安全钳、断绳等保护环节。

二、电梯电气控制系统的电路设计

1. 载货电梯主拖动，开、关门电路，安全回路控制电路

本实例以5层电梯为例，设计的5层货梯的主拖动、开关门电路、安全回路等控制电路如图8-3所示，拖动电动机为三相交流双速电动机。

（1）电梯的运行中的主拖动电路。电梯开始运行时，在PLC的逻辑控制下PLC输出端的上行接触器SC或下行接触器XC通电，快车接触器KC通电，图8-3（a）中的动合触点KC闭合，在串接电抗器DK的状态下降压启动。PLC控制接触器KJC通电，使主拖动电路中动合触点KJC闭合，从而短接DK，电动机额定电压下以高速绕组稳速运行，PLC发出换速信号后断开接触器KC、KJC，控制接触器MC通电使电动机由6极运行变为24极运行，电梯减速运行，延时后控制接触器1MJC、2MJC通电，将DK、1-3MQR短接，电梯以低速稳速运行。当电梯达到平层位置时，PLC控制上行接触器SC或下行接触器XC断开，同时接触器MC、1MJC、2MJC断电复位，并控制抱闸断电，进行机械制动，电梯停止运行。

（2）开关门控制。开关门分为手动与自动两种状态，通过PLC的程序控制。在自动状态下，到达层站后，在PLC的逻辑控制下会自动进行开关门控制。在电梯的检修工作时需要手动控制轿厢内的开关门按钮GMA和KMA进行开关门动作。门电动机在所串电阻KMR、GMR的作用下，可以获得快慢二级速度运行，防止电梯门的撞击。

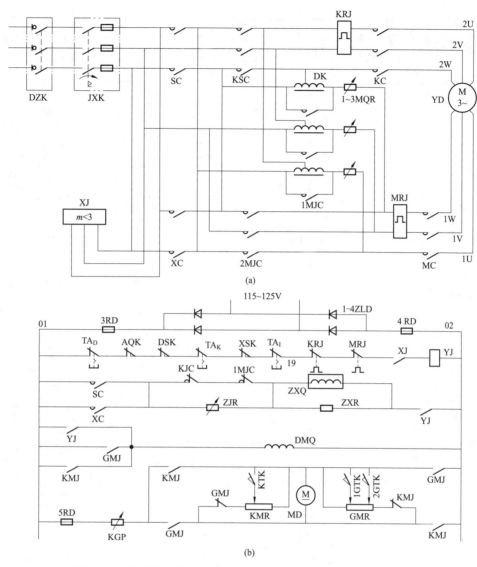

(a)

(b)

图 8-3 5 层载货电梯主拖动、开关门电路和安全回路控制电路图

2. 5 层电梯的硬件设计

本实例主要设计无司机工作状态电梯运行,根据控制要求列出所用的输入/输出点,并为其分配相应的地址,其 I/O 分配表见表 8-2。

表 8-2   5 层电梯控制的 I/O 分配表

输入信号			输出信号		
输入地址	代号	功能	输出地址	代号	功能
X000	SB1	1 层内呼	Y000	HL1	1 层内呼指示灯
X001	SB2	2 层内呼	Y001	HL2	2 层内呼指示灯

续表

输入信号			输出信号		
输入地址	代号	功能	输出地址	代号	功能
X002	SB3	3层内呼	Y002	HL3	3层内呼指示灯
X003	SB4	4层内呼	Y003	HL4	4层内呼指示灯
X004	SB5	5层内呼	Y004	HL5	5层内呼指示灯
X005	SB6	1层上行外呼	Y005	HL6	1层上行外呼指示灯
X006	SB7	2层上行外呼	Y006	HL7	2层上行外呼指示灯
X007	SB8	3层上行外呼	Y007	HL8	3层上行外呼指示灯
X010	SB9	4层上行外呼	Y010	HL9	4层上行外呼指示灯
X011	SB10	2层下行外呼	Y011	HL10	2层下行外呼指示灯
X012	SB11	3层下行外呼	Y012	HL11	3层下行外呼指示灯
X013	SB12	4层下行外呼	Y013	HL12	4层下行外呼指示灯
X014	SB13	5层下行外呼	Y014	HL13	5层下行外呼指示灯
X015	SQ1	1层到位	Y015	HL14	1层层显示灯
X016	SQ2	2层到位	Y016	HL15	2层层显示灯
X017	SQ3	3层到位	Y017	HL16	3层层显示灯
X020	SQ4	4层到位	Y020	HL17	4层层显示灯
X021	SQ5	5层到位	Y021	HL18	5层层显示灯
X022	SB16	开门按钮	Y022	SC	电梯上行接触器
X023	SB17	关门按钮	Y023	XC	电梯下行接触器
X024	SQ6	开门到位	Y024	HL19	电梯上行指示灯
X025	SQ7	关门到位	Y025	HL20	电梯下行指示灯
X026	YJ	安全继电器	Y026	KMJ	开门继电器
X027	MSJ	门锁继电器	Y027	GMJ	关门继电器
X030	SA1	自动工作开关	Y030	KC	快车接触器
X031	SA2	检修工作开关	Y031	KJC	快车加速接触器
X032	SB18	上行按钮	Y032	MC	慢车接触器
X033	SB19	下行按钮	Y033	MJC1	慢车加速接触器1
X034	SQ8	上减速开关	Y034	MJC2	慢车加速接触器2
X035	SQ9	下减速开关			
X036	SQ10	超载开关			
X037	SQ11	门区开关			

　　根据表8-2和控制要求设计PLC的硬件原理图，如图8-4所示。其中COM1为PLC输入信号的公共端，COM2为输出信号的公共端。

　　三、编程思想

　　在了解电梯的控制要求的基础上，PLC根据电梯的呼梯信号、轿厢内指令信号和楼层的位置信息输入信号的状态，通过控制程序，对各种信号的逻辑关系有序地进行处理，确定电

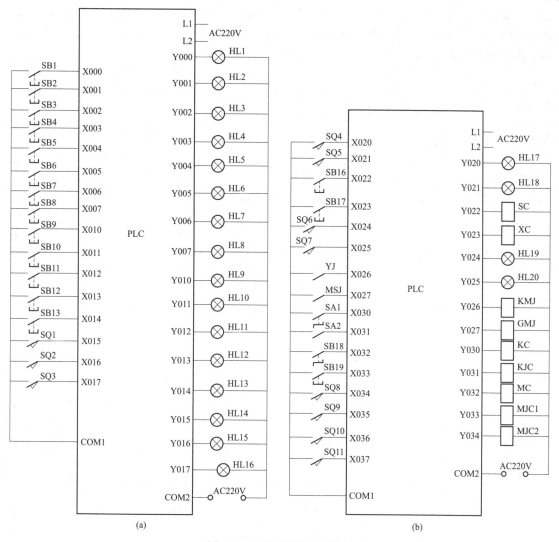

图 8-4　5 层电梯控制硬件图

梯的自动运行信号，电梯运行后判断电梯的减速平层的条件是否满足，给出相应减速和平层信号。

在电梯控制系统中，由于电梯的控制属于随机性控制，各种输入信号之间、输出信号之间以及输入信号和输出信号之间的关联性很强，逻辑关系处理起来比较复杂。本实例的编程只根据电梯接收来自厅外的呼梯信号和轿厢内的选层信号进行电梯的指令信号的登记与消除、自动定向、自动减速等，实现电梯自动关门、启动运行，到达目标层站后减速、平层、自动开门。对电梯的其他控制功能及安全条件本实例未加考虑。

本实例程序的编写可采用模块化结构进行编程，实现电梯楼层信息的获取、选层指令及呼梯信号登记与消除、电梯的自动定向、电梯的自动减速及平层等控制功能。

四、控制梯形图设计

1. 楼层位置检测控制梯形图

（1）控制程序的设计。楼层的信息可利用各楼层到位检测的行程开关一对一设计，而各

285

楼层的减速信号可采用可逆计数器记录楼层上下减速信号的信息进行计数，并通过解码指令的方式将其转换为对应的位，以实现楼层对应相应的减速位置。楼层位置及减速信号的控制梯形图如图 8-5 所示。

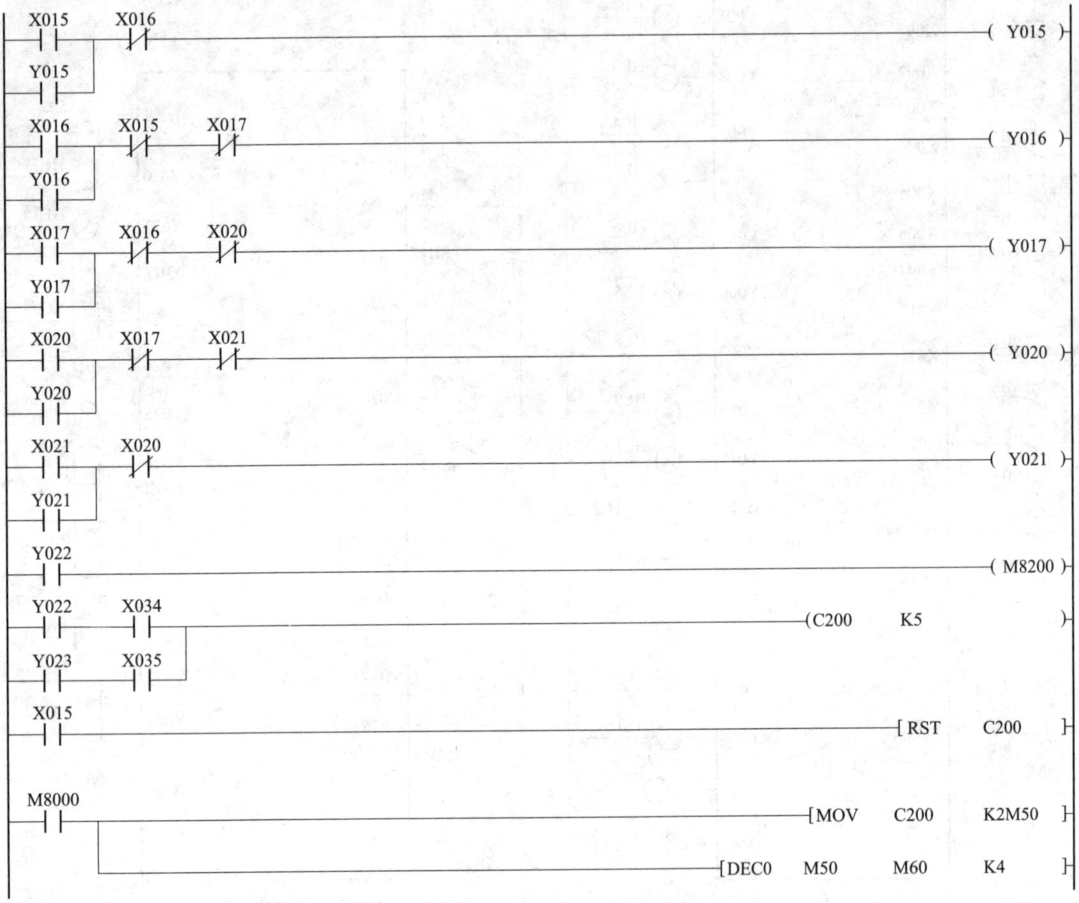

图 8-5　电梯楼层位置计数的控制梯形图

（2）程序的执行过程。当输入信号 X015 有效时，输出信号 Y015 为 ON，电梯所在位置为一层，同时点亮相应的指示灯；当输入信号 0X16 有效时，输出信号 Y015 为 OFF、Y016 为 ON，电梯所在位置为二层，同时点亮相应的指示灯；依次类推当输入信号 X021 有效时，输出信号 Y021 为 ON，电梯所在位置为五层，同时点亮相应的指示灯。

电梯上行时，控制特殊功能继电器 M8200 为 ON，加减计数器 C200 为加计数，当到达减速位置时，输入信号 X034 有效，加减计数器的当前值加 1；而电梯下行时，控制特殊功能继电器 M8200 为 OFF，加减计数器 C200 为减计数，当到达减速位置时，输入信号 X035 有效，加减计数器的当前值减 1。

输入信号 X015 作为校正信号，其作用为当电梯楼层数据发生错误时，电梯到达一层时进行校正，即将计数器 C200 复位为"0"。通过传送指令将计数器 C200 的当前计数值传送到寄存器 K2M50 中，然后通过解码指令 DECD 将 K2M50 中的二进制数解码并传送至寄存器 K2M60 中，使其对应的位为 ON，如电梯运行至一层的减速位置时，对应的楼层信息 M600

为 ON，电梯运行至二层的减速位置时，对应的楼层信息 M601 为 ON，依次类推电梯运行至五层的减速位置时，对应的楼层信息 M604 为 ON，以确定电梯到达目的楼层的减速信号。

2. 电梯定向的控制程序设计

电梯的定向控制取决于电梯选层信号、厅外呼梯信号和所在的楼层位置之间的关系，选层信号及厅外呼梯信号在电梯所在的楼层位置的上方则定为上行方向，反之定为下行方向。

（1）电梯选层信号登记控制程序。电梯选层信号登记只在自动工作状态下有效，在检修状态下无效，通过跳转指令实现，本程序未考虑。电梯选层信号登记、消除的控制梯形图如图 8-6 所示。

图 8-6 电梯选层的控制梯形图

程序的执行过程：当轿厢内有人按下选层按钮时，如选四层，输入信号 X003 有效，输出信号 Y003 为 ON 登记选层信号；当电梯运行到四层时，辅助继电器 M603 为 ON，其动断触点断开，将登记的选层信号消除。

（2）电梯厅外呼梯信号登记控制程序。电梯厅外呼梯信号登记控制梯形图如图 8-7 所示。

电梯呼梯信号登记只有在自动工作状态下有效。当按下厅外某层呼梯按钮时，此信号应被登记。当电梯到达某层时，该层与电梯运行方向一致的登记信号即被消除，完成顺向截梯的功能。

程序的执行过程：在轿厢外按下电梯上召唤下召唤按钮，对应的 X005 ~ X014 有效为 ON，使对应的 Y005 ~ Y014 导通为 ON 并自锁，上召唤下召唤对应指示灯点亮。电梯运行本层时，对应层感应开关有信号，对应的 X015 ~ X021 有效为 ON，如果 M10 有效为 ON 表示电梯正处于上行状态，如 M11 有效为 ON 则表示电梯正处于下行状态。

当电梯处于下行状态时电梯到达本层上召唤（最远端除外）不予以响应，并继续下行；同理，当电梯处于上行状态时电梯到达本层下召唤（最远端除外）不予以响应，并继续上行。

当电梯处于上行状态时，对应的楼层信息辅助继电器 M600 ~ M603 有效为 ON，此时下

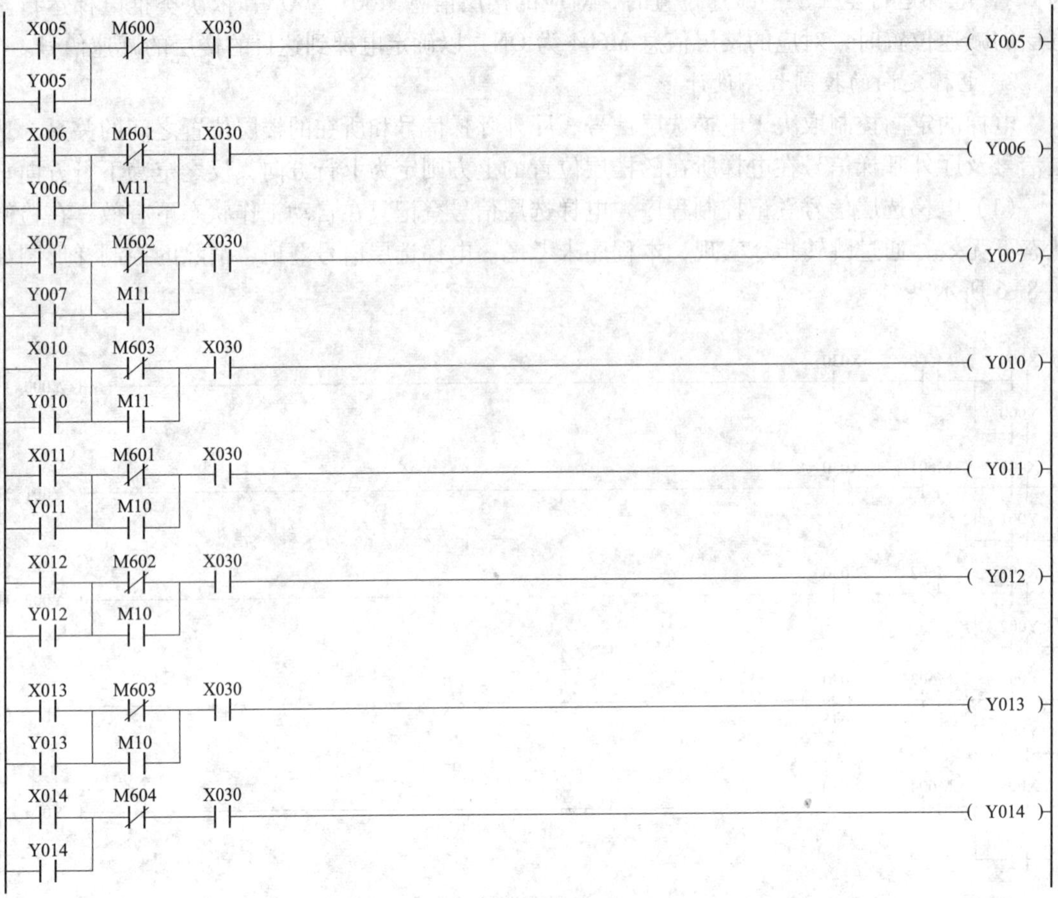

图 8-7 电梯厅外呼梯登记的控制梯形图

行方向继电器 M11 无效为 OFF，则使对应的上呼梯登记信号 Y005～Y010 断开为 OFF；当电梯处于上行状态时，对应的楼层信息辅助继电器 M601～M604 有效为 ON，此时上行定向继电器 M10 为 OFF，则使对应的下呼梯登记信号 Y011～Y014 断开为 OFF。

（3）电梯定向控制的程序设计。

1）电梯定上行方向控制程序。电梯定上行方向控制梯形图如图 8-8 所示。电梯在某一层待机时，当其上方其他层厅外厅外呼梯信号有效时，电梯立即启动向上运行。

程序的执行过程：电梯在自动运行状态下，当电梯停在基站时，如三层有选层或呼梯信号，通过 Y002（Y007 或 Y012）—Y017—Y020—Y021—M11—Y025 使 M10 为 ON，确定了电梯向上运行的方向。

2）电梯定下行方向控制梯形图。电梯定下行方向控制梯形图如图 8-9 所示。

程序的执行过程：电梯在自动运行状态时，当电梯停在三层时，如基站有选层，通过 Y000—Y015—M10—Y024 使 M11 为 ON，确定了电梯向下运行的方向。

电梯的定向控制程序必须明确楼层位置与选层和厅外呼梯信号之间的相对位置关系，本控制程序采用的继电器的控制逻辑，分析起来比较直观，通俗易懂。读者也可以采用比较数据的方法加以实现。

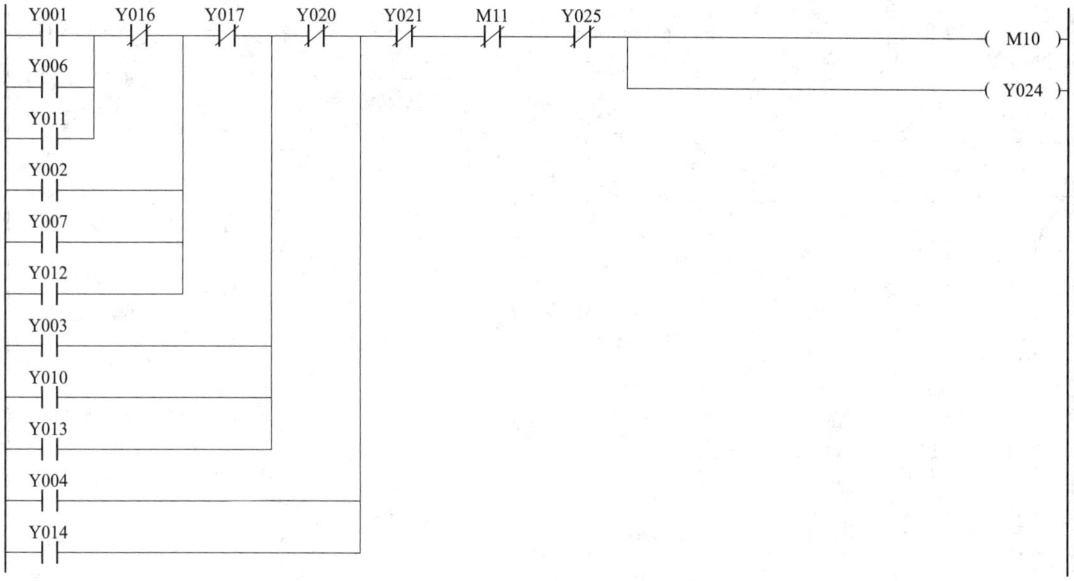

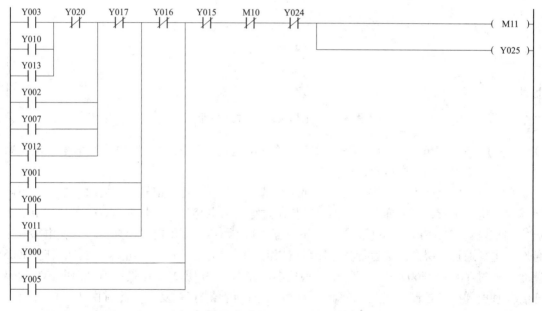

图 8-8 电梯自动定上行方向的控制梯形图

图 8-9 电梯自动定下行方向的控制梯形图

3. 电梯减速的控制程序设计

电梯减速信号控制梯形图如图 8-10 所示。电梯运行停止须由正常速度减到低速运行，进入门区后停车，因此判断什么时候减速就变得十分重要。当电梯的选层或呼梯信号与电梯运行所到达楼层信号相同时，发出减速信号。

（1）电梯的顺向截梯减速信号控制。电梯停在基站，四层有厅外呼梯信号使电梯上行，若此时三层也有上呼梯信号，则电梯能在三层停站。控制过程：当电梯达到三层时 M602 为

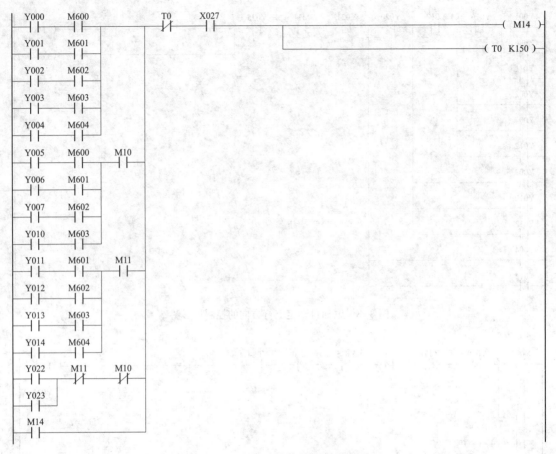

图 8-10　电梯减速信号控制梯形图

ON，通过 Y007—M602—M10—T0—X027 使换速继电器 M14 接通，发出换速信号使电梯减速停车，实现电梯的顺向截梯减速控制。

（2）电梯的反向不截梯的控制。电梯停在基站，四层有选层信号，若此时三层也有下呼梯信号，电梯上行，则电梯在三层不停。控制过程：当电梯达到三层时 M602 闭合，由于下行方向继电器 M11 为 OFF，不能使换速继电器 M14 为 ON，即不能发出换速信号使电梯减速停车，电梯通过三层向四层运行，并保留三层的下呼梯信号 Y012。当电梯达到四层时 M603 闭合，通过 Y003—M603—T0—X027 使换速继电器 M14 为 ON，发出换速信号使电梯减速停车，实现电梯减速控制。当电梯停止运行后，输出信号 Y024 复位，此时由于下呼梯信号 Y012 仍然有效，自动定下行方向，当运行条件满足后反向启动运行，当电梯达到三层时 M602 闭合，通过 Y012—M602—M11—T0—X027 使换速继电器 M14 为 ON，发出换速信号使电梯减速停车，实现电梯的顺向截梯反向不截梯的控制功能。

（3）电梯的最远端反向截梯减速信号控制。电梯停在基站，四层有厅外呼梯下行，则电梯能在四层停站。控制过程为四层有下呼梯信号时，四层下呼梯信号 Y013 为 ON，电梯首先定上行方向，M10 为 ON，当电梯运行达到四层时 M603 为 ON，使下呼梯信号 Y013 和上行方向信号 M10 为 OFF，通过 Y022—M10—M11—T0 使换速继电器 M14 为 ON，发出换速信号使电梯减速停车，实现电梯的最远端反向截梯减速控制。

4. 电梯自动运行的控制

电梯自动运行的梯形图如图 8-11 所示。

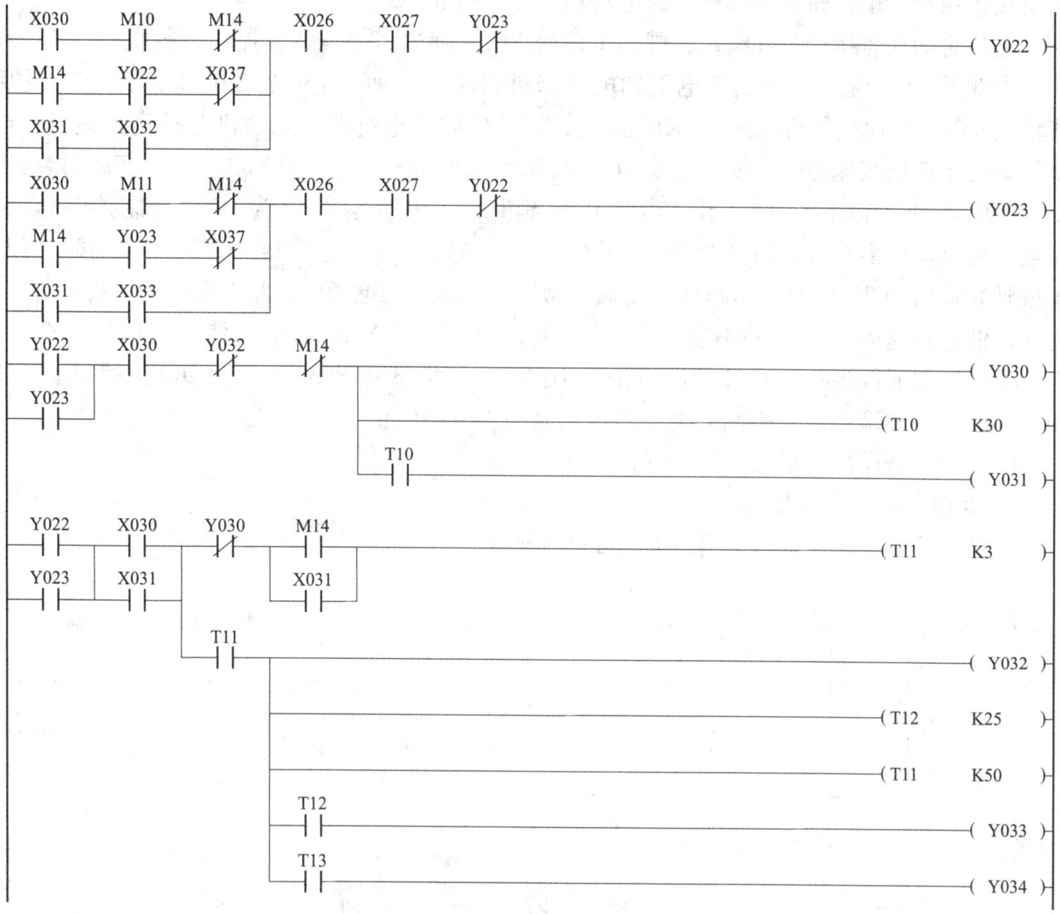

图 8-11　5 层电梯的运行控制梯形图

电梯停在基站，当二层有选层和呼叫时（Y001、Y006 和 Y011 中有一个有效为 ON），定上方向继电器 M10 为 ON，同时输出 Y024 也为 ON，上行指示灯点亮；其他楼层同理（呼叫所在楼层大于电梯轿厢所在楼层时电动机处于上行状态）。

电梯定向后，若运行条件满足，则输出信号 Y022 和 Y030 为 ON，控制上行接触器 SC 和快车接触器 KC 通电，电动机串电阻和电抗器进行降压启动。定时器 T10 工作，延时 3s 后使输出 Y031 为 ON，控制接触器 KJC 通电，短接电阻和电抗器，电动机进行高速运行，当电梯运行至二层减速点时，换速信号 M14 为 ON，输出信号 Y031 和 Y030 变为 OFF，接触器 KC、KJC 断开，定时器 T11 工作，经过 0.3s 延时，输出信号 Y032 为 ON，控制接触器 MC 通电，使电动机由 6 极运行变为 24 极运行，电梯减速运行，定时器 T12 和 T13 同时工作，经过延时输出 Y033 和 Y034 为 ON，接触器 MJC1、MJC2 相继通电，将 DK、1—3MQR 短接，电梯以低速稳速运行。当电梯达到平层位置时，门区信号 X037 有效，使输出信号 Y022 变为 OFF，控制上行接触器 SC 断电，同时输出 Y032、Y033 和 Y034 也变为 OFF，控制接触器 MC、MJC1、MJC2 断电，抱闸断电进行机械制动，电梯停止运行。

电梯停在五层时，当四层有选层和呼叫时（Y003、Y010 和 Y013 中有一个有效为 ON），定下方向继电器 M11 为 ON，同时输出 Y025 也为 ON，下行指示灯点亮；其他楼层同理。呼叫所在楼层小于电梯轿厢所在楼层时电动机处于下行状态。

电梯定向后若运行条件满足，则输出信号 Y023 和 Y030 为 ON，控制下行接触器 XC 和快车接触器 KC 导通，电动机串电阻和电抗器进行降压启动。定时器 T10 工作，延时 3s 后使输出 Y031 为 ON，控制接触器 KJC 通电，短接电阻和电抗器，电动机进行高速运行，当电梯运行至四层减速点时，换速信号 M14 为 ON，输出信号 Y031 和 Y030 变为 OFF，接触器 KC、KJC 断开，定时器 T11 工作，经过 0.3s 延时，输出信号 Y032 为 ON，控制接触器 MC 通电，使电动机由 6 极运行变为 24 极运行，电梯减速运行，定时器 T12 和 T13 同时工作，经过延时输出 Y033 和 Y034 为 ON，接触器 MJC1、MJC2 相继通电，将 DK、1—3MQR 短接，电梯以低速稳速运行。当电梯达到平层位置时，门区信号 X037 有效，使输出信号 Y023 变为 OFF，控制下行接触器 XC 断电，同时输出 Y032、Y033 和 Y034 也变为 OFF，控制接触器 MC、MJC1、MJC2 断电，抱闸断电进行机械制动，电梯停止运行。

电梯的检修运行控制过程读者可自行分析。

5. 电梯开关门自动控制程序

电梯开关门自动控制梯形图，如图 8-12 所示。

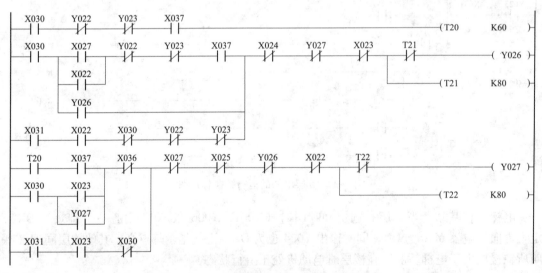

图 8-12　5 层电梯的开关门运行控制梯形图

当电梯工作于自动状态时，电梯停在开门区，定时器 T20 工作，经过 6s 延时输出 Y027 为 ON，关门继电器 GMJ 通电，控制电梯自动关门，关门到位后输入 X025 有效，使输出 Y027 变为 OFF，继电器 GMJ 断电，关门过程结束。当电梯超载时，输入信号 X036 有效，切断输出 Y027 的接通回路，电梯不关门。

当电梯工作于自动状态时，当电梯停止，开门区输入信号 X037 和 X027 有效，控制输出信号 Y026 为 ON，继电器 KMJ 通电，电梯进行开门，当开门到位后，输入信号 X024 有效为 ON，使输出 Y026 变为 OFF，继电器 KMJ 断电，开门过程结束。

当电梯在开关门过程中，由于某种原因，在规定时间内门开关不到位，则定时器 T21 和定时器 T22 动作，自动将开关门信号 Y026 和 Y027 断开，实现对电梯门机系统的保护。

电梯的开关门控制的其他情况读者可自行分析。

需要指出的是，电梯运行是有安全条件的，所有安全开关都处在正常状态且电梯门都完全关闭后，输入信号 X026 和 X027 有效为 ON 时方可运行，否则不允许电梯运行。

五、编程体会

对于一个较为复杂的控制程序的编程，首先应根据其控制过程编制控制系统的流程图。其次，将其过程分解成若干个控制单元，简化控制过程，采用"化整为零"的原则，以某一具体的控制过程为对象进行分段编写程序，并逐步分析每一个单元程序之间的相互关系。再次，用"集零为整"的方法将各个单元程序有机地联系起来。最后，从整体的角度进一步检查和理解各个控制环节之间的联系，以达到对整个控制过程的正确理解，这样的编程训练使我们掌握 PLC 程序设计编程方法，为今后的程序设计打下坚实的基础。

在设计电梯控制系统的程序时，还应考虑电梯的逻辑控制部分与电梯的驱动控制，要求二者之间既相互独立，又相互关联，应增加相应的连锁保护功能，确保电梯安全运行，并根据电梯控制要求，将其联系起来，编写电梯的控制程序。因此，PLC 的程序设计是整个电梯控制系统的关键，同时也是系统设计的重点和难点。

 实例 108　立体停车场控制系统的设计

一、控制要求

立体停车场按结构可分为以下 3 种。

1. 垂直升降式停车场

垂直升降式停车场又称为塔式立体停车场，它是通过提升机的升降和安装在提升机上的横移机构将车辆或载车板横移，实现存取车辆的机械式停车设备。该类型停车场的工作原理类似于电梯的工作原理，存车时，车辆驶入车库，由升降机将将车辆或载车板升降到停车目的层，然后利用提升机构上的横移装置将车辆或载车板送入存车位；取车时，由横移装置将指定取车位上的车辆或载车板取出并装入升降机构中，然后由升降机构把车辆降至停车场出口处，从而完成整个存取车动作。

2. 巷道堆垛式停车场

巷道堆垛式停车场采用巷道堆垛机将进入到搬运器上的车辆水平和垂直移动到存车位，并用存取机构存取车辆，所有车辆均由堆垛机进行存取。该类型停车场采用先进的计算机控制，是一种集机、光、电、自动控制为一体的全自动化立体停车场，具有全封闭、存车安全等特点，主要适用于车位需求量较大的地区，是一种大型密集式停车场。

3. 升降横移式停车场

升降横移式停车场采用载车板升降或横移存取车辆，升降装置的搬运器做横向移动或升降装置整体做横向移动，通过载车板的升降和横移操作实现停取车操作，顶层车板上下升降，底层车板左右水平横移，中间层车板既可左右横移又可上下升降。该类型车库有利于模块化设计，每个单元可设计成 2~6 层，车位数从几个至上百个不等。该立体停车场适用于地面及地下停车场，配置灵活，造价较低，目前国内大多数停车设备以该类停车场为主。

本实例的立体停车场以巷道堆垛式停车场为例设计。立体停车场主体由底盘、二层十车位停车场构成，控制分手动和自动两种模式，在自动模式下，选择欲送车位号，按动车位号对应按钮，汽车会被自动送到该位置，指令完成后，接车滑台自动返回原位。选择欲取车位号，切换取车模式，按动车位号对应按钮，该位置的汽车会被自动取出，指令完成后，接车滑台自动返回原位。在手动模式下，可以手动控制滑台上下左右运行，送出或送进汽车。

二、硬件电路设计

立体停车场操作面板图如图8-13所示，图中数字1~10分别表示10选择车位号的按钮和10存车状态的指示灯。根据控制要求列出所用的输入/输出点，并为其分配相应的地址，其I/O分配表见表8-3。

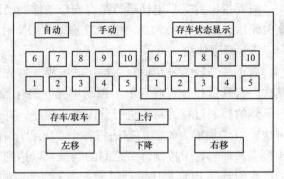

图8-13 立体停车场操作面板图

表8-3   立体停车场控制的I/O分配表

输入信号			输出信号		
输入地址	代号	功能	输出地址	代号	功能
X000	SB1	选择1号车位	Y000	HL1	选择1号车位指示灯
X001	SB2	选择2号车位	Y001	HL2	选择2号车位指示灯
X002	SB3	选择3号车位	Y002	HL3	选择3号车位指示灯
X003	SB4	选择4号车位	Y003	HL4	选择4号车位指示灯
X004	SB5	选择5号车位	Y004	HL5	选择5号车位指示灯
X005	SB6	选择6号车位	Y005	HL6	选择6号车位指示灯
X006	SB7	选择7号车位	Y006	HL7	选择7号车位指示灯
X007	SB8	选择8号车位	Y007	HL8	选择8号车位指示灯
X010	SB9	选择9号车位	Y010	HL9	选择9号车位指示灯
X011	SB10	选择10号车位	Y011	HL10	选择10号车位指示灯
X012	SA1	切换自动模式	Y012	HL11	1号车位有车指示灯
X013	SA2	切换手动模式	Y013	HL12	2号车位有车指示灯
X014	SB11	手动左移	Y014	HL13	3号车位有车指示灯
X015	SB12	手动右移	Y015	HL14	4号车位有车指示灯
X016	SB13	手动上升	Y016	HL15	5号车位有车指示灯
X017	SB14	手动下降	Y017	HL16	6号车位有车指示灯
X020	SQ1	1号车位有车判别	Y020	HL17	7号车位有车指示灯
X021	SQ2	2号车位有车判别	Y021	HL18	8号车位有车指示灯
X022	SQ3	3号车位有车判别	Y022	HL19	9号车位有车指示灯
X023	SQ4	4号车位有车判别	Y023	HL20	10号车位有车指示灯
X024	SQ5	5号车位有车判别	Y024	KM1	滑台左移
X025	SQ6	6号车位有车判别	Y025	KM2	滑台右移
X026	SQ7	7号车位有车判别	Y026	KM3	滑台上升
X027	SQ8	8号车位有车判别	Y027	KM4	滑台下降
X030	SQ9	9号车位有车判别	Y030	KM5	接车辊道前进

续表

输入信号			输出信号		
输入地址	代号	功能	输出地址	代号	功能
X031	SQ10	10 号车位有车判别	Y031	KM6	接车辊道后退
X032	SQ11	2，7 位置到位			
X033	SQ12	3，8 位置到位			
X034	SQ13	4，9 位置到位			
X035	SQ14	5，10 位置到位			
X036	SA3	存取车切换			
X040	SQ15	滑台上升到位			
X041	SQ16	滑台下降到位			
X042	SQ17	滑台左侧原位到位			
X043	SQ18	滑台右侧极限到位			

根据表 8-3 和控制要求设计 PLC 的硬件原理图，如图 8-14 所示。其中 COM1 为 PLC 输入信号的公共端，COM2 为输出信号的公共端。

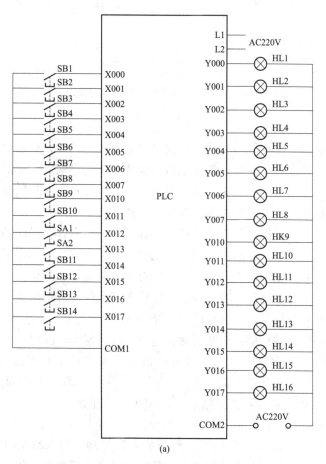

(a)

图 8-14 立体停车场的 PLC 硬件原理图（一）

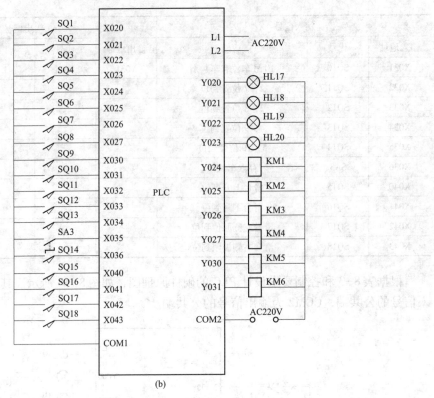

图 8-14 立体停车场的 PLC 硬件原理图（二）

三、编程思想

本实例的设计思想首先检测各种限位开关和检测元件的状态，然后根据存取车的指令状态，做出逻辑判断，控制接车滑台及接车辊道，完成车辆的存取操作和信号显示。系统中的输入信号主要是各车位的位置、状态、接车滑台的运行状态及存取车的操作信号检测，其中有接车滑台的前后平移、左右平移检测以及接车辊道前进后退检测。

立体车库运行准备：根据操作模式选择自动和手动工作方式，对应的手动工作方式接车滑台可实现点动的前后平移、左右平移控制。选择自动工作方式时，根据停车场内每个车位所对应的感应开关，判断车位是否有车，该车位有车时对应指示灯点亮。车位选择信息：在操作面板上按下所要去的车位号，若所要去的车位无车，使对应的所要去的车位号对应指示灯点亮。同时将选择的车位号储存在存储器 K2M50 中。

接车滑台的原始数据的存储：接车滑台在左侧原位，X042 有效为 ON，同时若滑台在下降到位 X041 有效为 ON；存储单元 K2M20 储存的数据为"1"。若滑台在上升到位 X040 有效为 ON；则存储单元 K2M20 储存的数据为"6"。在滑台右移过程中每经过一个车位，相应的位置开关有效，ADD 累加器将存储单元 K2M20 内数值加 1。

接车滑台的自动运行：自动模式下滑台上行，若选择车位号大于 6，滑台上升；上升到位使 X040 有效为 ON，使滑台上升停止。滑台的右移控制，将 K2M50 和 K2M20 值进行比较。若当前所在车位小于目标车位号则滑台右移。右移到位后滑台右移停止。自动模式下滑台下行，工作完成后滑台自动下降。下降到位使 X041 有效为 ON，使滑台下降停止。自动模式下滑台左移，工作完成后滑台自动左移，左移到位使 X042 有效为 ON，使滑台左移停止。接车滑台的自动回位控制：工作完成后，K2M50 与 K2M20 储存器内数值相同，即当前滑台已移动到目标车位表示工作完成，滑台自动移动到原位；当 X042 和 X041 同时有效时，表示滑台在左侧下降位置等待。存车取车控制：按下存取车切换按钮，接车辊道前进，操作进入存车模式；再次按下存取车切换按钮，接车辊道后退，操作进入取车模式。

四、梯形图设计

根据控制要求设计的控制梯形图如图 8-15 所示。

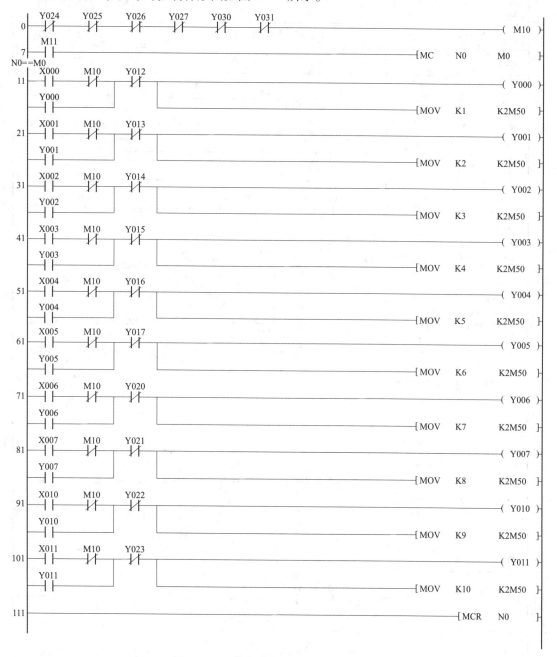

图 8-15 立体停车场的控制梯形图（一）

```
113  X012                                                          ( Y012 )
     ─┤├─────────────────────────────────────────────────────────

115  X013                                                          ( Y013 )
     ─┤├─────────────────────────────────────────────────────────

117  X014                                                          ( Y014 )
     ─┤├─────────────────────────────────────────────────────────

119  X015                                                          ( Y015 )
     ─┤├─────────────────────────────────────────────────────────

121  X016                                                          ( Y016 )
     ─┤├─────────────────────────────────────────────────────────

123  X017                                                          ( Y017 )
     ─┤├─────────────────────────────────────────────────────────

125  X020                                                          ( Y020 )
     ─┤├─────────────────────────────────────────────────────────

127  X021                                                          ( Y021 )
     ─┤├─────────────────────────────────────────────────────────

129  X022                                                          ( Y022 )
     ─┤├─────────────────────────────────────────────────────────

131  X023                                                          ( Y023 )
     ─┤├─────────────────────────────────────────────────────────

133  X012                                                    ─[SET   M11  ]─
     ─┤├─────────────────────────────────────────────────────────

135  X013                                                    ─[RST   M11  ]─
     ─┤├─────────────────────────────────────────────────────────

137  M11   M12   X041   Y031   Y030                                ( Y027 )
     ─┤├──┤/├──┤/├──┤/├──┤/├──────────────────────────────────
     M11   X017
     ─┤├──┤├─┘

146  X042  X041                                        ─[MOV   K1   K2M20 ]─
     ─┤├──┤├──────────────────────────────────────────────────

153  X042  X040                                        ─[MOV   K6   K2M20 ]─
     ─┤├──┤├──────────────────────────────────────────────────

160  X032  Y025                                        ─[BIN   K2M20  K2M30]─
     ─┤├──┤├─┬─────────────────────────────────────────────
     X033 │                                            ─[INCP  K2M30 ]─
     ─┤├──┤                                            
     X034 │                                            ─[BCD   K2M30  K2M50]─
     ─┤├──┤
     X035 │
     ─┤├──┘

178  M11                                           ─[CMP   K2M50  K6    S0  ]─
     ─┤├──────────────────────────────────────────────────
           S2                                      ─[SUB   K2M40  K5   K2M40]─
           ─┤├────────────────────────────────────────────

194  M11   S0    X040                                              ( Y026 )
     ─┤├──┤├──┤/├─────────────────────────────────────────────
     Y026
     ─┤├─┘
     M11   X016
     ─┤/├──┤├─┘

203  M11     [>                    ]   X043  Y027  Y026  Y024     ( Y025 )
     ─┤├──┤   K2M50   K2M40     ─┤/├──┤/├──┤/├──┤/├────────────
     M11   X015
     ─┤/├──┤├─┘
```

图 8-15 立体停车场的控制梯形图（二）

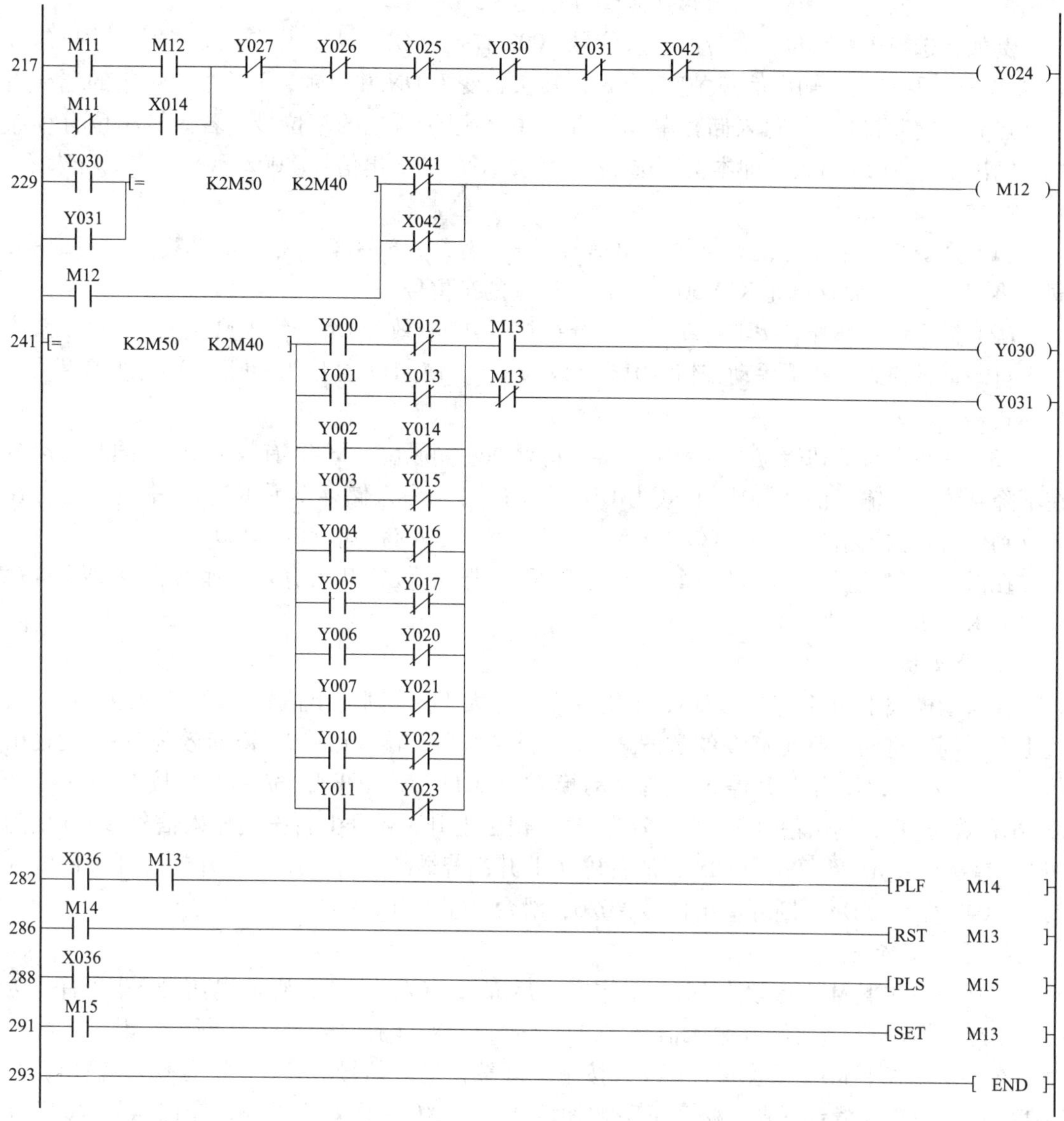

图 8-15 立体停车场的控制梯形图（三）

五、程序控制过程

1. 车位信息的登记

将操作模式选择为自动操作，输入信号 X013 有效，使内部继电器 M11 有效，其状态变为 ON，自动操作模式方才有效。

当接车滑台和接车辊道都未工作时，内部继电器 M10 有效，其状态变为 ON，此时方可进行轿车入库操作。

停车场内每个车位都有一对一的感应开关，当本车位有车时对应的 X020～X031 有效为 ON，使对应的 Y012～Y023 导通为 ON，对应该车位有车指示灯点亮。

在操作面板上选择要去的车位的车位号，对应的 X000～X011 有效为 ON，若所要去的车位无车，使对应的 Y000～Y011 导通为 ON 并自锁，选择的所要存车车位的车位号，对应指示灯点亮。同时将所选车位号传送到储存单元 K2M50 中。

例如，选择 3 号车位，对应的输入信号 X002 有效为 ON；若 3 号车位无车时，输出信号 Y014 无效，则对应的输出信号 Y002 有效，其状态变为 ON 并自锁，3 号车位对应的选择指示灯点亮，同时将"3"写入储存单元 K2M50 中，记录所选的车位号。若 3 号车位有车停放，输出信号 Y014 有效，即本次所选车位无效，对应的输出信号 Y002 无效，应重新选择。

2. 车库运行准备

（1）选择 3 号车位时，对应的输出信号 Y002 有效，3 号车位对应的选择指示灯点亮，同时将"3"写入储存单元 K2M50 中，记录所选的车位号。

（2）操作模式选择。按下自动方式选择按钮 X012 有效为 ON，使 M11 置位为 ON，系统进入自动运行模式。按下手动按钮 X013 有效为 ON，使 M11 复位为 OFF，系统进入手动运行模式。

（3）接车滑台的初始位置的确定。接车滑台在左侧原位，X042 有效为 ON，同时若滑台在下降到位时，输入信号 X041 有效为 ON；则将"1"写入储存单元 K2M20 中。若滑台在上升到位时，输入信号 X040 有效为 ON；则将"6"写入储存单元 K2M20 中。

在滑台右移过程中每经过一个车位的位置，相应的位置开关有效，递增指令 INC 将存储单元 K2M20 的数值加 1。

3. 滑台上行

在自动模式下 M11 有效为 ON，若选择车位号大于 6；则输出信号 Y026 有效为 ON，滑台上升；同时将储存单元 M10 的数值减 5。上升到位后，输入信号 X040 有效为 ON，使输出信号 Y026 断开，滑台上升停止。在手动模式下 M11 变为 OFF，按下上行按钮输入信号 X016 有效为 ON，输出信号 Y026 有效为 ON，滑台上升；松开上行按钮输入信号 X016 变为 OFF，输出信号 Y026 复位为 OFF，滑台停止上升；若继续上升，压下上升到位开关使输入信号 X040 有效为 ON，断开输出信号 Y026，滑台停止上升。

4. 滑台下行

在自动模式下 M11 有效为 ON，工作完成后 M12 有效为 ON，则输出信号 Y027 有效为 ON，滑台下降。下降到位后输入信号 X041 有效为 ON，输出信号 Y027 断开，滑台下降停止。在手动模式下 M11 无效变为 OFF，按下下降按钮输入信号 X017 有效为 ON，输出信号 Y027 有效为 ON，滑台下降；松开下降按钮输入信号 X017 无效为 OFF，输出信号 Y027 断开为 OFF，滑台停止下降；若继续下降，压下下降到位开关使输入信号 X041 有效为 ON，断开输出信号 Y027，滑台停止下降。

5. 滑台右移

在自动模式下 M11 有效为 ON，将 K2M30 和 K2M20 值进行比较。若当前所在车位号小于所选的目标车位号即 K2M30 大于 K2M20；程序的运行结果使输出信号 Y025 有效为 ON，滑台右移。滑台右移到位后使输入信号 X043 有效为 ON，输出信号 Y025 断开，滑台右移停止。在手动模式下 M11 无效为 OFF，按下右移按钮输入信号 X015 有效为 ON，输出信号 Y025 为 ON，滑台右移；松开右移按钮输入信号 X015 变为 OFF，输出信号 Y025 断开为 OFF，滑台停止右移；若继续右移，到位后，使输入信号 X043 有效为 ON，输出信号 Y025 断开，滑台右移停止。

6. 滑台左移

在自动模式下 M11 有效为 ON，工作完成 M12 有效为 ON，则输出信号 Y024 为 ON，滑台左移。左移到位使输入信号 X042 有效为 ON，输出信号 Y024 断开，滑台左移停止。在手动模式下 M11 变为 OFF，按下左移按钮输入信号 X014 有效为 ON，输出信号 Y024 为 ON，滑台左移；松开左移按钮输入信号 X014 无效为 OFF，输出信号 Y024 断开为 OFF，滑台停止左移；若继续左移到位后，使输入信号 X042 有效为 ON，输出信号 Y024 断开，滑台左移停止。

7. 接车辊道的自动返回

当 K2M50 与 K2M20 储存单元内数值相等时，即接车滑台已移动到目标车位，内部继电器 M12 导通为 ON 并自锁，表示工作完成，当接车辊道前进到位，将车送入停车场的相应车位，此时输出信号 Y030 断开，控制滑台左移的输出信号 Y024 有效为 ON，滑台自动左移，滑台移动到原位后，即 X042 和 X041 同时为 ON，输出信号 Y024 断开，滑台自动返回结束，滑台在左侧下降位置等待。

8. 存车取车

将存取车转换开关切换到存车位置，输入信号 X036 有效为 ON，在其上升沿时使 M15 接通一个扫描周期并将 M13 置位为 ON，系统操作进入存车模式。当将存取车转换开关切换到取车位置，输入信号 X036 由 ON 的状态变为 OFF，在其下降沿时使 M14 接通一个扫描周期并将 M13 复位为 OFF，系统操作进入取车模式。

当 K2M50 与 K2M20 储存单元中数值相等，所选车位对应的 Y000~Y011 有效为 ON，同时本车位有车对应的 Y012~Y023 有效为 ON。若系统处于存车模式即 M13 有效为 ON。输出信号 Y030 有效为 ON，滑台将车推进车位。若系统处于取车模式即 M13 无效为 OFF。输出信号 Y031 有效为 ON，滑台将车取出车位。

六、编程体会

立体停车场的种类繁多，本实例以巷道堆垛式立体停车场为例设计控制程序。对于一个较为复杂的控制程序的编程，首先应熟悉其控制过程。其次，将其过程分解成若干个控制单元，简化其控制过程，以某一具体的控制过程为对象进行分析编写程序，并逐步分析每一个单元程序之间的相互关系，将各个单元程序有机地联系起来。最后，从整体的角度进一步检查和理解个控制环节之间的联系，以达到对整个控制过程的正确理解。在本实例的编程过程中，没有考虑输入多个被选存车位的连锁的问题，另外为了简化程序，也没有考虑安全方面对立体停车场的影响，读者在编程时可根据实际的具体情况要加以考虑。

总之，这样的编程训练使我们掌握 PLC 程序设计编程方法和技巧，为今后的程序设计打下坚实的基础。

参 考 文 献

[1] 方承远，张振国．工厂电气控制技术［M］．3版．北京：机械工业出版社，2006.

[2] 孔祥冰，公利滨，张智贤．电气控制与PLC技术应用实训教程［M］．北京：中国电力出版社，2009.

[3] 王阿根．西门子S7-200 PLC编程实例精解［M］．北京：电子工业出版社，2011.

[4] 高安邦，智淑亚，徐建俊．新编机床电气与PLC控制技术［M］．北京：机械工业出版社，2008.

[5] 马宏骞，石敬波．电梯及控制技术［M］．北京：电子工业出版社，2013.

[6] 梅丽凤．电气控制与PLC应用技术［M］．北京：机械工业出版社，2011.

[7] 高安邦．三菱PLC工程应用设计［M］．北京：机械工业出版社，2011.

[8] 杨后川，张瑞，高建设等．西门子S7-200 PLC应用100例［M］．北京：电子工业出版社，2009.

[9] 郑凤翼．西门子S7-200系列PLC应用100例［M］．北京：电子工业出版社，2012.

[10] 公利滨．图解欧姆龙PLC编程108例［M］．北京：中国电力出版社，2014.

[11] 公利滨．欧姆龙PLC培训教程［M］．北京：中国电力出版社，2012.

[12] 公利滨．图解西门子PLC编程108例［M］．北京：中国电力出版社，2015.